Umdruck zur Vorlesung

Fluidtechnik für mobile Anwendungen

Univ.-Prof. Dr.-Ing. H. Murrenhoff

Univ.-Prof. Dr.-Ing. H. Wallentowitz

2. Auflage 2003

1. Auflage neu bearbeitet von:
Dipl.-Ing. D. van Bebber, IFAS
Dipl.-Ing. B. Müller, IFAS
Dipl.-Ing. Th. Küppers, IKA
Dr. M. Möllers, BTD GmbH

2. Auflage redaktionell überarbeitet durch:
Dipl.-Ing. Torsten Boldt, IFAS
Dipl.-Ing. Eneko Goenechea, IFAS
Dipl.-Ing. Andreas Hoppermann, IFAS
Dipl.-Ing. Andreas Gärtner, ika

Institut für fluidtechnische
Antriebe und Steuerungen
der RWTH Aachen
Steinbachstraße 53
52074 Aachen
www.rwth-aachen.de/IFAS

Institut für Kraftfahrwesen
RWTH Aachen

Steinbachstraße 10
52074 Aachen
www.ika.rwth-aachen.de

Bibliografische Information der Deutschen Bibliothek
Die Deutsche Bibliothek verzeichnet diese Publikation in der Deutschen Nationalbibliografie; detaillierte bibliografische Daten sind im Internet über http://dnb.ddb.de abrufbar

2. Auflage 2003

Herstellung: Fotodruck Mainz GmbH
Süsterfeldstr. 83, 52072 Aachen
Tel. 0241/87 34 34
www.verlag-mainz.de

ISBN 3-89653-258-8
ISSN 1437-8434

Einleitung

Fluidtechnische, d.h. hydraulische und pneumatische Antriebe und Steuerungen haben sich in vielen Bereichen der Technik etabliert. Dazu gehört neben einer Vielzahl unterschiedlichster, fest installierter - also stationärer - Anwendungen auch ein weites Feld mobiler Einsatzbereiche. Im Rahmen der Vorlesung "Fluidtechnik für mobile Anwendungen" sollen hydraulische und pneumatische Systeme betrachtet werden, die sowohl in Kraftfahrzeugen (Kfz), d.h. in Personenkraftwagen (Pkw) und Nutzfahrzeugen (Nfz), als auch in fahrenden Arbeitsmaschinen zum Einsatz kommen.

Insbesondere die spezifischen Merkmale der Fluidtechnik, wie beispielsweise die hohe Leistungsdichte, die gute Regelbarkeit und das gute dynamische Verhalten sowie die hohe Einbauflexibilität sind die maßgeblichen Gründe dafür, daß sich diese Antriebstechnik auf dem Gebiet der mobilen Anwendungen fest etablieren konnte. Der Einsatz fluidtechnischer Komponenten und Systeme begann bereits mit den ersten verbrennungskraftgetriebenen, mobilen Geräten und konnte besonders in letzter Zeit durch neue Entwicklungen ausgeweitet werden.

Dieser Umdruck zur Vorlesung umfaßt zunächst eine Systematisierung der Fluidtechnik für mobile Anwendungen. Es werden Einsatzgebiete und Anforderungen abgegrenzt, grundlegende fluidtechnische Komponenten und Systeme dargestellt sowie die zum Einsatz kommenden Druckmedien erläutert. Im zweiten Abschnitt wird auf die Fluidtechnik in Kraftfahrzeugen, d.h. auf Längs-, Quer- und Vertikaldynamik sowie verschiedene Komfort- und Sicherheitssysteme, eingegangen. Der dritte Abschnitt befaßt sich mit dem Einsatz der Hydraulik in fahrenden Arbeitsmaschinen. Hier werden verschiedene Energieversorgungssysteme, hydrostatische Fahrantriebe und Lenkungen dargestellt. Anschließend werden verschiedene Bereiche der Arbeitshydraulik analysiert. Der vierte Abschnitt befaßt sich mit Entwicklungstendenzen in der Hydraulik für mobile Anwendungen.

1 Systematisierung der Fluidtechnik für mobile Anwendungen

1.1 Einsatzgebiete der Fluidtechnik

Eine qualitative Gegenüberstellung verschiedener Einsatzgebiete der Fluidtechnik zeigt das Bild 1.1.1. Die Kfz-Hydraulik und Hydraulik in fahrenden Arbeitsmaschinen werden sowohl mit der Industrie- bzw. Stationärhydraulik als auch mit der Flughydraulik verglichen. Letztere gehört ebenfalls zu den mobilen Anwendungen, wird allerdings im Rahmen dieses Umdrucks aufgrund ihrer speziellen Anforderungen und Ausführungen, die aus Bild 1.1.1 hervorgehen, nicht näher betrachtet.

Der Vergleich der vier oben genannten Bereiche läßt sich weiter unterteilen nach technischen Leistungsdaten, fertigungs- bzw. konstruktionstechnischen Gesichtspunkten, Umweltbeeinflussung sowie Betriebsbedingungen. Das Bild 1.1.1 macht die Unterschiede zwischen der Mobilhydraulik und stationären Anlagen deutlich. Bei mobilen Anwendungen und der Flughydraulik sind z.B. die Temperatureinsatzbereiche extrem hoch. Diese Gemeinsamkeit läßt sich aber schon bei der Betrachtung der Größe und des Gewichtes der Aggregate nicht mehr wiederfinden, was zu unterschiedlichen Werkstoffen und extrem unterschiedlichen Kosten führt. Aufgrund der sehr hohen benötigten Stückzahlen von Komponenten für Kraftfahrzeuge wird auch die Fertigung und Montage fluidtechnischer Komponenten für diesen Einsatzfall völlig andere Wege gehen als in den restlichen Anwendungen. Bei Fahrzeugen ist wegen des Einsatzes in der Natur das Druckmedium von größter Bedeutung, und die Höhe der Geräuschemission wird zu einem entscheidenden Beurteilungskriterium.

Im Vergleich mit der Flughydraulik werden Unterschiede deutlich, die aus den hohen Sicherheitsanforderungen und dem - gegenüber der Kfz-Hydraulik - völlig anderen Verhältnis der Herstell- zu den Betriebskosten herrühren. Das hohe Ausbildungsniveau bei der Bedienung und bei der Wartung von Flugzeugbetrieben ist u.a. aus Kostengründen in anderen Bereichen kaum erreichbar.

	Hydraulik in Kfz	Hydraulik in fahrenden Arbeits-maschinen	Industrie-/ Stationär-Hydraulik	Flughydraulik
Leistung	bis 10 (20) kW	keine Begrenzung	keine Begrenzung	bis 200 kW
Druckniveau	ca. 200 bar	bis 420 bar	bis 315 (420) bar	ca. 200 (600) bar
Gewicht	–	+-	++	–
Werkstoffe	Al / GGG	GGG	GGG	Fe/Ti
Verweilzeit im Tank	15 s	1..2 min	3...5 min	0.5...1 min
Temperaturbereich	-40 bis 120°C	(-60) -40 bis 120°C	60 - 80°C	-60 - 70 (350)°C
Druckmedium	Mineralöl, synth. Medien	Mineralöl, Esteröl	Mineralöl, schwer entfl. Medien, synth. Medien	synthetische Medien
Wirkungsgrad	+-	+	++	+
Geräuschanforderung	++	+-	+-	+
Positioniergenauigkeit	+-	+	++	+
Regelbarkeit	+-	+	++	++
Dynamik	– bis ++	+-	+ bis ++	+- bis ++
Sicherheit	- bis +	+	+-	++
Stückzahlen	++	+	– bis +	-
Normung	–	+ bis ++	++	–
Entwicklung	Trend zu Kooperation	freier Markt	freier Markt	vollständige Kooperation
Kosten-/Preisniveau	–	+-	+-	++
Lebensdauer	-	+	++	++
Bedien-/Wartungsniveau	–	- bis +	+-	++

– sehr gering - gering +- mittel + hoch ++ sehr hoch

Bild 1.1.1: Qualitative Gegenüberstellung verschiedener Einsatzgebiete der Fluidtechnik

1.1.1 Fluidtechnik in Kraftfahrzeugen

In Kraftfahrzeugen wird die Fluidtechnik an vielen Stellen eingesetzt. Die Vielfalt der Anwendungen ist in Bild 1.1.2 angedeutet. Es können im wesentlichen fünf Anwendungsbereiche unterschieden werden. Dies sind der Motor, das Getriebe, die Fahrdynamik, der Antrieb von Nebenaggregaten, die Komfortfunktionen sowie der Kühlkreislauf.

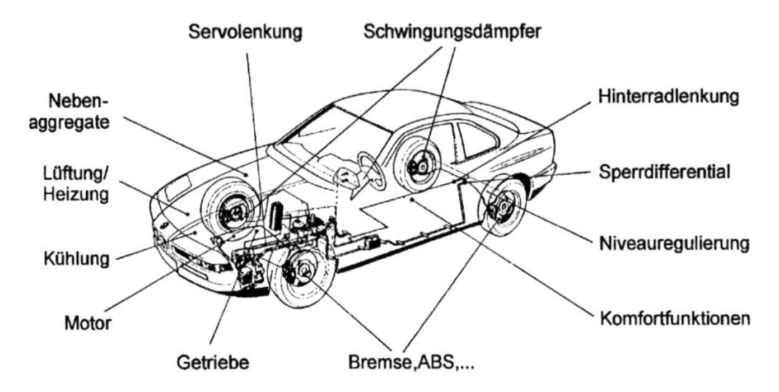

Bild 1.1.2: Fluidtechnik im Kraftfahrzeug (Pkw)

- **Motor**

Hierzu gehört die Betrachtung von Schmierungsvorgängen im Motor ebenso wie die Kraftstoffzufuhr durch die Einspritzpumpe (Bild 1.1.3). Häufig wird ein hydraulischer Ventilstößeltrieb verwendet, der den Vorteil bietet, das Ventilspiel hydraulisch auszugleichen. Bei einigen Fahrzeugen wird eine hydraulisch verstellbare Nockenwelle eingesetzt (BMW Motor), die je nach Ausführung nur den Zündzeitpunkt verstellt, oder auch den Ventilhub verändern kann Daimler-Crysler entwickelte einst einen Motor ohne Nockenwelle, bei dem alle Ventile durch separate ektrohydraulische Verstellungen betätigt werden. Das bisherige Konzept der starren Nockenwelle erlaubt so gut wie keine individuelle Anpassung des Motors an die aktuelle Fahrsituation. Durch die frei und unabhängig voneinander ansteuerbaren Ventile läßt sich nun eine geringere Emission, ein höherer Komfort und ein niedriger Verbrauch erzielen. Dabei steuert das Hydrauliksystem die Druckfedern an, zwischen denen das Ventil schwingt.

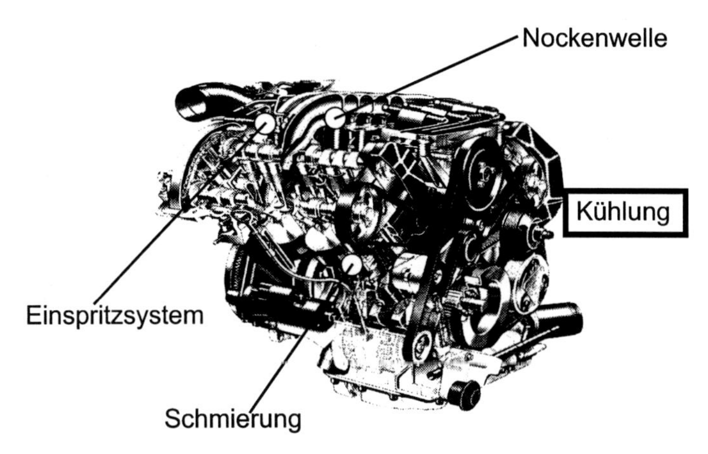

Bild 1.1.3: Fluidtechnik im Bereich "Motor" (Audi A6) [Aud97]

- **Getriebe**

In Getrieben werden hydraulisch betätigte Kupplungen verwendet. Schalt- und Achsantriebe können hydraulisch oder pneumatisch betätigt sein. Fluide kommen ebenfalls in hydrodynamischen Drehmomentwandlern sowie zur Schaltung von Automatikgetrieben zum Einsatz. Bild 1.1.4 zeigt ein typisches Automatikgetriebe, welches im Audi A6 verwendet wird.

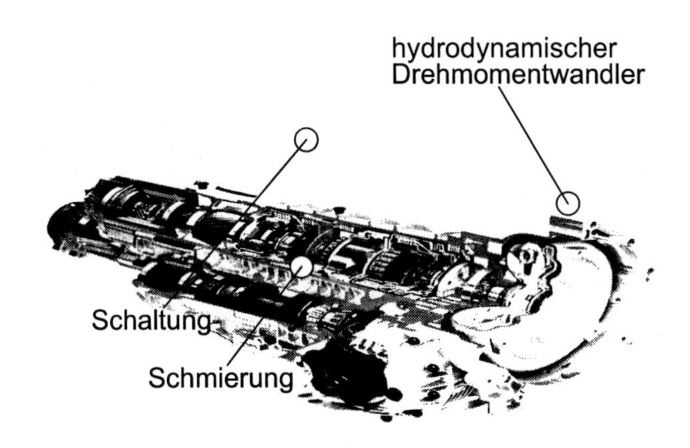

Bild 1.1.4: Fuidtechnik im Bereich "Getriebe" (Audi A6) [Aud97a]

- **Fahrdynamik**

Unter dieser Rubrik sind Systeme der Längs- (z.B. Bremsen), Quer- (z.B. Lenkung) und Vertikaldynamik (z.B. Dämpfer) zusammengefaßt (Bild 1.1.5).

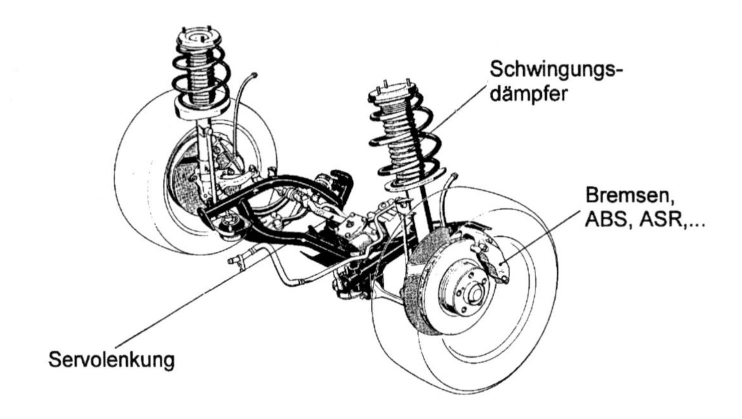

Bild 1.1.5: Fluidtechnik im Bereich "Fahrdynamik"

Insbesondere auf dem Gebiet der Bremsen sind in letzter Zeit zukunftsweisende Entwicklungen durchgeführt worden. Nachdem schon im Jahre 1913 die Hydraulikbremse Einzug in den Pkw fand, hat die Entwicklung von Anti-Blockier-Systemen (ABS), Anti-Schlupf-Regelungen (ASR) sowie der Übergang vom Unterdruck-Bremskraftverstärker hin zur Hochdruckbremsanlage in den achtziger Jahren ihre Fortsetzung gefunden. Neueste Entwicklungen (FDR = Fahrdynamikregelung oder ESP=Elektronic Stability Program) berücksichtigen nicht nur die Fahrzeuglängsdynamik (-verzögerung), sondern greifen über die Bremsen auch ein, wenn kritische Zustände in querdynamischer Hinsicht (Schleudern, Ausbrechen) auftreten.

Die Lenkung - im Jahre 1950 (Chrysler, USA) erstmals als hydraulische Servolenkung ausgeführt - wurde dahingehend weiter entwickelt, daß heutzutage Systeme zu finden sind, deren Lenkunterstützung von verschiedenen Betriebszuständen, wie Lenkeinschlagwinkel, Fahrgeschwindigkeit, Motordrehzahl usw. abhängig ist.

In diesem Zusammenhang ist das Prinzip der zusätzlichen hydraulischen Hinterachslenkung zu nennen. Deren Aufgabe wird besonders dadurch gekennzeichnet, daß der an der Hinterachse erforderliche Lenkeinschlagwinkel nicht nur vom Einschlagwinkel der Vorderräder, sondern z.B. auch von der Fahrgeschwindigkeit abhängig ist.

Zur Dämpfung der durch mechanische Federn gelagerten Aufbauten dienen hydraulische Schwingungsdämpfer. Hinzu kommen Varianten, bei denen die Federfunktion hydropneumatisch (Citroën) oder pneumatisch (Lkw) realisiert wird. Schon seit längerem werden pneumatische Niveauregulierungen eingesetzt. Heutzutage gibt es Schwingungsdämpfersysteme, die ihre Dämpfungscharakteristik automatisch den Fahrzuständen wie Geschwindigkeit oder Fahrbahnbeschaffenheit anpassen, und die teilweise vom Fahrer beeinflußt werden können, so daß z.B. zwischen "sportlichen" oder "komfortablen" Fahreigenschaften gewählt werden kann.

- **Antrieb von Nebenaggregaten**

Zu den Nebenaggregaten zählen im Kfz-Bereich beispielsweise der Generator (Lichtmaschine), der Antrieb für das Lüfterrad und der Klimakompressor. Heutzutage werden die hydraulischen Systeme hauptsächlich in Bussen verwendet. In vielen Fällen muß die Summenleistung der Nebenaggregate schon bei niedrigen Motordrehzahlen zur Verfügung stehen. Um einen energetisch sinnvollen Betrieb zu ermöglichen, muß deshalb eine Entkopplung des Antriebes der Nebenaggregate von der Motordrehzahl vorgesehen werden, wie sie durch eine hydraulische Verstellpumpe realisierbar ist (Bild 1.1.6). Der Vorteil liegt dabei darin, daß der von der Pumpe gelieferte Volumenstrom und damit die Drehzahl der angeschlossenen Verbraucher nicht nur von der Pumpenantriebsdrehzahl, sondern auch von der Pumpenausschwenkung abhängt.

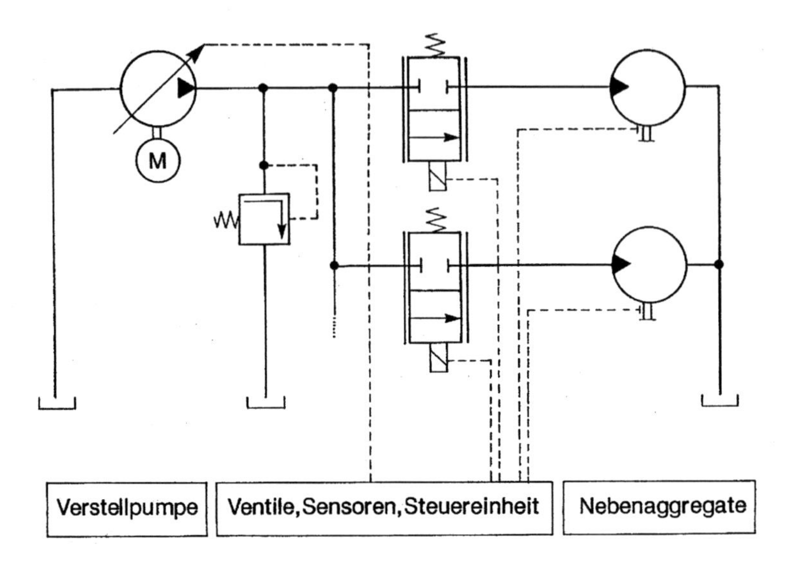

Bild 1.1.6: Hydraulischer Antrieb von Nebenaggregaten

- **Komfortfunktion**

Der Komfortbereich umfaßt sehr viele Anwendungen. Hier sind die Zentralverriegelung, die Scheinwerferverstellung, die Waschanlage, die Klimaanlage, der hydraulische und der pneumatische Scheibenwischermotor und vieles mehr zu nennen. Der BMW Z3 (Bild 1.1.7) bietet eine elektro-hydraulische Verstellung seines Verdecks. Eine serienmäßige Gasfeder erleichtert zusätzlich das manuelle Anheben und Absenken. Die Firma Mercedes-Benz bietet in einigen Cabriomodellen einen Überrollbügel, der in Notfallsituationen hydraulisch ausgefahren wird.

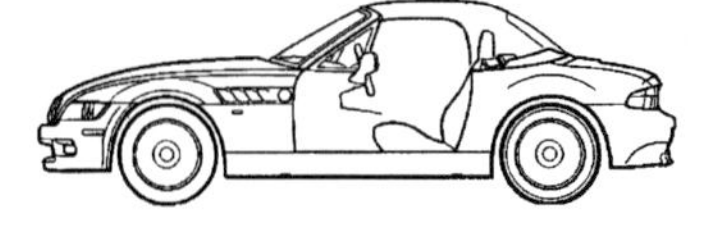

Bild 1.1.7: Cabriolet (Z3 / BMW)

Eine verbreitete Anwendung ist die Niveauregulierung, welche beispielsweise im Audi A6 verwendet wird. Durch die Veränderung der verwendeten Luftfederdämpfer kann ein beladungsunabhängiges Federungs- und Schwingungsverhalten erreicht werden.

Neben Bewegungsaufgaben werden auch Dichtungsprobleme mit Hilfe der Fluidtechnik gelöst.

Im Rahmen dieses Umdrucks werden in erster Linie die Systeme der Fahrdynamik betrachtet.

- **Kühlkreislauf**

Nur durch einen gut ausgelegten Kühlkreislauf ist der optimale Betrieb eines Verbrennungsmotors möglich. Die Hauptaufgaben des Kreislaufs besteht im Schutz des Motors vor Überhitzung sowie der Verkürzung der Aufheizphase beim Kaltstart. Diese Aufgaben fordern eine gegenläufige Optimierung des Systems. Als Kühlmittel wird ein Gemisch aus Wasser und Glykol verwendet, wobei der Trend zur variablen Kühlmitteltemperatur erkennbar ist. Während des Betriebes treten im Kühlkreislauf beachtliche Druckverluste auf. Genauere Betrachtungen des Kühlkreislaufs sind in Kapitel 2 dargestellt.

1.1.2 Fluidtechnik in fahrenden Arbeitsmaschinen

Der Bereich der fahrenden Arbeitsmaschinen umfaßt eine Vielzahl von Ausführungen. Eine Klassifizierung der Geräte ist nur in sehr groben Klassen möglich. In Bild 1.1.8 sind die übergeordneten Gruppen "Landmaschinen", "Baumaschinen" und "sonstige fahrende Arbeitsmaschinen" aufgeführt. In jeder Gruppe finden sich Geräte, die unterschiedlichste Aufgaben auszuführen haben. Zum Teil können Standardmaschinen wie Traktoren oder Bagger eingesetzt werden. Oftmals sind aber gerade für spezielle Aufgaben Sonderkonstruktionen zu finden. Die Vielfalt der fahrenden Arbeitsmaschinen kann deshalb im Bild nur angedeutet werden.

Landmaschinen	Baumaschinen	sonstige
Traktoren	Bagger	Gabelstapler
Mähdrescher	Raupen	Pistenraupen
Erntemaschinen	Kräne	Betonpumpen
Sähmaschinen	Lader	Flughafen-Vorfeldfahrzeuge
Strohpressen	Gräder	Feuerwehrfahrzeuge
Forstmaschinen	Tunnelvortriebmaschinen	Kommunalfahrzeuge
• • •	Straßenfertiger	Ladebordwände
	Großraumbagger	Bordkräne
	• • •	• • •

Bild 1.1.8: Fahrende Arbeitsmaschinen

Bedingt durch die Mobilität der Maschinen handelt es sich meist um autarke Systeme mit eigener Kraftversorgung, die durch einen Verbrennungsmotor - zumeist Dieselmotor - erfolgt. Für fahrende Arbeitsmaschinen in geschlossenen Räumen, z.B. Gabelstapler, wird häufig ein Elektromotor als Antrieb verwendet. Die meisten fahrenden Arbeitsmaschinen sind selbstfahrend und somit nicht mit einer permanent vorhandenen, externen Energieversorgung ausgerüstet. Vorwiegend in der Landtechnik gibt es aber auch gezogene Geräte. In diesem Fall kann die Kraftversorgung vom Zugfahrzeug übernommen werden, sei es durch eine mechanische Verbindung über eine Zapfwelle oder durch die Übertragung hydraulischer Energie.

Ist eine fahrende Arbeitsmaschine einerseits zum Transportieren von Lasten ausgelegt, so spielen andererseits die Arbeitsfunktionen oder das Handling von Lasten eine wenigstens ebenso große Rolle. Die Arbeitsfunktionen sind sehr vielfältig und können je nach Maschine während des Stillstands oder während des Fahrvorganges ausgeführt werden. Die eigentliche Transportarbeit ist oftmals sogar nur von untergeordneter Bedeutung.

Übergeordnet lassen sich - abgesehen von Motorschmierung, Getriebe, Bremsen und Kupplung - vier Bereiche nennen, in denen die Hydraulik in fahrenden Arbeitsmaschinen zum Einsatz kommt. Hierbei handelt es sich um Arbeitshydraulik, Fahrantrieb, Lenkung und Komfortbereich (Bild 1.1.9).

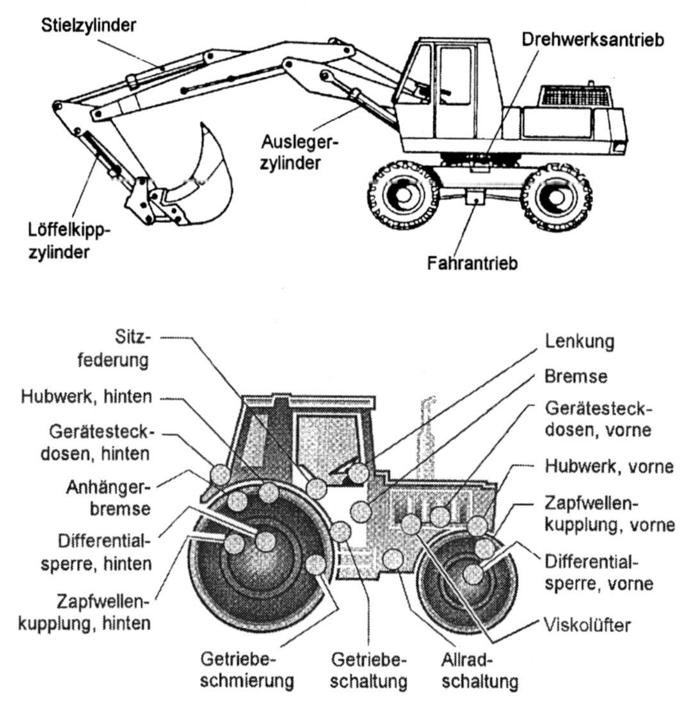

Bild 1.1.9: Fluidtechnik in fahrenden Arbeitsmaschinen

- **Arbeitshydraulik**

Wegen den häufig erforderlichen hohen Kräfte, der Vielzahl von Bewegungsfreiheitsgraden und der Forderung nach hoher Dynamik werden die meisten Antriebe hydraulisch realisiert. Die hohe Kraftdichte, das geringe Leistungsgewicht, die gute Steuerbarkeit und die Flexibilität im Aufbau sind die Vorteile der Hydraulik, die hier besonders zum Tragen kommen. Zudem können mittels der Hydraulik auf einfache Weise oft benötigte Linearbewegungen realisiert werden.

- **Fahrantrieb und Lenkung**

Bei vielen fahrenden Arbeitsmaschinen wird der Fahrantrieb durch ein hydrostatisches Getriebe realisiert. Dies ermöglicht z.B. durch Verwendung von Radnabenmotoren eine höhere Bodenfreiheit, erlaubt das ruckfreie Reversieren und erspart den Einsatz aufwendiger Lastschaltgetriebe. Zudem kann bei Kettenfahrzeugen wie beispielsweise Raupenbaggern auf diese Weise die Lenkung gewährleistet werden. Die Verwendung des hydrostatischen Getriebes bietet sich vor allem bei solchen Fahrzeugen an, bei denen der Fahrantrieb nur einen begrenzten Anteil der installierten Leistung beansprucht.

- **Bedienung und Komfort**

Die Erleichterung der Bedienung und die Erhöhung des Komforts spielen bei fahrenden Arbeitsmaschinen, die häufig den Arbeitsplatz der bedienenden Person darstellen, eine zunehmend wichtigere Rolle. Die Erleichterung der Bedienung umfaßt nicht nur die möglichst gute Regelbarkeit der Antriebe, sondern kann auch automatisch durchgeführte Arbeitsabläufe beinhalten.

Beispiele für die Erhöhung des Komforts sind die in Bild 1.1.10 gezeigte Vorderachsfederung eines Ackerschleppers oder die aktive Nickschwingungsdämpfung bei frontbeladenen Traktoren und bei Radladern.

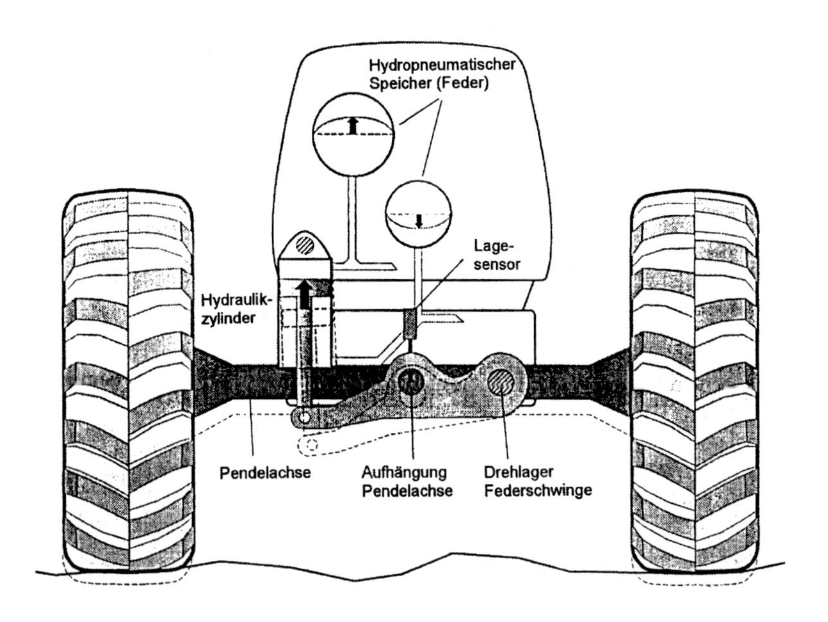

Bild 1.1.10: Vorderachsfederung eines Ackerschleppers (Fendt / HYDAC) [HYD97]

1.1.3 Literaturangaben

[Aud97]	N.N.	Der neue Audi A6 ATZ/MTZ Sonderausgabe 1997
[Aud97a]	N.N.	Audi A6 Automobil Industrie Juni 1997
[MTZ96]	Sauer,R. Leu, P. Lemberger, H. Heumer, G.	MTZ Motortechnische Zeitschrift 57 Heft 7/8, 1996
[Mur95]	Murrenhoff, H. Wallentowitz, H.	Fluidtechnik für mobile Anwendungen Umdruck zur Vorlesung RWTH Aachen, 2.Auflage 1995
[AFK96]	N.N.	12. Aachener Fluidtechn. Kolloquium Band 1, RWTH Aachen, 1996
[IFK98]	N.N.	1. Intern. Fluidtechnisches Kolloquium Band 1, RWTH Aachen, 1998
[HYD97]	N.N.	Technews HYDAC Mobiltechnik HYDAC, Sulzbach / Soer, 1997
[Bac97]	Backé, W.	Entwicklung der Hydraulik für mobile Anwendungen O+P, Nr. 41, Vereinigte Fachverlage, Mainz, 1997

[Hol96]	Holländer, C. Lang, T. Römer, A. Tewes, G.	Hydraulik in Traktoren und Landmaschinen O+P, Nr.40, Vereinigte Fachverlage, Mainz, 1996
[Lan98]	Lang, T. Römer, A. Seeger, J.	Entwicklungen der Hydraulik in Traktoren und Landmaschinen O+P, Nr.42, Vereinigte Fachverlage, Mainz, 1998

1.2 Anforderungen an die Fluidtechnik

Im folgenden werden die Anforderungen an die Fluidtechnik betrachtet, die sich aus dem Einsatz in mobilen Anwendungen ergeben. Die im vorherigen Kapitel angesprochenen Gesichtspunkte, die zur Unterteilung in die Anwendungsbereiche Stationär- bzw. Mobilhydraulik führen, sollen nun näher erläutert werden.

In Bild 1.2.1 sind die Anforderungen an die Mobilhydraulik zusammengestellt, die sie von der Industrie- bzw. Stationärhydraulik unterscheidet [OPG86]. Die einzelnen Aspekte werden nachfolgend erläutert.

Bild 1.2.1: Anforderungen an die Fluidtechnik in mobilen Anwendungen

1.2.1 Umgebungsbedingungen

Ein wesentlicher Unterschied zwischen der Stationär- und der Mobilhydraulik ergibt sich aus den extremen Umgebungsbedingungen, die beim mobilen Einsatz vorliegen. Die Temperaturbereiche, die beim Einsatz der Fluidtechnik in mobilen Geräten berücksichtigt werden müssen, reichen von -40°C, bei arktischem Einsatz sogar von -50°C, hinauf bis zu 120°C. Örtlich treten noch höhere Temperaturen auf. Da die Funktion der Anlagen bei allen Betriebspunkten gewährleistet sein muß, wird der Temperaturbelastung große Aufmerksamkeit geschenkt. Sicherheitsrelevante Systeme, wie Lenkung oder Bremse, müssen sofort einsatzfähig sein. Ein "Warmlaufen" ist oftmals nicht zulässig.

Die für mobile Anwendungen verwendeten Druckmedien können häufig nicht aus der Stationärhydraulik übernommen werden. Aus Kostengründen entfallen ebenfalls die in der Flughydraulik einsetzbaren Spezialflüssigkeiten.

Die in der Hydraulik verwendeten Kühler dürfen einerseits das Platzangebot nicht sprengen, müssen aber andererseits die maximale Betriebstemperatur der Flüssigkeit garantieren. Die Dichtungen, z.B. bei Stoßdämpfern im Fahrzeug, bereiten neben der Funktionssicherheit noch das Problem, bei möglichst allen Temperaturen gleichmäßige und niedrige Reibungskräfte zu erzeugen. Auch das Ansprechverhalten von Druckventilen muß temperaturunabhängig sein, damit beim Kaltstart unzulässige Drücke vermieden werden.

Für die Verwendung von Pneumatikzylindern bei tiefen Temperaturen müssen ebenfalls gewisse Aspekte berücksichtigt werden. So wird z.B. die Erzeugung trockener Druckluft erforderlich. Im Nutzfahrzeug (Nfz) geschieht dies meist durch den Einsatz von Absorptionstrocknern, bei denen das Granulat durch rückströmende, bereits getrocknete Luft wieder regeneriert wird. Ein Austausch des Granulats ist nach ca. 2 Jahren notwendig, da seine Wirksamkeit durch Verschmutzungen der Luft - z.B. durch Öl - nachläßt. Der Einsatz dieser Absorptionstrockner ermöglicht Systeme ohne Entwässerungsbehälter, bedingt allerdings die Verwendung von Trockenlaufkompressoren.

Der Einsatz der fluidtechnischen Systeme in z.T. extrem verschmutzten Umgebungen, wie sie oftmals bei Baumaschinen vorliegen, stellen besondere Anforderungen an die Dichtungsmaterialien. Hier haben sich eigene Dichtungskonzepte herausgebildet, die nicht nur einen Ölaustritt, sondern auch einen Schmutzeinzug verhindern. Aufgrund der Tatsache, daß Feuchtigkeit oder Spritzwasser direkt auf die Komponenten einwirken kann, müssen besondere Maßnahmen zum Korrosionsschutz z.B. von Zylinderstangen ergriffen werden.

Die fluidtechnischen Geräte müssen in der Regel äußerst robust ausgeführt werden, da Vibrationen und Stöße auf sie einwirken. Im Vergleich zum Kfz sind die äußeren Belastungen an einem Nfz um vieles höher, da sie sich normalerweise im freien unplanierten Gelände bewegen und sich unregelmäßigeren Aufgaben stellen müssen.

1.2.2 Betriebs- und Einbaubedingungen

• Einbauraum und Gewicht

Im Mobilbereich treten die Forderungen nach geringem Einbauraum und geringem Gewicht gegenüber der Stationärhydraulik in den Vordergrund, da sie sich direkt auf das Fahrzeuggewicht und die Fahrzeuggröße auswirken. Diese Forderungen bedingen ebenfalls ein kleines Tankvolumen. Es sind heute schon Systeme zu finden, bei denen die Verweildauer der Flüssigkeit im Tank auf 15 Sekunden absinkt (Stationärhydraulik : 3 - 5 min). Aufgrund der Kompaktheit der Fahrzeuge und der notwendigen Übertragung von Energie über oftmals mehrere Gelenke hinweg zum Verbraucher (Bsp. Baggerarm) ist zusätzlich eine hohe Einbauflexibilität erforderlich.

• Drehzahl

Ein weiterer Gesichtspunkt, der prinzipielle Folgen für die Auswahl geeigneter Pumpenarten hat, ist die Verwendung eines in vielen Drehzahlbereichen betriebenen Verbrennungsmotors. Dies gilt insbesondere für die Kfz-Hydraulik, wie auch mit gewissen Einschränkungen für die Hydraulik in fahrenden Arbeitsmaschinen. Nicht selten liegt zwischen der Mindestdrehzahl und der Höchstdrehzahl der Faktor 10. Bei dieselgetriebenen Arbeitsmaschinen ist der Drehzahlbereich enger eingegrenzt.

- **Volumenstrom**

Da häufig der Volumenstrombedarf der hydraulischen Verbraucher unabhängig von der jeweiligen Drehzahl des Verbrennungsmotors ist, muß die Anpassung der zur Verfügung zu stellenden Leistung über eine Volumenstromanpassung der hydraulischen Maschinen erfolgen. Für eine Konstantpumpe, z.B. eine Flügelzellenpumpe als Lenkhelfpumpe im Kfz, wird dies über ein Stromregelventil bewerkstelligt, indem der überflüssige Förderstrom verlustbehaftet abgedrosselt wird. Energetisch sinnvoller könnte dies mit einer teuren Verstellpumpe realisiert werden, die drehzahlabhängig den Förderstrom anpaßt. Die hierfür verwendbaren Verstellpumpen unterscheiden sich zum Teil erheblich in Aufwand, Kosten und Geräuschverhalten voneinander. Insbesondere als Lenkhilfspumpe bieten sich auch sauggedrosselte Pumpen an, die ab einer Grenzdrehzahl (< Leerlaufdrehzahl des Motors) einen nahezu konstanten Volumenstrom aufweisen und zudem wesentlich kostengünstiger herzustellen sind als Verstellpumpen. Nachteilig jedoch sind das relativ hohe Geräusch und die starken Pulsationen dieser Pumpen.

In der Hydraulik fahrender Arbeitsmaschinen werden Verstellpumpen, bei denen das Verdrängervolumen durch Hubverstellung angepaßt wird, seit langem eingesetzt. Wegen der hohen installierten Hydraulikleistung macht sich eine bessere Energieausnutzung auch in wirtschaftlicher Hinsicht deutlich bemerkbar, was schon früh zu der Verwendung dieser konstruktiv aufwendigen Pumpen geführt hat.

Anders sieht es bei den in Kraftfahrzeugen eingesetzten Hydrauliksystemen aus. Hier hat die installierte Hydraulikleistung erst in den letzten Jahren deutlich zugenommen, was zur Folge hat, daß bislang keine aufwendigen Pumpenkonzepte verwendet werden.

- **Geräusch**

Der Einsatz fluidtechnischer Komponenten in mobilen Maschinen bedingt häufig besondere Anforderungen an die von der Hydraulik ausgehenden Geräusche. Die Geräuschentwicklung von fahrenden Arbeitsmaschinen führt sowohl zu einer Belastung des Bedienpersonals als auch der Umwelt. Allerdings wird das Geräusch, im Gegensatz zur Stationär- und auch Kfz-Hydraulik, zu großen Teilen vom Verbrennungsmotor beeinflußt, so daß den fluidtechnischen Komponenten diesbezüglich z.T. nur eine untergeordnete Aufmerksamkeit gewidmet wird. Zudem mindert die häufig vorgesehene Kapselung des Antriebsmotors, an dem die Hydraulikpumpe angeflanscht ist, auch die von der Pumpe ausgehenden Geräusche.

Ganz anders sieht es beim Kfz aus. Hier sind in den letzten Jahren die "konventionellen" Geräusche im Fahrzeug, die z.B. durch den Motor, das Getriebe, das Abrollen der Räder oder das Anströmen der Karosserie verursacht werden, derartig verringert worden, daß Geräusche von Nebenaggregaten wie der Servolenkung oder dem ABS in den Mittelpunkt geraten. Bei der Auswahl geeigneter Pumpen muß deshalb neben den Kosten, dem Gewicht und dem Bauraum insbesondere das Geräuschverhalten Berücksichtigung finden, das teilweise sehr stark von der Pumpenbauart abhängt.

Desweiteren muß zwischen solchen Geräuschen, die von Nebenaggregaten stammen, die vom Insassen beeinflußt werden können und solchen, die automatisch vom Fahrzeug bei der Erfüllung von Nebenfunktionen erzeugt werden, unterschieden werden. Zu den erstgenannten Geräuschen zählen beispielsweise die vom Ventilator für die Frischluftzufuhr oder vom Scheibenwischermotor emittierten. Sie werden subjektiv als wesentlich weniger störend empfunden als beispielsweise eine diskontinuierlich arbeitende Hydraulikpumpe während der Befüllung eines Speichers bzw. ein plötzlich einsetzender Kühlerventilator, der bei erhöhter Temperatur des Verbrennungsmotors automatisch zugeschaltet wird. Dabei gilt es nicht nur, die tatsächlich an die Umgebung abgestrahlte Schalleistung zu minimieren, sondern speziell für Fahrzeuge der gehobenen Klasse die subjektive Wirkung auf die Insassen zu verringern.

Bei der Minderung der Geräuschemission muß beachtet werden, daß Sekundärmaßnahmen häufig aus Gewichts-, Platz- und Kostengründen schwer durchsetzbar sind. Deswegen werden Primärmaßnahmen bevorzugt, welche die Schallentstehung an der Quelle zu unterbinden suchen [BAC92].

1.2.3 Wirtschaftliche Aspekte

Wesentliche Unterschiede zwischen der Hydraulik in Kraftfahrzeugen und der in fahrenden Arbeitsmaschinen müssen vor dem Hintergrund wirtschaftlicher Aspekte gesehen werden. So stehen bei Kraftfahrzeugen die Anschaffungkosten im Vordergrund, während bei fahrenden Arbeitsmaschinen die Betriebskosten eine größere Rolle spielen.

Die hohen Stückzahlen bei KFZ erlauben es, unter hohem Entwicklungsaufwand für den jeweiligen Einsatzfall eine zugeschnittene Lösung zu erstellen, was zur Folge hat, daß eine Standardisierung, wie sie sich in der Stationärhydraulik durchgesetzt hat, in den allermeisten Fällen unbekannt ist. Weiterhin müssen die verwendeten Komponenten großseriengerecht sein. Dies betrifft nicht nur die stark automatisierte Herstellung und Erstmontage, sondern auch die Montage im Reparaturfall. Zeit- und kostenintensive Prüfungen und Justagen müssen weitestgehend vermieden werden.

Ganz anders verhält es sich bei den fahrenden Arbeitsmaschinen. Da hier den Betriebskosten ein hoher Stellenwert zufällt, verschiebt sich die Gewichtung der Kosten zugunsten der laufenden Kosten und zu Lasten der Anschaffungskosten für energiesparende und damit konstruktiv aufwendigere Lösungen. Als Beispiel seien Load-Sensing-Systeme angeführt, welche die Leistungsaufnahme dem jeweiligen Bedarf anpassen. Hierzu werden teure Verstellpumpen eingesetzt.

Da für fahrende Arbeitsmaschinen keine so großen Stückzahlen wie in der Kfz-Industrie benötigt werden, ist man gezwungen, auf Standardkomponenten zurückzugreifen, was häufig gewichtsmäßige Nachteile mit sich bringt.

Im Zuge der Diskussion um Energieeinsparung und Umweltbelastung wird versucht, den Kraftstoffverbrauch zu verringern. Grundsätzlich erwächst daraus die Forderung nach möglichst guten Wirkungsgraden. Desweiteren ist es wichtig, eine hohe Energieausbeute zu erzielen, um die als Folge schlechter Wirkungsgrade notwendigen vergrößerten Kühler und Tanks überflüssig zu machen.

Beim Kraftfahrzeug wird der Hauptteil der vom Verbrennungsmotor angebotenen Leistung für die Fortbewegung verwandt. Die gesamte installierte Hydraulikleistung, die für den Antrieb von Nebenaggregaten vorgesehen ist, kann bis zu 20 kW betragen. Die mittlere Dauerleistung liegt hingegen relativ niedrig, was sich mit den z.T. geringen Einschaltdauern der Nebenaggregate, z.B. ABS, Niveauregulierung und Lenkung erklären läßt. So müssen die vom Verbrennungsmotor angetriebenen Systeme z.B. die Möglichkeit der Verstellung vorsehen, um einen verlustarmen Leerlaufbetrieb der Nebenaggregate zu gewährleisten.

Auch aus wirtschaftlicher Hinsicht ist bei fahrenden Arbeitsmaschinen die Automatisierung von Arbeitsabläufen erstrebenswert, da dadurch Arbeiten schneller und genauer ausgeführt werden können. In der Regel bedingt diese Forderung den Einsatz elektronischer Regelkreise mit entsprechenden Sensoren.

1.2.4 Auflagen

Auflagen, denen die Entwicklung und der Einsatz fluidtechnischer Komponenten im Mobilbereich unterliegen, beziehen sich zum einen auf sicherheitstechnische Aspekte, die im nachfolgenden Kapitel betrachtet werden. Zum anderen resultieren sie aus dem wachsenden Umweltbewußtsein. Insbesondere die verwendeten Druckmedien (siehe Abschnitt 1.4) und das emittierte Geräusch der Maschinen (s.o.) unterliegen diesen Auflagen. Lärmarme Baumaschinen werden mit dem Umweltzeichen RAL UZ53 ausgezeichnet.

1.2.5 Sicherheitsstrategien

Die Sicherheitsstrategien für Kraftfahrzeuge und fahrende Arbeitsmaschinen unterscheiden sich entsprechend ihren unterschiedlichen Betätigungsfeldern. Für schnellfahrende Fahrzeuge müssen andere Konzepte für die Lenkung und die Bremse vorgelegt werden als für Arbeitsmaschinen, die eine bestimmte Höchstgeschwindigkeit nicht überschreiten dürfen.

Beim Kfz ist sicherheitsrelevanten Funktionen besondere Aufmerksamkeit zu widmen. Die Systeme müssen äußerst störsicher ausgeführt sein. Für die wichtigsten Aufgaben muß mindestens eine Notbetätigung vorgesehen werden. Bei der Servolenkung bleibt die Lenkbarkeit des Fahrzeugs aufgrund der mechanischen Kopplung von Lenksäule und Lenkgetriebe bei einem Ausfall des Systems oder bei stehendem Motor erhalten. Dies ist beispielsweise für einen Abschleppvorgang notwendig. Bei der Bremse werden mehrere voneinander unabhängige Bremskreise vorgesehen und selbst bei Ausfall der gesamten hydraulischen Bremsanlage steht immer noch die getrennte, rein mechanisch betätigte Feststellbremse zur Verfügung. Die pneumatisch betriebenen Lkw-Bremsen sind so aufgebaut, daß sie im drucklosen Zustand bremsen. Zu beachten ist, daß beim Fahrer Fehlreaktionen auftreten können, wenn z.B. Lenk- und Bremsunterstützung gleichzeitig ausfallen, obwohl beide Notbetätigungen noch funktionsfähig sind. Dieser Aspekt ist vor allem bei der Konstruktion zentraler Hydrauliksysteme zu beachten. Ein Ausfall von Elementen im Bereich des Fahrwerkes ist nicht ganz so kritisch und wird z.B. durch besondere Fail-Safe-Stellungen beherrscht. Über eine Borddiagnose wird der Umstand und ggfs. der Grund des Versagens zur Anzeige gebracht. Fallen Systeme des Komfortbereiches aus, wie es beispielsweise die Türverriegelung sein kann, wird eine redundante Handbetätigung vorgesehen.

In der Mobilhydraulik werden z.B. bei Druckabfall die Verbraucher in umgekehrter Reihenfolge ihrer Wichtigkeit vom Netz genommen und in eine Sicherheitsstellung gebracht. Für einen Gabelstapler beispielsweise heißt das, daß die Hubfunktion eine höhere Priorität genießt als der Fahrbetrieb. Zudem erfordert die Erhöhung der Fahrgeschwindigkeit hydrostatisch angetriebener Arbeitsmaschinen die Realisierung aufwendiger Sicherheitskonzepte.

1.2.6 Einsatz, Bedienung und Wartung

- **Einsatzgebiet und Wartung**

Weitere Unterscheidungsmerkmale zwischen Industriehydraulik zur Hydraulik in mobilen Anwendungen ergeben sich aus der Art und der Dauer des Einsatzes sowie der Wartungsintervalle und dem Wartungsniveau. An die Hydraulik im Kfz werden hier die größten

Anforderungen gestellt. Zum einen muß ein und dasselbe Fahrzeug für südliche Regionen gleichermaßen wie für nördliche tauglich sein. Zum anderen kann im Individualverkehr das Spektrum der Beanspruchung des Fahrzeuges nicht größer sein. Dies macht es schwer, ein genaues Pflichtenheft zu erstellen. Zudem liegt oft ein nicht immer ausreichend hohes Niveau bei der Wartung vor.

Bei fahrenden Arbeitsmaschinen ist eine regelmäßige Wartung eher gegeben als beim Kfz. Im Vergleich zur Stationärhydraulik läßt sie aber immer noch zu wünschen übrig. Auch stellen die stark unterschiedlichen Betriebszeiten einen Aspekt dar, der bei Auslegung der Systeme zu berücksichtigen ist. Sie reichen vom Dauerbetrieb z.B. bei einem Lader im Steinbruch, bis zum sporadischen Einsatz einer Erntemaschine, die fast das ganze Jahr über stillsteht und zur Erntezeit einige Wochen nahezu ununterbrochen im Einsatz ist [OPG82]. Die einmalige Anpassung an den jeweiligen Einsatzort fällt hier insofern leichter, als daß die Beweglichkeit quer durch unterschiedliche Klimazonen geringer ist als beim Kraftfahrzeug.

- **Verschmutzung**

Da die Verschmutzung der Hydraulikflüssigkeit gerade bei mobilen Systemen die meisten Schäden an Komponenten verursacht, ist der Filterung und der Wartung große Aufmerksamkeit zu schenken. Es werden immer mehr Feinstfilter eingesetzt, um die Partikelzahl im Fluid zu verringern. In der Mobilhydraulik ist der Wartungszyklus wesentlich kürzer als in der Stationärhydraulik. In diesem Zusammenhang wird beispielsweise mit Hilfe des ‘condition monitoring’ ein flexiblerer Ölwechsel angestrebt. Anstelle eines festen Ölwechselzyklus soll das verwendete Öl erst nach der Überschreitung einer Verschmutzungsgrenze und/oder der Alterung des Fluids gewechselt werden. Die dazu notwendige Untersuchungen können on- oder offline durchgeführt werden. Gerade bei der Verwendung von biologisch abbaubaren Medien ist ein Eindringen von Wasser schädlich. Aus diesem Grund werden in das System immer häufiger Wasserfilter integriert oder durch konstruktive Maßnahmen dafür gesorgt, daß Wasser möglichst nicht eintreten kann bzw. eingetretenes Wasser wieder aus dem System entfernt wird [Kem95] [Kem97].

• **Bedienbarkeit**

Die Bedienbarkeit der in Kraftfahrzeugen bzw. in fahrenden Arbeitsmaschinen eingesetzten Komponenten muß extrem gut sein, da oft ein entsprechendes Verständnis für hydraulische bzw. pneumatische Antriebe nicht vorausgesetzt werden kann. Zudem handelt es sich z.B. beim ABS um eine sicherheitsrelevante Funktion, die einfach und eigenständig arbeiten muß, um den Fahrer in kritischen Situationen nicht zusätzlich durch eine anspruchsvolle Bedienung zu belasten. Bei fahrenden Arbeitsmaschinen ist häufig die gleichzeitige Bedienung mehrerer Funktionen erforderlich, so daß auch hier eine einfache Handhabung notwendig ist. In zunehmendem Maße wird der Bediener einer fahrenden Arbeitsmaschine durch automatisierte Teilfunktionen unterstützt. Ein Beispiel hierfür ist bei Staplern die automatische Verminderung der Absetzgeschwindigkeit des Gerüstes beim Absetzen von Lasten auf den Boden. Dies führt nicht nur zu einer Entlastung des Bedieners, sondern steigert auch die Effizienz, mit der die Arbeiten ausgeführt werden können.

1.2.7 Literaturangaben

[OPG86] N.N. o+p Gesprächsrunde Hydraulik und Pneumatik im Kraftfahrzeug (PKW)
o+p Ölhydraulik und Pneumatik 30 (1986), Nr. 12

[OPG82] N.N. Betriebsprobleme in der Mobilhydraulik
o+p Ölhydraulik und Pneumatik 26 (1982), Nr. 2

[BAC92] Backé, W. Hydraulik für Kraftfahrzeuge - Grundlagen und Anwendungsmöglichkeiten
10. Aachener Fluidtechnisches Kolloquium 1992, Band 1, S. 191-232

[BAC95] Backé, W. Trends in mobile hydraulics
The Fourth Scandinavian International Conference on Fluid Power, Tampere (Finland) 26.-29. Sept. 1995

[Kem95]	Kempermann, C.	Technische Aspekte des Einsatzes von Bio-Hydraulikölen Seminar 'Bio-Hydrauliköle', Hamm, 06.09.1995
[Kem97]	Kempermann, C.	Biologisch schnell abbaubare Hydraulikflüssigkeiten, Seminar 'Biologisch schnell abbaubare Schmierstoffe und Arbeitsflüssigkeiten' Technische Akademie Esslingen, 5.-7. Februar 1997

1.3 Komponenten der Fluidtechnik

Im folgenden werden wesentliche fluidtechnische Komponenten und Grundschaltungen erläutert. Dabei steht nicht eine systematische Übersicht aller Prinzipien der Fluidtechnik im Vordergrund. Vielmehr sind die Ausführungsformen zusammengestellt, die im Bereich der Mobilhydraulik Anwendung finden.

1.3.1 Pumpen und Motoren

Pumpen bzw. Motoren dienen der Wandlung mechanischer Energie in hydraulische bzw. umgekehrt. Mit Ausnahme der hydrodynamischen Drehmomentwandler kommen nahezu ausschließlich hydrostatische Verdrängereinheiten zum Einsatz. Diese lassen sich nach ihrem Verdrängerprinzip (Zahn, Flügel, Kolben) unterscheiden. Da das Wirkprinzip der Motoren das gleiche wie das der Pumpen ist, wird im folgenden hauptsächlich auf die Pumpen eingegangen. Bild 1.3.1 zeigt Anhaltswerte für die Einsatzgrenzen der unterschiedlichen Ausführungsformen am Beispiel hydrostatischer Pumpen [Fin94]. Neben den technischen Daten spielen eine Reihe weiterer Auswahlkriterien eine Rolle, z.B. Kosten, Wirkungsgrad, Pulsation, eingesetztes Medium, Schädigungsgefahr durch Verschleiß, Lebensdauer, ... Auch die Möglichkeit, die Einheiten als Verstelleinheiten, d.h. mit veränderlichem, pro Umdrehung gefördertem Volumen ausführen zu können, ist in vielen Einsatzfällen von Belang. Die Verstellung erfolgt i. d. R. hydraulische oder in zunehmendem Maße auch durch eine elektrische Ansteuerung. Neben einer geometrischen Veränderung des Hubvolumens, wie es in einer Verstellpumpe realisiert wird, kann die Einstellung des Volumenstroms auch durch eine Saugdrosselung erfolgen. Wie die Bezeichnung schon andeutet, wird hier der Volumenstrom im Saugkanal gedrosselt, d.h. die Einheit wird nicht voll gefüllt, und somit die Regelung bewirkt (siehe Abschnitt 2.2).

Bauart	als Verstelleinheit ausführbar	zulässiger Betriebsdruck [bar]	zulässige Drehzahl [min^{-1}]	Nenngröße; geometrisches Fördervolumen [cm³]
Aussenzahnradpumpe		250	3500	...1200
Innenzahnradpumpe		300	5000	...1200
Zahnringpumpe		120	1800	...150
Flügelzellenpumpe	●	230	3000	3...800
Taumelscheibenpumpe		300	2000	6...52
Schrägscheibenpumpe	●	400	3700	28...500 (1000)
Schrägachsenpumpe	●	400	6000	100...3600
Radialkolbenpumpe	●	350	2600	1...1000

Bild 1.3.1: Typische Einsatzgrenzen unterschiedlicher Pumpenausführungen

• Zahnradeinheiten

Die Verdrängerräume werden zwischen je zwei Zähnen und den Gehäusewänden gebildet (Bild 1.3.2). Die Verdrängung erfolgt beim Eingriff der Zähne. Vorteile liegen in der kostengünstigen Herstellung und dem weiten Drehzahlbereich sowie in den - insbesondere bei innenverzahnten Einheiten - geringen Pulsationen und damit geringen Geräuschen. Die Einheiten sind nicht verstellbar und arbeiten mit relativ niedrigen zulässigen Drücken (insb. bei aussenverzahnten Einheiten). In mobilen Anwendungen kommen Zahnradpumpen z.B. zur Motor- und Getriebeölversorgung, aber auch zur Versorgung der Arbeitshydraulik oder der Lenkung fahrender Arbeitsmaschinen zum Einsatz.

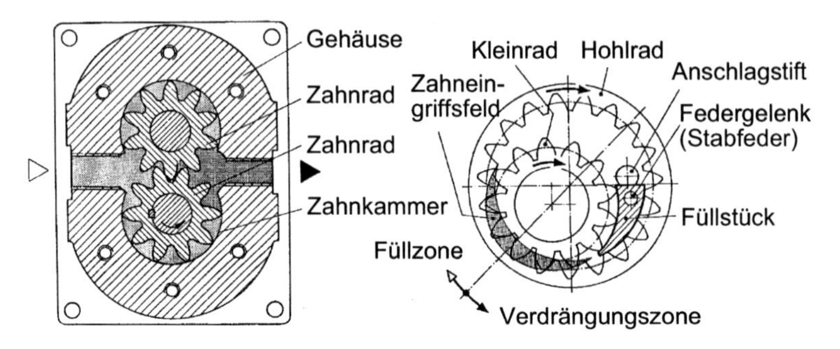

Bild 1.3.2: Aussen- und Innenzahnradpumpe

- **Zahnringeinheit (Orbitmotor)**

Der Rotor mit Aussenverzahnung weist einen Zahn weniger als die Statorscheibe mit Innenverzahnung auf (Bild 1.3.3). Er führt eine Planetenbewegung im Stator aus. Auch diese Bauform kann nicht mit veränderlichem Verdrängungsvolumen ausgeführt werden [Mur97]. Zur Anwendung kommen Zahnringeinheiten z.B. in hydrostatischen Lenkungen fahrender Arbeitsmaschinen (z.B. ZF-Servostat, siehe Abschnitt 3.4).

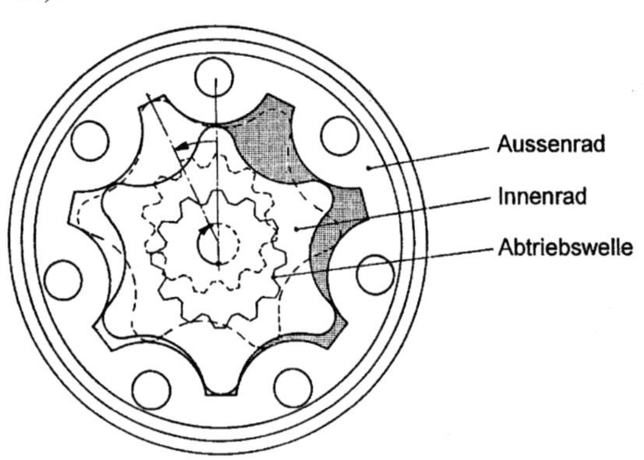

Bild 1.3.3: Zahnringmotor (Danfoss)

• Flügelzelleneinheiten

Jeweils zwei in den Schlitzen des Rotors gleitende Flügel bilden mit dem Gehäuse und dem Rotor die Verdrängerräume, deren Volumen sich während einer Umdrehung aufgrund der Exzentrizität des Rotors zum Stator verändert (Bild 1.3.4). Durch Änderung dieser Exzentrizität können (einhubige) Flügelzellenpumpen in ihrem Fördervolumen variiert werden. Zudem sind die kostengünstige Herstellung sowie der große Drehzahlbereich von Vorteil. Nachteilig ist der geringe zulässige Druck. Flügelzelleneinheiten werden im Mobilbereich nahezu ausschließlich als Pumpe eingesetzt. Ein typischer Einsatz ist die Verwendung als Lenkhelfpumpe bei Servolenkungen.

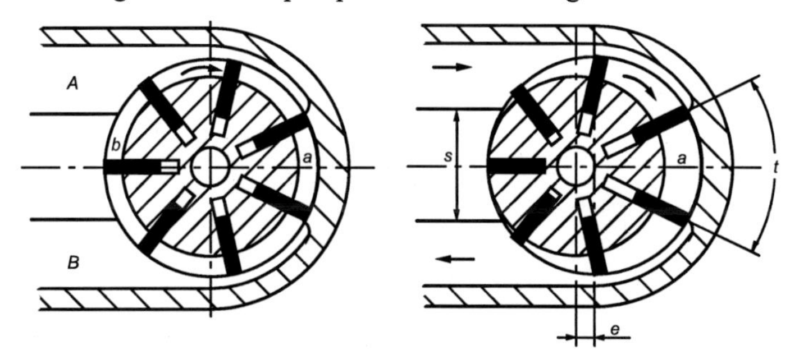

Bild 1.3.4: Schema Flügelzellenpumpe

- **Radialkolbeneinheiten**

Bei Radialkolbeneinheiten sind die Kolbenachsen senkrecht zur Antriebsachse angeordnet (Bild 1.3.5). Zum Einsatz kommt diese Bauform in der Mobilhydraulik z.B. als Radmotor oder als Versorgungspumpe für das ABS. Bei dem in Bild 1.3.5 gezeigten außen beaufschlagten Radialkolbenmotor stehen die im Gehäuse sternförmig angeordneten Zylinder fest. Zur Erzeugung der Hubbewegung finden verschiedene Getriebeprinzipien Verwendung, wie Schubkurbel, Kurbelschleife oder der einfache Exzenter. Die Flüssigkeitsverteilung wird durch einen axialen Steuerspiegel auf der dem Wellenende abgewandten Seite des Motors geregelt. Durch diese Bauart ist ein selbsttätiges Nachstellen bei Verschleiß gegeben.

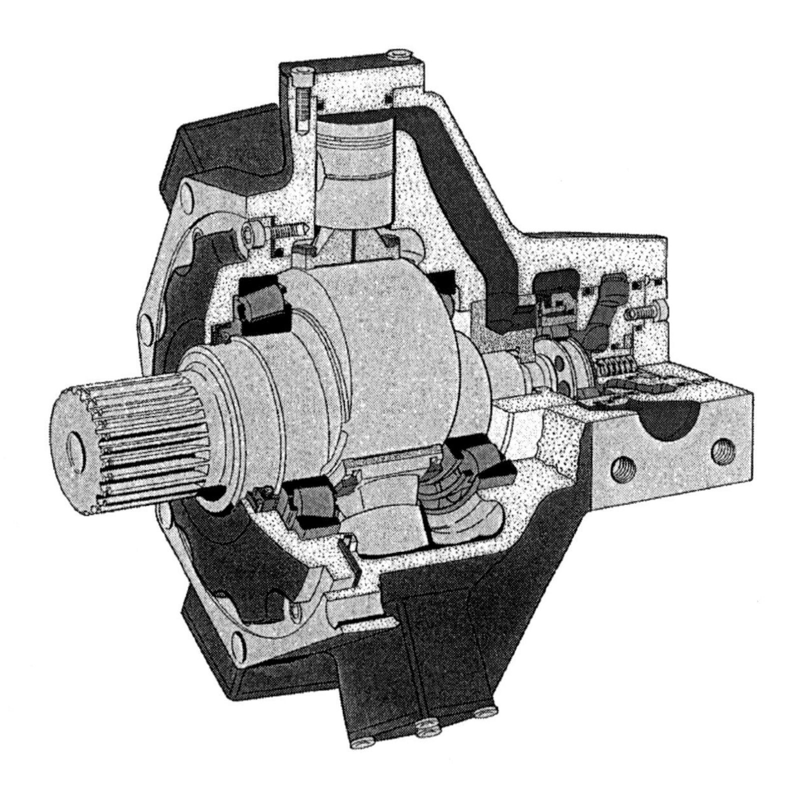

Bild 1.3.5: Innen abgestützter Radialkolbenmotor

- **Taumelscheibeneinheiten**

Die oszillierende Bewegung der Kolben wird durch eine mit der Antriebswelle rotierenden, schrägen Scheibe erreicht (Bild 1.3.6). Ein ebenfalls rotierender Radialverteiler steuert die in und aus den Zylinderräumen fließenden Ölströme von der Saug- zur Hochdruckseite. Vorteilhaft bei dieser Ausführungsform ist der einfache Aufbau und die relativ geringe Anzahl an Leckagestellen. Aufgrund der unausgewuchteten Taumelscheiben ist der Drehzahlbereich durch die auftretenden Massenkräfte begrenzt. Zudem werden die Einheiten nur mit konstantem Fördervolumen ausgeführt, da eine Verstellung der Scheibe im Betrieb sehr aufwendig ist. Zur Anwendung kommt diese Pumpenbauform z.B. in der Pkw-Zentralhydraulik (Citroën) und der Flughydraulik.

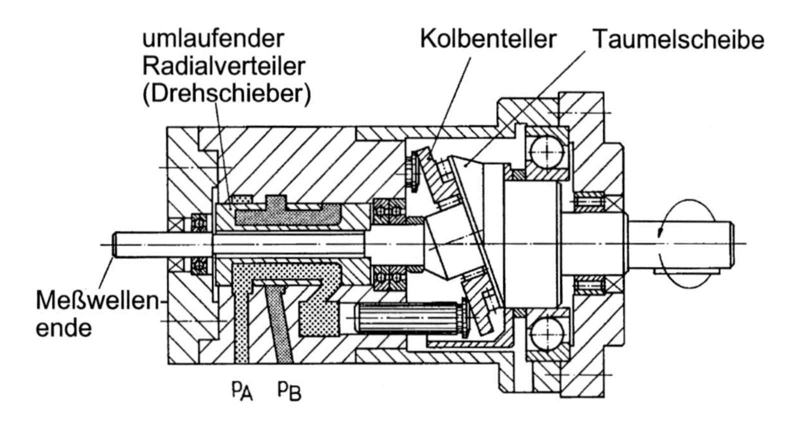

Bild 1.3.6: Taumelscheibenpumpe

- **Schrägscheibeneinheiten**

In einer rotierenden Kolbentrommel werden die Kolben oszillierend bewegt, wobei sie sich über hydrostatisch entlastete Kolbenschuhe auf einer feststehenden, schrägen Scheibe abstützen. Die Steuerung der Ölströme erfolgt über Schlitze (Nieren) im Steuerboden, über dem die Kolbentrommel rotiert (Bild 1.3.7). Schrägscheibeneinheiten weisen eine kompakte Bauform auf und haben aufgrund vieler hydrostatischer Entlastungen ein günstiges Verschleißverhalten. Eine Veränderung des Fördervolumens oder gar eine Förderrichtungsumkehr ist leicht durch ein Verstellen der Schrägscheibe möglich. Von Nachteil sind die hohen Leckverluste an den hydrostatischen Entlastungen. Zudem ist die maximale Ausschwenkung durch die in den Kolbenführungen auftretenden Querkräfte (⇨Reibung, Verschleiß) auf maximal ca. 20° begrenzt. Diese Ausführungsform ist als Versorgung der Hydraulik in mobilen Anwendungen weit verbreitet. Anwendung finden sie in der Fahr- und Arbeitshydraulik von fahrenden Arbeitsmaschinen.

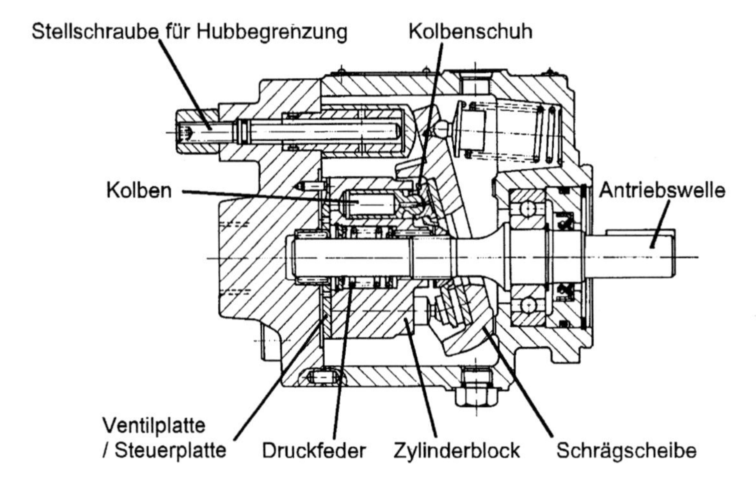

Bild 1.3.7: Schrägscheibenpumpe (Sauer-Sundstrand)

- **Schrägachseneinheiten**

Bei Schrägachseneinheiten dreht sich ein Triebflansch mit der gleichen Geschwindigkeit wie eine schräggestellte Kolbentrommel. Dadurch, daß sich der Abstand während einer Umdrehung periodisch ändert, entsteht die oszillierende Bewegung der Kolben (Bild 1.3.8). Querkräfte auf die Kolben werden dabei vermieden, was große Ausschwenkungen (bis 45°) erlaubt. Eine Volumenverstellung ist durch Schwenken der Kolbentrommel um den Triebflansch möglich. Nachteilig ist der aufwendige, teure Aufbau insbesondere von Verstelleinheiten. Zudem sind beim Verschwenken relativ große Massen zu bewegen. Prinzipbedingt sind bei Schrägachseneinheiten starke Axiallager erforderlich. Im Mobilbereich wird diese Bauform oft als Hydromotor eingesetzt, da sie wegen der fehlenden Kolbenquerkräfte ein gutes Anlaufverhalten zeigt.

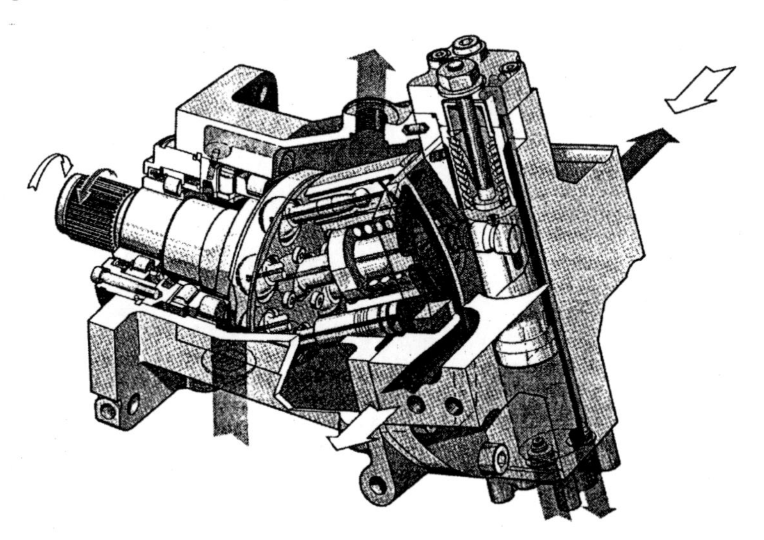

Bild 1.3.8: Schrägachsenmotor

• Schwenkmotoren

Schwenkmotoren werden dort eingesetzt, wo keine umlaufenden Drehbewegungen erforderlich sind. Bild 1.3.9 zeigt das Prinzipbild eines einflügeligen Schwenkmotors, der einen Winkelbereich bis ca. 310° überstreichen kann. Wenn relativ aufwendige Rotationsmaschinen umgangen werden sollen, kann eine Drehbewegung auch mit einer verzahnten Kolbenstange (Linearmotor) und einem Ritzel realisiert werden. Dies bietet sich insbesondere dann an, wenn nur eine begrenzte Zahl von Umdrehungen in eine Richtung verlangt ist (Schwenkkran).

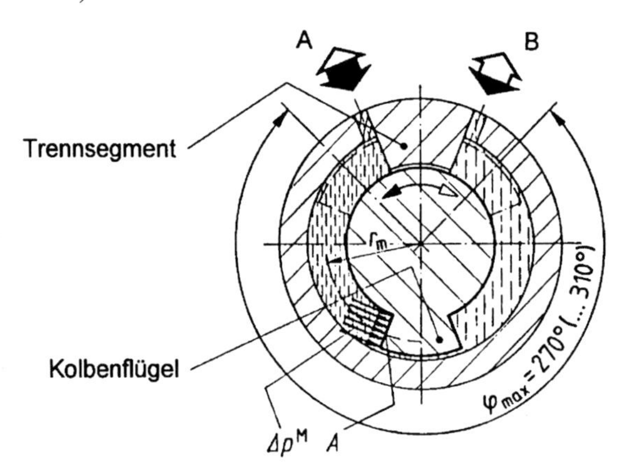

Bild 1.3.9: Schwenkmotor

• Zylinder

In der einfachen Realisierbarkeit linearer Bewegungen durch Zylinder liegt ein wesentlicher Vorteil dieser Antriebstechnik gegenüber anderen, wie z.B. der elektrischen Antriebstechnik. Zu den in der Mobilhydraulik wichtigen Bauformen zählen die doppeltwirkenden Differentialzylinder und die Teleskopzylinder (Bild 1.3.10). Der doppeltwirkende Differentialzylinder zeichnet sich dadurch aus, daß beide Kolbenseiten druckbeaufschlagt sind und die Kolbenstange somit in beiden Richtungen verfahren werden kann. Die druckbeaufschlagten Flächen haben dabei eine unterschiedliche Größe. Mittels Teleskopzylindern können große Hübe bei kleiner Baulänge realisiert werden. Zylinder finden in fahrenden Arbeitsmaschinen vielseitige Anwendungen (Baggerarme, Staplerhubgerüste,...). Teleskopzylinder werden z.B. als Kippzylinder für Ladepritschen oder Kippwaggons und als Auslegerzylinder teleskopierbarer Hubausleger (Mobilkrane,...) eingesetzt.

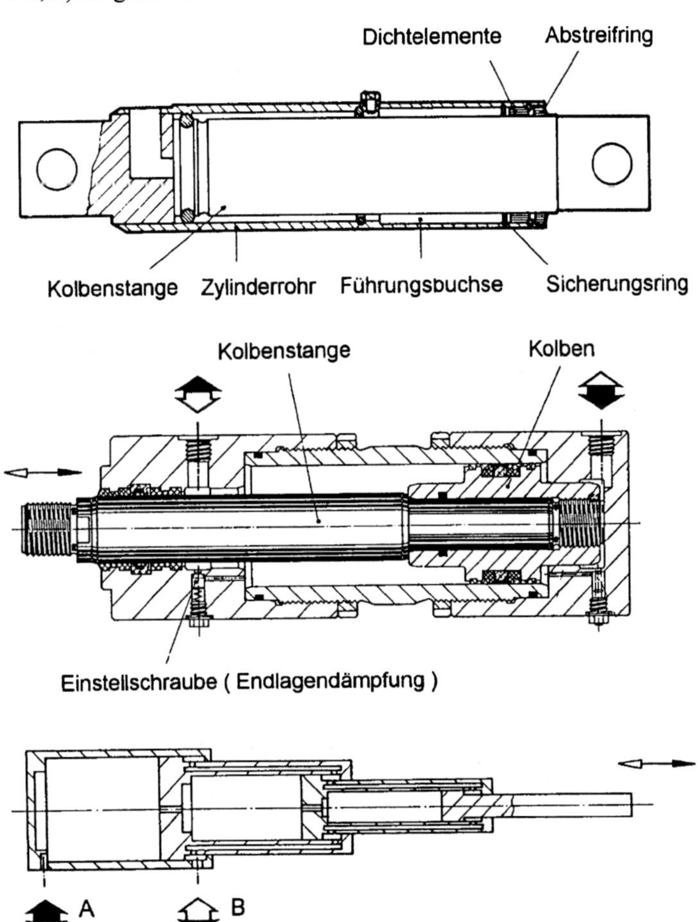

Bild 1.3.10: Plungerzylinder, doppeltwirkender Differential- und Teleskopzylinder

• Wirkungsgrade hydrostatischer Verdrängereinheiten

Die hydraulische Leistung berechnet sich aus dem Produkt von Druckdifferenz und Volumenstrom

$$P_{hyd} = \Delta p \cdot Q \,.$$

Bei hydrostatischen Verdrängereinheiten werden der volumetrische und der hydraulisch-mechanische Wirkungsgrad vom Gesamtwirkungsgrad unterschieden. Mit dem volumetrischen Wirkungsgrad wird den Verlusten durch Leckagen Rechnung getragen. Der hydraulisch-mechanische Wirkungsgrad berücksichtigt Verluste durch Reibung. Der Gesamtwirkungsgrad berechnet sich aus dem Produkt dieser beiden Teilwirkungsgrade und kann zudem aus dem Verhältnis von Nutzleistung zu aufgewendeter Leistung berechnet werden. Das Bild 1.3.11 zeigt die Verhältnisse für Pumpen und Motoren.

	Volumetrischer Wirkungsgrad η_{vol}	Hydraulisch-mechanischer Wirkungsgrad η_{hm}	Gesamtwirkungsgrad $\eta_{ges} = \eta_{vol} \cdot \eta_{hm}$
Pumpe	$\frac{Q_{eff}}{Q_{th}} = \frac{Q_{th} - Q_l}{Q_{th}}$	$\frac{M_{th}}{M_{eff}} = \frac{M_{th}}{M_{th} + M_{verl}}$	$\frac{P_{hyd}}{P_{mech}} = \frac{\Delta p \cdot Q}{M \cdot \omega}$
Motor	$\frac{Q_{th}}{Q_{eff}} = \frac{Q_{th}}{Q_{th} + Q_l}$	$\frac{M_{eff}}{M_{th}} = \frac{M_{th} - M_{verl}}{M_{th}}$	$\frac{P_{mech}}{P_{hyd}} = \frac{M \cdot \omega}{\Delta p \cdot Q}$

$$\text{mit:} \quad Q_{th} = n \cdot V \quad \text{und} \quad M_{th} = \frac{\Delta p \cdot V}{2 \cdot \pi}$$

Bild 1.3.11: Wirkungsgrade von Pumpen und Motoren

1.3.2 Ventile

Hydraulikventile werden in mobilen Arbeitsmaschinen zum Steuern und Regeln von Arbeitsfunktionen eingesetzt. Dabei werden die Strömungsrichtung, der Volumenstrom oder der Druck des Mediums beeinflußt. Die Ventile beinhalten verstellbare hydraulische Widerstände, die aufgrund ihrer Durchflußcharakteristik und ihrer Verschaltung die erforderliche Funktion ausführen.

• Hydraulische Widerstände

Hydraulische Widerstände sind geometrische Querschnittsverengungen. Wird ein hydraulischer Widerstand von einem Volumenstrom Q durchströmt, entsteht an der Querschnittsverengung eine Druckdifferenz Δp. Widerstände können abhängig von der Strömungsform im Arbeitsbereich zwei Hauptgruppen zugeordnet werden, den laminaren und den turbulenten Widerständen. Nach dem Durchflußgesetz liegt bei einer laminaren Strömungsform ein linearer Zusammenhang zwischen dem Volumenstrom Q und der Druckdifferenz Δp vor, während bei rein turbulenten Widerständen der Zusammenhang wurzelförmig ist [Mur97].

• Technische Widerstände

Technische Widerstände, wie sie z.B. in Ventilen auftreten, gehorchen i.a. keinem der genannten Durchflußgesetze streng. Sie werden jedoch meist so ausgeführt, daß möglichst schon bei geringen Strömungsgeschwindigkeiten eine turbulente Strömung auftritt, da das Durchflußgesetz für turbulente Widerstände (Blende) im Gegensatz zu den laminaren Widerständen (Drossel) viskositäts- und temperaturunabhängig ist, vgl. Bild 1.3.12. Das Durchflußgesetz solcher Widerstände lautet (Blendengleichung):

$$Q = \alpha \cdot A \cdot \sqrt{\frac{2 \cdot \Delta p}{\rho}}$$

mit:

Q Volumenstrom

α dimensionsloser Faktor; berücksichtigt die Strahleinschnürung im engsten Querschnitt, sowie die Stoß- und Reibungsverluste; $\alpha = f(Re)$

A Querschnittsfläche

Δp Druckdifferenz am Widerstand

ρ Dichte des Druckmediums

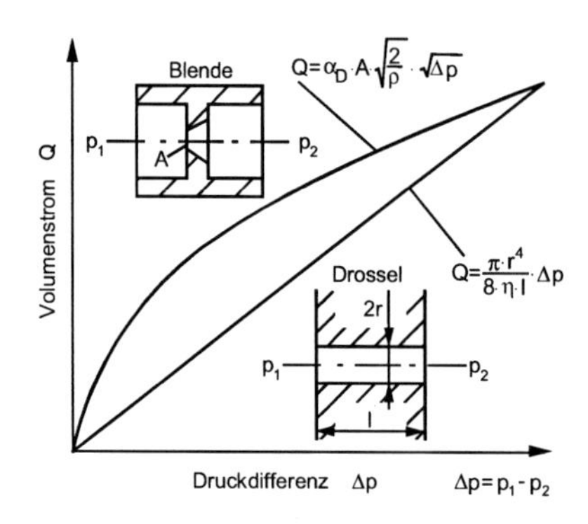

Bild 1.3.12: Blenden- und Drosselgleichung

Die laminaren Widerstände können über die Gleichung

$$Q = \frac{\pi \cdot r^4}{8 \cdot \eta \cdot l} \cdot \Delta p$$

berechnet werden mit:

Q Volumenstrom

η dynamische Viskosität

r Blendenradius

l Blendenlänge

Δp Druckdifferenz am Widerstand

Die aus einzelnen Widerständen aufgebauten Ventile der Mobilhydraulik lassen sich nach ihrer Funktion und Bauweise in mehrere Gruppen einteilen. In Bild 1.3. ist eine Übersicht der Ventilbauarten dargestellt.

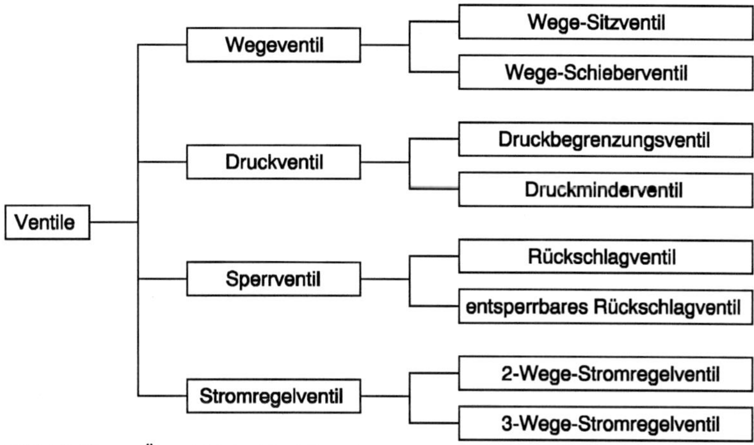

Bild 1.3.13: Übersicht der Ventilbauarten

• Betätigung und Verstellung

Die Betätigung der Ventile, vor allem der Wegeventile, erfolgt bei fahrenden Arbeitsmaschinen oft noch manuell. Das heißt, daß der zu steuernde Widerstand per Handkraft bzw. durch eine mechanische Unterstützung verstellt wird. Die Verstellung kann ebenfalls hydraulisch oder pneumatisch erfolgen, wobei der Ventilkolben dann durch eine resultierende Druckkraft bewegt wird. Erst in den letzten Jahren werden auch vermehrt elektrische oder elektrisch-hydraulische Ansteuerungen eingesetzt, indem z.B. als elektrisch-mechanische Umformer Schalt- oder Proportionalmagnete verwendet werden.

Die Verstellung der erforderlichen Ventilfunktion kann bei den Wege-, Druck- und Stromregelventilen sowohl schaltend als auch stetig erfolgen. Auf diese Weise erhält man Proportionalventile, die in der Übersicht in Bild 1.3.13 nicht explizit aufgeführt sind.

• Wegeventile

Wegeventile dienen der Steuerung des Volumenstroms, insbesondere der Durchflußrichtung und der Verteilung (Bild 1.3.14). Wenn es besonders darauf ankommt, eine Last zu halten, sind die Ventile als Sperr- und Sitzventile ausgeführt. An Schieberventilen treten immer kleine Leckölvolumenströme auf, die zu einem Kriechen der Antriebe unter Last führen. Mit Sitzventilen kann dies deutlich reduziert werden.

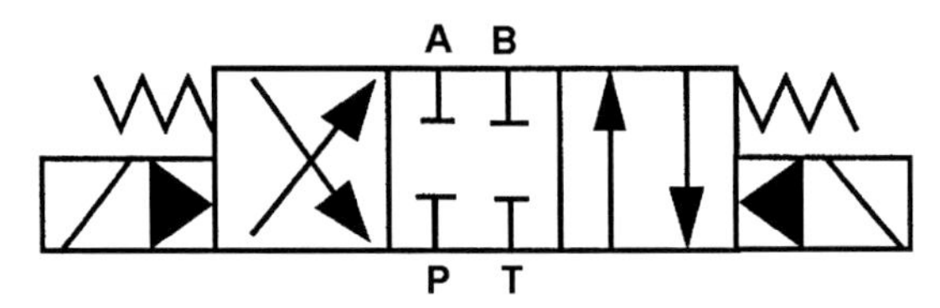

Bild 1.3.14: Schaltsymbol eines elektrisch betätigten 4/3-Wegeventils mit Federzentrierung

• Druckventile

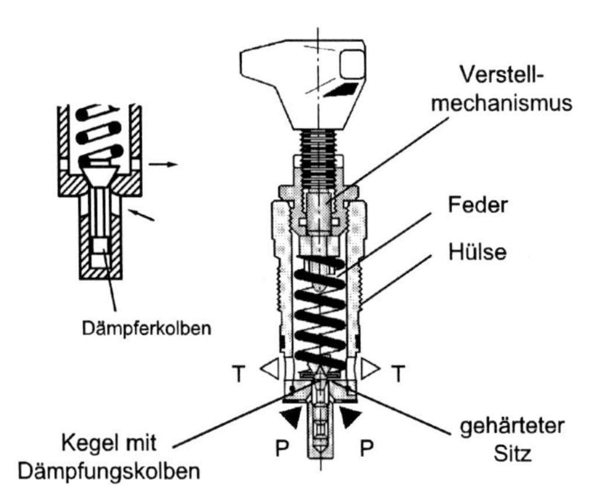

Bild 1.3.15: Druckbegrenzungsventil

Beispiele für Druckventile sind Druckbegrenzungs- und Druckminderventile. Die erste Bauform (Bild 1.3.15) wird häufig als Sicherheitselement eingesetzt, um im System unzulässig hohe Drücke zu vermeiden. Es öffnet bei einem eingestellten Druck zum Tank hin und begrenzt so den Systemdruck auf diesen Maximaldruck. Druckminderventile werden dort eingesetzt, wo von einem vorhandenen Drucknetz ein Volumenstrom zur Versorgung von Verbrauchern mit einem geringeren Druck benötigt wird.

• Sperrventile

Zu den Sperrventilen zählen Rückschlagventile, die einen Volumenstrom nur in einer Richtung zulassen und in der entgegengesetzten Richtung absperren. Bei Drosselrückschlagventilen wird der Durchfluß in einer Richtung nicht komplett gesperrt, sondern über eine Drossel geführt. Können diese Ventile durch Steuersignale für beide Richtungen geöffnet werden, spricht man von entsperrbaren Rückschlagventilen (Bild 1.3.16).

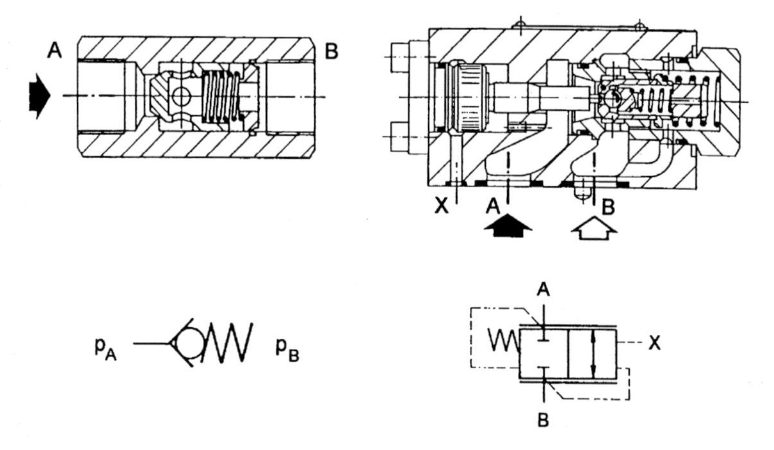

Bild 1.3.16: Rückschlagventil und entsperrbares Drosselrückschlagventil

• Stromregelventile

Bei den Stromregelventilen sollen an dieser Stelle insbesondere die 2- und 3-Wege-Stromregelventile betrachtet werden. Bei 2-Wege-Stromregelventilen (Bild 1.3.17) sind Meßblende und Druckwaage in Reihe geschaltet. Aus dem Gleichgewicht an der Druckwaage ergibt sich, daß der Druckabfall an der Meßblende ungefähr konstant ist. Damit ist auch - unter Vernachlässigung von Temperatureinflüssen - der Volumenstrom über die Meßblende konstant. Um eine gute Ansprechempfindlichkeit zu erzielen, werden Stromregler mit vorgeschalteter Druckwaage im Zulauf zum Verbraucher, solche mit nachgeschalteter Druckwaage im Rücklauf vom Verbraucher eingesetzt.

Bei 3-Wege-Stromreglern (Bild 1.3.18) sind Meßblende und Druckwaage parallel geschaltet. Der Volumenstrom wird in einen geregelten Ausgangsstrom und einen Reststrom aufgeteilt. Eine Parallelschaltung mehrerer 3-Wege-Stromregler ist nicht möglich, da sich die Eingangsdrücke aller Stromregler nach dem Regler mit dem geringsten Eingangsdruck richten würde. Da im 3-Strom-Regelventil der überschüssige Volumenstrom direkt in den Tank abgeführt wird, tritt der Druckverlust p_1-p_0, wie er im 2-Wege-Stromregler vorhanden ist, nicht auf. Somit kann der 3-Wege-Stromregler energetisch günstiger betrieben werden.

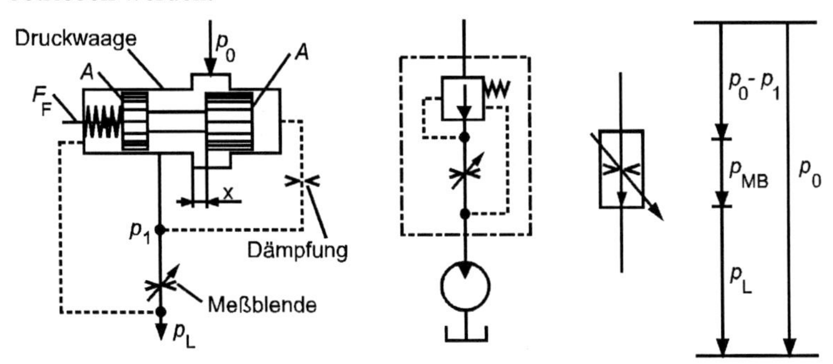

Bild 1.3.17: 2-Wege-Stromregler mit vorgeschalteter Druckwaage

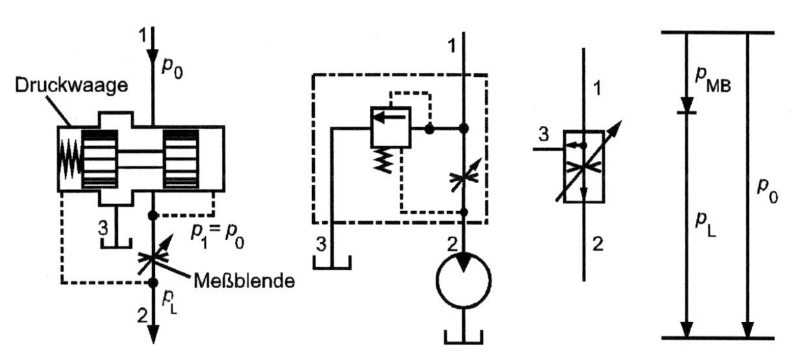

Bild 1.3.18: 3-Wege-Stromregler

• Proportionalwegeventil

Aufgrund der zunehmenden Bedeutung von Proportionalwegeventilen in der Mobilhydraulik sollen diese Ventile hier besonders betrachtet werden. Die elektrisch oder elektrisch-hydraulisch betätigten Proportionalwegeventile bieten eine Vielzahl von Einbau- und Anwendungsvorteilen, welche die Hersteller von mobilen Arbeitsmaschinen veranlassen, sie trotz höherer Investitionskosten in zunehmendem Maß einzusetzen [Köt88]. Beispiele dafür sind Betonpumpen, Ladekräne und Hebebühnen. Die Freizügigkeit des Einbauortes der Ventile sowie deren Ansteuerungen, zusätzliche Sicherheitsschaltungen und die bessere Feinsteuerung sind nur einige der Vorteile.

Die Entwicklung in den letzten Jahren im Bereich der Proportionalwegeventile geht zum einen auf die in der Flug- und Stationärhydraulik eingesetzten Servo- und Proportionalventile mit Lageregelung des Ventilschiebers zurück, zum anderen auf die rein hydraulisch fernbetätigten Wegeventile. Bei den zuletzt genannten Ventilen wird der Ventilschieberweg über einen elektrisch einstellbaren Steuerdruck vorgegeben. Die elektrischen und mechanischen Bauteile dieser Ventile sind kostengünstig, jedoch hat die zu steuernde Last als Störgröße Einfluß auf das Steuerverhalten. Zur Erzeugung des Steuerdruckes, der proportional zu dem elektrischen Eingangssignal ist, werden vor allem drei Prinzipien eingesetzt, die in Bild 1.3.19 dargestellt sind. Die Ansteuerung mit getakteten 2/2-

Wegeschaltventilen stellt eine einfache und preiswerte Lösung dar. Die elektronische Signalerzeugung ist heute unproblematisch. Nachteilig bei diesem Konzept sind jedoch die als Verlust auftretenden Steuerölvolumenströme. Bei den zwei weiteren Prinzipien werden Druckventile eingesetzt, die durch Proportionalmagnete angesteuert werden. Hier treten ebenfalls Verlustleistungen durch die Drosselung in den Vorsteuerventilen auf, die bei der Lösung mit dem Druckminderventil noch geringer sind als bei der mit den Druckbegrenzungsventilen.

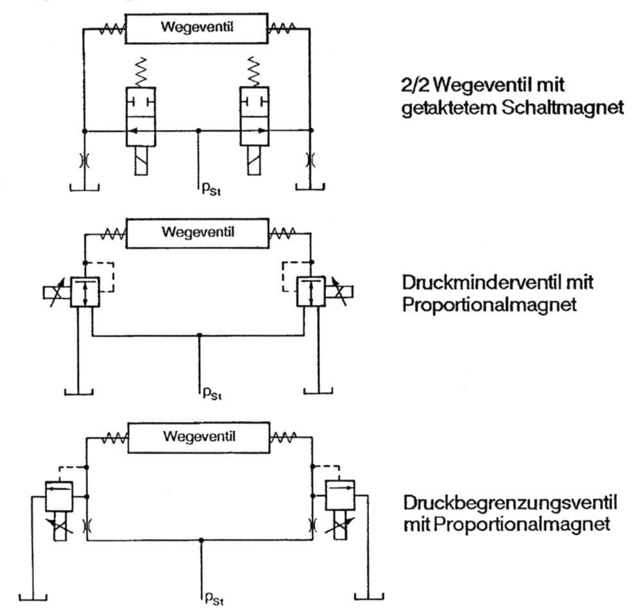

Bild 1.3.19: Hydraulische Betätigung mit elektrisch verstellbarem Steuerdruck

Die Güte der Steuerungen mit diesen Proportionalwegeventilen hängt stark von den Störeinflüssen ab. Mechanische und elektrische Störgrößen sind durch unterschiedliche Maßnahmen weitgehend beherrschbar. Es ist aber schwieriger, den Einfluß der hydraulischen Störgrößen und hier vor allem der Strömungskräfte, klein zu halten. Die Strömungskräfte sind unter anderem abhängig von der Ventilschieberposition und führen gegebenenfalls zu einem Springen oder

Schwingen des Kolbens. Kompensationsmaßnahmen zielen vor allem auf die Beeinflussung der Strömungsführung im Ventil.

Eine weitere Möglichkeit zur Verbesserung der Genauigkeit der Proportionalwegeventile ist die in der Stationärhydraulik angewandte Lageregelung des Wegeventilschiebers. Dabei kann die Lagemessung, der Vergleich zwischen Soll- und Istwert und die Verstellung sowohl elektrisch als auch mechanisch erfolgen. Das Bild 1.3.20 zeigt das Prinzip eines elektrischen Systems. Über einen Wegaufnehmer wird die Ventilschieberlage erfaßt und mit dem Sollwert verglichen. In dem Regler wird daraus ein Ansteuersignal für das Vorsteuerventil erzeugt.

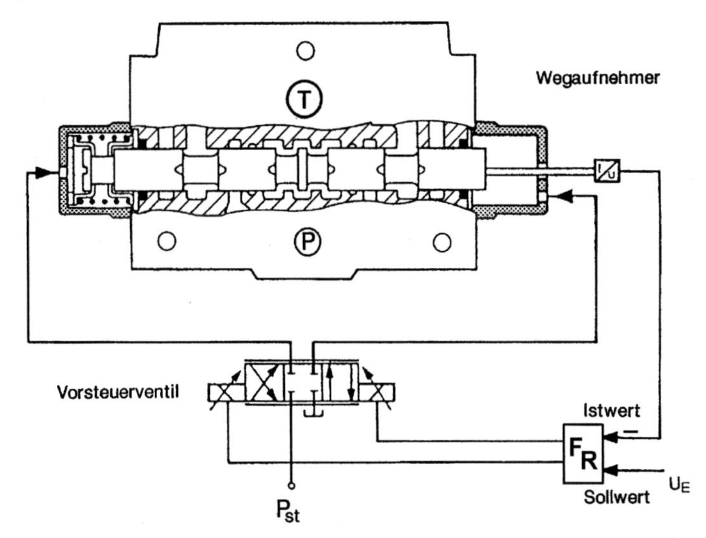

Bild 1.3.20: Lageregelung mit elektrischem Wegabgleich

Eine mechanische Lösung stellt der Regelkreis mit Wegabgleich in Bild 1.3.21 dar. Wird das Vorsteuerventil von dem Proportionalmagneten verstellt, baut sich auf den Kolbenflächen des Hauptschiebers eine Druckdifferenz auf, und der Ventilkolben verfährt entgegengesetzt der Bewegungsrichtung der Vorsteuereinheit. Durch die mechanische Kopplung wird das Vorsteuerventil in seine Ausgangsposition gebracht, so daß an dem Hauptschieber wieder ein Kraftgleichgewicht herrscht und er in Ruhe bleibt.

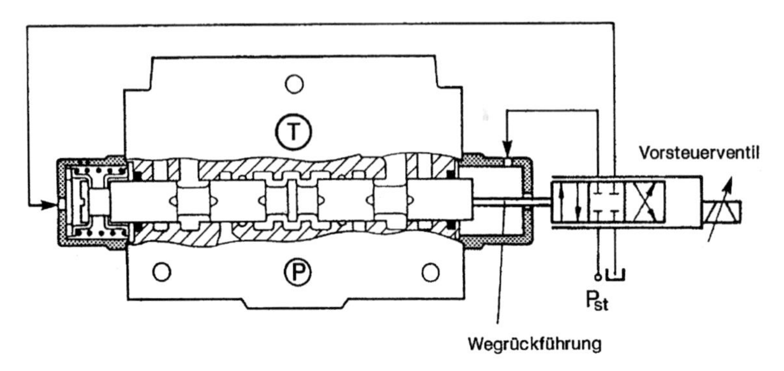

Bild 1.3.21: Lagereglung mit mechanischem Wegabgleich

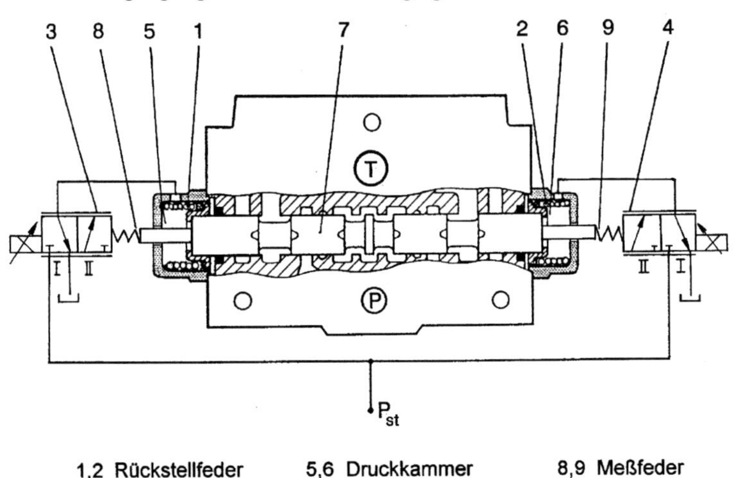

1,2 Rückstellfeder
3,4 Vorsteuerventil
5,6 Druckkammer
7 Wegeventilschieber
8,9 Meßfeder

Bild 1.3.22: Lageregelung mit Kraftabgleich

Eine Lageregelung mit Kraftabgleich ist in dem Ventil in Bild 1.3.22 verwirklicht. In der Mittelstellung sind beide Magnete an den Vorsteuerventilen stromlos. Zur Auslenkung des Schiebers, z.B. nach rechts, wird der Zugmagnet des Vorsteuerventils auf der linken Seite erregt, so daß sich in dem Federraum ein Druck aufbaut. Der Hauptschieber bewegt sich dann so lange, bis die Kraft der Meßfeder zwischen dem Vorsteuer- und dem Hauptsteuerventilkolben der Magnetkraft entspricht. Das Vorsteuerventil geht dann in seine ursprüngliche Lage zurück. Dieses Ventil hat den Vorteil, daß der lange Hub des Ventilschiebers mit einem kurzen Hub des Vorsteuerventils geregelt werden kann.

Bild 1.3.23 zeigt ein modernes einstufiges 4/3 Proportionalventil, auch Regelventil genannt. Es wird von einem Doppelhubmagneten angetrieben, der in beide Richtungen - im Gegensatz zu konventionellen Proportionalmagneten - wirksam ist. Zur Steigerung der Leistungsfähigkeit dieses einstufig ausgeführten Ventils werden die stationären Strömungskräfte kompensiert. Die stetige Positionierung des Schiebers erfolgt in einem elektrischen Lageregelkreis. Die Lage des Schiebers wird von einem induktiven Wegaufnehmer gemessen, dessen Kern mit dem Magnetanker und dem Schieber fest verbunden ist. Ein elektrisches Eingangssignal U_E am Verstärker betätigt durch den Doppelhubmagneten den Steuerschieber gegen eine der Rückstellfedern. Die Regelelektronik sowie die Leistungsstufe für den Proportionalmagneten sind direkt auf das Ventil aufgesattelt [Mur97].

Auf die restlichen zu einem hydraulischen System zählenden Komponenten, wie Sensorik und Zubehör (Tank, Filter, Kühler, Heizung, Wasserabscheider), soll hier nicht näher eingegangen werden. Wegen der unzähligen auf die jeweiligen Bedürfnisse zugeschnittenen Lösungen soll hier auf weiterführende Literatur verwiesen werden [Mur97, Mur98, Mur97a].

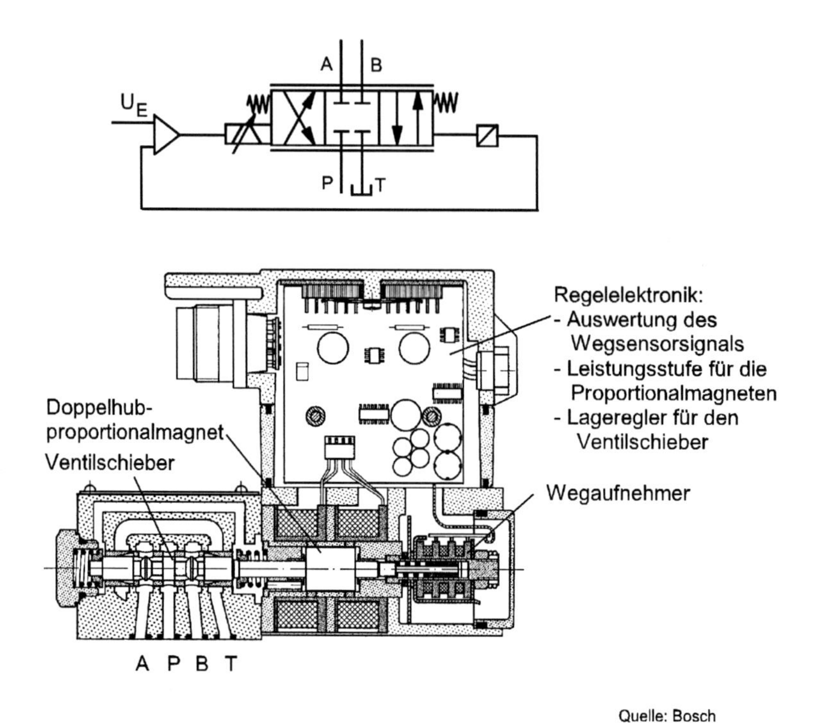

Bild 1.3.23: 4/3-Wege Proportionalventil

1.3.3 Grundschaltungen

Es lassen sich zwei Prinzipien zur Steuerung hydraulischer Leistung unterscheiden: die Widerstands- und die Verdrängersteuerung. Bei der Widerstandssteuerung, die mit Ventilen realisiert wird, steht der Möglichkeit einer schnellen und genauen Verstellung von Volumenströmen und Drücken ein hoher, systembedingter Energieverbrauch gegenüber, da Drosselverluste zur Steuerung herangezogen werden. Die Verdrängersteuerung, die grundsätzlich mit Verstellpumpen oder -motoren aufgebaut wird, arbeitet demgegenüber - abgesehen von den Wirkungsgradverlusten der Einheiten - verlustfrei. Die Verstellpumpe stellt jeweils nur die benötigte Leistung zur Verfügung. Allerdings ist der Bauaufwand für die Verstelleinheiten relativ hoch und die Verstellgeschwindigkeiten sind aufgrund der großen zu bewegenden Massen kleiner als bei der Widerstandssteuerung. Widerstandssteuerungen kommen bei kleinen Leistungen, hohen Genauigkeits-, Geschwindigkeits- und Sicherheitsansprüchen zum Einsatz. Zur Energieeinsparung finden Verdrängersteuerungen bei großen Leistungen Anwendung.

Neben den dargestellten Prinzipien lassen sich Systeme mit aufgeprägtem Volumenstrom bzw. mit aufgeprägtem Druck unterscheiden (Bild 1.3.24).

Bei der Widerstandssteuerung mit aufgeprägtem Volumenstrom liefert die Pumpe einen konstanten Volumenstrom. Je nach Bedarf dosiert ein Ventil einen Volumenstrom zum Verbraucher und leitet den restlichen Volumenstrom zum Tank. Der Arbeitsdruck der Pumpe stellt sich in Abhängigkeit von der Last ein. Das dargestellte Druckbegrenzungsventil dient zum Schutz der Anlage gegen zu hohe Drücke.

Bei der Widerstandssteuerung an einem Netz mit aufgeprägtem Druck speist die Pumpe in ein Drucknetz, dessen Druckniveau stets auf einem konstanten Wert liegt. Über Ventile wird das für die Arbeitsaufgabe benötigte Ölvolumen diesem Netz entnommen.

Im Falle der Verdrängersteuerung mit aufgeprägtem Volumenstrom erfolgt die Leistungsdosierung durch Verstellen der Pumpe. Es wird nur soviel hydraulische Energie von der Pumpe zur Verfügung gestellt, wie zum Betrieb des Verbrauchers nötig ist. Der Druck im System stellt sich nach der Last am Motor ein. Im System mit aufgeprägtem Druck entnimmt ein Verstellmotor dem Netz nur die Energiemenge, die er zum Durchführen der Arbeitsaufgabe benötigt [Mur97]. Hier stellt sich der Volumenstrom als Funktion der Last am Motor ein.

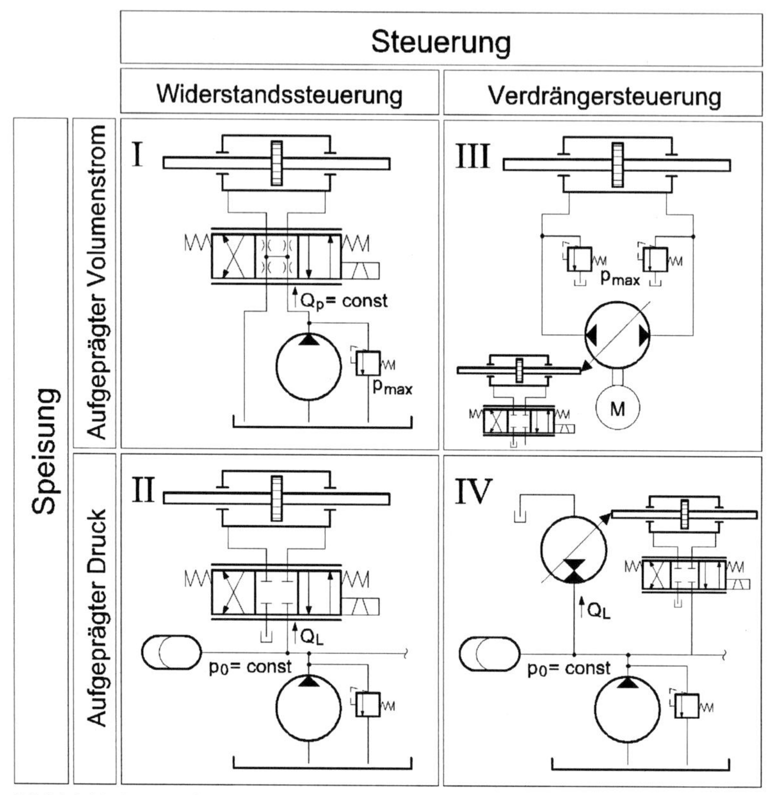

Bild 1.3.24: Systematik der hydraulischen Steuerungen

1.3.4 Literaturangaben

[Mur97]	Murrenhoff, H.	Grundlagen der Fluidtechnik Teil 1: Hydraulik RWTH Aachen, 1. Auflage 1997 Verlag Mainz, Aachen
[Mur98]	Murrenhoff, H.	Servohydraulik Umdruck zur Vorlesung RWTH Aachen, 1. Auflage 1998 Verlag Mainz, Aachen
[Fin94]	Findeisen, D. Findeisen, F.	Ölhydraulik Springer-Verlag Berlin Heidelberg 1994
[Köt88]	Kötter, W.	Proportionale elektro-hydraulische Ansteuerung von Mobilwege- ventilen 8. Aachener Fluidtechnisches Kolloquium, 1988, Band 2
[Mur97a]	Murrenhoff, H. Goedecke, W.-D.	Steuerungs- und Schaltungstechnik I Umdruck zur Vorlesung RWTH Aachen, 5. Auflage 1997 Verlag Mainz, Aachen

1.4 Druckmedien für mobile Anwendungen

Die Einsatzbedingungen der hydraulischen Systeme im Kraftfahrzeug und in fahrenden Arbeitsmaschinen weichen deutlich von stationären Hydraulikanlagen ab. Da auf eine hohe Leistungsdichte Wert gelegt wird, liegen die Maximaldrücke beim Kfz im Bereich von 200 bar, bei fahrenden Arbeitsmaschinen werden 420 bar erreicht. Das stellt hohe Anforderungen an die Schmierfähigkeit und Scherstabilität der Flüssigkeiten.

Aus Gewichts- und Platzgründen sind die Vorratsbehälter klein dimensioniert, so daß die Flüssigkeiten häufig umgewälzt werden und wenig Beruhigungszeit im Behälter zur Verfügung steht. Die hohen Temperaturen im Dauerbetrieb, nicht selten werden lokal 100°C überschritten, stellen zusammen mit der Forderung nach problemlosem Kaltstart im Winter erhebliche Ansprüche an das Druckmedium. Besondere Aufmerksamkeit wird demnach dem Viskositäts-Temperatur-Verhalten beigemessen, zum Beispiel muß bei hohen Temperaturen das Lasttragevermögen gewährleistet sein, was eine Mindestzähigkeit voraussetzt.

Gerade die Hydraulikmedien in fahrenden Arbeitsmaschinen sind zudem der Verschmutzung durch Staub und Wasser ausgesetzt. Einer sorgfältigen Ölreinigung im Betrieb durch Filter und Wasserabscheider kommt daher unter dem Aspekt einer möglichst langen Lebensdauer und damit eines geringen Ölverbrauchs eine große Bedeutung zu.

Die Umweltbelastung durch die Druckmedien ist ein weiterer Aspekt, der bei mobilen Anwendungen beachtet werden muß. Dies gilt für Pkw, ganz besonders jedoch für Forstmaschinen sowie Land- und Baumaschinen, die in Wasserschutzgebieten eingesetzt werden. Dabei ist jedoch bislang die Eigenschaft, "umweltfreundlich" oder "umweltverträglich" zu sein, nur für wenige der am Markt befindlichen Hydraulikflüssigkeiten tatsächlich erwiesen. Diese Flüssigkeiten sind in der Regel aus nachwachsenden Rohstoffen hergestellt worden und/oder tragen das Gütesiegel "blauer Engel.

Im folgenden wird zunächst ein Überblick über die Anwendungsgebiete von Druckmedien in Pkw und fahrenden Arbeitsmaschinen gegeben. Daraufhin werden verschiedene Arten von Druckmedien vorgestellt und spezielle Anwendungen erläutert.

1.4.1 Anwendungen von Druckmedien

Wegen einer starken Standardisierung der Flüssigkeiten im Kfz können hier die extrem weit fortgeschrittenen Entwicklungen von Druckmedien für den jeweiligen Anwendungsfall leicht aufgezeigt werden. Wie das Bild 1.4.1 (vgl. auch Bild 1.1.2) zeigt, kommen in einem Fahrzeug zahlreiche Fluide von unterschiedlichster Zusammensetzung zum Einsatz.

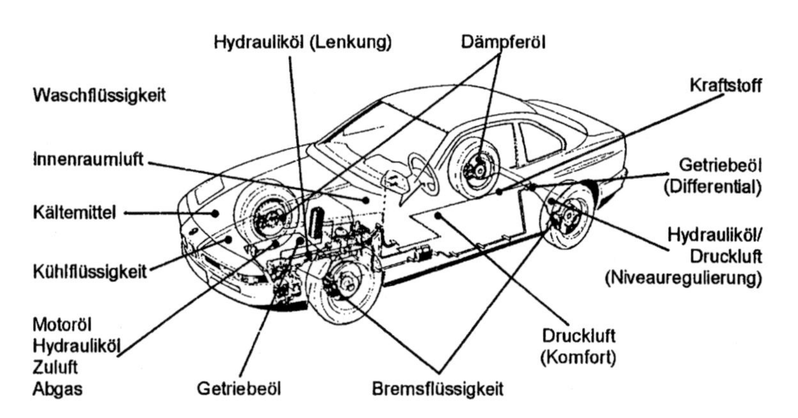

Bild 1.4.1: Fluide im Kraftfahrzeug

In fahrenden Arbeitsmaschinen sind genauso viele verschiedenartige Druckmedien anzutreffen, wie es die Vielfalt von Systemlösungen in der Mobilhydraulik erlaubt. So reicht das Spektrum der Flüssigkeiten vom Mineralöl HLP 46 bei einem Kran auf Rädern über das Getriebeöl eines Traktors hin zu Klarwasser bei einem Betonmischer. Die Zahl der Fluide in einer fahrenden Arbeitsmaschine, siehe Bild 1.4.2 (vgl. auch Bild 1.1.13), ist jedoch durch den Einsatz zentraler Energieversorgungssysteme geringer als bei Kfz. Die Hydrauliksysteme kleiner Baumaschinen werden teilweise zur einfacheren Wartung mit Motorenöl befüllt.

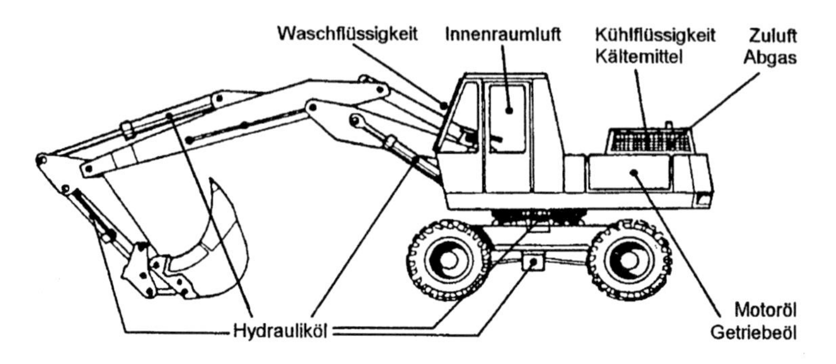

Bild 1.4.2: Fluide in der fahrenden Arbeitsmaschine

1.4.2 Flüssigkeitsarten

In der Mobilhydraulik lassen sich eine Vielzahl von sehr unterschiedlichen Flüssigkeitsarten finden. Ein Vergleich der angewandten Arten ist oft nur schwer möglich. Grundsätzlich sind sie aus einer 'Basisflüssigkeit' und mehreren 'Additiven' zusammengestellt. Der Anteil der Additive reicht dabei von wenigen Prozent bei niedrig legierten Mineralölen bis über 50% bei einigen schwer entflammbaren Flüssigkeiten. Den weitaus größten Anteil am Markt der Druckmedien besitzen bis heute Flüssigkeiten auf Mineralölbasis. Dies liegt besonders an ihren geringen Kosten, welche durch ihre vorläufig noch gute Verfügbarkeit erzielt werden. Wegen der jahrzehntelangen Erfahrung mit diesen Medien und der ebenso langen Entwicklungstätigkeit sind ihre Eigenschaften ausgereift, klar definiert und jederzeit reproduzierbar. Alternativen zu diesen Flüssigkeiten können sich nur dann durchsetzen, wenn sie vergleichbar gute oder bessere Eigenschaften aufweisen.

Ein Nachteil der Hydraulikflüssigkeiten auf Mineralölbasis und vieler synthetischer Flüssigkeiten liegt in den umweltschädigenden Einflüssen des Öls, wenn es in Gewässer oder in den Boden eingebracht wird.

Allgemein gilt, daß ein Maschinenbetreiber nach dem Stand der Technik alles tun muß, um Umweltschäden zu vermeiden. Es sind im wesentlichen vier Flüssigkeitsarten, die dafür in Betracht kommen [Bio00]:

Flüssigkeitsbasis	**Kurzzeichen**
Triglyzeride (wasserunlöslich) (pflanzliche / tierische Öle)	HETG
synthetische Ester (wasserunlöslich)	HEES
Polyglykole (wasserlöslich)	HEPG
Polyalphaolefine	HEPR

Die für andere Anwendungsgebiete der Hydraulik (Bergbau, Schmieden, etc.) entwickelten, wasserhaltigen Flüssigkeiten (HFA und HFC) scheiden aus mehreren Gründen aus. Hierzu zählen die ungünstigen Einsatzgrenzen der Temperatur wegen des Gefrier- und des Siedepunktes des Wassers sowie das geringere Verschleißschutzvermögen. Die schwerentflammbaren synthetischen Flüssigkeiten (HFD) sind noch stärker toxisch als Mineralöle, was ihre Verwendung ebenfalls ausschließt.

Die Gruppe der HEPR umfaßt die synthetisch hergestellten Polyalphaolefine und verwandte Kohlenwasserstoffe einschließlich Grundölanteile anderer biologisch schnell abbaubarer Basisflüssigkeit. HEPR finden sich besonders als Motorenöle wieder.

Das Bild 1.4.3 zeigt eine Übersicht über die Mengenverteilung der einzelnen Flüssigkeitsarten am gesamten Hydraulikmarkt. Die Prognose für das Jahr 2005 kann als zu positiv bewertet werden. Es ist aber davon auszugehen, daß sich langfristig betrachtet das Verhältnis der Absatzmengen zwischen mineralölbasischen Flüssigkeiten und biologisch schnell abbaubaren Medien zu Gunsten der Bioöle verschieben wird. Schwerentflammbare Fluide werden in der Mobilhydraulik allein in Flugzeugen eingesetzt.

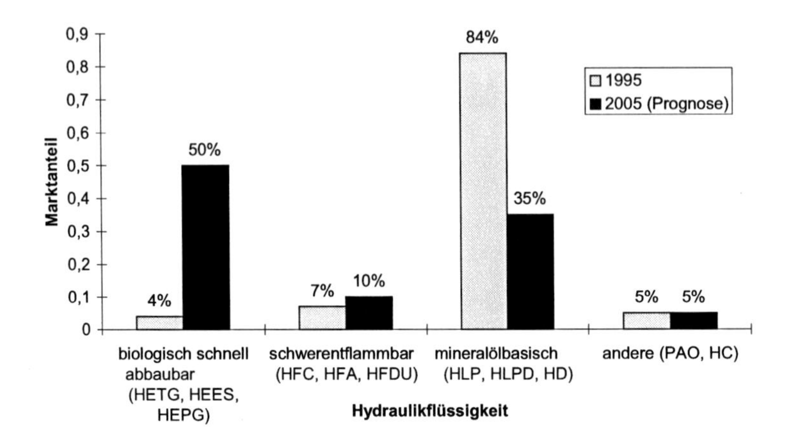

Bild 1.4.3: Marktübersicht Hydraulikflüssigkeiten [Man97]

1.4.2.1 Mineralölbasische Flüssigkeiten

Mineralöle sind Raffinationsprodukte einer bestimmten Siedelage. Sie bestehen vornehmlich aus Naphtenen, Paraffinen und Spuren von Aromaten. Durch die Variation der einzelnen Mengenanteile können einige grundlegende Eigenschaften festgelegt werden.

Ein wesentliches Klassifikationskriterium ist die Viskosität einer Flüssigkeit. Maßgeblich ist hier die nach DIN 51561 bezeichnete kinematische Viskosität in mm^2/s bei der Prüftemperatur von 40°C. Ist die Viskosität bei einer zweiten Prüftemperatur bekannt, so kann bei Newton'schen Flüssigkeiten durch geradlinige Verbindung beider Punkte im sogenannten Ubbelohde-Diagramm (Bild 1.4.4) der Verlauf von Viskosität und Temperatur ermittelt werden.

Oft wird anstatt der kinematischen Viskosität der Viskositätsindex (VI) nach ISO 2909 angegeben. Diese im Vergleich zu zwei definierten Referenzsölen ermittelte Kennzahl gibt die Abhängigkeit der Viskosität von der Temperatur an. Unlegierte Mineralöle zeigen Viskositätsindices um 100.

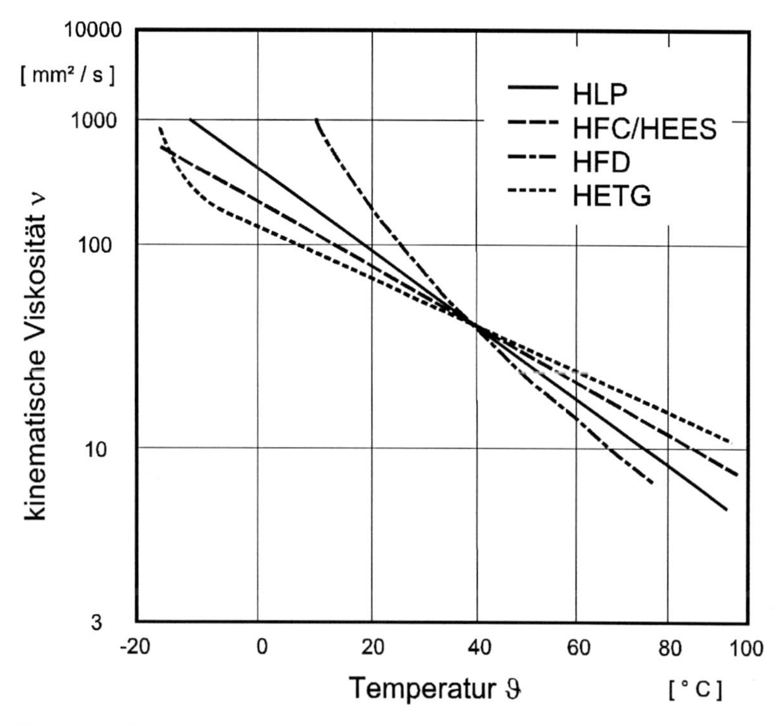

Bild 1.4.4: Viskositäts-Temperatur-Diagramm für Mineralöle nach Prof. Ubbelohde

Reine Mineralöle werden in der Mobilhydraulik praktisch nicht eingesetzt. Bei den Flüssigkeiten handelt es sich vielmehr um Legierungen, bei denen der Grundflüssigkeit Zusätze in der Größenordnung von einigen Volumen-% zugegeben werden. Diese sogenannten Additive üben einen wesentlichen Einfluß auf die Eigenschaften der Flüssigkeit aus.

1.4.2.2 Triglyzeride

Schon in der ersten Ölkrise Anfang der siebziger Jahre sind vorwiegend in Finnland Bestrebungen unternommen worden, Mineralölprodukte durch nachwachsende, pflanzliche Rohstoffe zu substituieren. Nicht nur als Kraftstoff, sondern auch als Basis für hochwertige Hydrauliköle hat sich dabei das aus der Rapsfrucht und aus artverwandten Pflanzen stammende Öl als besonders geeignet erwiesen.

Beim Mineralöl liegen immer mehr oder weniger häufig verzweigte Kohlenwasserstoffketten vor. Bei allen Pflanzenölen handelt es sich um einen Ester, der aus einem dreiwertigen Glycerin (Triglycerid) als Alkoholkomponente und 3 sogenannten Fettsäuren (beispielsweise Linolsäure, Ölsäure oder Erucasäure) besteht (Bild 1.4.5). Je nach Kombination ergibt sich das pflanzentypische Produkt.

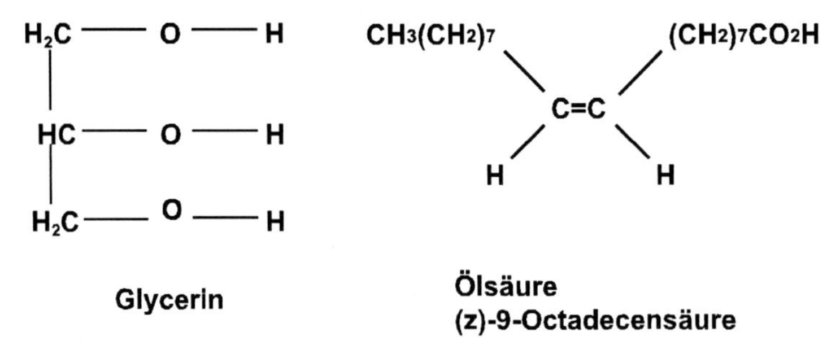

Bild 1.4.5: Glycerin und Ölsäure

Der Begriff Veresterung bezeichnet den reversiblen Prozeß, der bei der Reaktion von Alkoholen und Säuren abläuft, wie es in der folgenden Gleichung vereinfacht dargestellt ist:

$$\text{Alkohol} + \text{Säure} \rightleftharpoons \text{Ester} + H_2O \qquad (1.4\text{-}1)$$

Der Ester, der beim pflanzlichen Stoffwechselvorgang erzeugt wird, heißt pflanzlicher Ester, Pflanzenöl oder natives Öl. Durch die Tatsache, daß jeweils drei Fettsäurereste mit einem Glycerinmolekül verbunden sind, besitzt das Öl einen polaren Charakter. Die daraus resultierende Haftung auf Metalloberflächen bringt einen sehr guten Verschleißschutz mit sich. Durch die Oberflächenbenetzung ist zudem ein guter Korrosionsschutz gegeben.

Die Molekülstruktur mit den Esterbindungen und den charakteristischen Kohlenstoff-Doppelbindungen wird relativ leicht durch Oxidation (Sauerstoffzugabe), Hydrierung (Wasserstoffzugabe) oder Hydrolyse (Spaltung in Alkohol und freie Fettsäuren) verändert. Gerade unter den üblichen Einsatzbedingungen bei hoher Temperatur folgt daraus eine relativ geringe Alterungsbeständigkeit nativer Öle, verbunden mit der Entstehung agressiver Spalt- und Reaktionsprodukte.

Andererseits wird dadurch jedoch ein rascher und nahezu vollständiger biologischer Abbau der durch Leckagen verlorenen Flüssigkeit im Boden, auf Wasserflächen und in Kläranlagen ermöglicht. Wie Bild 1.4.6 zeigt, wird im OECD-Test Pflanzenöl nach 21 Tagen zu nahezu 100% abgebaut, während Mineralöl nur eine Abbaurate von ca. 25% erreicht. Als weiterer wichtiges Prüfverfahren ist der schärfere CEC-Abbautest L-33-A-93 zu nennen, der nicht nur den Abbau des eigentlichen Öles betrachtet, sondern auch die Zersetzung der Abbauprodukte in umweltverträgliche Stoffe berücksichtigt. Es muß darauf geachtet werden, daß bei nativen Ölen durch eine geeignete Additivierung die unerwünschte Alterung oder Zerstörung der Flüssigkeit im Betrieb vermieden wird. Die hierbei zum Einsatz gebrachten Additive dürfen den natürlichen biologischen Abbau nicht behindern und müssen selbst untoxisch und leicht abbaubar sein.

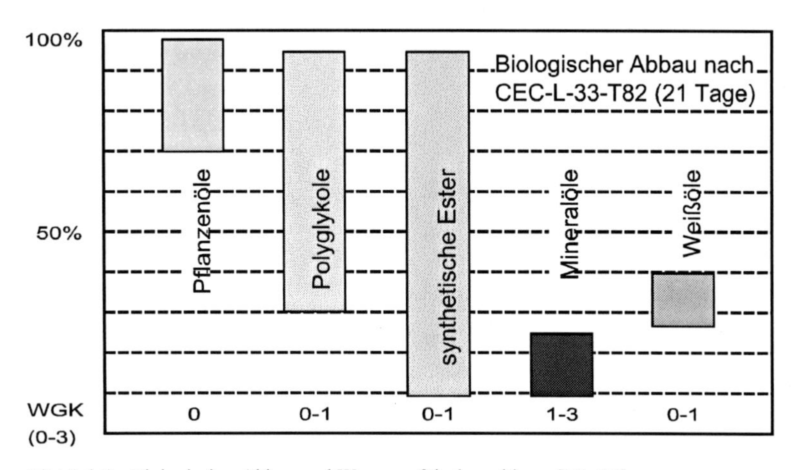

Bild 1.4.6: Biologischer Abbau und Wassergefährdungsklasse [Mur97]

Der toxische Einfluß von Hydraulikflüssigkeiten auf Säugetiere, Pflanzen und Bakterien wird im wesentlichen durch die Additive bestimmt. Er wird nach dem Wasserhaushaltsgesetz durch vier

Wassergefährdungsklassen - WGK 1 - 3 sowie "nicht wassergefährdend"(ehemals WGK 0) bewertet: im allgemeinen nicht wassergefährdend, schwach wassergefährdend, wassergefährdend und stark wassergefährdend. Biologisch abbaubare Flüssigkeiten sollen in WGK "nicht wassergefährdend" oder 1 eingestuft sein.

Am Markt sind bereits mehrere Produkte verfügbar, die für Einsatztemperaturen bis 80°C eine ausreichende Alterungsstabilität aufweisen. Auf Grund der natürlichen Herkunft der Pflanzenöle besitzen diese eine Viskositätsklasse vergleichbar ISO VG 32 mit einem hohen Viskositätsindex um 210, der einen weiten Temperaturbereich ermöglicht. Allerdings darf nicht verschwiegen werden, daß sie sich aufgrund ihrer chemischen Struktur für Anwendungen mit hoher thermischer Belastung, wie sie in Baumaschinen häufiger anzutreffen sind, nur bedingt eignen.

1.4.2.3 Synthetische Ester

Die synthetischen Ester haben zwar prinzipiell den gleichen Aufbau wie natürliche Ester, es gibt jedoch keine vorgegebene Wertigkeit der Alkohole. Es können theoretisch alle Kombinationsmöglichkeiten von Alkoholen und Carbonsäuren ausgeschöpft werden. Als Ausgangsstoffe werden oftmals natürliche Produkte gewählt, die dann in verschiedenen Verfahrensschritten neu kombiniert werden.

Die synthetischen Ester werden in zwei Hauptgruppen unterteilt. Einerseits in Dicarbonsäureester, bestehend aus einem primären Alkohol und einer gewünschten Dicarbonsäure, und andererseits in Polyester, bestehend aus einem mehrwertigen Alkohol und vielen Monocarbonsäuren. Bei der Raffination wird der Ausgangsprozeß der Veresterung (Gleichung 1.4-1) weiter fortgesetzt und der Ester gegen Oxidation und Hydrolyse stabilisiert.

Bei den synthetischen Estern besteht keine Beschränkung der Kombinationsmöglichkeiten von Alkoholen und Säuren, wie sie bei pflanzlichen Estern durch die jeweilige Pflanzenart vorgegeben ist. So besteht hier die Chance, gezielter nach Produkten zu suchen, die den geforderten Eigenschaften von Druckmedien nahe kommen. In Bezug auf die Alterungs- und Temperaturbeständigkeit können so wesentlich stabilere Moleküle hergestellt werden. Zudem ist die gezielte Anpassung anderer Werte, wie beispielsweise die Viskosität, der Viskositätsindex und das Tieftemperaturverhalten möglich. Dennoch müssen auch diese Flüssigkeiten mit Additiven versetzt werden, die ebenfalls den Restriktionen des Umweltschutzes unterliegen.

1.4.2.4 Polyglykole

Polyglykole werden seit mehreren Jahrzehnten als synthetische Hochleistungsschmierstoffe eingesetzt. Besonders die Polyalkylenglykole weisen dabei ein geringeres Umweltgefährdungspotential als Mineralöle auf. Da sie in einem petrochemischen Vorgang synthetisiert werden, kann durch Variation des Molekulargewichtes die Viskosität beeinflußt werden, so daß verschiedene Viskositätsklassen zur Verfügung stehen. Die Viskositäts-Temperaturabhängigkeit ist entsprechend den Esterölen geringer als bei Mineralölen, der VI beträgt ohne entsprechende Additivierung 185-215 im Gegensatz zu unlegierten Mineralölen mit ca. 100.

Die tribologischen Eigenschaften sind denen der Mineralöle ebenbürtig oder überlegen, so daß Polyalkylenglykole seit langem mit Erfolg in Hydrauliksystemen eingesetzt werden, die für den Betrieb mit Mineralöl ausgelegt sind. Im Gegensatz zu Ölen sind Polyglykole jedoch wasserlöslich. Auf diese Weise lassen sich Leckagen mit Wasser abspülen, was bei der Wartung Vorteile bietet. Die Wasserlöslichkeit trägt wesentlich zur biologischen Abbaubarkeit bei, da der Abbau nicht wie bei Ölen in den Tropfenoberflächen, sondern in der Lösung stattfinden kann, was einen raschen Abbau im Oberflächengewässer ermöglicht. Leider wird bei Leckagen über natürlichem Boden die Flüssigkeit durch Regenwasser rasch in die tieferen, unbelebten und sauerstoffarmen Erdschichten getragen, so daß sie ohne vorherigen Abbau ins Grundwasser gelangen können. Aufgrund der gemessenen Werte für die Toxizität an Säugetieren, Bakterien und Fischen sowie für die Abbaubarkeit werden handelsübliche Hydraulikflüssigkeiten aus Polyalkylenglykolen in der Wassergefährdungsklasse "im allgemeinen nicht wassergefährdend" eingestuft.

Bei der Verwendung dieser Flüssigkeiten muß beachtet werden, daß sie auf Kunststoffe anders einwirken als Öl. Die Werkstoffe von Dichtungen und Schläuchen müssen daher auf die Flüssigkeit abgestimmt werden. In der Regel muß die Innenlackierung des Ölbehälters entfernt werden, da Polyglycole Lacke auflösen. Aufgrund der höheren Dichte der Polyglykole gegenüber Mineralöl müssen die Strömungsverhältnisse in einer hydraulischen Anlage angepaßt werden. Auch zeigen Polyglykole eine stärkere Neigung zu Kavitation, was für den Ansaugbereich der Pumpe entscheidend ist.

Polyglykole nehmen im Betrieb Wasser aus der Luftfeuchtigkeit auf. Durch regelmäßige Kontrollen des Wassergehaltes und zweckmäßige Behälterkonstruktion sollte ein überhöhter Wasseranteil in der Flüssigkeit ausgeschlossen werden.

1.4.2.5 Additive

Reine Basisflüssigkeiten können die Anforderungen moderner Hydraulikkomponenten und Anlagen nicht immer erfüllen. Da sich die Qualität der Grundflüssigkeiten nur begrenzt durch Änderungen der Herstellungsverfahren steigern läßt, müssen durch chemische Zusätze Leistungssteigerungen realisiert werden. Diese Zusätze werden auch als Additive bezeichnet.

Additive werden einerseits unterschieden in solche, welche die physikalischen und chemischen Eigenschaften der **Grundflüssigkeiten** beeinflussen, wie das VT-Verhalten, die Kristallisationstendenz oder die Alterungsstabilität. Andererseits werden Additive verwendet, die an der **Grenzfläche** zwischen der Flüssigkeit und Komponenten oder Verschmutzungen wirken, also das Reibungs- und Verschleißverhalten verbessern, Korrosion vermeiden oder Partikel in Suspension halten. Die chemische Wirkungsweise der einzelnen Additive kann synergetische oder auch antagonistische Effekte hervorrufen. Zahlreiche Additive weisen mehrere Funktionen auf, wodurch die Möglichkeit der gegenseitigen Störung einzelner Zusätze eingeengt ist. Diese Gruppe wird unter der Bezeichnung „multipurpose additives“ geführt.

Durch Additivierung kann beispielsweise die Abhängigkeit der Viskosität von der Temperatur verringert werden, wodurch ein VI bis ca. 180 bei HLP-Ölen (bis 400 bei HV) erreicht wird. Die Tabelle 1.4.1 zeigt einen Überblick über die gebräuchlichsten Additive, die in Hydraulikflüssigkeiten eingesetzt werden.

Additivtyp	Angriffspunkt	Funktion
Verschleißinhibitoren	Grenzfläche	Verhinderung von mechanischem Verschleiß, insbesondere bei Mischreibung
Reibwertveränderer	Grenzfläche	Veränderung des Reibkoeffizienten
Haftverbesserer	Grenzfläche	Verbesserung der Haftfähigkeit
Rostinhibitoren	Grenzfläche	Schutz vor korrosivem Angriff der Oberflächen
Metalldesaktivatoren und -passivatoren	Grenzfläche	Bildung passivierender Schutzschichten auf Oberflächen
Detergents Dispersants	Grenzfläche	Verhinderung der Schlammbildung und der Lackbildung auf heißen Oberflächen
Festschmierstoffe	Grenzfläche	Verbesserung der Not- und Einlaufeigenschaften
Antioxidantien	Grundöl	Verzögerung der oxidativen Alterung
VI-Verbesserer	Grundöl	Verringerung der Temperaturabhängigkeit der Viskosität
Pourpoint-Verbesserer	Grundöl	Verbesserung des Tieftemperatur-Fließverhaltens
Antischaumzusätze	Grundöl	Verminderung der Verschäumungsneigung

Tabelle 1.4.1: Additive für mineralölbasische Hydraulikflüssigkeiten [Bus95]

1.4.3 Einsatzfelder

Die unterschiedlichen Anwendungen im Fahrzeug sind aufgrund der teilweise sehr verschiedenen Anforderungen heute nur mit unterschiedlichen Fluiden möglich. Selbst die Luft muß je nach Verwendung unterschiedlich aufbereitet werden.

Die Luft, die zum Verbrennungsvorgang benötigt wird, wird gefiltert und in den Wintermonaten zur Verhinderung von Eisbildung vorgewärmt. Luft, die zur Belüftung des Innenraums dient, wird grob gesiebt, um das Verstopfen des Systems mit Laub zu verhindern, teilweise jedoch auch bereits gefiltert. An Stellen, an denen die Pneumatik als Unterdrucksystem betrieben wird, etwa beim Bremskraftverstärker oder bei der Zentralverriegelung, ist keine besondere Maßnahme erforderlich. Werden dagegen, wie im Lkw, Federung und Bremse pneumatisch betrieben, so ist zur Bereitstellung der Druckluft ein Kompressor mit anschließendem Trockner notwendig.

Bei den Flüssigkeiten, also den Schmier- und Betriebsstoffen, den Kraftstoffen und den Druckübertragungsmedien, werden die Unterschiede noch deutlicher. Während beim Kraftstoffsystem die Komponenten an die Flüssigkeit angepaßt werden müssen, werden in anderen Bereichen sowohl Flüssigkeit als auch Komponenten aufeinander abgestimmt. So wird beispielsweise beim Kraftstoffsystem des Dieselmotors eine Heizung eingebaut, um das Ausflocken von Paraffin bei tiefen Temperaturen des Dieselkraftstoffes zu verhindern; bei den Bremsen dagegen wurde die Bremsflüssigkeit dahingehend entwickelt, daß sie die auftretenden hohen Temperaturen ohne Verdampfen erträgt.

Das Schmierverhalten von Druckübertragungsmedien hat Auswirkungen auf die Gestaltung der verwendeten Lagerstellen, wobei reine Schmierstoffe oftmals zusätzlich hydraulische Aufgaben übernehmen.

Eine Sonderstellung nimmt das Kältemittel von Klimaanlagen ein, das im Betrieb ständig den Aggregatzustand wechselt. Dieses unter Druck stehende Medium überträgt zwar lediglich eine Wärmeleistung, der Klimakompressor stellt aber dennoch eine motorgetriebene fluidtechnische Komponente dar. Insbesondere sind die in einigen Staaten noch zugelassenen Kältemittel auf FCKW-Basis in hermetisch abgedichteten Kreisläufen einzusetzen.

1.4.3.1 Motor

Im Motor kommen im wesentlichen vier verschiedene Fluide zum Einsatz.

- **Kraftstoff**

Hierbei sind die wichtigsten das Benzin und das Dieselöl sowie in kleinem Rahmen das Flüssiggas. Die Verwendung alternativer Rohstoffe wie flüssiges oder komprimiertes Erdgas, Alkohole, Produkte aus Pflanzenölen oder Wasserstoff ist Gegenstand von Untersuchungen.

Während das Kraftstoffsystem beim Vergasermotor nur mit niedrigen Drücken arbeitet, muß bei Einspritzmotoren wegen der auftretenden höheren Drücke große Sorgfalt bei der Auslegung der Pumpe aufgewendet werden, da die Schmierfähigkeit von Kraftstoffen gering ist.

- **Ansaugluft, Abgas**

Aus fluidtechnischer Sicht erzeugt die Strömung dieser Gase insofern Probleme, daß vor und hinter dem Verbrennungsraum starke Pulsationen auftreten. Die daher notwendigen, akustischen Dämpfungsmaßnahmen (Ansauggeräuschdämpfer, meist in den Luftfilter integriert) dürfen die Strömungsvorgänge nur wenig beeinflussen, da sie sich sonst merklich auf die Leistung und den Kraftstoffverbrauch niederschlagen. Beim Abgas sind die hohen Temperaturen problematisch. Dieses gilt besonders dann, wenn ein Abgasturbolader oder ein Katalysator verwendet wird.

- **Kühlflüssigkeit**

Die bei den meisten flüssigkeitsgekühlten Fahrzeugen verwendete Kühlflüssigkeit ist eine Mischung aus ca. 50-70% Wasser und 30-50% Frostschutzmittel, meist Ethylenglykol, sowie einem geringen Teil Korrosionsschutzmittel. Diese Mischung wird ganzjährig verwendet.

- **Schmierstoffe**

Das Motoröl hat die primäre Aufgabe der Schmierung, übernimmt jedoch auch hydraulische Aufgaben im Bereich der Ventile und Nokkenwellen. Zumeist werden additivierte Mineralöle eingesetzt, aber auch synthetische oder halbsynthetische Öle.

Die Motorenöle sind in der DIN 51511 genormt. In den USA hat die "Society of Automotive Engineering" (SAE) die Standardisierung in den sogenannten SAE-Vikositätsklassen vorangetrieben, siehe Tabelle 1.4.2. Bei der Klasseneinteilung nach SAE ist darauf zu achten, daß die gleiche SAE-Klasse bei Motor- und Getriebeölen unterschiedliche Viskositäten bedeutet, und daß die Toleranzbreite bei den Motorölen aufgrund der höheren Anforderungen geringer ist. Sie sind farbig gekennzeichnet, was zur Unterscheidung von Getriebeöl notwendig ist.

SAE - Viskositätsklasse	Scheinbare Viskosität bei 18°C nach DIN 51377 mPas		Kinematische Viskosität bei 100°C nach DIN 51550 mm^2/s	
	minimal	maximal	minimal	maximal
5 W		1250	3.8	
10 W	1250	2500	4.1	
15 W	2500	5000	5.6	
20 W	5000	10000	5.6	
20			5.6	≤ 9.3
30			9.3	≤ 12.5
40			12.5	≤ 16.3
50			16.3	≤ 21.9

Tabelle 1.4.2: SAE-Viskositätsklassen für Motorenöle [Bos95]

Das Bild 1.4.7 zeigt eine Zuordnung der jeweiligen SAE-Viskositätsklasse zu den Viskositäten bei 40°C und 50°C.

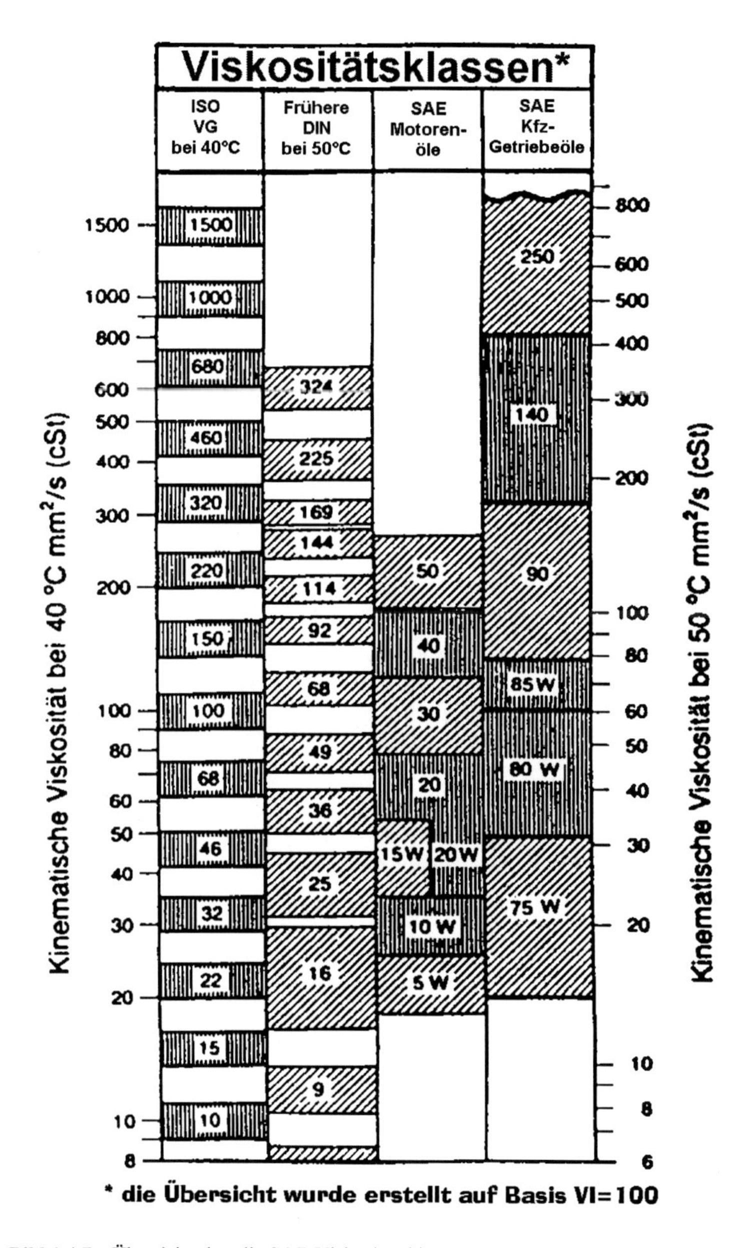

Bild 1.4.7: Übersicht über die SAE-Viskositätsklassen [Man98]

Aufgrund der hohen thermischen Belastung (Kaltstart und hohe Temperaturen bei voller Leistung und warmem Motor) werden Viskositätsindexverbesserer verwendet. Dadurch erreicht man einen geringeren Viskositätsabfall bei zunehmender Temperatur. Derartige Öle sind oft als Mehrbereichsöle gekennzeichnet. Neue Öle erreichen eine SAE-Einteilung von 5W-40 und werden mit EHVI (Extreme High VI) gekennzeichnet (Bild 1.4.8). Synthetische Öle eignen sich besonders für den Einsatz in Motoren, da sie von vornherein ein gutes VI-Verhalten aufweisen. Weiterhin werden EP (Extreme Pressure) Additive zugesetzt, die die Belastbarkeit im Mischreibungsgebiet erhöhen.

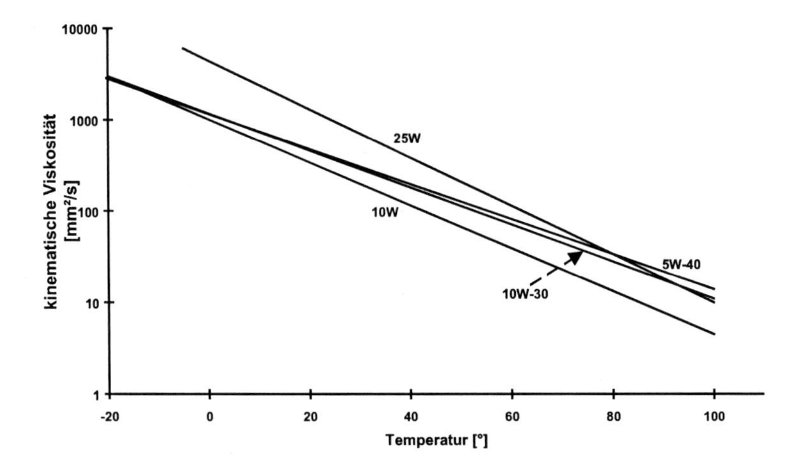

Bild 1.4.8: Viskositäts-Temperatur-Verlauf von Ein- bzw. Mehrbereichsölen

Daneben werden weitere Additive verwendet, die in ihren Eigenschaften denen der Hydrauliköle ähneln (Tabelle 1.4.1). Das Motorenöl wird durch Verbrennungsrückstände stark belastet. Daher ist eine gute Filterung sowie regelmäßiger Wechsel des Öls notwendig. Neuere Untersuchungen lassen erkennen, daß mit Hilfe der Bypass-Feinfiltration die Standzeiten der Öle weit über das bisher übliche Maß hinaus verlängert werden können.

Neben den Tests zur Einteilung in SAE-Viskositätsklassen wurden bei vielen Motoren- und Ölherstellern spezielle Haustests eingeführt. Hier werden Motoren und Öle durch eine vordefinierte Testfahrt belastet, welche speziellere Verhaltensmerkmale, wie beispielsweise das Alterungsverhalten, aufdeckt.

1.4.3.2 Getriebe

Bei den Getriebeölen ist zwischen den Schmierölen und denen, die in den Strömungsgetrieben (zum Beispiel Drehmomentwandler) verwendet werden, zu unterscheiden. Die thermischen Anforderungen an Getriebeöle sind geringer als bei den Motorölen. Die tribologischen Belastungen sind aber aufgrund der hohen auftretenden Pressungen, zum Beispiel an Zahnpaarungen, bei Getriebeölen sehr hoch. Deswegen kommen fast nur legierte (also additivierte) Öle zur Verwendung. Die EP-Zusätze bilden auf den Zahnflanken eine lasttragende Schmierstoffschicht, die den Freßverschleiß verhindert und den Abriebverschleiß stark vermindert.

Für die Kfz-Getriebeöle sieht die DIN 51512 die Aufteilung in Viskositätsklassen vor. Aus der Tabelle 1.4.3 geht hervor, wie die Viskositäten den SAE-Klassen zuzuordnen sind.

<table>
<tr><th rowspan="3">SAE - Viskositätsklasse</th><th colspan="4">Kinematische Viskosität bei</th></tr>
<tr><th colspan="2">-17.8°C (= 0°F)</th><th colspan="2">98.9°C (= 210°F)</th></tr>
<tr><th>mindestens mm²/s</th><th>höchstens mm²/s</th><th>mindestens mm²/s</th><th>höchstens mm²/s</th></tr>
<tr><td>75</td><td></td><td>unter 3250</td><td rowspan="2">4.2</td><td rowspan="2"></td></tr>
<tr><td>80</td><td>3250</td><td>unter 21700</td></tr>
<tr><td>90</td><td></td><td></td><td>14.2</td><td>unter 25.0</td></tr>
<tr><td>140</td><td></td><td></td><td>25.0</td><td>unter 43.0</td></tr>
<tr><td>250</td><td></td><td></td><td>43.0</td><td></td></tr>
</table>

Tabelle 1.4.3: SAE-Viskositätsklasse für Getriebeöle [Bos95]

Wegen der langen Einsatzdauer (zum Teil lebenslange Ölfüllung) müssen die Getriebeöle auch bei hoher thermischer Beanspruchung oxidationsstabil und alterungsbeständig sein.

Die in den Strömungsgetrieben verwendeten ATF (Automatic Transmission Fluid) sind derart abgestimmt, daß ein konstantes Reibverhalten erreicht wird. Das Auftreten von Stick-Slip-Effekten ist unerwünscht. Wegen der im Ölbad laufenden Schaltlamellen müssen die Öle beständig gegen Buntmetalle sein und dürfen diese auch nicht angreifen. Zur Verhinderung von vorzeitiger Lack- und Schlammbildung sind Oxidationsinhibitoren zugesetzt.

Damit die volle Funktionsfähigkeit auch im Winterbetrieb gewährleistet ist, werden den ATF geeignete Fließverbesserer zugesetzt.

1.4.3.3 Lenkung

In den Servolenkungen kommen im wesentlichen die gleichen Öle zum Einsatz, wie sie auch für die Strömungsgetriebe verwendet werden. Diese ATF enthalten Wirkstoffe, welche die Schaumbildung unterdrücken, ohne dabei das Luftabscheidevermögen zu beeinträchtigen. Ungelöste Luft im Lenkkreis würde das Reaktionsverhalten der Lenkunterstützung stark beeinträchtigen.

1.4.3.4 Fahrwerk

Bei Schwingungsdämpfern kommen niedriglegierte Mineralöle zur Verwendung, die jeweils für ihren Einsatzfall spezifische Zusätze aufweisen. Damit die Dämpfer auch bei tiefen Temperaturen funktionieren, muß das Öl auch dann fließfähig sein. Der Stockpunkt, der angibt, bei welcher Temperatur das Öl nicht mehr fließt, liegt deswegen bei ca. -50°C. Da die Schwingungsdämpfer meist eine lebenslange Ölfüllung haben, darf sich die Viskosität während der Laufzeit nur geringfügig ändern.

Das Ausgleichsvolumen im Dämpfer für das Ein- und Ausfahren der Kolbenstange wird mit Stickstoff befüllt. Dieses Gas verhält sich inert gegenüber Mineralölen, so daß es zu keiner chemischen Alterung kommen kann.

1.4.3.5 Bremse

Die Bremsen im Pkw sind durchweg als hydrostatische Bremsen ausgeführt. Die Bremsflüssigkeit dient zur Druckübertragung zwischen Hauptbremszylinder und Radbremszylinder (hydraulisches Gestänge). Aufgrund der hohen Temperaturen, die beim Bremsen an den Radbremszylindern auftreten, muß die Flüssigkeit ebenfalls für hohe Temperaturen geeignet sein. Dies betrifft einerseits die Alterungsbeständigkeit, andererseits die physikalischen Eigenschaften. Ein wichtiges Kriterium ist der möglichst hohe Siedepunkt, damit ausgeschlossen ist, daß die Flüssigkeit verdampft und damit ein Gaspolster entsteht. Dieses würde wegen der sehr begrenzten Verdrängervolumina zu einem Abfall der Bremskraft führen.

Hohe Temperaturen können in den Bremssätteln nicht vermieden werden, da die Bremszylinder direkt an den Bremsbelägen angeordnet sind. Durch die bessere Wärmeleitfähigkeit der asbestfreien Bremsbeläge, durch die Verringerung der Luftströmung unter dem Fahrzeug sowie glattere Radkappen im Zuge der Verbesserung der Fahrzeugaerodynamik wird die thermische Beanspruchung in Zukunft eher noch höher sein.

Die Bremsflüssigkeiten werden ebenfalls nach einem aus den USA stammenden Standard klassifiziert. Dies erfolgt nach dem Federal Motor Vehicle Standard (FMVSS 116) des Department of Transportation (DOT, USA). Dies ist in Tabelle 1.4.4 dargestellt.

Bezeichnung (Zusammensetzung und Eigenschaften laut DIN ISO 4295)	Viskosität bei -40°C	Kochpunkt	Naß-kochpunkt
Bremsflüssigkeit DOT 3	max. 1500 mm²/s	min. 205°C	min. 140°C
Bremsflüssigkeit DOT 4	max. 1800 mm²/s	min. 230°C	min. 155°C
Bremsflüssigkeit DOT 5	max. 900 mm²/s	min. 260°C	min. 180°C

Tabelle 1.4.4: Eigenschaften von Bremsflüssigkeiten [Bos95]

Die Flüssigkeiten basieren meist auf Polyglykoläther. Es wird eine hohe Wasseraufnahmefähigkeit angestrebt, da ungelöstes Wasser in der Leitung schon sehr früh zum Sieden neigt. In diesem Fall würde wegen der Kompressibiltät des entstehenden Wasserdampfes die Bremswirkung abrupt geschwächt. Zur Erhöhung der Wasseraufnahmefähigkeit werden Ester, zum Beispiel Boratester, beigegeben. Dennoch kann, wie Bild 1.4.9 zeigt, eine Abnahme des Siedepunktes mit steigendem Wassergehalt festgestellt werden.

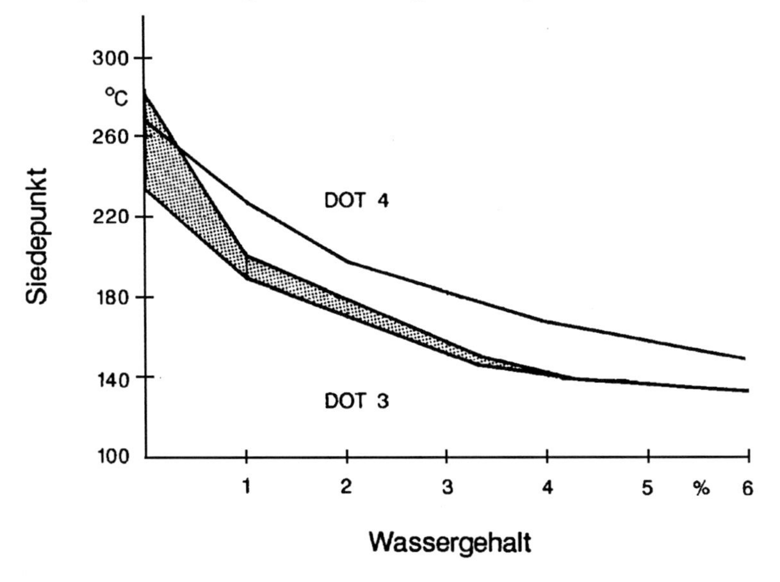

Bild 1.4.9: Siedepunkt in Abhängigkeit vom Wassergehalt [Bos95]

Da das Wasser im wesentlichen durch die Bremsschläuche und nur zum geringen Teil durch die freie Oberfläche im Vorratsbehälter in die Flüssigkeit gelangt, müssen Schläuche verwandt werden, die das Eindiffundieren von Wasser verhindern. Die Bremsflüssigkeit befindet sich nicht im Umlauf, weswegen der Wassergehalt der in den Schläuchen befindlichen Flüssigkeit höher als im Vorratsbehälter ist. In diesen Bereichen kann eine Verringerung des Siedepunktes um mehr als 20°C beobachtet werden. Daher muß der Wassergehalt regelmäßig geprüft und die Flüssigkeit turnusgemäß gewechselt werden.

Die Flüssigkeiten auf Glycol-Basis erfordern andere Dichtungsmaterialien als zum Beispiel Mineralöle. Der Einsatz von Mineralölen oder synthetischen Ölen als Basis für Bremsflüssigkeiten bedingt die Neuentwicklung oder Anpassung aller Dichtungselemente, so daß sich diese Öle, auch bei evtl. guten Gebrauchseigenschaften bislang nicht durchsetzen konnten.

1.4.3.6 Fahr- und Arbeitshydraulik

Die Mindestanforderungen an Hydraulikflüssigkeiten auf Mineralölbasis legen die DIN 51524 und die DIN 51525 fest. Sie dienen auch der Klassifizierung der Öle, siehe Tabelle 1.4.5.

Bezeichnung	Eigenschaften
H	Druckflüssigkeiten ohne Wirkstoffe
HL	Druckflüssigkeiten mit Wirkstoffen zur Verbesserung der Alterungsbeständigkeit und zum Korrosionsschutz
HLP	Druckflüssigkeiten mit zusätzlichen Wirkstoffen zum Herabsetzen des Verschleißes und/oder zur Erhöhung der Belastbarkeit
HLP-D	Druckflüssigkeiten mit zusätzlichen Wirkstoffen zum Detergieren und Dispergieren von eingedrungenem Wasser und Schmutz
HV	Druckflüssigkeiten mit extrem geringer Abhängigkeit der Viskosität von der Temperatur

Tabelle 1.4.5: Arten und Bezeichnung mineralölbasischer Hydrauliköle [Mur97]

Zusätzlich zur Bezeichnung entsprechend der Additivierung wird die Viskositätsgruppe bezeichnet. Die Bezeichnung ISO-VG 46 bedeutet daher, daß die Flüssigkeit bei 40°C eine Viskosität von 46 mm^2/s aufweist.

Als praxisnahes Testverfahren für die Verschleißschutzeigenschaften eines Hydrauliköls wird der FZG-Test (DIN 51354) eingesetzt, bei dem der Zahnflankenverschleiß in einem verspannten Stirnradgetriebe beurteilt wird, benannt nach der Forschungsstelle für Zahnräder und Getriebe, TU München. Das Verhalten der Druckflüssigkeit unter den tribologisch anspruchsvollen Bedingungen in Flügelzellenpumpen wird im Vickers-Pumpen-Test nach DIN 51389 erfaßt. Hier wird der

Gewichtsverlust der Flügel und des Laufringes zur Beurteilung herangezogen. Die untere Temperaturgrenze für den Einsatz wird durch den Stockpunkt oder Pour Point nach DIN 51537 bestimmt. Unterhalb dieser Temperatur sind die Öle nicht mehr fließ- und pumpfähig. Gerade beim Einsatz in fahrenden Arbeitsmaschinen, der durch kurze Verweilzeiten der Flüssigkeit im Behälter gekennzeichnet ist, kommt der Schaumbildung und dem Luftabscheidevermögen Bedeutung zu. Die Schaumneigung wird nach ASTM D 892 (American Society of Testing Materials) bestimmt, das Luftabscheidevermögen nach DIN 51381. Auch diese Eigenschaften der Hydrauliköle können durch eine entsprechende Additivierung den Erfordernissen angepaßt werden.

Besonders bei kleineren Fahrzeugen wie Kompaktladern kann die Tendenz beobachtet werden die Hydrauliksysteme mit dem Motorenöl des Antriebsmotors zu befüllen. Diese Maßnahme vereinfacht die Wartung und verringert die Gefahr der Ölvermischung durch falsches Be- oder Nachfüllen durch den Bediener. Sie führt jedoch dazu, daß in der Hydraulik ein Öl eingesetzt wird, das für ein völlig anderes Profil entwickelt wurde, teurer und zudem ökologisch bedenklich ist.

Für biologisch abbaubare Druckmedien existiert bis jetzt keine Norm. Die DIN 51524 greift hier nicht, da einige grundlegende Eigenschaften nicht erfüllt werden. Aus diesem Grunde wurde die VDMA-Richtlinie 24568 erarbeitet, die in Anlehnung an die oben genannte Norm Kennwerte und Mindestanforderungen für die drei üblichen Flüssigkeitsklassen festlegt und zur Überführung in eine Norm geeignet ist. Die nativen und synthetischen Öle werden entsprechend der Tabelle 1.4.6 bezeichnet und wie bei Mineralölen mit einem Anhang bezüglich ihrer Viskositätslage klassifiziert.

HETG	**H**ydraulic **E**nvironmental **T**ri**G**lycerid - Native Öle
HEES	**H**ydraulic **E**nvironmental **E**ster **S**ynthetic - Synthetische Ester
HEPG	**H**ydraulic **E**nvironmental **P**oly**G**lycol - Polyglycole

Tabelle 1.4.6: Bezeichnung biologisch schnell abbaubarer Hydraulikflüssigkeiten nach VDMA [Bio00]

In einer weiteren Richtlinie des VDMA mit der Nummer 24569 werden Maßnahmen für die Umstellung von Hydraulikanlagen von Mineralöl auf umweltverträglichere Druckmedien empfohlen. Als ein wesentlicher Punkt ist hier die gründliche Spülung zu nennen, damit ein möglichst geringer Anteil von maximal 2% des Mineralöls in der Maschine verbleibt. Für Polyglykole halbiert sich dieser Wert noch einmal. Weiterhin ist auf die Verträglichkeit der neuen Medien mit den Komponenten zu achten. Als kritisch hat sich das Verhalten gegenüber bestimmten Filterelementen, Dichtungs-materialien und Lackierungen erwiesen. In der Richtlinie werden hierzu Empfehlungen gegeben.

Aufgrund der hohen thermischen Belastung in Baumaschinen werden hier nahezu ausschließlich synthetische Ester eingesetzt. Diese können, wie Bild 1.4.6 zeigt, gleich hohe Abbauraten erzielen wie native Ester. Hierbei ist jedoch zu beachten, daß eine Verbesserung der Alterungsbeständigkeit, insbesondere die Stabilisierung gegen Hydrolyse, eine Beeinträchtigung der Abbaubarkeit bedingen kann. Als weiterer Nachteil kommt hinzu, daß diese Flüssigkeiten aufgrund der erforderlichen Syntheseschritte deutlich teurer als Mineralöle sind. Noch bedeutender ist dieser Nachteil bei den Polyglykolen zu erkennen, weswegen diese Flüssigkeiten in der Hydraulik bislang kaum eingesetzt werden.

1.4.3.7 Zentralhydraulik

Oberflächlich betrachtet, erscheint es als sehr attraktiv, die verschiedenen hydraulischen Verbraucher in Fahrzeugen ähnlich der Stromversorgung in einem Kreis zusammenzufassen. Die Ausführungen in den obigen Kapiteln machen jedoch deutlich, welche Schwierigkeiten dies bei den heute in Pkw eingesetzten Systemen aus Komponenten und Fluiden mit sich bringt. Diese Systeme können, jedes für sich, auf eine lange Entwicklungszeit und auf ausgereifte Technik zurückblicken, sind jedoch, anders als bei der stark standardisierten Elektrik und Elektronik, durchweg nicht kompatibel.

Die Gegenüberstellung in Tabelle 1.4.7 vergleicht einige Eigenschaften von Flüssigkeiten im Fahrzeug miteinander. Das Motoröl, das Getriebeöl, die Bremsflüssigkeit und das Kühlmedium müssen aus heutiger Sicht in getrennten Systemen betrieben werden, da ein sinnvoller Kompromiß aus den Anforderungen an die Sauberkeit und die thermische bzw. mechanische Belastung einerseits und den Flüssigkeitseigenschaften andererseits kaum zu finden sein wird. So zeichnet sich als Lösung ab, daß einzelne Teilsysteme mit ähnlichen Betriebsbedingungen zusammengefaßt werden.

	Einheit	Motorenöl (1)	Schaltgetriebeöl	ATF	Dämpferöl	Bremsflüssigkeit
Dichte bei 15°C	kg/m³	880-910	875-905	875-885	850-880	
kinematische Viskosität bei 40°C	mm²/s	106	90	36-40	10-18	
kinematische Viskosität bei 100°C	mm²/s	14,8	9,5	7,8	3,2-6	
Flammpunkt	°C	219	205	185-195	100-150	
Stockpunkt	°C	-35	-30	-45	-40--60	
Siedepunkt trocken	°C					230

(1) Angaben gelten für Motorenöl der Klasse SAE 15W-40

(2) Angebn gelten für Getriebeöl der Klasse SAE 80W

(3) Angaben gekten für Bremsflüssigkeit der Klasse DOT 4

Tabelle 1.4.7: Eigenschaften der Flüssigkeiten im Kfz [För84]

Einige Ansätze hierzu wurden bislang schon verwirklicht, besonders die Firma Citroën entwickelte frühzeitig eine Zentralhydraulik, in der Bremse, Lenkung und hydropneumatisches Fahrwerk zusammengefaßt waren. Desweiteren könnten Verbraucher wie beispielsweise die Niveauregulierung ein Hydrolüfter- oder ein Hydrogeneratorantrieb über einen Hydraulikkreis mit demselben Medium versorgt werden.

Bei fahrenden Arbeitsmaschinen ergibt sich ein anderes Bild. Hier werden nahezu alle Funktionen aus einem Behälter bedient, von denen lediglich Motor- und Schaltgetriebeschmierkreise ausgenommen sind. Wie oben erwähnt wurde, kommen hier jedoch aus logistischen Gründen teilweise die gleichen Flüssigkeiten zum Einsatz. Eine Unterteilung der Hydraulik findet hier nur durch die Verwendung mehrerer unabhängiger Kreise z.B. für die Fahr- und die Arbeitshydraulik statt.

1.4.4 Literaturangaben

[Bos95] N.N. Kraftfahrtechnisches Handbuch
Robert Bosch GmbH, 1995

[Man98] Mang, T. Schmierstoffe und
Druckübertragungsmedien und ihr Einsatz
als Konstruktionselement in
fluidtechnischen Maschinen
Vorlesung RWTH Aachen, 1998

[Mur97] Murrenhoff, H. Grundlagen der Fluidtechnik
Band I, Hydraulik
Umdruck zur Vorlesung RWTH Aachen
1. Auflage 1997

[Bus95] Busch, C. Untersuchung und Analyse der
Eigenschaften und
Eigenschaftsänderungen einer rapsölbasi-
schen Flüssigkeit in ihrer Funktion als
Druckübertragungsmedium
Dissertation RWTH Aachen 1995

[Völ93] Völtz, M. Umweltfreundliche Schmierstoffe -
Ein Überblick
in "Biologisch schnell abbaubare
Schmierstoffe und Arbeitsflüssigkeiten"
expert Verlag, Ehningen, 1993

[För84] Förster Flüssigkeit im Kfz
6. Aachener Fluidtechnisches Kolloquium
1984

[IFA90] NN Marktstudie IFAS 1990

[Bio00]	NN	Biologisch schnell abbaubare Druckflüssigkeiten VDMA 24 568
[Man97]	Mang, T. Bock, W.	Rechtsrahmen und Wirtschaftlichkeit der Verwendung umweltfreundlicher Schmierstoffe Technische Akademie Esslingen 4. bis 7. Februar 1997

2 Fluidtechnik in Kraftfahrzeugen

2.1 Längsdynamik

Die Fahrwiderstände für stationäre und instationäre Fahrt, die im einzelnen als Rollwiderstand (F_R), Luftwiderstand (F_L), Steigungswiderstand (F_{St}) und Beschleunigungswiderstand (F_a) bezeichnet werden, lassen sich wie folgt zur gesamten, für die Fortbewegung des Fahrzeuges notwendigen Bedarfskraft F_{Bed} zusammenfassen:

$$
\begin{aligned}
F_{Bed} &= F_R + F_L + F_{St} + F_a \\
&= (m_F + m_{Zu}) \cdot g \cdot k_R \cdot \cos \alpha_{St} + c_W \cdot A \cdot \rho_L \cdot \frac{(v \pm v_W)^2}{2} \\
&\quad + (m_F + m_{Zu}) \cdot g \cdot \sin \alpha_{St} + (e_i \cdot m_F + m_{Zu}) \cdot a
\end{aligned}
$$

$m_{F/zu}$	:	Fahrzeug-/Zuladungsmasse
k_R	:	Rollwiderstandsbeiwert
α_{St}	:	Steigungswinkel
c_W	:	Luftwiderstandsbeiwert
A	:	Anströmungsquerschnittsfläche
ρ_L	:	Dichte der Luft
v	:	Fahrgeschwindigkeit
v_W	:	Windgeschwindigkeit
e_i	:	gangabhängiger Massenfaktor

Diese Fahrwiderstände müssen zur Einhaltung einer gewünschten Geschwindigkeit vom Antrieb des Fahrzeuges überwunden werden. Diese Aufgaben und Probleme, die sich wie folgt untergliedern lassen, übernimmt der Antriebsstrang:

- Antrieb
- Drehzahlwandlung
- Drehmomentwandlung
- Schwingungen

- Bremsen
- Traktion

Kennungswandler, Kupplung und Getriebe übernehmen die Leistungsübertragung vom Motor zu den angetriebenen Rädern. Gewandelt werden dabei sowohl die Drehzahl, als auch das Moment. Dadurch wird das Betriebskennfeld des Motors an die Erfordernisse des Fahrbetriebs angepaßt.

2.1.1 Motor

Die Fluidtechnik erfüllt im Motor ein weites Einsatzspektrum. An dieser Stelle sollen einige Einsatzfelder der verschiedenen Medien aufgezeigt werden.

2.1.1.1 Einspritzung

Die Gemischbildung erfolgt bei Dieselmotoren innerhalb und bei Ottomotoren außerhalb des Zylinders. Deshalb unterscheiden sich die Gemischaufbereitungsverfahren grundsätzlich voneinander.

Beim Ottomotor kann die Gemischbildung entweder mit Hilfe eines Vergasers oder durch Einspritzung in das Ansaugrohr vorgenommen werden. Der Kraftstoff wird durch eine kleine elektrische Pumpe gefördert und einzeln vor jeden Zylinder oder zentral im Bereich größter Luftgeschwindigkeit eingespritzt. Hierbei sind Steuerorgane erforderlich, die den Brennstoffmassenstrom dem Luftmassenstrom entsprechend dem gewünschten Luftverhältnis anpassen. Durch eine Druckerfassung im Saugrohr wird der Relativdruck zwischen Kraftstoff- und Saugrohrdruck bei der Bosch L-Jetronic z.B. auf 3 bar geregelt, so daß die abgegebene Menge zur Öffnungszeit der Einspritzventile direkt proportional ist.

Beim Dieselmotor wird der Kraftstoff gegen Ende der Verdichtung durch eine Einspritzdüse direkt in den Brennraum gespritzt. Mit der eingespritzten Menge wird die Last des Motors geregelt (Qualitätsregelung). Je nach Auslegung der Einspritzanlage und Last beträgt der Druck vor der Düse während der Einspritzung 150 bar bis über 1000 bar.

Die eingespritzte Brennstoffmenge wird von der Einspritzpumpe gefördert und bei herkömmlichen Systemen auch von dieser dosiert. Es werden Kolbenpumpen verwendet, die entweder für jeden Zylinder ein eigenes Zylinder-/Kolbenelement aufweisen (Blockpumpen) oder sogenannte Verteilereinspritzpumpen, die nur einen Druckkolben besitzen und die Brennstoffmenge dem richtigen Zylinder zuteilen müssen. Bild 2.1.1 zeigt schematisch eine gebräuchliche Anordnung einer Einspritzanlage [PIS90].

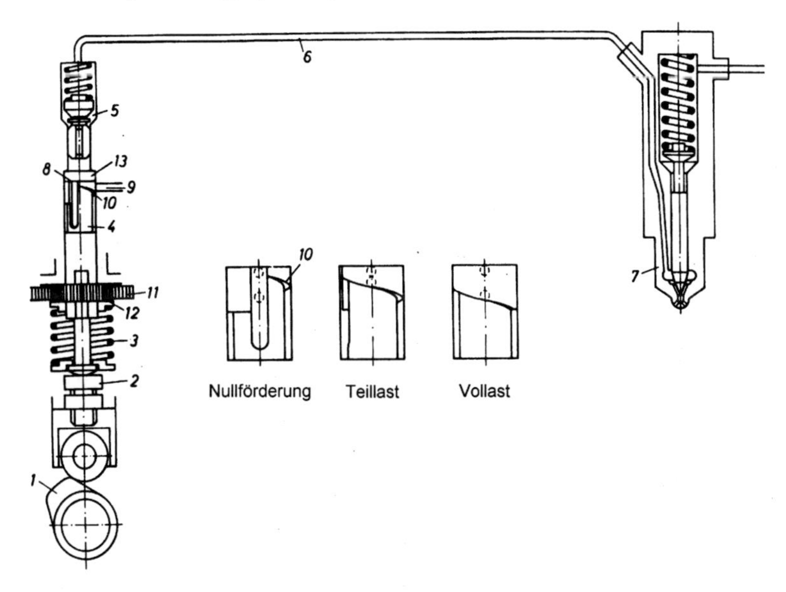

Bild 2.1.1: Diesel-Einspritzsystem (schematisch) [PIS90]

Der vom Motor angetrieben Nocken (1) betätigt über den Stößel (2) entgegen der Kraft der Feder (3) den Pumpenkolben (4). Die Brennstofförderung über das Druckventil (5) in die Einspritzleitung (6) zur Düse (7) beginnt, sobald die Oberkante (8) des Pumpenkolbens die Bohrung (9) verschlossen hat. Sie dauert so lange, bis die schräge Unterkante (10) die Bohrung (9) wieder freigibt, so daß beim weiteren Kolbenhub der verdrängte Kraftstoff durch diese Bohrung zurückströmen kann. Durch Verdrehen des Pumpenkolbens mittels Zahnstange (11) und Zahnrad (12) wird über die Stellung der Schrägkante das Förderende und damit die Einspritzmenge verstellt. Die Füllung des Pumpenraumes (13) über Bohrung (9) erfolgt durch Auffüllen des Hohlraumes, der sich bei der Abwärtsbewegung des Kolbens (4) bei geschlossenem Druckventil (5) während der Schließdauer der Bohrung (9) gebildet hat. Der Kraftstoff wird der Bohrung (9) durch eine Vordruckpumpe mit etwa 2 bar zugeführt. Zum Abstellen des Motors wird der Kolben so weit verdreht, daß seine achsparallele Nut ständig mit der Bohrung (9) in Verbindung steht (Nullförderung).

Um lange Einspritzleitungen mit der damit verbundenen Elastizität zu vermeiden, verwendet man bei größeren Motoren auch Einzelpumpen, die entsprechend der Zylinderanzahl seitlich an das Kurbelgehäuse angeflanscht werden und von der Steuernockenwelle oder einer separaten Nockenwelle angetrieben werden.

Bei modernen sogenannten Common-Rail Systemen wird ein Hochdruckspeicher mit Kraftstoff gefüllt, so daß der Hochdruck jederzeit an den elektronisch angesteuerten Einspritzventile vorliegt. Die wichtigsten Komponenten des in Bild 2.1.2 gezeigten Systems sind eine geregelte HD-Pumpe, die Verteilerleiste mit integriertem Drucksensor, der Injektor, das Steuergerät und mehrere Sensoren.

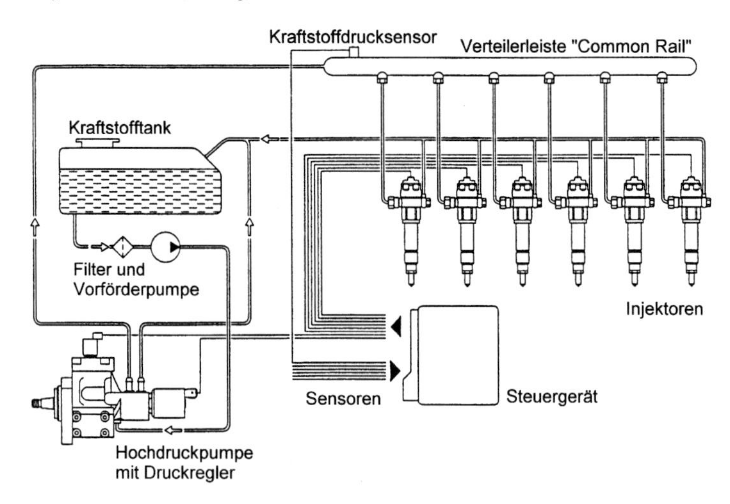

Bild 2.1.2: Common-Rail-System (Bosch/Ganser) [KEP95]

Der von der Hochdruckpumpe erzeugte Raildruck liegt an einer konventionellen Einspritzdüse an (Bild 2.1.3). Der über dem Kolben befindliche Steuerraum wird im Ruhezustand ebenfalls mit dem Raildruck beaufschlagt. Eine zusätzliche Feder sorgt dafür, daß die Düsennadel im Ruhezustand geschlossen ist. Oberhalb des Steuerraums befindet sich ein 2/2-Wegeventil, das im Normalzustand geschlossen ist. Öffnet dieses Ventil, so wird der Steuerraum mit der Leckageleitung verbunden und der Kraftstoff kann über eine Drossel aus dem Steuerraum entweichen. Über eine zweite Drossel strömt Kraftstoff aus der Verteilerleiste in den Steuerraum nach.

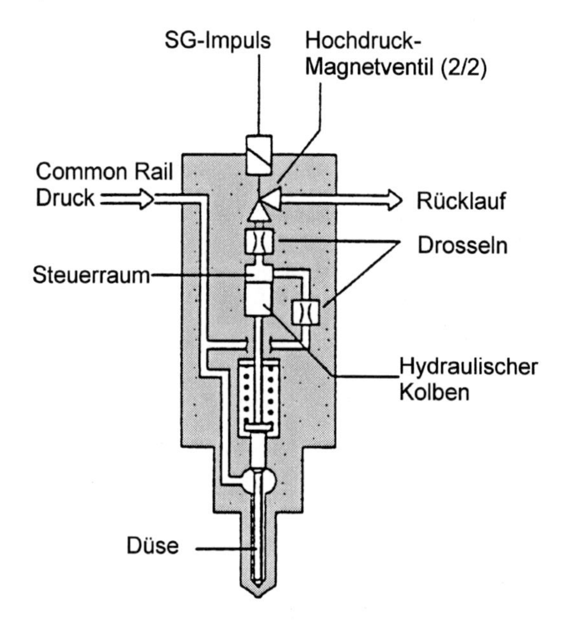

Bild 2.1.3: Aufbau eines Common-Rail Injektors mit 2/2-Wegev. (Bosch) [KEP95]

Durch geeignete Abstimmung der Drosseldurchmesser zueinander gelingt es, den Druckabfall im Steuerraum und somit die Geschwindigkeit der Kolbenbewegung und die Dauer des Nadelöffnens zu beeinflussen.

2.1.1.2 Steuerzeitenverstellung

Die Auslegung des Steuertriebes bei Verbrennungsmotoren ist ein Kompromiß, der sich aus dem Verhalten über dem gesamten Drehzahlbereich ergibt. Zur Optimierung des Momentenverlaufs ist eine Verstellung der Steuerzeiten notwendig. Dazu wurden Systeme entwickelt, die die Nockenwelle und deren Antriebsrad relativ zueinander verdrehen. Ein Zylinder und ein Kolben mit nahezu axialer, leicht verdrehter Innen- bzw. Außenverzahnung sind mit der Nockenwelle bzw. dem Nockenwellenrad verbunden. Eine Druckbeaufschlagung des Zylinders verschiebt die verzahnten Bauteile axial relativ zueinander und führt so eine Relativdrehung zwischen Antriebsrad und Nockenwelle herbei. Diese Bauart bedingt i.d.R. getrennte Einlaß-/Auslaßnockenwellen.

2.1.1.3 Schmierung

„Die gründlichst durchdachte Konstruktion, der beste Lagerwerkstoff, die sorgfältigste Bearbeitung, die feinste Passung und das hochwertigste Öl bleiben unwirksam, wenn das Schmiermittel in unzureichender Menge zugeführt wird. Der Schlüssel zum betriebssicheren Gleitlager liegt im richtigen Umgang mit der Viskosität und der Schmiermittelmenge.“[Vog67] Diese Worte von Georg Vogelpohl, einem der bedeutendsten Tribologen unseres Jahrhunderts, sind heute nach etwa 40 Jahren aktueller denn je. Das Verschleißverhalten der Ölpumpe hat einen wesentlichen Einfluß auf die Lebensdauer eines Lagersystems. Fällt der Eingangsdruck bei einem Pleuellager unter den durch die Massenwirkung bestimmten Grenzdruck steigt die Lagertemperatur wegen entstehender Mischreibung und einem Abfallen des Kühlölstroms dramatisch an. Irreparable Lagerschäden sind die Folge.

Allgemein kann angenommen werden, daß der Ölstrom durch das Lagersystem linear mit dem Öldruck ansteigt [Eis94]. Um Lagerschäden zu vermeiden, ist daher bei jeder Motordrehzahl ein Mindestöldruck erforderlich. Um diesen Mindestöldruck über der Motorlebensdauer und in jedem Betriebszustand sicherzustellen, wird die Ölpumpe entsprechend groß dimensioniert. Der kritischste

Betriebszustand ist der Heißleerlauf. In diesem Betriebspunkt muß die Schmierölpumpe das dünnflüssige Öl bei wenigen Motorumdrehungen für den Motor bereitstellen, um Geräusche (Stößelklappern) oder gar Lagerschäden zu vermeiden. Diesem extremen Auslegungspunkt können für einen Pkw-Motor beispielsweise die Daten n_{Mot}=750 min^{-1}, T = 120°C, p=1,5 bar und Q=5,2 l zugeordnet werden [Eis94].

Mit steigender Drehzahl steigt durch diese notwendige Überdimensionierung jedoch der Öldruck. Um diesen nicht unzulässig ansteigen zu lassen, wird der Öldruck durch ein Druckbegrenzungsventil auf ca. 5 bar begrenzt.

Die Tendenz steigender Motordrehzahlen vergrößert, wie oben erläutert, die Gefahr eines möglichen Lagerschadens, weshalb gleichzeitig auch der Ölzufuhrdruck gesteigert werden muß. Es steigt die Anforderung an die Druckleistung der Ölpumpe. Die Entwicklung der Ölpumpe wird mehr und mehr zu einer Spezialdisziplin.

2.1.1.4 Kühlung

Für die Abfuhr der Prozeßwärme von Verbrennungsmotoren wird zwischen luft- und flüssigkeitsgekühlten Motoren unterschieden, wobei hier lediglich der wassergekühlte Motor betrachtet wird. Der Kühlkreislauf besteht aus den Hauptbauelementen Motor, Motorkühler, Kühlmittelpumpe, Thermostat in 3/2-Wege Bauweise, Heizungswärmetauscher, Verrohrung, Verschlauchung und dem Ausgleichsbehälter (vgl. Bild 2.1.4).

Die Hauptaufgaben des Kreislaufes bestehen aus der Wärmeabfuhr unter Berücksichtigung einer kurzen Aufheizzeit in der Kaltstartphase mit dem Ziel der Senkung von Schadstoffemissionen. Beiden Aufgaben soll das Kühlkonzept gleichermaßen gerecht werden. Hierbei entstehen entgegengesetzte Ansprüche einerseits zwischen der Reduzierung der Kühlmittelmasse mit dem Ziel der Verkürzung der Aufheizzeit und andererseits der Vergrößerung der Masse mit dem Ziel, die Temperaturdifferenz zwischen Motorein- und -austritt nicht zu groß werden zu lassen, was zu übergroßen Materialspannungen und zu großen Bewegungen an der Zylinderkopfdichtung führen würde.

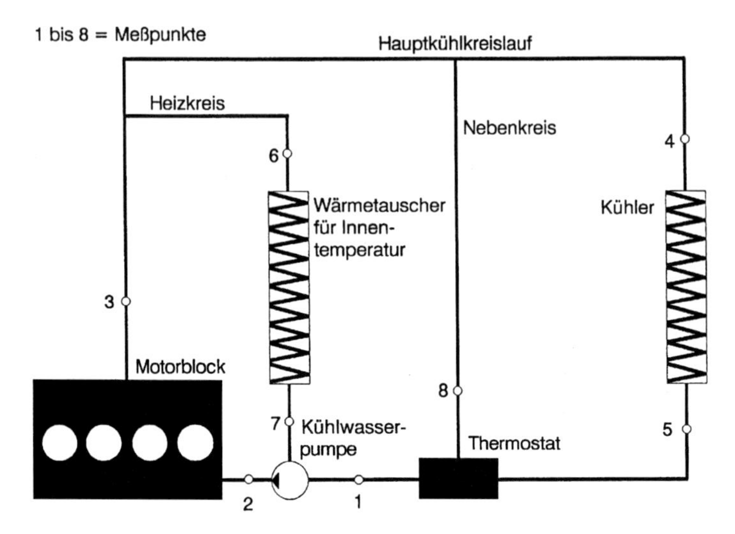

Bild 2.1.4: Schematische Darstellung des Kühlkreislaufes (Hella)

Als Kühlmedium wird i.A. ein Gemisch aus Wasser und Glykol, zusammen mit einigen Additiven, verwandt. Der Glykolanteil liegt bei ca. 40% und erhöht sich für Fahrzeuge mit Einsatz in besonders kalten Regionen (z.B. Skandinavien) auf bis zu 60%. Dies gewährleistet einen Frostschutz bis zu -40°C. Gleichzeitig erhöht Glykol die Siedetemperatur (in Abhängigkeit des Glykolanteiles) der Flüssigkeit auf ca. 125°C. Die Additive verhindern Korrosion bei den aus Leichtmetall gefertigten Bauteilen und Kalkablagerung, weshalb die Autohersteller empfehlen, den Anteil an Frostschutzmitteln auch während der warmen Jahreszeit bei mindestens 40% zu halten.

Es zeichnet sich der Trend zur variablen Gestaltung der Kühlmitteltemperatur ab. Dies bedeutet, daß im Teillastbereich die Temperatur angehoben (ca. 115°C) und für Vollast bei ca. 90°C gehalten wird.

Aus motortechnischer Sicht bedeutet dies eine Senkung der Emissionen und des Kraftstoffverbrauches im Stadtbetrieb (Teillast) bei gleichzeitiger Beibehaltung der vollen Motorleistung und des maximalen Drehmomentes. Hierzu setzt BMW bei seinem M62 Motor (V8 ab 1996) einen elektrisch steuerbaren Thermostaten ein (Bild 2.1.6).

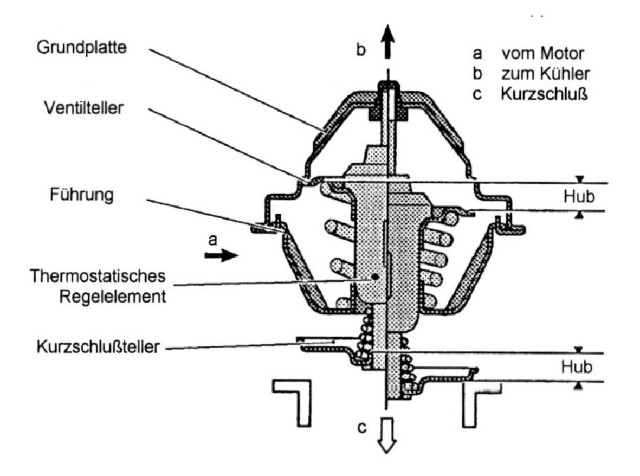

Bild 2.1.5: Konventioneller 3/2-Wege Thermostat [MTZ57]

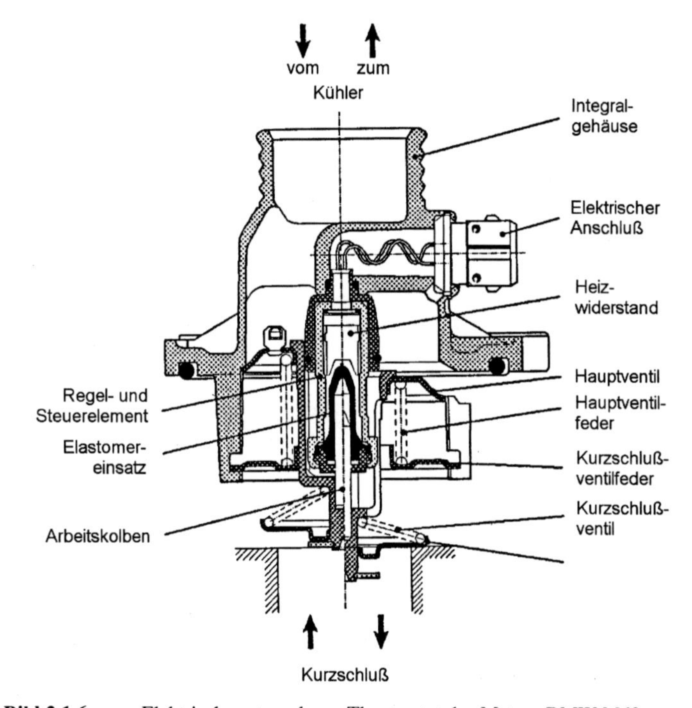

Bild 2.1.6: Elektrisch ansteuerbarer Thermostat des Motors BMW M62

In den einzelnen Bauteilen des Kühlkreislaufes entstehen, je nach Motorbetriebspunkt, beachtliche Strömungsverluste. Heute üblich ist die Bauweise einer starr an die Motordrehzahl gekoppelten Kühlmittelpumpe. Mit steigender Drehzahl steigen die im Kühlkreislauf entstehende Strömungsverluste überproportional. Diese Strömungsverluste erreichen Werte bis zu 2 bar.

In Bild 2.1.7 ist die Analyse der Verluste am Beispiel eines 4 Zylinder Motors mit 1,6 l Hubraum exemplarisch dargestellt. Bei diesem Motor wurde bei einer Drehzahl von 6000 U/min ein Volumenstrom von 9.500 l/h ermittelt. Hierbei entsteht an der Pumpe ein Druckverlust von 1050 mbar. Durch den Motor wird die gesamte Kühlmenge (Heizkreislauf 2.100 l/h, Kühlkreislauf 7.400 l/h) geführt.

Die größten Verluste entstehen im Motorblock (300 mbar), im Kühler (315 mbar) und im Thermostaten (335 mbar). Bei dem parallel angeordneten Heizkreislauf entstehen im Heizungswärmetauscher Verluste in der Höhe von 480 mbar. Im Rohr- und Schlauchsystem zeigen sich die Restverluste.

Die max. Temperaturen erreichen Werte von bis zu 115 - 117°C bei einem Systemdruck von ca. 1,3 bar. Ein im Ausgleichsbehälter eingebautes Überdruckventil öffnet bei 1,8 bar.

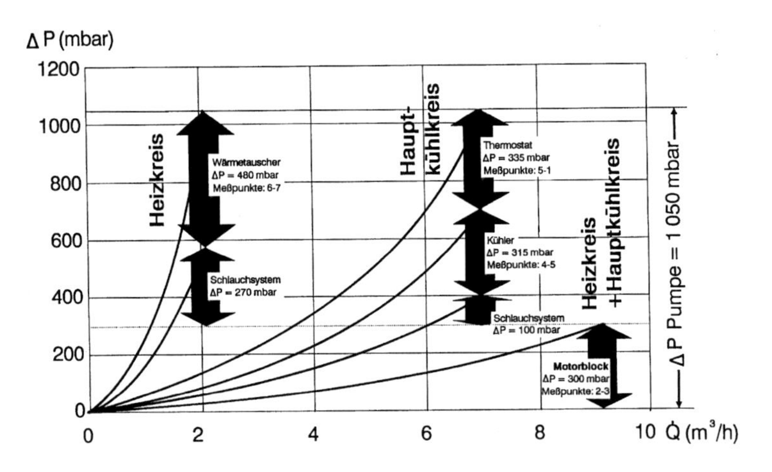

Bild 2.1.7: Analyse der Druckverluste im Kreislauf [Hella]

2.1.2 Kupplungen

Das Bild 2.1.8 zeigt das Momentenangebot eines Verbrennungsmotors und zwei unterschiedliche Bedarfslinien.

Die Leistungshyperbel P_{max} = konst. entspricht der idealen Kennlinie. Aufgrund der unterschiedlichen Fahrwiderstände, die sich unter anderem aus dem Streckenverlauf ergeben (z.B. Steigungswiderstand), werden vom Motor unterschiedlich große Bedarfsmomente abverlangt.

An diese Bedarfsmomente muß das Motormoment durch das Getriebe angepaßt werden, wie Bild 2.1.8 ($M_{Angebot}$ und $M_{Angebot,gewandelt}$) zeigt.

Die Geschwindigkeit Null kann über die Momentenwandlung jedoch nicht erreicht werden. Zwischen der minimalen Drehzahl des Motors bei größter Übersetzung und der Geschwindigkeit Null bei stehendem Fahrzeug muß die Drehzahl mit einem Drehzahlwandler angepaßt werden. Diese Wandlung ist generell verlustbehaftet.

Die primären Anforderungen an eine Kennungswandlung sind schnelle Verstellbarkeit bei ruckfreiem Verhalten, Abdeckung des gesamten Bedarfsbereichs, gute Bedienbarkeit und hoher Wirkungsgrad.

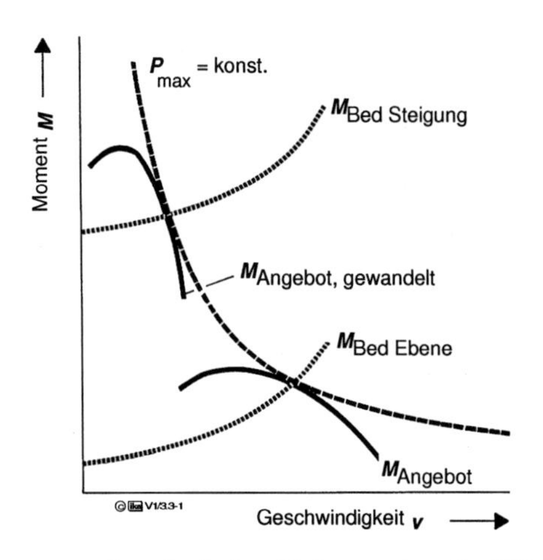

Bild 2.1.8: Kennungswandlung durch einen Drehmomentwandler [WAL95]

Die klassische Lösung bei der Mehrzahl der Kraftfahrzeuge ist die Kombination einer Reibungskupplung (Drehzahlwandlung) mit einem mechanischen Handschaltstufengetriebe (Momentenwandlung).

Die Wirkungsweise der mechanischen Kupplung beruht auf dem Prinzip Coulomb'scher Reibung. Der Kraftschluß zwischen An- und Abtriebswelle wird in der Regel durch aufeinanderreibende, kreisförmige Scheiben erzeugt.

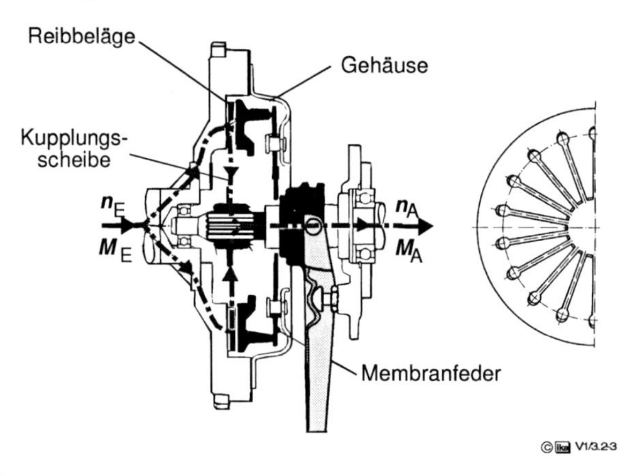

Bild 2.1.9: Membranfederkupplung [WAL95]

Als Beispiel zeigt Bild 2.1.9 eine Membranfederkupplung, die überwiegend im Pkw eingesetzt wird.

Neben der Anfahrwandlung ermöglicht der Drehzahlwandler auch die Anpassung von Motorausgangs- und Getriebeeingangsdrehzahl zwischen den Stufen des Momentenwandlers. Die Reibungskupplung trennt Motor und Antriebsstrang mit der Folge einer Zugkraftunterbrechung.

2.1.2.1 Hydraulische Kupplungsbetätigung

Infolge der hohen Drehmomente, die in leistungsstärkeren Pkw- und gerade im Nutzfahrzeugbereich von der Kupplung übertragen werden müssen, sind hohe Anpreßkräfte in der Kupplung erforderlich. Zur Reduzierung der daraus resultierenden hohen Bedienkräfte wird deshalb anstelle einer mechanischen häufig eine hydraulische Kraftübertragung mit einer über die Kolbendurchmesser angepaßten Übersetzung benutzt.

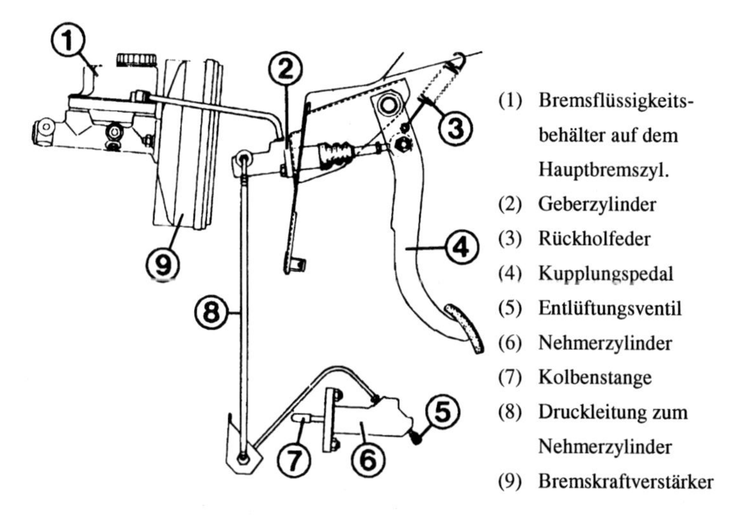

Bild 2.1.10: Hydraulische Kupplungsbetätigung (BMW)

2.1.2.2 Hydrodynamische Kupplung

Eine Hydrodynamische Kupplung besitzt als Hauptbestandteile zwei Schaufelräder, nämlich eine Pumpe und eine Turbine, die mit der Antriebs- bzw. Abtriebswelle verbunden sind. Die hydrodynamische Kupplung ermöglicht als Schlupfkupplung einen Drehzahlunterschied zwischen An- und Abtrieb. Die Größe des übertragbaren Drehmomentes ist von der Umlenkung des vom Pumpenrad erzeugten Flüssigkeitsstromes im Turbinenrad und damit vom Drehzahlverhältnis ν abhängig, wobei

$$100(1-\nu) = 100\left(\frac{n_P - n_T}{n_P}\right) = s \qquad \nu = \frac{n_T}{n_P} = \frac{n_{Ein}}{n_{Aus}}$$

auch als Schlupf bezeichnet und entsprechend der obigen Gleichung in Prozent angegeben wird. Für eine Momentenübertragung ist immer ein - wenn auch kleiner - Drehzahlunterschied zwischen Pumpe und Turbine erforderlich.

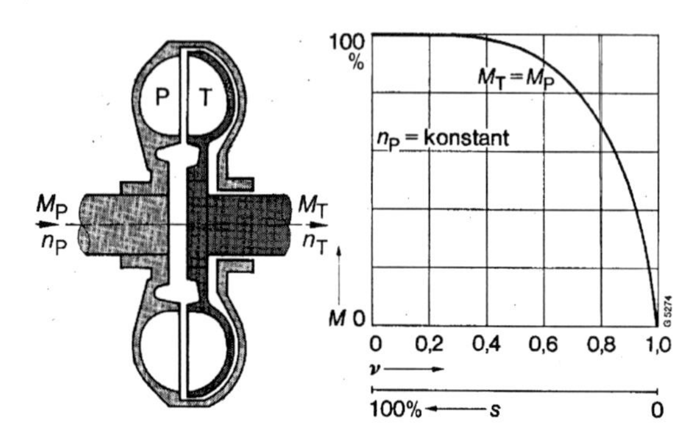

Bild 2.1.11: Kennlinie einer hydrodynamischen Kupplung [VOI87]

Pumpen- und Turbinenmoment sind bei einer hydrodynamischen Kupplung stets gleich, wenn man Verlustmomente in erster Näherung vernachlässigt. Da Momentengleichgewicht besteht

$$\mu = \frac{M_T}{M_P} = 1$$

ist der Wirkungsgrad der Kupplung gleich dem Drehzahlverhältnis ν. Für die Kennliniendarstellung genügt deshalb nach Bild 2.1.11 die Auftragung der Abhängigkeit $M = f(\nu)$ mit angegebenem $n_P = \text{konst}$.

Im Prinzip nimmt bei einer voll gefüllten Kupplung das übertragbare Moment mit fallendem Drehzahlverhältnis ν bis fast ν=0 stetig zu.

2.1.3 Kennungswandler

Neben dem klassischen Zwei-Wellen-Schaltgetriebe ist die zweite weitverbreitete Lösung die Drehzahlwandlung mittels einer hydrodynamischen Kupplung mit Momentenwandlung (Trilok-Wandler), an das sich ein unter Last schaltbares Stufengetriebe anschließt. Diese Kombination ermöglicht einen Gangwechsel ohne Zugkraftunterbrechung.

2.1.3.1 Hydrodynamischer Wandler

Im Gegensatz zum klassischen Getriebe ist der Trilok-Wandler eine Strömungsmaschine, das heißt der Ölstrom dient zur Übertragung der Energie vom Motor auf das Getriebe durch Ausnutzung der Massenkräfte. Die Schaufeln der Räder sorgen für einen geschlossen Kreislauf, in dem das Öl vom Pumpenrad zum Turbinen- und Leitrad strömt und danach wieder zum Pumpenrad zurückkehrt. Bild 2.1.12 zeigt das Schnittbild eines modernen Trilok-Wandlers mit Überbrückungskupplung.

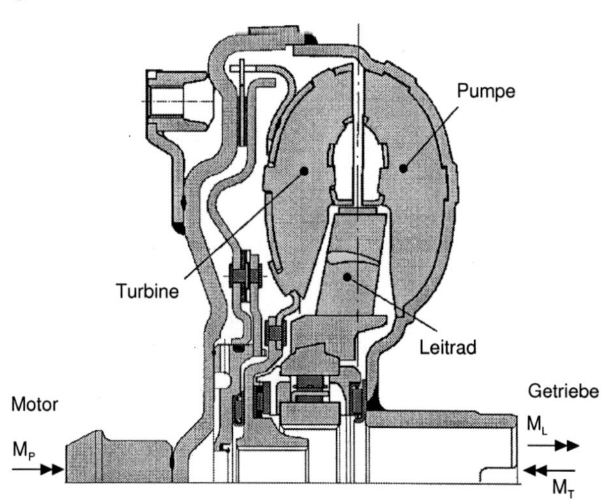

Bild 2.1.12: Trilok Wandler mit schmaler Torusform (Mannesmann-Sachs)

Beim Trilok-Wandler übertragen die Schaufeln des Pumpenrades die Motorenergie auf das Öl, das sich infolge der Fliehkraft nach außen bewegt und durch das Turbinenrad gepumpt wird. Im Turbinenrad stößt das strömende Öl auf die Turbinenschaufeln, wodurch sich die Bewegungsrichtung ändert und die Strömungsenergie in mechanische Energie umgewandelt wird. Damit beginnt das Turbinenrad sich zu drehen (Bild 2.1.13 oben). Von den Schaufeln des Leitrads wird nun das aus dem Turbinenrad austretende Öl wiederum so umgelenkt, daß es mit der Drehrichtung des Pumpenrades übereinstimmt. Die für diese Änderung der Bewegungsrichtung notwendige Kraft wird über das Leitrad und eine Freilaufkupplung auf das Getriebegehäuse übertragen. Dadurch wird eine Rückwärtsdrehung des Leitrades verhindert

Die zusätzliche Impulsänderung im Leitrad führt zur Umlenkung des Ölstroms, wodurch das zugeführte Motormoment verstärkt wird. Die Umkehrung des Flüssigkeitsstroms im Leitrad sowie die Drehmomentwandlung sind am größten, wenn sich das Fahrzeug noch nicht bewegt. Sie verringern sich beim Drehzahlangleich zwischen Pumpe und Turbine. Im Kupplungspunkt des Drehmomentwandlers ist die Strömungsrichtung der in das Leitrad eintretenden Flüssigkeit gleich der austretenden Strömungsrichtung. Damit findet im Leitrad keine Impulsänderung mehr statt und das Pumpenmoment ist gleich dem Turbinenmoment (Bild 2.1.13 unten).

Von diesem Zeitpunkt an tritt der Freilaufmechanismus in Aktion, wodurch das Leitrad in derselben Richtung wie Pumpen- und Turbinenrad mitdreht. Kurz vor Erreichen dieses Betriebszustands verbindet die Überbrückungskupplung die Antriebswelle mit der Abtriebswelle. Pumpen-, Turbinen- und Leitrad drehen sich dann mit derselben Geschwindigkeit. Durch diese Überbrückungskupplung wird der sogenannte Schlupf, also die für Drehmomentwandler bzw. Strömungskupplungen charakteristische Drehzahldifferenz zwischen Antriebs- und Abtriebswelle, aufgehoben. Das Motormoment kann so direkt auf die Abtriebswelle übertragen werden, womit unnötige Verluste vermieden werden. Aufgrund der mechanischen Kopplung werden die Wirkungsgradvorteile jedoch durch Komfortnachteile erkauft.

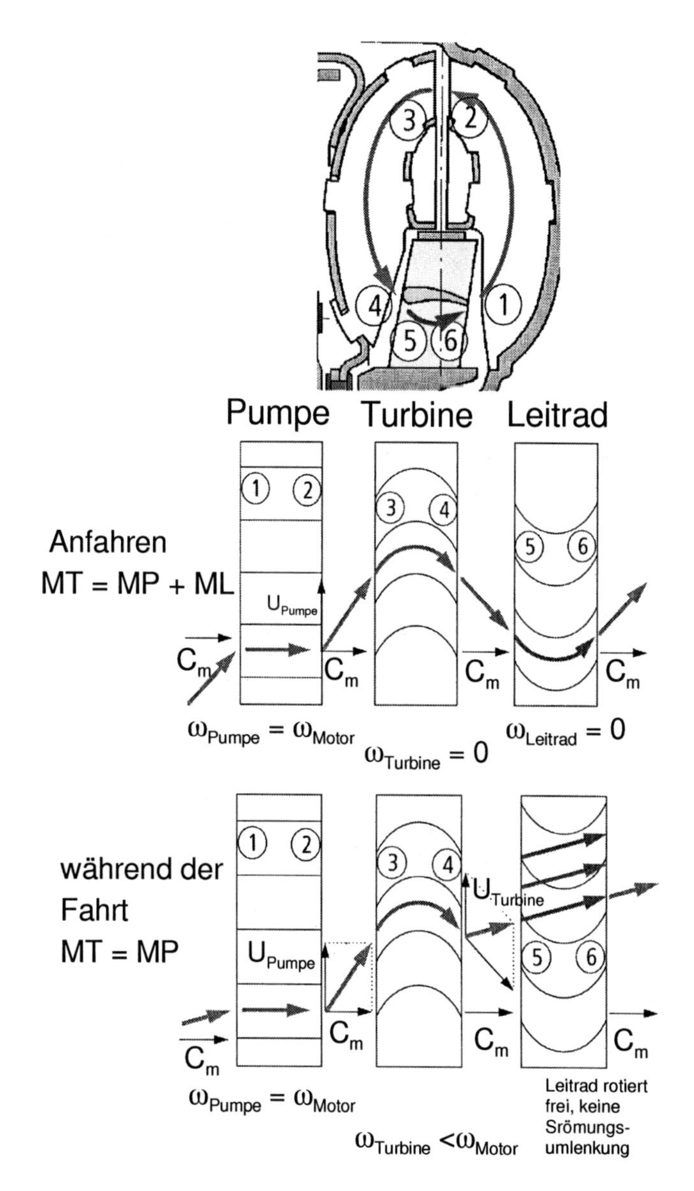

Bild 2.1.13: Strömungsverlauf im Trilok-Wandler beim Wandlerbetrieb (Anfahren) und während der Fahrt (Kupplungsbetrieb) / (Mannesmann-Sachs)

Die als Lamellen- oder Einscheibenkupplung ausgeführte Überbrückungskupplung wird in Abhängigkeit von der Motordrehzahl und der Leistung geschlossen, d.h. daß bei Teillast die Kupplung den Wandler schon bei geringen Fahrgeschwindigkeiten überbrückt. Dies erfolgt durch den Öldruck, der über einen Kolben die Lamellen zusammendrückt.

Kennlinie des Drehmoments

Die Eigenschaften eines Drehmomentwandlers lassen sich graphisch darstellen (Bild 2.1.14). In dieser Graphik sind drei Variablen enthalten: der Wirkungsgrad, die Motordrehzahl und das Momentenverhältnis μ, hier als Wandlungszahl bezeichnet, jeweils als Funktion des Drehzahlverhältnisses.

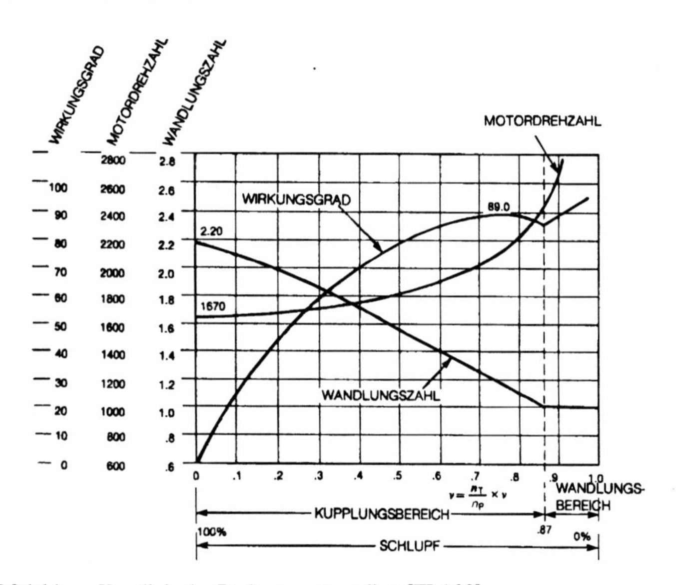

Bild 2.1.14: Kennlinie des Drehmomentwandlers [TLA93]

Für die meisten derzeit auf dem Markt verfügbaren Drehmomentwandler gilt, daß die Wandlungszahl beim Anfahren etwa 2 beträgt und mit steigender Drehzahl des Turbinenrades abnimmt. Wenn der Ölstrom auf die Rückseite des Leitrades trifft und sich das Leitrad mitdreht, hat der Wandlungsfaktor den Wert 1 erreicht. In modernen

Drehmomentwandlern liegt dieser Arbeitspunkt bei einem Drehzahlverhältnis zwischen 0,86 und 0,91 und wird als Kupplungspunkt bezeichnet. Oberhalb dieses Kupplungspunktes arbeitet der Drehmomentwandler als Strömungskupplung und erreicht einen Wirkungsgrad von höchstens 98% (ohne Überbrückungskupplung).

Der Zusammenhang zwischen den verschiedenen Variablen in der Graphik kommt in der folgenden Formel für den Wirkungsgrad zum Ausdruck.

$$\eta = \frac{\text{abgegebene Leistung}}{\text{zugeführte Leistung}} \cdot 100\%$$

(allgemeine Formel für den Wirkungsgrad).

Auf den Drehmomentwandler angewendet, ergibt sich:

$$\eta = \frac{P_{\text{Turbine}}}{P_{\text{Pumpe}}} = \frac{M_T \cdot n_T \cdot 2\pi}{M_P \cdot n_P \cdot 2\pi} = \frac{M_T}{M_P} \cdot \nu$$

Darin sind: M_T = Turbinenmoment

M_P = Pumpenmoment

n_T = Turbinendrehzahl

n_P = Pumpendrehzahl

womit insgesamt gilt:

$$\eta = \mu \cdot \nu$$

Einfluß des Drehmomentwandlers auf das Zugkraftdiagramm

Das Zugkraftdiagramm in Bild 2.1.15, in dem die maximale Zugkraft der getriebenen Räder im Verhältnis zur Fahrgeschwindigkeit dargestellt ist, vermittelt einen Eindruck vom Einfluß des Drehmomentwandlers auf die maximal verfügbare Zugkraft (Luftwiderstand plus Rollwiderstand), wobei der Schnittpunkt dieser beiden Kurven die maximale Fahrgeschwindigkeit angibt. Der Einfluß des Drehmomentwandlers ist am größten während des Anfahrens, da die Übersetzung des Getriebes mit der Wandlungszahl des Drehmomentwandlers multipliziert werden muß. Da dieser Faktor schnell abnimmt, ist sein Einfluß bei etwa 40 km/h aufgehoben. Dennoch steht beim Anfahren eine wesentlich größere Zugkraft als bei einem klassischen Getriebe mit Reibungskupplung zur Verfügung. Auch beim Schalten unter Vollastbedingungen kann der Schlupf zwischen Pumpe und Turbine eine Drehmomentsteigerung bewirken, so daß der Übergang zwischen den Gängen mit der entsprechenden Zugkraftänderung allmählich erfolgt, was der Elastizität zugute kommt.

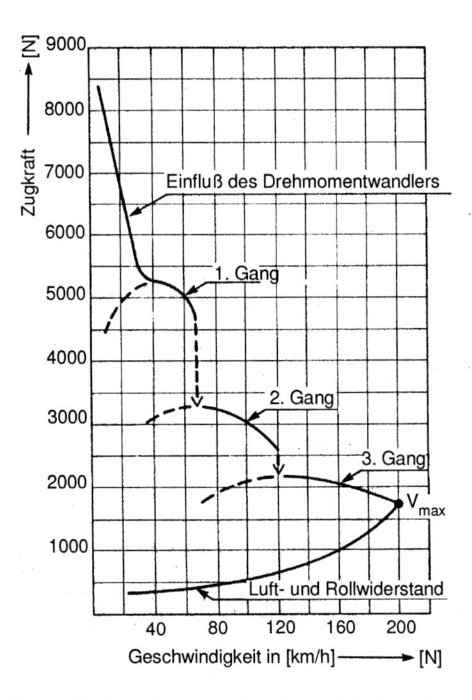

Bild 2.1.15: Zugkraftdiagramm eines Fzg. mit 3-Gang-Automatikgetriebe [TLA93]

Das nachgeschaltete Stufengetriebe ist in der Regel aus gekoppelten Planetensätzen aufgebaut, einer speziellen Bauform eines dreiwelligen Umlaufgetriebes. In Bild 2.1.16 ist ein solcher einzelner Planetensatz mit den zugehörigen Bezeichnungen abgebildet.

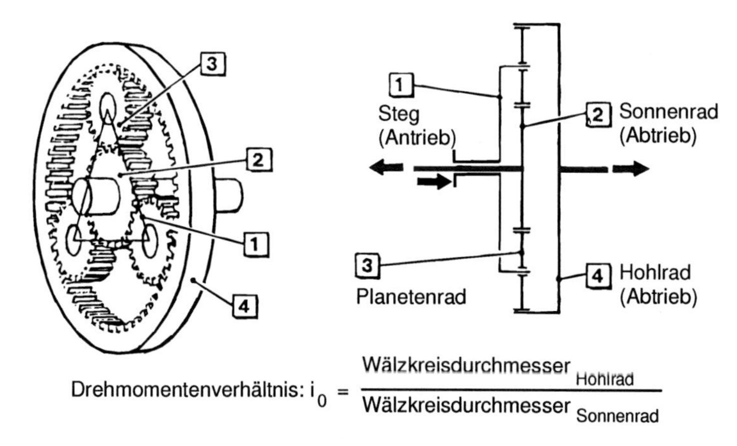

Bild 2.1.16: Stirnradplanetensatz [WAL95]

Bild 2.1.17 zeigt zur Verdeutlichung die möglichen Kopplungen der einzelnen Zentralwellen mit Antrieb, Abtrieb und feststehendem Getriebegehäuse eines Planetensatzes. Es sind sechs verschiedene Übersetzungen, davon zwei mit Richtungsumkehr von An- und Abtrieb, möglich. Läuft der gesamte Planetensatz als Block um, läßt sich als siebte Möglichkeit ein direkter Gang realisieren.

SCHEMA	ANORDNUNG			ÜBERSETZUNG	
	ANTRIEB (1)	ABTRIEB (2)	FEST	$i = n1 / n2$	BEREICH
1 2	SONNENRAD	STEG	HOHLRAD	$1 + i_0$	$2 < i < \infty$
1 2	SONNENRAD	HOHLRAD	STEG	$-i_0$	$-\infty < i < -1$
1 2	STEG	SONNENRAD	HOHLRAD	$\frac{1}{1 + i_0}$	$0 < i < 0.5$
1 2	STEG	HOHLRAD	SONNENRAD	$\frac{1}{1 + \frac{1}{i_0}}$	$0.5 < i < 1$
1 2	HOHLRAD	SONNENRAD	STEG	$-\frac{1}{i_0}$	$-1 < i < 0$
1 2	HOHLRAD	STEG	SONNENRAD	$1 + \frac{1}{i_0}$	$1 < i < 2$

Standübersetzung $i_0 = d_{Hohlrad}/d_{Sonnenrad}$

Bild 2.1.17: Schaltungsmöglichkeiten und Übersetzungen von Planetensätzen

Mit diesen Planetensätzen lassen sich die notwendigen Getriebestufungen durch Verbinden der verschiedenen Wellen mit An- und Abtrieb realisieren. Da das Festbremsen und Freigeben der stehenden, momentenabstützenden Wellen kontinuierlich erfolgt, kann während des Gangwechsels ein Moment übertragen werden (keine Zugkraftunterbrechung).

2.1.3.2 Automatikgetriebe (Aufbau und Steuerung)

Als Beispiel zeigt Bild 2.1.18 den Aufbau eines ZF Automatik-Getriebes, das in dieser Form weit verbreitet ist (vgl. [TLA93]).

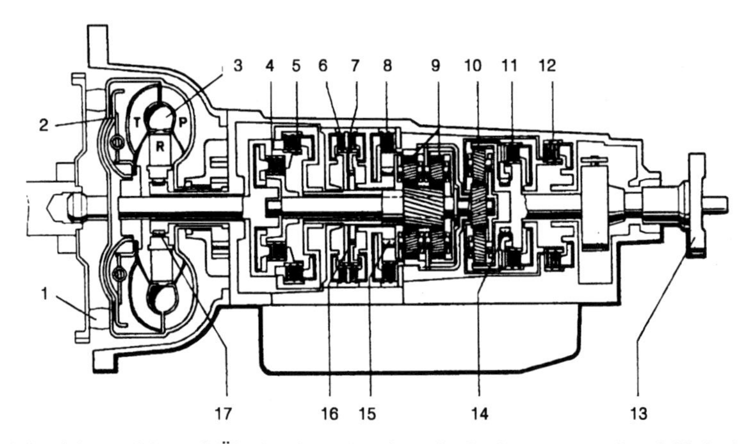

1 Antrieb vom Motor; 2 Überbrückungskupplung des Drehmomentwandlers;3 Hydrodynamischer Wandler (P=Pumpenrad; R=Reaktionsrad (Leitrad); T=Turbinenrad); 4,5,11 Kupplung.; 6,7,8,12 Bremse; 9 Doppelt ausgeführter Planetensatz; 10 Planetensatz für 4. Gang; 13 Abtriebswelle; 14-17 Freilauf

Bild 2.1.18: Automatikgetriebe ZF 4 HP 22 -Schnittzeichnung [TLA93]

Das Automatikgetriebe ZF 4HP 22 besteht aus einem hydrodynamischen Drehmomentwandler mit integrierter Überbrückungskupplung und einem 4-Gang-Planetenradgetriebe. Drehmomentwandler und Planetengetriebe können konstruktiv an den Motor angepaßt werden, so daß sich die Automatik für Motoren unterschiedlicher Leistung einsetzen läßt. Das Planetengetriebe mit seinen 4 Vorwärtsgängen und 1 Rückwärtsgang hat einen einfachen Aufbau. Der mit dem Getriebe verbundene Drehmomentwandler arbeitet in allen Gängen. Bei Erreichen einer vorgeschriebenen Fahrgeschwindigkeit im 4. Gang zusammen mit einer bestimmten Stellung des Gaspedals wird der Drehmomentwandler von einem Überbrückungssystem festgehalten, und die Kraftübertragung erfolgt rein mechanisch.

In der Steuerung kommen hydraulisch betätigte Lamellenkupplungen und Freiläufe zum Einsatz. Die hydraulische Getriebesteuerung befindet sich im unteren Teil des Getriebes. Ihre effektiven Schaltpunkte sind von der Gaspedalstellung und der Fahrgeschwindigkeit des Fahrzeugs abhängig. Die Bedienung einstellbarer Funktionen des Getriebes wird vom Fahrer durch einen Wählhebel vorgenommen. Damit kann beispielsweise Rückwärts- und Vorwärtsgang eingelegt oder die Automatikschaltung eingeschränkt werden. In der "drive"-Stellung ('D') schaltet das Getriebe vollständig automatisch. Dabei wird an systemintern festgelegten Schaltpunkten geschaltet. Vom Fahrer kann die Steuerung durch vollständiges Durchtreten des Gaspedals beeinflußt werden (Kickdown-Wirkung), wodurch ein niedrigerer Gang zur stärkeren Beschleunigung eingelegt wird, sofern die Fahrzeuggeschwindigkeit dies zuläßt.

Technische Daten

Übersetzungsverhältnis

(mechanisch)	wahlweise	
1. Gang	2,48	2,73
2. Gang	1,48	1,56
3. Gang	1,0	1,0
4. Gang	0,73	0,73
Rückwärtsgang	2,09	2,09

Die maximale Momentwandlung der verschiedenen Typen von Drehmomentwandlern liegt zwischen 1,9 und 2,3.

Die Gänge des ZF 4 HP 22 [TLA93]

1. Gang (Bild 2.1.19a)

Die Kupplungen 4 und 11 sind geschlossen. Während des Antriebs stützt sich der Planetenringträger im Satz 9a vom Freilauf 15 ab (Freilauf fest); für die Bremswirkung des Motors ist der Freilaufmechanismus jedoch in Betrieb (Freilauf gelöst). Der Planetensatz 10 dreht als Ganzes mit. In der Wählhebelstellung 1 wird außerdem die Bremse 8 geschlossen, wodurch mit dem Motor abgebremst werden kann.

2. Gang (Bild 2.1.19b)

Die Kupplungen 4 und 11 sowie die Bremsen 6 und 7 sind geschlossen, der Freilauf 15 ist gelöst (Freilauf in Betrieb). Die Hohlwelle mit dem Sonnenrad vom Planetensatz 9 ist feststehend, Satz 10 dreht als Ganzes mit.

- *3. Gang (Bild 2.1.19c)*

Die Kupplungen 4, 5 und 11, sowie die Bremse 7 sind geschlossen. Bei den Freiläufen 15 und 16 ist der Freilaufmechanismus in Betrieb. Die Planetensätze 9 und 10 drehen als Ganzes mit. Damit ist das Übersetzungsverhältnis i=1 .

- *4. Gang (Bild 2.1.19d)*

Die Kupplungen 4 und 5, sowie die Bremsen 7 und 12 sind geschlossen. Bei den Freiläufen 14, 15 und 16 ist der Freilaufmechanismus in Betrieb. Der Planetensatz 9b dreht als Ganzes mit. Die Hohlwelle von Satz 10 ist feststehend, so daß insgesamt ein Übersetzungsverhältnis von i<1 ergibt. Oberhalb einer bestimmten Fahrgeschwindigkeit wird der Drehmomentwandler 3 von der Überbrückungskupplung 2 festgehalten.

- *Rückwärtsgang (Bild 2.1.19e)*

Die Kupplungen 5 und 11, sowie die Bremse 8 sind geschlossen. Durch den blockierten Planetenradträger im Satz 9a wird die Drehrichtung der Antriebswelle umgekehrt, Satz 10 dreht als Ganzes mit.

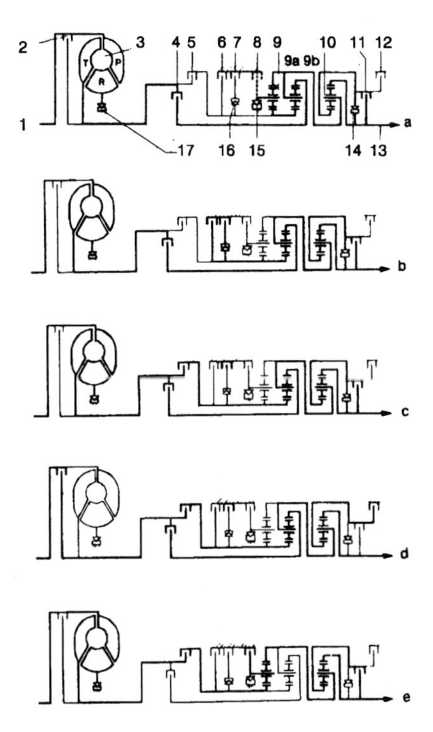

Bild 2.1.19: Die Gänge des ZF 4 HP 22 [TLA93]

Automatikgetriebe finden auch im Nutzfahrzeugsektor Anwendung. Sie können in nahezu allen Nutzfahrzeugtypen eingesetzt werden. Dabei hat man die Wahl zwischen vier bis sieben Gängen.

Als Beispiel zeigt Bild 2.1.20 ein häufig eingesetztes ZF-Nutzfahrzeuggetriebe.

Von der Bauart her ist der hydraulische Drehmomentwandler ein Trilok-Wandler (Pumpenrad, Turbinenrad und ein Leitrad), der standardmäßig mit Freilauf und Überbrückungskupplung ausgeführt ist. Außerdem ist diese Getriebereihe mit einem integrierten Retarder (hydrodynamische Motorbremse) ausgestattet. Hierbei handelt es sich um eine zum Bremsen benutzte hydrodynamische Kupplung, die in einem folgenden Kapitel behandelt wird.

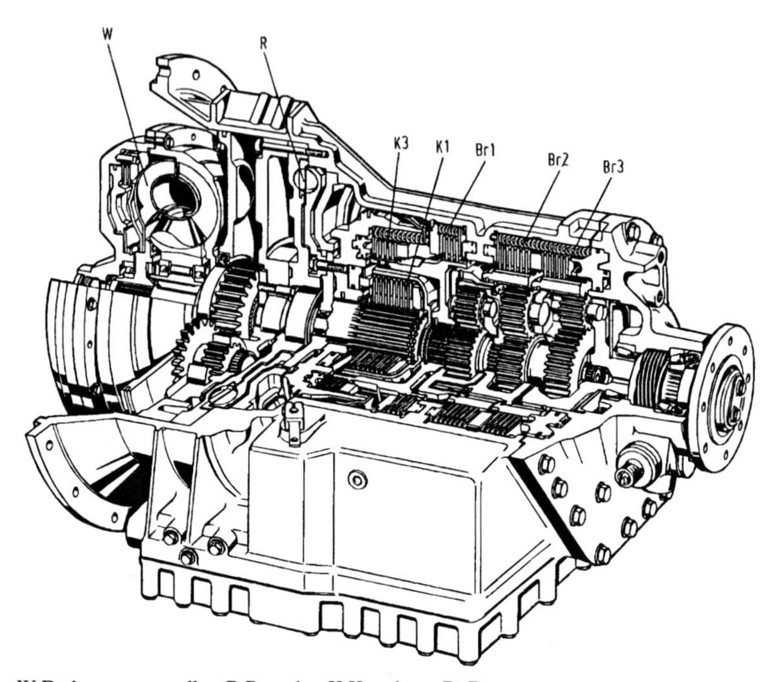

W Drehmomentwandler; R Retarder; K Kupplung; Br Bremse

Bild 2.1.20: Automatikgetriebe ZF HP 600 im Schnitt [För91]

Je nach Gangzahl umfaßt der mechanische Teil des Getriebes eine bestimmte Anzahl von Planetengetriebesätzen, die über hydraulisch betätigte Kupplungen in Abhängigkeit vom gewünschten Übersetzungsverhältnis (Wählhebelstellung) verbunden werden können. In Bild 2.1.21 ist schematisch dargestellt, wie die verschiedenen Gänge zustande kommen.

In den Darstellungen für den 1., 2. und den Rückwärtsgang (Bild 2.1.21b, c und h) ist der Drehmomentwandler gestrichelt wiedergegeben. Damit wird gekennzeichnet, daß in diesen Gängen der Drehmomentwandler vor dem Schließen der Überbrückungskupplung in Betrieb ist.

Für die Steuerung dieses Automatikgetriebes wird ein elektronisch-hydraulisches System eingesetzt.

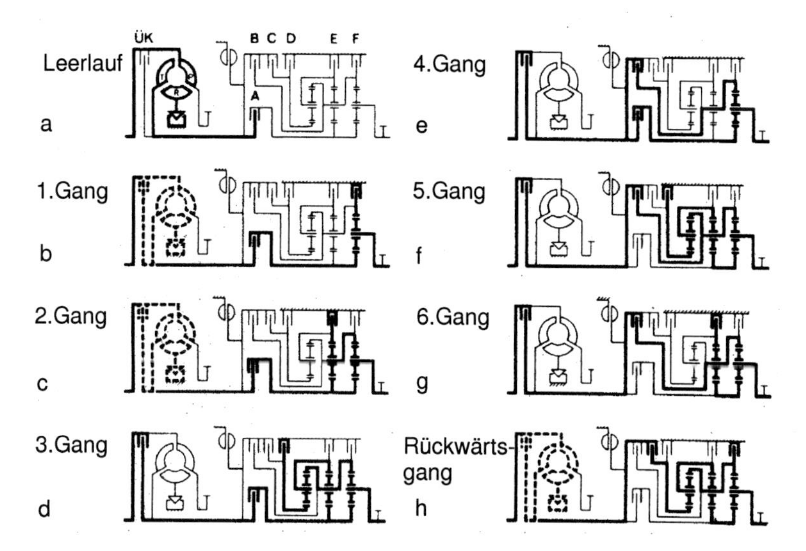

Bild 2.1.21: Kraftfluß in den Gängen des ZF HP 600 [TLA93]

Hydrauliksteuerung

Die Schaltung eines Automatikgetriebes erfolgt durch Ein- und Ausrücken verschiedener Lamellenkupplungen und/oder Bandbremsen, die hydraulisch betätigt werden.

Diese hydraulischen Schaltmanöver werden von verschiedenen hydraulischen Bauelementen gesteuert, die gewährleisten, daß der richtige Öldruck zum richtigen Zeitpunkt auf die jeweiligen Kupplungszylinder wirkt. Je nach Getriebe kann die Hydraulik in ihren Details unterschiedlich ausgeführt sein, im wesentlichen ist die hydraulische Steuerung jedoch bei allen Automatikgetrieben gleich. Anhand der hydraulischen Getriebesteuerung des ZF 3 HP 22 (Bild 2.1.22) werden die Arbeitsweise erläutert und Beispiele für Konstruktionen angeführt, die man bei anderen Versionen antreffen kann.

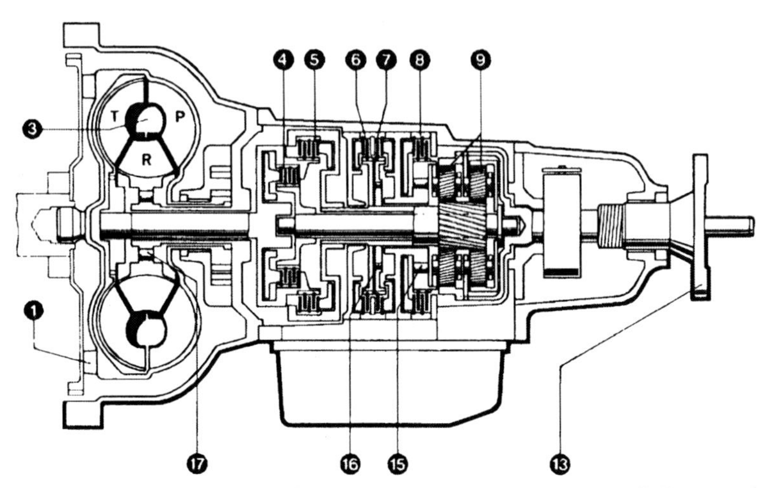

1 Antrieb vom Motor; 3 Hydrodynamischer Wandler (P=Pumpenrad, R=Reaktionsrad(Leitrad), T=Turbinenrad); 4,5 Kupplung; 6-8 Bremse; 9 Planetensatz (doppelt ausgeführt); 13 Abtriebswelle; 15-17 Freilauf

Bild 2.1.22: Übersicht ZF 3 HP 22 [TLA93]

Die Bauelemente, die die hydraulische Steuerung bilden, sind im unteren Teil des Getriebes als Hydraulikeinheit untergebracht. Der gesamte Block befindet sich im Öl, und die verschiedenen Ölkanäle stellen die Verbindung zwischen den Bauelementen her. Bild 2.1.23 vermittelt einen Eindruck über den sehr diffizilen Aufbau der hydraulischen Steuerung, die heute mehr und mehr von den später beschriebenen elektronisch gesteuerten Automatikgetrieben verdrängt wird.

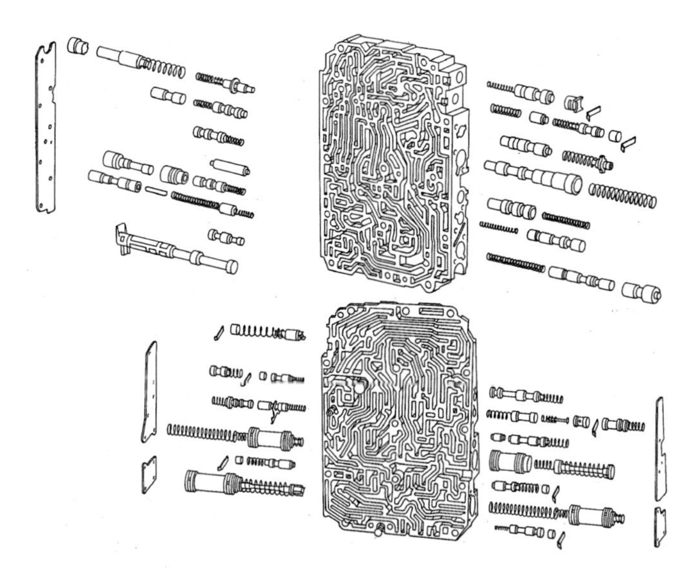

Bild 2.1.23: Hydraulikeinheit eines Automatikgetriebes [För91]

In der Übersichtszeichnung (Bild 2.1.24) werden die Teile gezeigt, wovon die folgenden hydraulisch arbeiten:

- Speisepumpe mit Druckregler(n)	2, 3 und 4
- Wählkolben (handbetätigt)	8
- Schaltkolben	9, 10
- Fliehkraftregler	11
- Verriegelungskolben	12, 13
- Druckregelkolben (Motorlast)	14
- Modulationsdruckregelkolben	15
- Kupplungsdruckkolben (4 Stück) (zur Dämpfung von Schaltstößen)	17
- Kupplungszylinder	**I, II, III, IV, V**

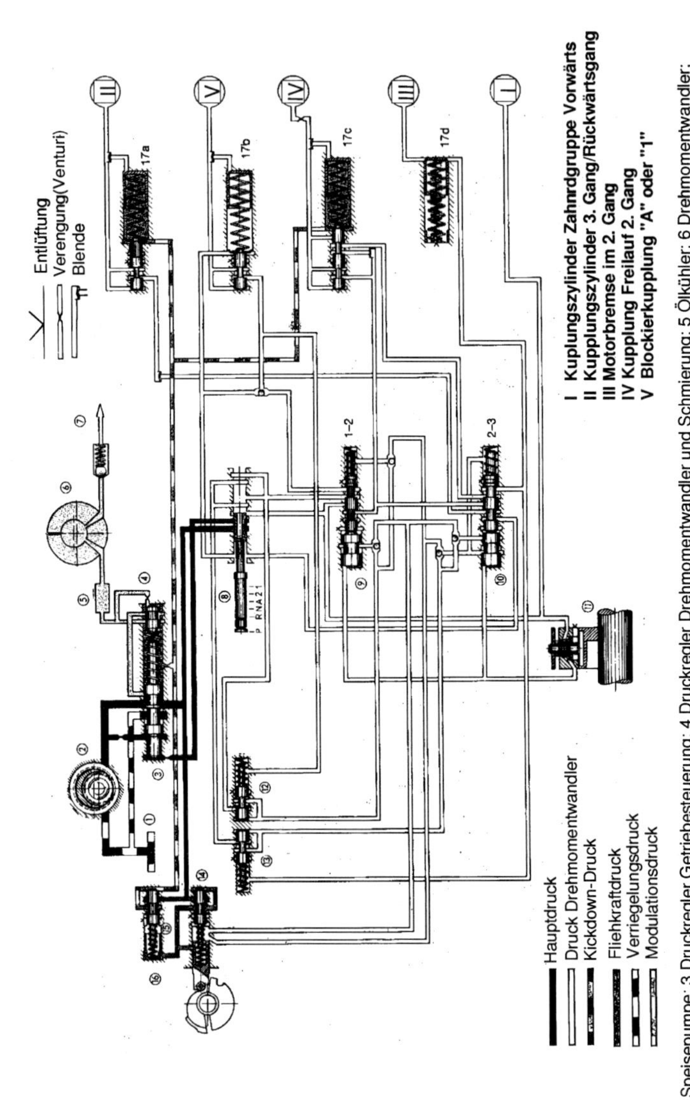

Bild 2.1.24: ZF 3 HP 22 - Übersicht der hydraulischen Steuerung [TLA93]

Je nach Fahrgeschwindigkeit regelt der Fliehkraftregler (11) im Zusammenwirken mit den Schaltkolben 9 und 10 die Zuführung des Arbeitsdrucks zu den Kupplungsdruckkolben 17 und bestimmt dadurch (je nach Stellung des Gaspedals) den Schaltzeitpunkt. In der Anlage herrschen unterschiedliche Drücke, die durch die verschiedenen Druckregler vom (Haupt)Arbeitsdruck abgeleitet werden.

Man unterscheidet:

- Hauptarbeitsdruck,
- Druck Drehmomentwandler,
- Kickdown-Druck,
- Fliehkraftdruck,
- Verriegelungsdruck
- Modulationsdruck.

Vor der näheren Betrachtung der verschiedenen hydraulischen Teile muß erläutert werden, auf welche Weise hydraulische Drücke geregelt werden können.

Regelung von hydraulischen Drücken

Für die ordnungsgemäße Funktion des hydraulischen Steuerungsteils sind verschiedene, von der Speisepumpe abgeleitete Hydraulikdrücke erforderlich.

Dazu sei auch auf das Kapitel 1.3 (Komponenten der Fluidtechnik) verwiesen.

In ihrer praktischen Ausführung können sich die Druckregelungen unterscheiden, haben aber im Prinzip immer dieselbe Wirkung. Die Betrachtung des Druckregelkolbens in Bild 2.1.25a und b zeigt:

Die Flüssigkeit, deren Druck zu regeln ist, tritt durch Öffnung I ein, während die Flüssigkeit mit geregeltem Druck durch Öffnung U nach außen strömt. Eine Federkraft (F_{Feder}) bewirkt anfänglich, daß die Öffnungen I und U geöffnet sind, wodurch die Flüssigkeit zunächst über den Kanal U zum Verbraucher strömen kann (Bild 2.1.25a).

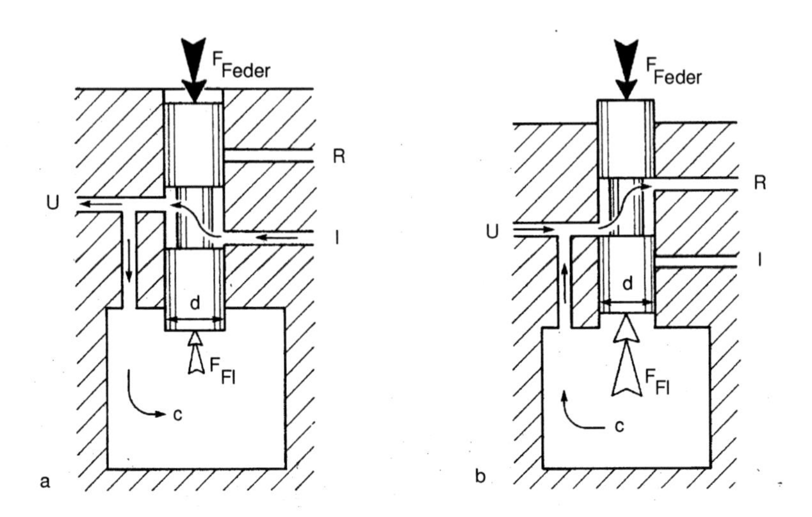

Bild 2.1.25 a und b: Prinzip der hydraulischen Druckregelung [TLA93]

Dabei strömt auch Flüssigkeit in den Raum C unter den Kolben, und es baut sich ein Druck auf, der eine Kraft F_{Fl} ($p_{Flüssigkeit} \cdot A_{Kolben}$) verursacht, die entgegengesetzt zur Federkraft F_{Feder} wirkt. Wird die Öffnung I durch den zunehmenden Flüssigkeitsdruck verschlossen, kann der Druck nicht weiter ansteigen.

Fällt der Druck an U z.B durch Verbrauch wieder ab, wird die Öffnung I freigegeben, worauf sich der Vorgang wiederholen kann.

Sollte im Ausgangskreis kein Öl verbraucht werden, könnte infolge von Leckagen der Druck im Kreis U zu stark ansteigen. In diesem Fall stiege der Kolben noch höher, die Rücklauföffnung R würde freigegeben, und der Druck könnte wieder abfallen (Bild 2.1.25b).

Öldruckkreislauf

Vom Öldruckkreislauf wird die Versorgung mit Hydrauliköl des richtigen Druckes gewährleistet. Dabei gibt es Systeme, die mit einer einzelnen, motorgetriebenen Speisepumpe arbeiten, aber auch Ausführungen mit zwei Speisepumpen. In diesen Fall arbeitet die zweite oder Sekundärpumpe als zusätzliche, von der Abtriebswelle des Getriebes angetriebene Pumpe. Für die Druckregelung beider Pumpen sorgt ein Druckregler, der den geforderten Druck nach Bedarf einstellt.

Alle Ausführungen erfüllen die folgenden Aufgaben:

- Versorgung des Drehmomentwandlers mit Hydrauliköl,
- Ölzirkulation zur Wärmeabfuhr,
- Ölzirkulation zur Schmierung der Getriebeteile,
- Druckzuführung von Öl zum Hydraulikblock, um das automatische Schalten zu ermöglichen.

Bei Ausführungen mit Sekundärpumpe besteht deren wichtigste Aufgabe darin, das Abschleppen des Fahrzeugs zu ermöglichen. Oberhalb einer bestimmten Geschwindigkeit übernimmt die Sekundärpumpe die Funktion der Primärpumpe.

Kreislauf mit Primär- und Sekundärpumpe

Den mit zwei Pumpen ausgeführten Öldruckkreislauf findet man z.B. in den Automatikgetrieben von Mercedes Benz (Typ W3D 080/R). Einen Teil des Hydraulikkreislaufs veranschaulicht Bild 2.1.26.

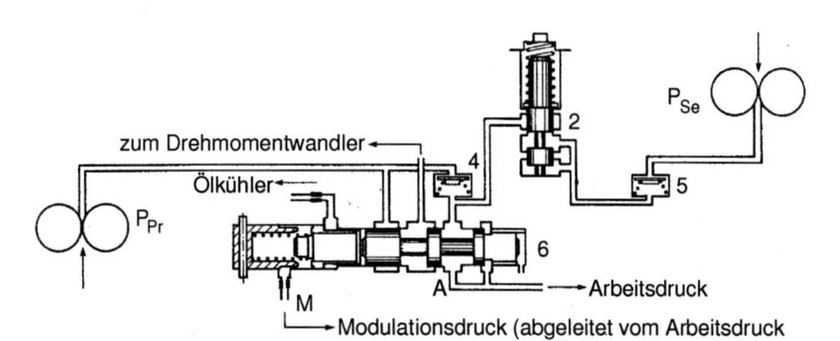

P_{Pr} Primärpumpe; P_{Se} Sekundärpumpe; 2 Sekundärdruckregelkolben; 4,5 Rückschlagventil; 6 Druckregler

Bild 2.1.26: Ölkreislauf mit zwei Pumpen [TLA93]

Die Primärpumpe (P_{Pr}) ist eine Zahnradpumpe, die über einen Flansch am Drehmomentwandlergehäuse des Getriebes unterbracht ist. Das von der Primärpumpe geförderte Öl strömt über das Rückschlagventil 4 direkt zum Druckregelkolben 6. Die Sekundärpumpe (P_{Se}), im

Aufbau identisch mit der Primärpumpe, ist im hinteren Getriebedeckel eingebaut.

Das von der Sekundärpumpe geförderte Öl strömt über das Rückschlagventil 5 zum Sekundärdruckregelkolben 2, der sich bei diesem Getriebe bei einem Flüssigkeitsdruck von 6 bar öffnet und das Öl in den Druckregler 6 einströmen läßt. Wenn dies der Fall ist, schließt das Rückschlagventil 4, weil der Druck der Sekundärpumpe den der Primärpumpe übersteigt. Von diesem Zeitpunkt an übernimmt die Sekundärpumpe die Ölversorgung von der Primärpumpe. Vom Druckregler 6 werden danach verschiedene Drücke bereitgestellt.

Er liefert den Hauptarbeitsdruck (Ansteuerungsdruck für die Kupplungen) sowie den Flüssigkeitsdruck für den Drehmomentwandler. Vom Arbeitsdruck wird ein dritter Druck, der sogenannte Modulationsdruck abgeleitet. Er bestimmt u.a. den Anpreßdruck der Kupplungszylinder. Außerdem verläuft vom Druckregler ein Kanal zum Ölkühler der Hydraulikanlage.

Kreislauf mit Einzelpumpe

Die Hydraulik des Automatikgetriebes ZF 3 HP22 enthält nur eine einzelne Pumpe, die in Bild 2.1.24 mit der Ziffer 2 bezeichnet ist. Bei dieser motorgetriebenen Pumpe handelt es sich um eine im Getriebe eingebaute Zahnradpumpe mit halbmondförmigem Hilfsstück. Der Druckregler besteht aus zwei Teilen. Der rechte Teil (4) enthält den Wandler-Druckregelkolben und leitet den Ölstrom zum Drehmomentwandler (6); über das Kugelventil (7) wird das Getriebe geschmiert. Der linke Teil (3) stellt den Flüssigkeitsdruck für das Steuerungsorgan zur Verfügung (Hauptarbeitsdruck). Aus der Pumpe strömt das Öl über die Kanäle (a) und (b) in den linken Teil des Druckreglers. Dadurch bewegt sich der Kolben entgegen der Federspannung nach rechts und gibt den Kanal (d) frei, wodurch das Öl in den rechten Teil des Druckreglers (4) strömen kann. Die Regelung des Arbeitsdrucks erfolgt danach durch Öffnen und Schließen von Kanal (c). Der Druck zum Drehmomentwandler wird über die Leitung (f) geregelt.

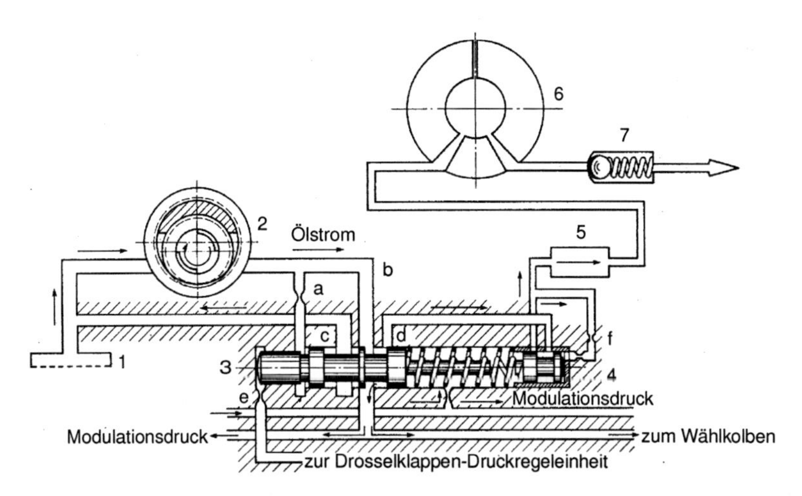

1 Filter; 2 Speisepumpe; 3 Druckregler Getriebesteuerung; 4 Druckregler Drehmomentwandler und Schmierung; 5 Ölkühler; 6 Drehmomentwandler; 7 Getriebeschmierung

Bild 2.1.27: Druckregler des Öldruckkreislaufs mit Einzelpumpe (vgl. B 2.1.24) [TLA93]

Neben der Federspannung hängen die geregelten Drücke damit auch noch vom Modulationsdruck ab (Druck in Abhängigkeit von der Stellung des Gaspedals). Folglich ist der Druck im Hauptregelkreis und im Momentwandlerkreis ebenfalls von der Motorlast abhängig. Außerdem ist erkennbar, daß am Punkt (e) Öldruck zugeführt werden kann. Das geschieht mit Hilfe des Wählhebels, wodurch der geregelte Druck in der Stellung N (Neutral) verringert werden kann.

Wählkolben (8 in Bild 2.1.24)

Der Wählkolben mit den Stellungen P, R, N, D, 2, 1 ist mit dem Wählhebel im Fahrzeug verbunden. Er bewirkt, daß der Arbeitsdruck je nach Wählhebelstellung über die Schaltkolben (9 und 10) zu den Kupplungsdruckreglern (17) der verschiedenen Gänge geführt wird, damit in Abhängigkeit von der Schaltstellung die richtige Auswahl und Blockierung vorgenommen wird (Bilder 2.2.24 und 2.1.28). Auch die Flüssigkeit zum Fliehkraftregler passiert den Wählkolben, während der Durchfluß zu den Verriegelungskolben erforderlich ist, um in der Schaltstellung 1 und 2 das Hochschalten zu verhindern (Siehe auch die Schaltbeispiele für den 1. und 2. Gang.).

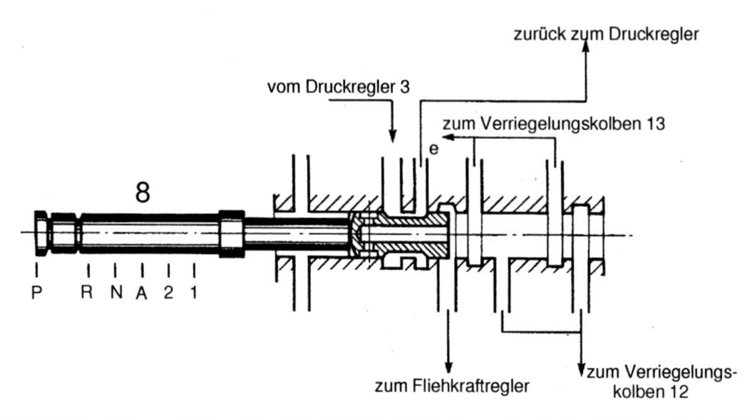

Die Rücklaufleitung (e) bewirkt, daß die Flüssigkeit hinter den linken Kolben (3 in Bild 2.1.19) des Druckreglers gelangt, wodurch auch der Hauptarbeitsdruck reduziert wird (siehe auch Bild 2.1.24).

Bild 2.1.28: Wählkolbenstellung "Neutral" [TLA93]

Drosselklappen-Druckregeleinheit (14, 15 und 16 in Bild 2.1.24)

Die Drosselklappen-Druckregeleinheit besteht aus drei Teilen (vgl. Bild 2.1.29):

- Kickdown-Exzenterscheibe, verbunden mit dem Gasped. (16),
- Druckkolben für die Motorlast (14) sowie
- Modulationskolben (15)

Den Teilen 14 und 16 dieser hydraulischen Einheit fällt die Aufgabe zu, den Schaltzeitpunkt nicht ausschließlich dem Fliehkraftregler (der Fahrzeuggeschwindigkeit), sondern auch dem Lastzustand des Motors anzupassen. Aufgabe des Modulationskolbens (15) ist die Bereitstellung eines sogenannten Modulationsdruckes (Druck in Abhängigkeit von der Gaspedalstellung). Dieser Druck wird genutzt, um den Hauptarbeitsdruck, den Schmierdruck, sowie den Anpreßdruck der Kupplungen zu beeinflussen.

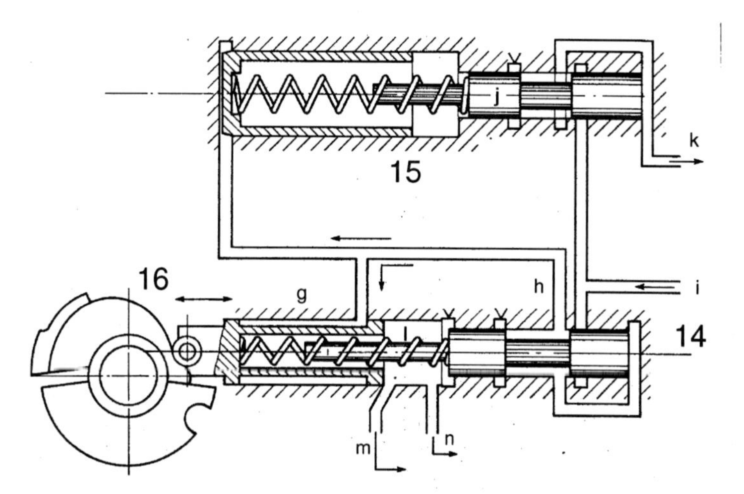

h geregelter Druck zum Modulationsdruckregler; i Arbeitsdruck vom Druckregler; j Kolben des Modulationsdruckreglers; k Modulationsdruck; l Feder der Drosselklappen-Druckregeleinheit; m zum Schaltkolben 9 und 10; n zum Schaltkolben 9 und 10 (Kickdown)

Bild 2.1.29: Drosselklappen-Druckregeleinheit [TLA93]

Arbeitsweise **(Bilder 2.1.24 und 2.1.29)** [TLA93]

Zustand 1: Leerlauf und Teillast

Der Arbeitsdruck vom Druckregler wird am Punkt (i) zugeführt, wodurch sowohl Teil 14 als auch Teil 15 beaufschlagt wird. Vom Druckkolben 14 wird dann ein geregelter Druck bereitgestellt, dessen Größe von der Federspannung abhängt, die ihrerseits durch die Stellung der Exzenterscheibe beeinflußt werden kann. Beim Durchtreten des Gaspedals verdreht sich die Exzenterscheibe und spannt die Feder I, wodurch der geregelte Druck im Kanal (h) ansteigt.

Kanal (h) ist so mit dem Modulationsdruckkolben 15 verbunden, daß der geregelte Druck an der linken Seite von Kolben (j) ansteht. An der rechten Kolbenseite, Kanal (k) , steht dann der Modulationssdruck zur Verfügung, der auch von der Stellung der Drosselklappe abhängig ist.

Zusätzlich wurde beim Durchtreten des Gaspedals auch der Drosselklappenkolben (g) nach rechts verschoben und hat damit Kanal (m) freigegeben. Dadurch gelangt der (geregelte) Druck auch zu den

Schaltkolben 9 und 10 (Bild 2.1.24), was den Schaltzeitpunkt beeinflußt. Der bereits erwähnte Modulationsdruck wird über Kanal (k) zum Druckregler 4 und den Kupplungsdruckkolben 17a und 17c zurückgeführt. Damit wird erreicht, daß nicht nur der Schmierdruck von der Motorlast abhängt, sondern auch der Anpreßdruck der Kupplungen. Durch Anpassen des Anpreßdrucks der Kupplungen an den Lastzustand des Motors wird erreicht, daß die Flüssigkeitsdrücke relativ niedrig bleiben können, ohne daß es zum Kupplungsschlupf kommt.

Zustand 2: Kickdown-Effekt

Beim vollständigen Durchtreten des Gaspedals wird die Feder durch die Nocke der Exenterscheibe maximal gespannt. Damit erreicht der geregelte Druck im Kanal (h) seinen Höchstwert und verschiebt den Drosselklappenkolben (g) weiter nach rechts, wodurch Kanal (n) freigegeben wird. Über diesen Kanal steht der hohe geregelte Druck jetzt auch an den Druckschaltkolben 9 und 10 an. Dies ermöglicht das Zurückschalten nach dem Kickdown Prinzip.

Schaltkolben (9 und 10, Bilder 2.1.24 und 2.1.30)

Mit den Schaltkolben 9 und 10 wird das Getriebe unter Einwirkung des geregelten Drucks vom Fliehkraftregler geschaltet, wobei die Stellung des Gaspedals berücksichtigt wird. Bei Erreichen der vorgegebenen Geschwindigkeit ist der vom Fliehkraftregler (11) bereitgestellte Druck so groß, daß sich der Kolben nach rechts verschiebt, wodurch die Kupplungszylinder mit dem Arbeitsdruck beaufschlagt werden.

Für das Schalten vom 1. in den 2. Gang ist Schaltkolben 9 zuständig. Der Arbeitsdruck vom Druckregler (3) und Wählkolben (8) wird über (p) zugeführt, während der Druck vom Fliehkraftregler über (o) eintritt. Der Zeitpunkt der Rechtsverschiebung des Kolbens ist von der Spannung der Feder (r) und vom Druck abhängig, der über (s) zugeführt wird. Bei höherer Motorlast wird somit später hochgeschaltet. Vom 1. Gang wird in den 2. Gang geschaltet, wenn durch Verschieben des Kolbens Kanal (p) mit (q) verbunden ist und die Flüssigkeit auf diese Weise unter Druck zum Kupplungszylinder strömen kann.

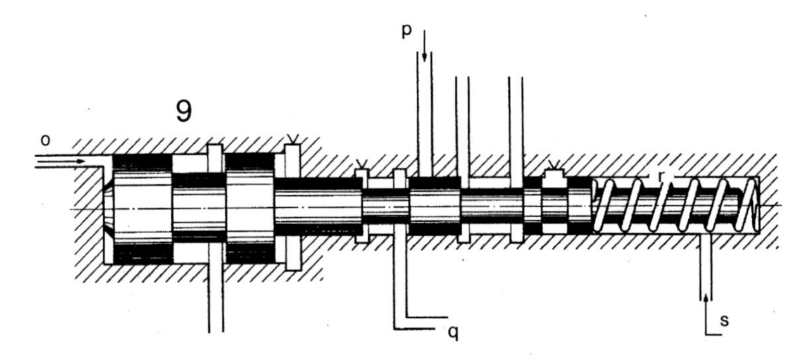

o vom Fliehkraftregler (11); p vom Wählkolben (8); q zum Kupplungskolben (17); r Feder; s vom Drosselklappenkolben (14)

Bild 2.1.30: Schaltkolben 1.Gang-2.Gang (9) [TLA93]

Bei höheren Geschwindigkeiten bewegt sich Schaltkolben 10 auf die gleiche Weise nach rechts, wodurch der 3. Gang gewählt wird.

Fliehkraftregler (11 in Bild 2.1.24)

Der Fliehkraftregler baut einen Flüssigkeitsdruck auf, der von der Fahrzeuggeschwindigkeit abhängig ist. Daher ist der Regler auf der Abtriebswelle des Getriebes montiert. Der von der Geschwindigkeit abhängige Druck wird zu den verschiedenen Schaltkolben geführt, und das Getriebe schaltet bei der programmierten Geschwindigkeit.

Es gibt unterschiedliche Ausführungen von Fliehkraftreglern. Mit Hilfe der Fliehkraft erhält man den geschwindigkeitsabhängigen Druck, der auf den Druckregelkolben wirkt. Damit läßt sich feststellen, daß die Fliehkraft die Aufgabe der Druckregelfeder übernommen hat.

Im folgenden wird der Fliehkraftregler des ZF-Getriebes betrachtet (Übersicht Bild 2.1.24, Detaildarstellung Bild 2.1.31).

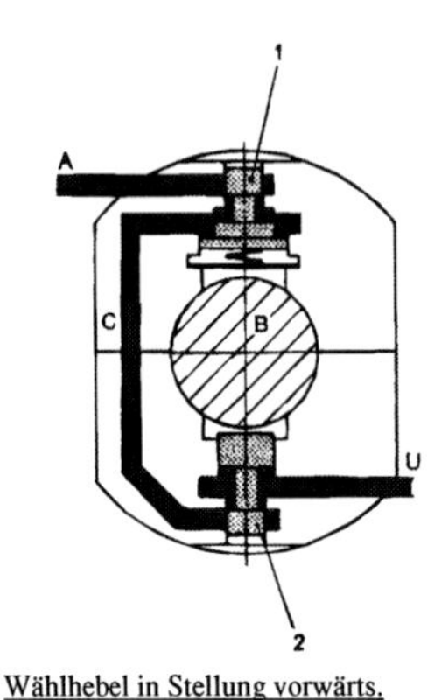

Wählhebel in Stellung vorwärts.

Der Arbeitsdruck erreicht den Fliehkraftregler über Kanal A. Der Flüssigkeitsdruck schließt den Druckregler 2. Im Kanal C herrscht ein vom Druckregler 1 geregelter Druck.

Fahrzeug in Bewegung, Welle B des Fliehkraftreglers rotiert.

Die Fliehkraft bestimmt den Regeldruck an U in Abhängigkeit von der Fahrgeschwindigkeit. Druckregler 1 und Druckregler 2 sind in Betrieb.

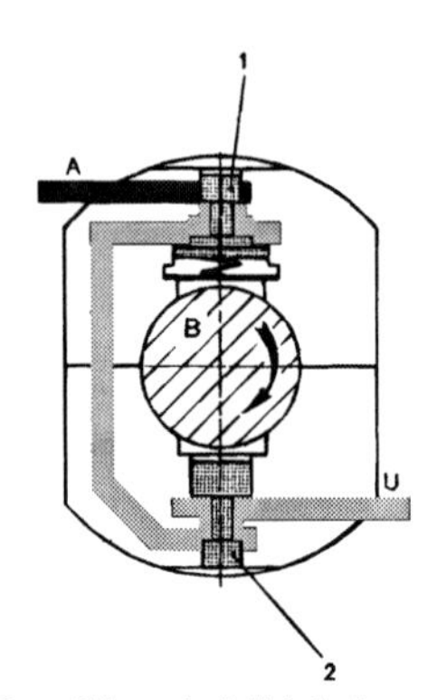

Fahrgeschwindigkeit nimmt zu.

Infolge der steigenden Geschwindigkeit ist die Fliehkraft so groß geworden, daß nur noch Druckregler 1 wirkt. Druckregler 2 bleibt offen.

Bild 2.1.31: Fliehkraftregler [TLA93]

Wenn das Fahrzeug stillsteht, aber der Fliehkraftregler gespeist wird, weil der Wählkolben (8) in einer der Vorwärtsstellungen steht, wird der Druck vom Kolben 1 geregelt. In diesem Fall ist der Druck von der Vorspannung der Feder abhängig. Vom Kolben 2 wird jedoch kaum Flüssigkeit unter Druck durchgelassen, weil er keine Feder besitzt und nach dem Durchlassen einer kleinen Flüssigkeitsmenge fast augenblicklich wieder zugedrückt wird (Bild 2.1.31a).

Wird das Fahrzeug in Bewegung versetzt, beginnen die Kolben 1 und 2 durch die Abtriebswelle B zu rotieren und werden infolge der Fliehkraft nach außen gedrückt. Daher ist ein hoher Flüssigkeitsdruck erforderlich, um die Kolben wieder zurück zu drücken. Der geregelte Druck verläßt den Fliehkraftregler dann über "U". Bei niedrigen Drehzahlen wird der Druck sowohl von Kolben 1 als auch von Kolben 2 geregelt (Bild 2.1.31b).

Bei höheren Drehzahlen bleibt Kolben 2 außer Betrieb, weil inzwischen die Fliehkraft im Verhältnis zur Oberflächendifferenz so groß geworden ist, daß der Kolben vollständig in seiner äußersten Stellung verbleibt (Bild 2.1.31c).

Eine solche Zweistufenreglung, bestehend aus primären und sekundären Fliehgewichten oder -kolben, ist üblich, weil sich hiermit in den unteren Geschwindigkeitsbereichen eine größere Differenz im Regeldruck erzielen läßt.

In Bild 2.1.32 ist der Druckverlauf eines Zweistufen-Fliehkraftreglers als Funktion der Fahrgeschwindigkeit graphisch dargestellt.

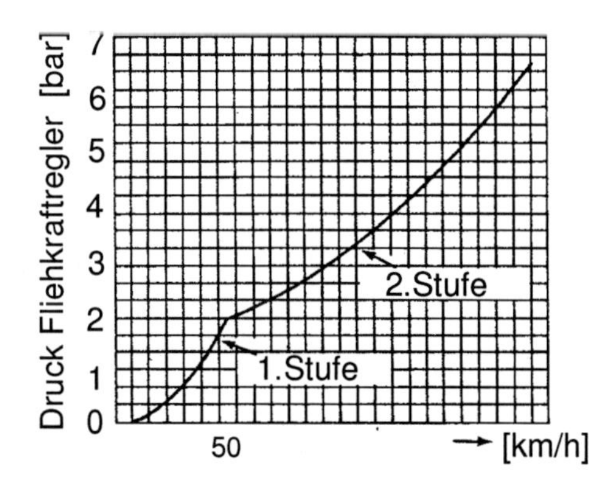

Bild 2.1.32: Typische Kurve der Zweistufendruckregelung eines Fliehkraftreglers [TLA93]

Kupplungsdruckkolben (17 in Bild 2.1.24)

Die Kupplungsdruckkolben (Druckspeicher) gewährleisten die Regelung des von den Schaltkolben (9 und 10) zugeführten Arbeitsdrucks auf solche Weise, daß sich der Druck auf die eigentlichen Kupplungen I-V gleichmäßig aufbaut und der Schaltübergang allmählich erfolgt. Außerdem wird dadurch der maximale Anpreßdruck nicht höher als unbedingt notwendig.

Bild 2.1.24 und 2.1.33 zeigen den Kupplungsdruckkolben 17c, bei dem die Kupplung (IV) den Freilauf des 2. Gangs blockiert. Der vom Schaltkolben bereitgestellte Arbeitsdruck wird an (q) zugeführt und die Druckregelung erfolgt mittels einer Feder. Dabei gibt es aber eine Besonderheit: der Flüssigkeitsdruck (w) kann auch hinter die Feder gelangen, so daß der Druck allmählich ansteigt. Der Modulationsdruck von der Drosselklappeneinheit (15) wird über Kanal (v) eingeleitet und beeinflußt die Federspannung. Dadurch ist der Anpreß-Kupplungsdruck abhängig vom Motormoment.

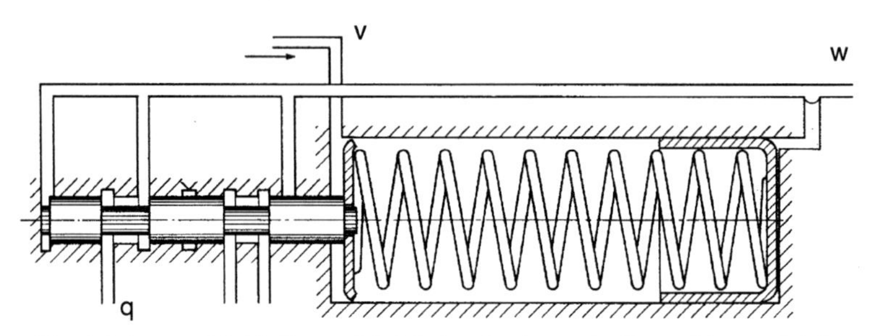

q Flüssigkeit vom Schaltkolben; v Modulationsdruck von der Drosselklappeneinheit; w zum Kupplungskolben im Getriebe (7)

Bild 2.1.33: Kupplungsdruckkolben [TLA93]

Verriegelungskolben (12,13 in Bild 2.1.24)

Mit den Verriegelungskolben wird das Hochschalten des Getriebes verhindert, wenn der Wählkolben in Stellung 1 oder 2 steht. Der Verriegelungskolben (12) in Bild 2.1.24 und 2.1.34 verhindert das Hochschalten in den 2. Gang und gehört zur Wählstellung 1, während der Verriegelungskolben (13) das Hochschalten in den 3. Gang verhindert und in der Wählstellung 2 wirkt. Es ist aber auch möglich, z.B. die Schaltstellung 1 zu wählen, während das Fahrzeug noch im 2. oder 3. Gang fährt. In diesem Fall kann nicht mehr hochgeschaltet werden, sobald das Getriebe zurückgeschaltet hat.

Bild 2.1.26 zeigt den Verriegelungskolben 12 für den Fall, daß sich der Wählkolben in Stellung 1 befindet. Vom Wählkolben wird die Hydraulikflüssigkeit über Kanal (x) zugeführt. Infolge der Stellung des Wählkolbens herrscht der gesamte Flüssigkeitsdruck auch rechts vom Kolben. Dadurch verläßt die Flüssigkeit den Verriegelungskolben unter maximalen Verriegelungsdruck über Kanal (y) und gelangt über ein Kugelventil hinter den Schaltkolben (9). Damit ist der Fliehkraftdruck nicht mehr in der Lage, den Schaltkolben zu verschieben, und das Hochschalten in den 2. Gang wird verhindert (Bild 2.1.24).

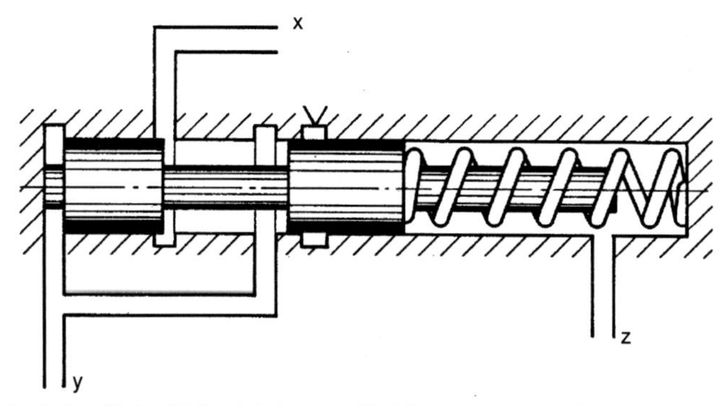

x Einlauf der Hydraulikflüssigkeit vom Wählkolben; y Ablauf der Flüssigkeit zum Schaltkolben; z „Arbeitsdruck"-Versorgung

Bild 2.1.34: Verriegelungskolben 12 (2.Gang blockiert) [TLA93]

Hydraulik im 2. und 3. Gang

Abschließend noch die Betrachtung von zwei Beispielen für die unterschiedlichen hydraulischen Betriebsbedingungen :

- Wählhebel in Stellung "Drive", 2. Gang eingelegt, Gaspedal weit durchgetreten.
- Wählhebel in Stellung "Drive", 3. Gang eingelegt, Gaspedal nicht durchgetreten (unbelastet).

Wählkolben in Stellung "D", 2. Gang, Vollgas (ohne Kickdown)

Für die Ansteuerung des 2. Gangs müssen die Kupplungen (I), (III) und (IV) geschlossen sein. In Bild 2.1.35 ist die Arbeitsweise der Hydraulik veranschaulicht.

Der Arbeitsdruck des Druckreglers (*schwarz*) durchläuft den Wählkolben (8). Vom Fliehkraftregler wird ein geregelter Druck bereitgestellt, der so hoch ist, daß sich der Schaltkolben (9) nach rechts bewegt (*grau*), wodurch der Arbeitsdrucklauf die Kupplungen (6) und (7) übertragen werden kann. (Die Vorwärts-Kupplung 4 wird direkt vom Wählkolben betätigt.). Weil das Gaspedal betätigt ist

(Vollastzustand), steht Kanal (m) der Drosselklappen-Druckregeleinheit (*schwarz-grau*) unter Druck. Dieser Druck wird zur rechten Seite der Schaltkolben 9 und 10 weitergeleitet, und das Hochschalten erfolgt später.

Der Modulationsdruck (*grau-weiß*) gewährleistet, daß der Kupplungsanpreßdruck abhängig ist vom Motorlastzustand.

Wählkolben in Stellung "D", 3. Gang, Motor unbelastet

Im 3. Gang müssen die Kupplungen (I), (II) und (IV) geschlossen sein.

Die Arbeitsweise der Hydraulik wird in Bild 2.1.36 gezeigt.

Der Arbeitsdruckverlauf (*schwarz*) entspricht größtenteils der vorhergehenden Beschreibung. Wegen der höheren Fahrzeuggeschwindigkeit ist jedoch der Regeldruck vom Fliehkraftregler angestiegen, wodurch jetzt auch der Schaltkolben (10) nach rechts verschoben ist. Damit wird die Kupplung (II) drucklos, und die Kupplung (IV) bleibt geschlossen.

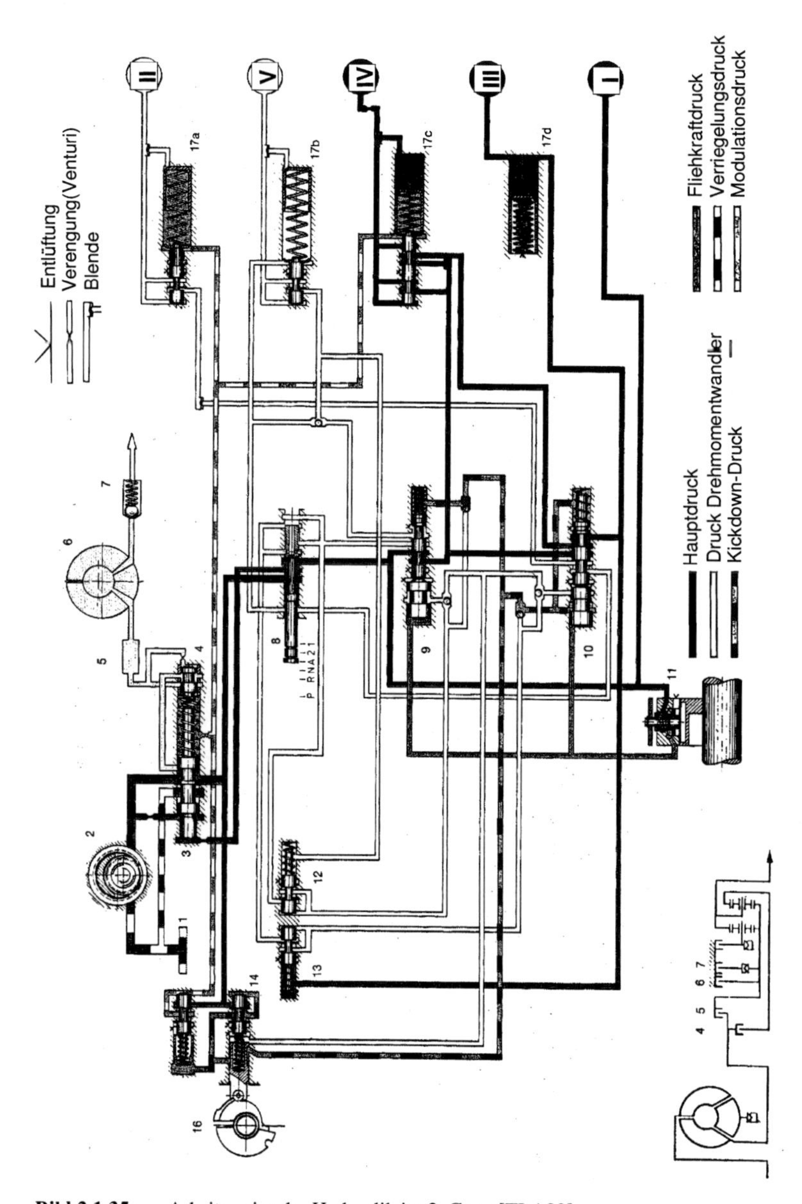

Bild 2.1.35: Arbeitsweise der Hydraulik im 2. Gang [TLA93]

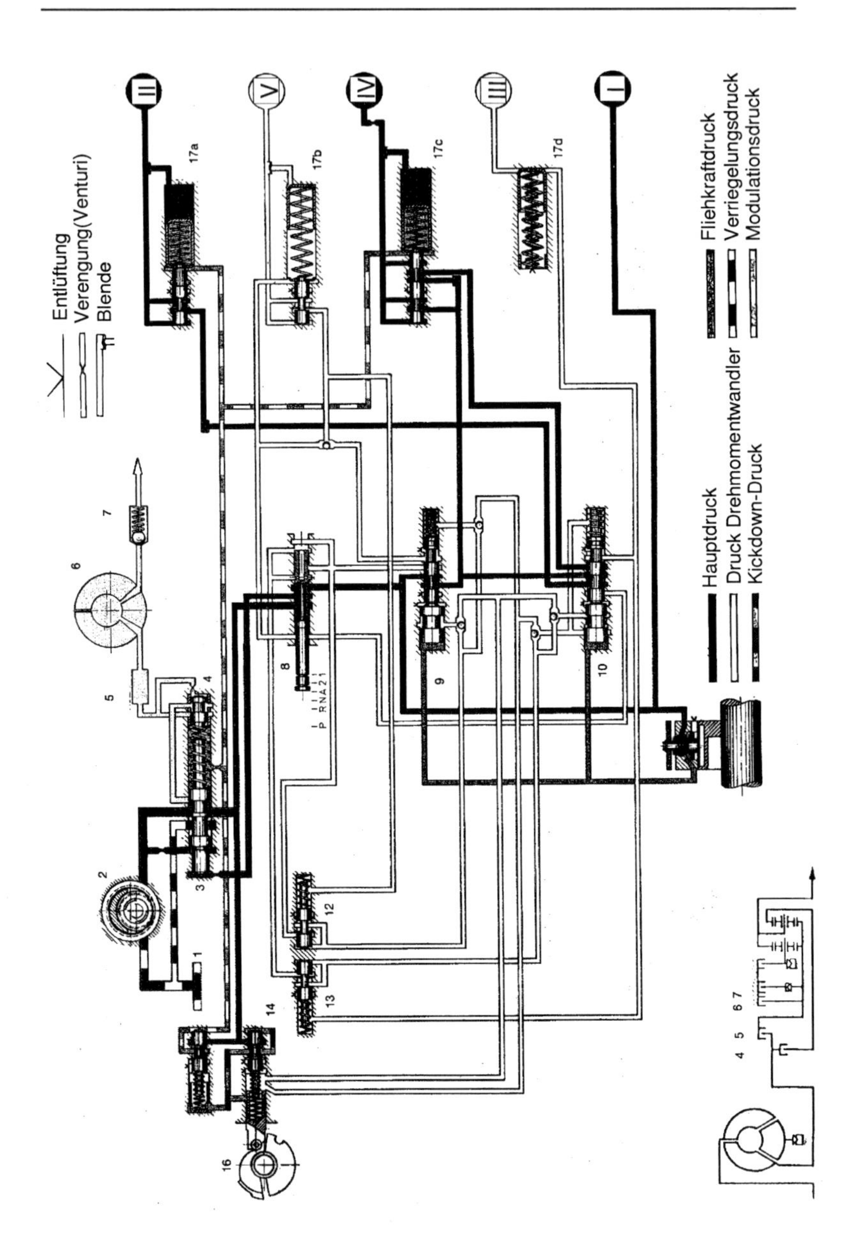

Bild 2.1.36: Arbeitsweise der Hydraulik im 3. Gang [TLA93]

Elektronische Steuerung von Automatikgetrieben

Im Jahre 1983 stellte die BMW AG im 745 Turbo eines der ersten Automatikgetriebe mit elektronischer Steuerung vor. Dieses Getriebe wurde in Zusammenarbeit mit der Zahnradfabrik Friedrichshafen AG (ZF) und der Robert Bosch GmbH entwickelt [NEU92].

Die Vorteile für Fahrer, Getriebe- und Automobilhersteller haben den elektronisch gesteuerten Automatikgetrieben rasch zu einer hohen Akzeptanz verholfen. Ausschlaggebend hierfür waren und sind mehrere Merkmale:

- sehr guter Schaltkomfort über die gesamte Betriebsdauer
- Wahlmöglichkeit zwischen verschiedenen Schaltprogrammen
- optimale Anpassung des Schaltverhaltens an unterschiedl. Fahrzeug-Motorenkombinationen mit Hilfe von Softwaremodifikation.

In Bild 2.1.37 wird das Systembild einer elektronischen Getriebesteuerung des ZF 4HP 22 gezeigt.

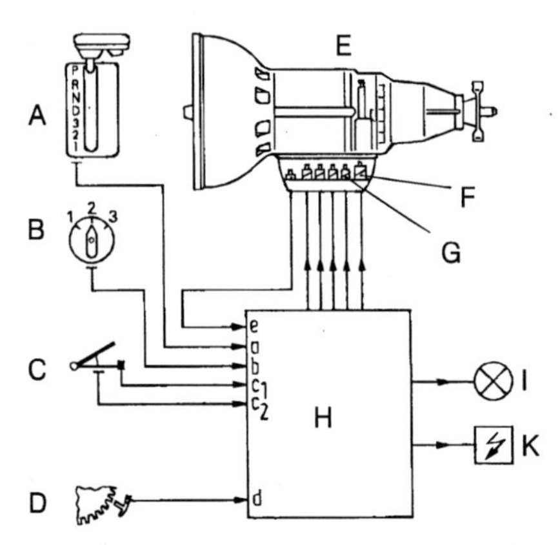

A Wählhebel; B Programmschalter; C Fahrerfußhebel mit Stellungsgeber und Übergasschalter; D Sensor der Motordrehzahl; E Getriebe; F Magnet zur Öldruckregelung; G Magnetventile zur Betätigung der Servoelemente; H elektronisches Steuergerät, a Wählhebelposition, b gewähltes Programm, c_1 Übergaskommando, c_2 Stellgliedstellung, Beschleunigungswunsch, d Motordrehzahl, e Ausgangsdrehzahl (Fahrgeschwindigkeit); I Lampe für Störanzeige; K Motoreingriff

Bild 2.1.37: Elektronische Getriebesteuerung des ZF 4HP 22 [TLA93]

Während der Weiterentwicklung der elektronischen Steuerungen wurden zusätzlich zu den genannten Merkmalen adaptive Funktionen implementiert. Diese dienen neben der Verbesserung der Schaltqualität vor allem der selbsttätigen Anpassung der Gangwahl an Fahrstil und Verkehrssituation.

Die wichtigsten Informationen zur Auslösung von Hoch- und Rückschaltungen sind die Geschwindigkeit bzw. Getriebeabtriebsdrehzahl und die Gaspedal- bzw. Drosselklappenstellung.

Diese Eingangsgrößen sind über die im Speicher des Mikroprozessors abgelegten Schaltkennlinien verknüpft (Bild 2.1.38). Hoch- und Rückschaltkennlinien weisen eine erhebliche Hysterese auf, um häufiges Hin- und Herschalten zu vermeiden. Wird ein bestimmtes Wertepaar aus Drosselklappenstellung und Abtriebsdrehzahl, das einem Punkt auf einer Schaltkennlinie entspricht, erreicht, löst das Steuergerät mit Hilfe von elektrohydraulischen Schaltventilen den entsprechenden Schaltvorgang aus.

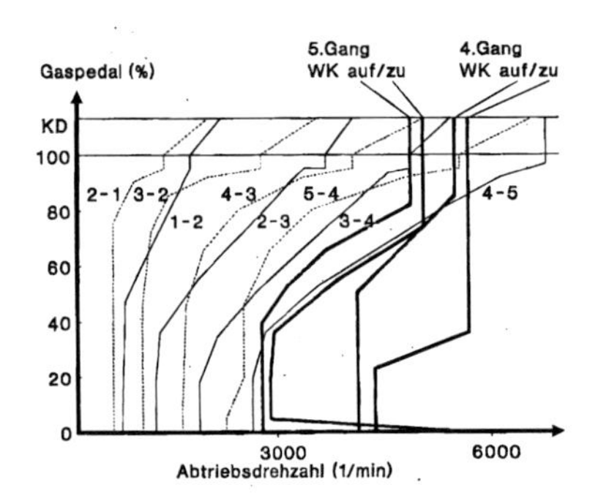

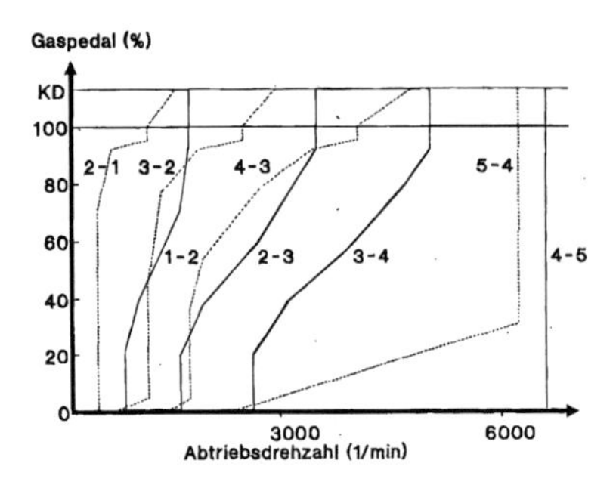

Bild 2.1.38: Schaltkennlinien für Economy- (links) und Sportprogramm (rechts) (BMW) [NEU92]

Die Schaltkennlinien werden im Rahmen der jeweiligen Drehzahlgrenzen des Motors weitgehend frei festgelegt. Ihre Lage bestimmt die Fahrcharakteristik eines Fahrzeugs sehr stark mit [NEU92]. Mehrere Schaltprogramme, die durch die jeweils zugeordneten Schaltkennlinien charakterisiert werden, sind im Steuergerät vorbereitet.

Die Schaltqualität wird vom Ausmaß des Rucks, den die Passagiere während des Gangwechsels verspüren und von der Dauer der Schaltung bestimmt. Um bei allen Schaltpunkten die bestmögliche Schaltqualität zu erreichen, werden während des Schaltablaufs die Größen

- Motormoment und
- Modulationsdruck

gesteuert.

Die Motormomenten-Steuerung setzt voraus, daß eine elektronische Motorsteuerung als Partner für die Getriebesteuerung vorhanden ist. Die Momenten-Steuerung hat zum Ziel, das Motormoment während der Gangwechsel nach Größe und zeitlichem Verlauf so zu reduzieren, daß der Schaltruck möglichst klein bleibt (Bild 2.1.39). Neben den Möglichkeiten, durch Eingriff in die Füllung (Einspritzmenge, Luftmenge) das Motormoment zu beeinflussen, hat sich die Zündwinkelverstellung als besonders vorteilhaft erwiesen. Die Verstellung des Zündwinkels erfolgt nach spät.

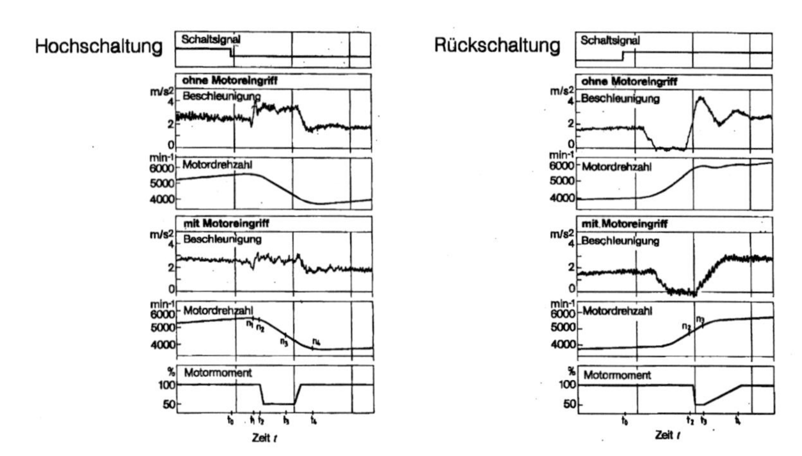

Bild 2.1.39: Zeitdiagramm für die Abläufe während Hoch- (links) und Rückschaltung (rechts) mit und ohne Momenteingriff (BMW) [NEU92]

Der zeitliche Verlauf desjenigen Druckes (Modulationsdruck), der den Momentenabbau und -aufbau in den Reibelementen steuert, ist neben dem oben beschriebenen Eingriff in das Motormoment die zweite für die Beeinflussung des Schaltkomforts maßgebende Stellgröße. Wegen der Vielzahl möglicher Schaltübergänge und Lastzustände (M_{Motor}) ist hierzu eine große praktische Erfahrung der damit betrauten Entwicklungsingenieure erforderlich [NEU92].

In Bild 2.1.40 ist ein Analog-Ventil gezeigt, das als Stellglied für die Drucksteuerung besonders präzise arbeitet. Durch die Rückführung des geregelten Druckes auf die Stirnseite des Schieberelementes ist der im Getriebe bereitgestellte geregelte Druck p_m sehr stabil gegenüber Störgrößen wie Leckage, Viskositätsschwankungen des Getriebeöls und Änderungen in der Höhe des Zulaufdrucks

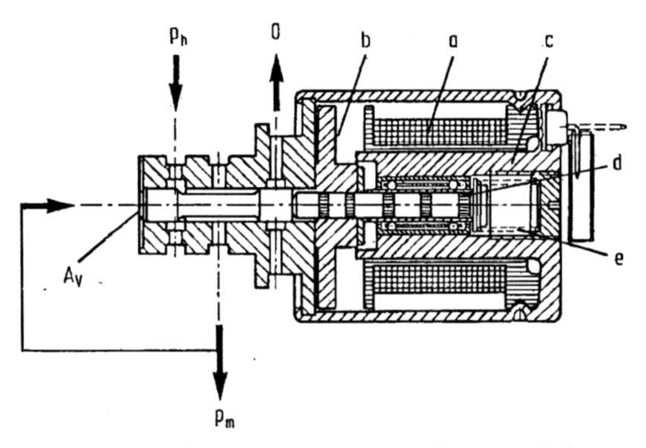

a Magnetspule; b Anker; c Eisenkörper; d Längskugellager zur Reibungsminderung; e Feder (ihre Vorspannung bestimmt den Maximaldruck); p_h Arbeitsdruck (Zufluß); p_m Modulierdruck; A_v Wirkfläche

Bild 2.1.40: Analogschieberventil zur Steuerung des Modulationsdrucks [TLA93]

Ein Magnetventil für Schaltfunktonen in Automatikgetrieben ist in Bild 2.1.41 dargestellt. Durch die Verwendung von Kunststoff für das Ventilgehäuse und den Ventilflansch können im Vergleich zu konventionellen Metallkonstruktionen Gewichtsvorteile erzielt werden. Das Verschleißverhalten der Kunststoffbauarten ist unkritisch.

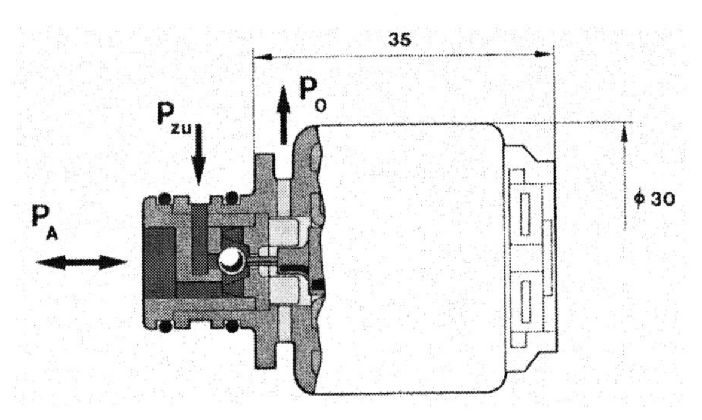

Bild 2.1.41: 3/2-Wege-Magnetventil für Schaltfunktionen in Automatikgetrieben (Bosch) [NEU92]

2.1.3.3 CVT-Getriebe (Aufbau und Steuerung)

Gegenüber den bislang in Kraftfahrzeugen eingesetzten mechanischen Stufengetrieben haben mechanische stufenlose Getriebe, auch CVT genannt (CVT: Continously Variable Transmission), bei richtiger Anwendung prinzipbedingte Vorteile. Durch stufenlose Drehmomentenwandlung ergibt sich die in Bild 2.1.42 Mitte dargestellte Leistungshyperbel als Wandlerkennlinie.

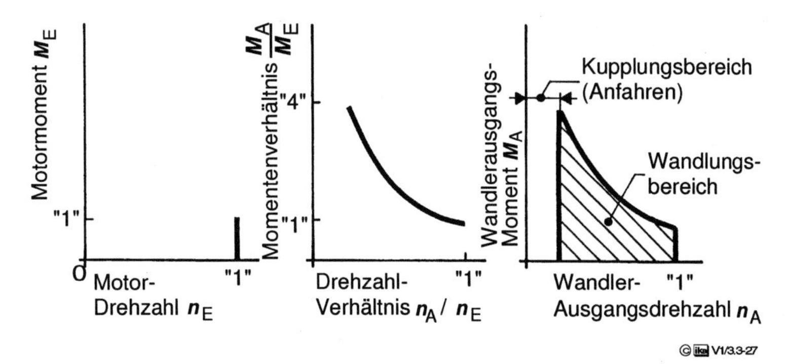

Bild 2.1.42: Theor. Kennungswandlung durch ein stufenloses Getriebe bei n_M=const. [WAL95]

Um ein den unterschiedlichen Fahrsituationen gerecht werdendes Lieferkennfeld (rechts) zu erzeugen, benötigt ein stufenloses Getriebe seitens des Motors lediglich eine beliebige Angebotskennlinie (links). Mit Ausnahme des Anfahrbereichs, der durch eine zusätzliche Kupplung überbrückt werden muß, wird so das gesamte Bedarfskennfeld abgedeckt.

Durch die freie Wahl der Motorbetriebsparameter Drehmoment und Drehzahl beim Einsatz stufenloser Getriebe kann die Betriebsweise des Verbrennungsmotors nach unterschiedlichen Gesichtspunkten optimiert werden. Verbindet man die für ein getroffenes Auswahlkriterium optimalen Betriebspunkte über dem gesamten Leistungsbereich des Motors, ergibt sich eine mit der Leistung parametrierte Kurve, die auch als "Regellinie" bezeichnet wird. Bild 2.1.43 zeigt am Beispiel eines Lkw-Motorkennfeldes die Regellinie für die Optimierungskriterien "Geräusch", "Verbrauch" und "Fahrdynamik". Soll nur *eine* Regellinie zur Getriebeverstellung realisiert werden, stellt die ebenfalls eingezeichnete Kurve "RL" einen guten Kompromiß dar.

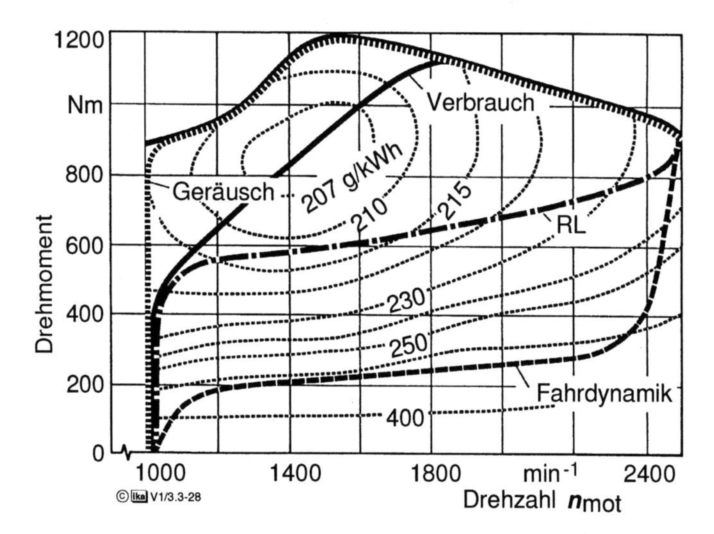

Bild 2.1.43: Regellinien für unterschiedliche Optimierungskriterien [WAL95]

Eine stufenlose Drehmomentwandlung läßt sich mit einem Umschlingungsgetriebe realisieren. Bild 2.1.44 zeigt als Beispiel das CTX-Getriebe des Ford Fiesta.

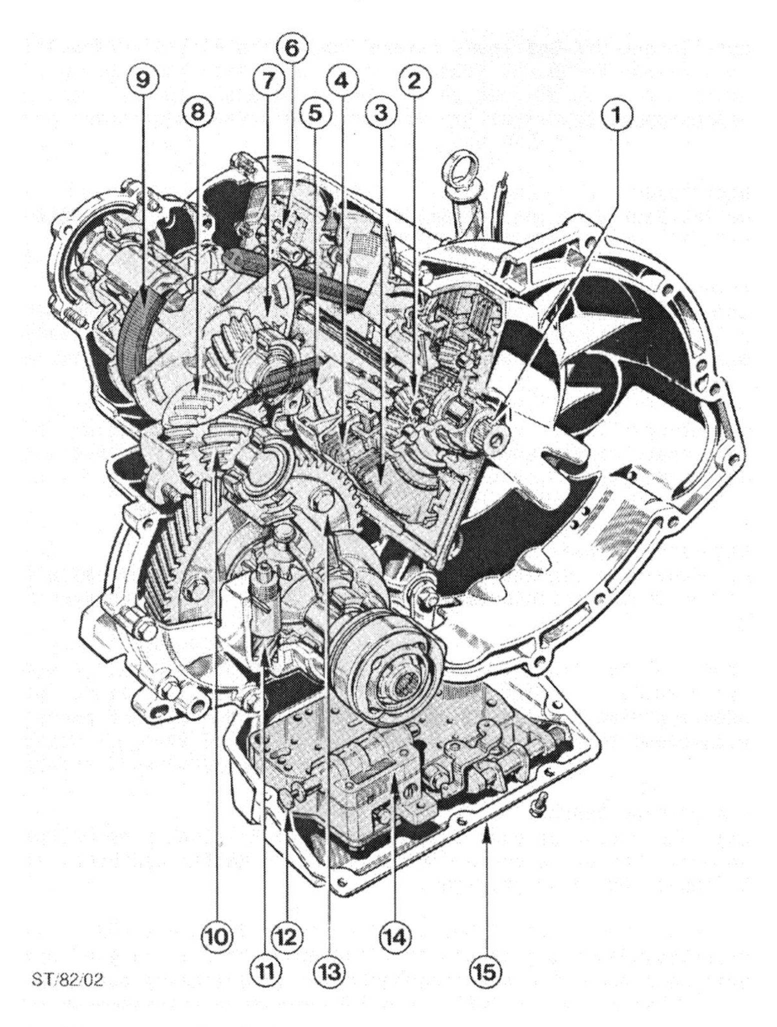

Bild 2.1.44: Ford CTX-Getriebe

Die Eingangswelle (1) des Getriebes wirkt auf zwei Kupplungen (3,4), von denen die eine (3) mittels eines Planetengetriebes (2) eine Drehzahlumkehr zur Realisierung des Rückwärtsganges bewirkt. Wird die andere Kupplung (4) geschaltet, so wird das Planetengetriebe umgangen und das Eingangsmoment direkt auf das Kernstück des CTX-Getriebes, das Umschlingungsgetriebe, übertragen. Dieses besteht aus den beiden hydraulisch verstellbaren Doppelkegelscheiben (5,7) sowie einem Schubgliederband (9). Letzteres ist ein spezielles hochfestes Band, das aus ca. 300 Kippelementen (Stahlplättchen) besteht, die durch 2 mal je 10 aufeinanderliegende Stahlbänder zusammengehalten werden. Das Antriebsmoment wird entgegen dem (Zug-)Prinzip eines Keilriemens in diesem Fall durch Druck des entsprechenden Schubgliederbandtrums übertragen. Durch Abstandsänderung der Doppelkegelscheibenhälften ergeben sich veränderliche Laufradien des Schubgliederbandes und damit eine variable Übersetzung des Umschlingungsgetriebes. Im Antriebsstrang liegen dahinter noch ein Reduziergetriebe (8) und das Differential (13).

Die Verstellung der beiden Kegelscheiben sowie die Kraftbeaufschlagung der beiden als Anfahrkupplung arbeitenden Naßkupplungen erfolgt über hydraulische Betätigungszylinder. Die richtige Einregelung der in den Zylindern herrschenden Drücke ist Aufgabe der hydraulischen Steuereinheit. Im einzelnen hat sie für folgendes zu sorgen:

- Das Schubgliederband entsprechend dem jeweiligen Motordrehmoment und der aktuellen Übersetzung so vorzuspannen, daß eine sichere Kraftübertragung ohne Durchrutschen des Bandes erfolgt.
- Die Getriebeübersetzung entsprechend der Fahrzeuggeschwindigkeit und der vom Fahrer über das Gaspedal bestimmten Drosselklappenstellung einzustellen.
- Die Axialkraft auf die Kupplungslamellen so zu steuern, daß ein ruhiger und gleichmäßiger Anfahrvorgang ermöglicht wird.

Wie stark das Schubgliederband gespannt sein muß, hängt davon ab,

- welches Motordrehmoment übertragen werden muß und
- welche aktuelle Übersetzung eingeregelt ist ($i\uparrow$ □ $F_{Spann}\downarrow$).

Die Spannung des Schubgliederbandes wird dadurch erzeugt, daß die Kegelscheiben der Sekundäreinheit gegeneinander gepreßt werden.

Der Aufbau für die Regelung der Bandspannung ist schematisch in Bild 2.1.45 dargestellt.

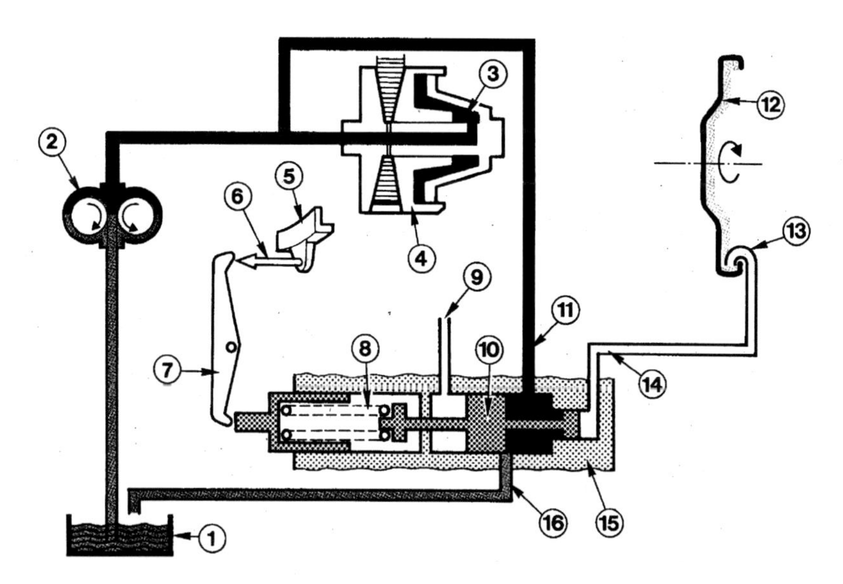

1 Ölwanne; 2 Ölpumpe; 3 Sekundärzylinder; 4 Kegelscheibe; 5 Sensor; 6 Sensorachse; 7 Hebel; 8 Feder; 9 Anschluß Drosseldruck; 10 Sekundärventil; 11 Anschluß Sekundärdruck; 12 Motor-Pitotkammer; 13 Motor-Pitotrohr; 14 Anschluß Motor-Pitotrohr; 15 Gehäuse; 16 Rücklauf

Bild 2.1.45: Sekundärventil [For88]

Der Sensor '5' ist ein Gleitstein, der an der verstellbaren Kegelscheibenhälfte des Primär-Kegelscheibenpaares anliegt. Wird die Primär-Kegelscheibe verstellt - und damit das Übersetzungsverhältnis - drückt der Sensor '5' über die Sensorachse '6' und den Hebel '7' auf die Feder '8' und spannt diese vor. Die Feder '8' drückt das Sekundärventil '10' nach rechts. Die Ölpumpe '2' fördert Öl aus der Ölwanne '1' in den Sekundärzylinder '3' und über Anschluß '11' zum Sekundärventil. Wenn das Sekundärventil '10' den Rücklauf '16' verschließt, wird der Sekundärdruck aufgebaut. Der Sekundärdruck wirkt der Federkraft entgegen und schiebt das Sekundärventil '10' nach links, bis am Rücklauf ein Spalt freigegeben wird und der Sekundärdruck zu einem niedrigeren Druckniveau abfließt. Es stellt sich ein Sekundärdruck ein, der der Federkraft entspricht. So ändert sich der Sekundärdruck zunächst einmal entsprechend der aktuellen Übersetzung.

Es kommen jedoch noch zwei Einflußgrößen hinzu:

- Motor-Pitotdruck
- Drosseldruck

Die Motor-Pitotkammer '12' ist ständig mit Öl gefüllt und rotiert mit Motordrehzahl. Durch die Rotation entsteht in der Motor-Pitotkammer ein Ölstrom. Dieser Strom bewirkt im Motor-Pitotrohr '13' einen Staudruck, den Motor-Pitotdruck. Je schneller die Motor-Pitotkammer rotiert, desto höher ist der Motor-Pitotdruck. Dieser Druck vom Anschluß '14' wirkt auf das Sekundärventil '10' entgegen der Federkraft, d.h. der Sekundärdruck wird durch den Motor-Pitotdruck gemindert. Bei hohen Motordrehzahlen ist die Förderleistung der Ölpumpe sehr hoch, so daß auf diese Weise der Sekundärdruck angepaßt werden muß.

Der Drosseldruck ist ein Steuerdruck, der von der Stellung des Fahrpedals abhängt. Je weiter die Drosselklappe des Vergasers geöffnet ist, desto höher ist der Drosseldruck und desto höher ist auch der Sekundärdruck. Der Drosseldruck gelangt durch Anschluß '9' auf das Sekundärventil '10' und bewirkt, daß der Sekundärdruck erhöht wird, indem der Kolben weiter nach rechts geschoben wird. Durch den Einfluß des Drosseldruckes wird erreicht, daß der Sekundärdruck in etwa proportional zum Drehmoment des Motors verläuft. Die entsprechende Regeleinrichtung ist schematisch in Bild 2.1.46 dargestellt.

Die Kurvenscheibe '1' ist über einen Seilzug mit der Vergaserbetätigung verbunden. Wenn das Fahrpedal betätigt wird, wird gleichzeitig die Kurvenscheibe '1' gedreht, und über die Hülse '2' wird die Feder '3' vorgespannt. Die Federkraft der Feder '3' schiebt das Drosselventil '5' nach rechts. Am Druckanschluß '6' steht Druck an, der zum Drosseldruckanschluß '7' proportional zur Federkraft durchgesteuert wird. Jeder Fahrpedalstellung entspricht ein bestimmter Drosseldruck. Die Kurvenscheibe '1' ist so ausgeführt, daß der Drosseldruck in etwa proportional zum Motordrehmoment verläuft /6/.

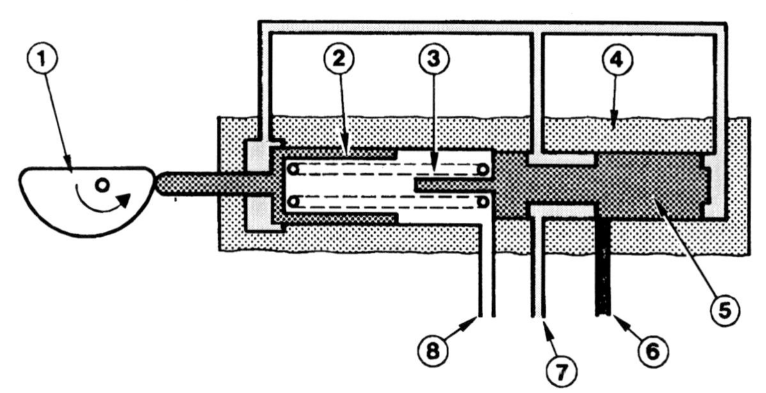

1 Kurvenscheibe; 2 Hülse; 3 Feder; 4 Gehäuse; 5 Drosselventil; 6 Anschluß Kupplungsdruck; 7 Anschluß Drosseldruck; 8 Anschluß Rücklauf

2.1.46: Drosseldruckventil [FOR88]

Die Steuerung der beiden im Getriebe eingesetzten Kupplungen erfolgt durch mehrere hydraulische Schaltventile, da hier eine Vielzahl von Einflüssen berücksichtigt werden muß.

Durch das Handschaltventil, das durch den Wählhebel im Fahrzeuginnenraum betätigt wird, wird entweder die Vorwärts- bzw. die Rückwärtskupplung angesteuert oder in Stellung 'P' oder 'N' keine von beiden.

Um Verluste durch zu hohe hydraulische Drücke zu verhindern, werden die Betätigungszylinder der Kupplungen entsprechend dem Motormoment mit Druck beaufschlagt. In der Anfahrphase rutscht die geschaltete Kupplung zunächst durch, um ein weiches Anfahren zu ermöglichen. Der Kupplungsdruck wird dann kontinuierlich erhöht, bis die Kupplung geschlossen ist. Wird der Motor weiter beschleunigt, wird auch der hydraulische Druck auf die Kupplung erhöht, um sicherzustellen, daß immer das Kupplungs-Kapazitätsmoment höher ist als das Motormoment [FOR88].

2.1.4 Schwingungen im Antriebsstrang

Der vollständige Antriebsstrang eines konventionellen Kraftfahrzeuges (Motor, Kupplung, Getriebe, Gelenkwellen, Achsen und Reifen) ist ein drehschwingfähiges System. Bild 2.1.47 zeigt das aus Drehmassen und Feder-/Dämpferelementen gebildete Drehschwingungsersatzmodell eines Antriebsstranges.

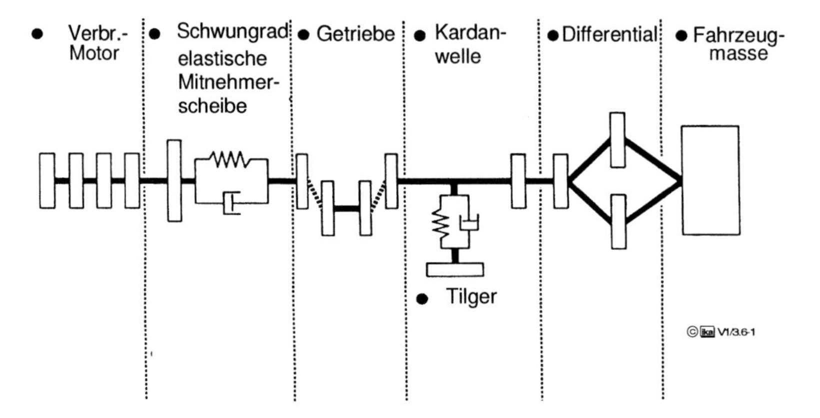

Bild 2.1.47: Drehschwingungsersatzmodell eines Antriebsstranges [Wal95]

Die Hauptursache für die Drehschwingungsanregung des gesamten Antriebsstranges ist die ungleichförmige Drehmomentabgabe durch den Verbrennungsmotor (Bild 2.1.48).

Aufgrund der unterschiedlichen Gas- und Massenkräfte eines Arbeitsspiels wird ein periodisch schwankendes Moment abgegeben. Dieser Wechsel regt den Antriebsstrang zu Schwingungen an, deren Größe von der Elastizität und Dämpfung des Systems abhängt. Leichtbau und Wirkungsgradoptimierung haben negativen Einfluß auf das Schwingungsverhalten. Das geringe Gewicht und die optimierten Lagerungen verringern die dämpfende Reibung, der Leichtbau der Karosserie kann zu störenden Resonanzverstärkungen führen. Hinzu kommt, daß aufgrund der kostensparenden Baukastenbauweise eine optimierte Abstimmung des Antriebsstranges i.A. nicht möglich ist.

Die Folge dieser Schwingungen sind ein erhöhtes Geräuschniveau und eine erhöhte Beanspruchung aller Bauteile, die eine höhere Dauerfestigkeit bedingt.

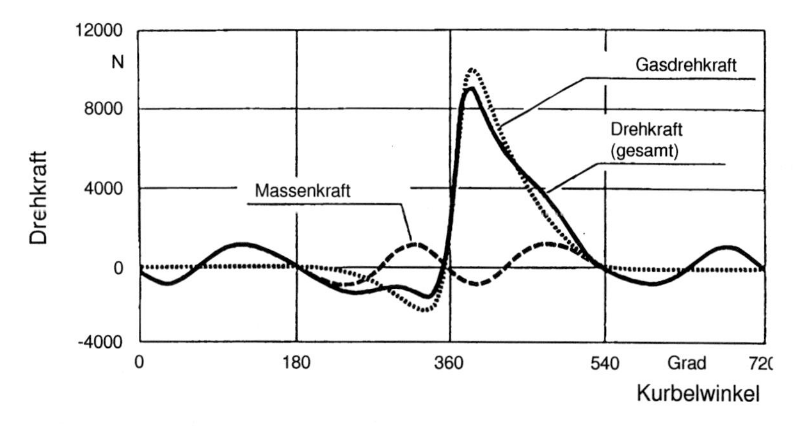

Bild 2.1.48: Drehkraftverlauf beim 4-Takt-Motor (ein Zylinder)

Bei Automatikgetrieben werden diese Schwingungen durch den Trilok-Wandler gedämpft. Zur Dämpfung bei üblichen handgeschalteten Getrieben werden Torsionsdämpfer in der Mitnehmerscheibe der Kupplung eingesetzt.

Darüber hinaus gibt es aber auch hydraulische Ansätze, das immer wichtiger werdende Problem der Drehschwingungsbelastung zu lösen. Eine davon ist der "Hydraulische Torsionsdämpfer" (HTD) [Dah].

Der HTD stellt eine kinematische Variation eines üblichen Federdämpfungssystems dar, wie es z. B. im Fahrzeug an jedem Rad installiert ist. Durch die andere Art der Bewegung (rotatorisch statt translatorisch) wird an der Stelle eines Stoßdämpfers mit Hubkolben ein Drehkolben verwendet und zwar in Form der einfachsten Bauart, der Zahnradpumpe.

Bild 2.1.49 zeigt den Aufbau des HTD. Die wichtigsten Baugruppen sind:

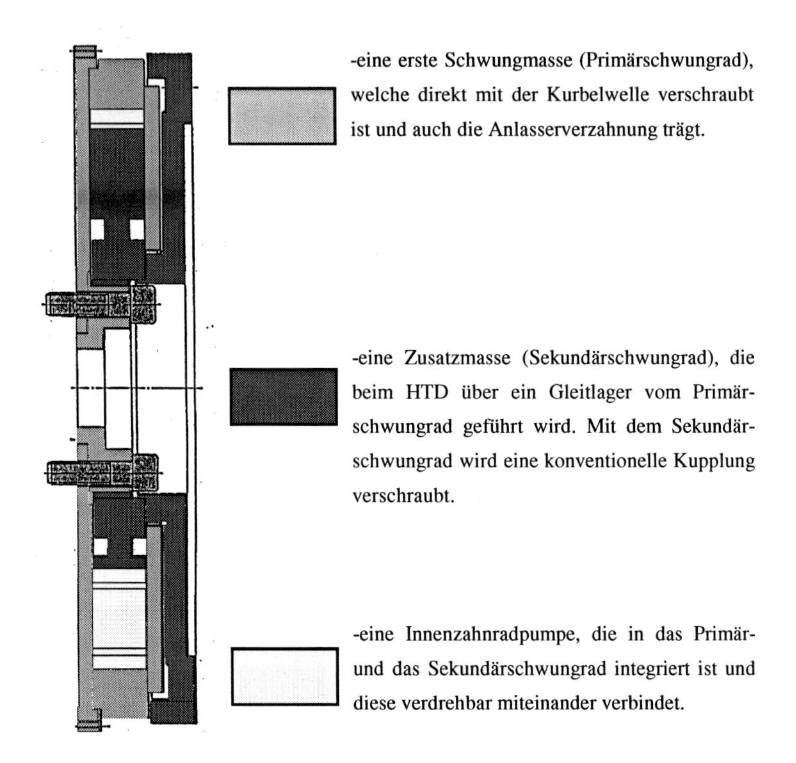

Bild 2.1.49: Schematischer Aufbau des HTD [Dah]

Das Motordrehmoment wird von der Kurbelwelle über den motorseitigen Deckel auf das Hohlrad übertragen.. Bedingt durch die Ölfüllung des Systems (Funktionsschema Bild 2.1.50) ist der Planetenradträger (sekundär) hydraulisch an das Hohlrad (primär) gekoppelt. Eine Relativdrehung der beiden Massen erfolgt nur, wenn Öl von der Zahneingriffs- (Druck-) zur Zahnauslaufseite (Saugseite) gefördert wird.

Mit der Begrenzung des Förderstroms durch Leitungswiderstände und Drosseln baut sich zwischen den Planetenrädern und dem Hohlrad ein Druck auf, der die kraftschlüssige Verbindung von Primär- und Sekundärschwungrad herstellt. Durch Verändern der Strömungswiderstände mittels Fliehkraft- oder Druckventilen erfolgt die

Ankopplung wahlweise “weicher” oder “härter”. Hierdurch ist es möglich, die erforderliche Dämpfung abhängig von Drehzahl und Drehmoment zu variieren, um auf diese Weise eine kennfeldgesteuerte Dämpfung zu realisieren. In den besonders rasselgefährdeten Drehzahlbereichen, je nach Fahrzeugtyp z.B. bis ca. 2000 min^{-1}, wird eine weiche Verbindung eingestellt, d.h. eine Differenzdrehzahl bei vollem Drehmoment von z.B. ca. 80 min^{-1}; oberhalb wird durch das Fliehkraftventil dann die Differenzdrehzahl auf ca. 20 min^{-1} reduziert.

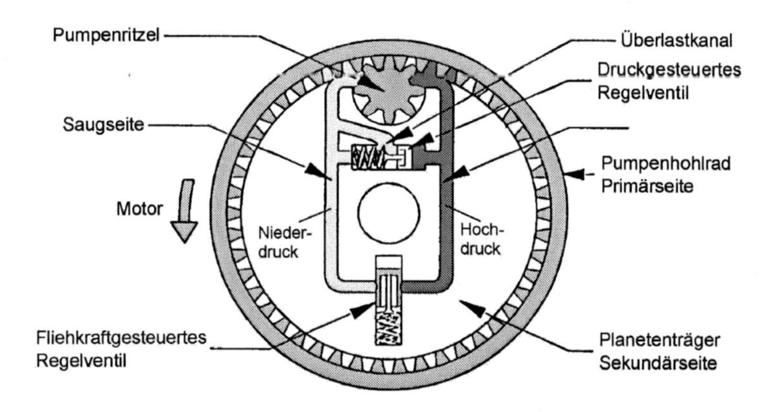

Bild 2.1.50: Funktionsschema der HTD-Schlupfsteuerung [Dah]

Ein weiteres Schwingungsproblem ist die Anregung der Karosserie über die Motorlager. Hierbei können unausgeglichene Massenkräfte und -momente des Verbrennungsmotors die angrenzenden Anbauteile und Karosseriestrukturen bei ihren entsprechenden Eigenfrequenzen zu untolerierbaren Eigenschwingungen anregen.

Um dies zu vermeiden, werden neben reinen Gummilagern zunehmend hydraulisch gedämpfte Elastomerlager eingesetzt, kurz Hydrolager genannt. Sie werden insbesondere dann verwendet, wenn eine elastische Lagerung mit einer frequenzabhängigen variablen Dämpfung erwünscht ist.

Hydrolager bestehen aus einer oder mehreren Tragfedern und mindestens zwei Kammern, zwischen denen durch einen Kanal Dämpferflüssigkeit ausgetauscht werden kann. Das Ersatzmodell eines Hydrolagers mit Tragfedersteife C, Blähfedersteife C_1 und Strömungskanal a ist in Bild 2.1.51 gezeigt.

Prinzipiell wird zwischen "einfach pumpenden" und "doppelt pumpenden Lagern" unterschieden [GÖH92].

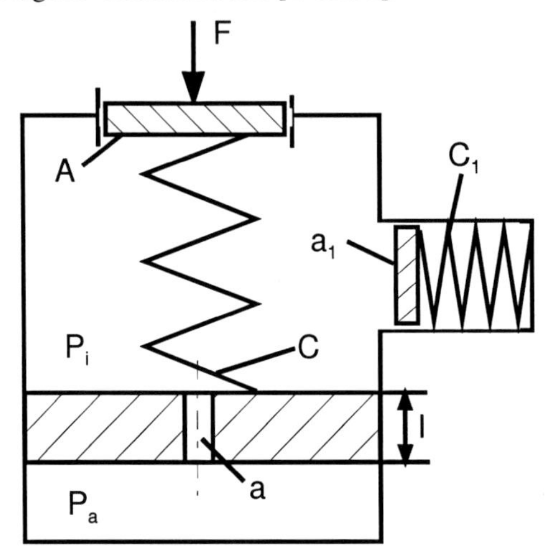

Bild 2.1.51: Ersatzmodell eines einfach pumpenden Hydrolagers

Bei einfach pumpenden Lagern kommt es nur in einer Kammer zu Druckänderungen, die andere Kammer hat eine schlaffe Membran und steht unter Umgebungsdruck. Bei Laständerungen verändert sich das Volumen der pumpenden Kammer, Flüssigkeit wird durch den Ringkanal in die zweite Kammer verdrängt. Gleichzeitig kommt es wegen der Druckänderungen in der Kammer zu einem Aufblähen der Kammerwände, wodurch ein Teil der Volumenänderung kompensiert wird. Die Flüssigkeitssäule im Ringkanal verursacht eine frequenzabhängige Dämpferkraft, die hauptsächlich von der Trägheit der Flüssigkeit verursacht wird, aber auch von den Strömungsverlusten und der Blähsteifigkeit der Kammerwände abhängig ist.

Doppelt pumpende Lager basieren auf dem gleichen Funktionsprinzip, allerdings sind beide Kammern hydraulisch wirksam. Bei Laständerung kommt es in einer Kammer zur Volumenvergrößerung (Druckabsenkung) und in der anderen Kammer zur Volumenverkleinerung (Druckerhöhung).

Das Schnittbild eines hydraulisch gedämpften Motorlagers für ein aktuelles Mittelklassefahrzeug ist in Bild 2.1.52 gezeigt.

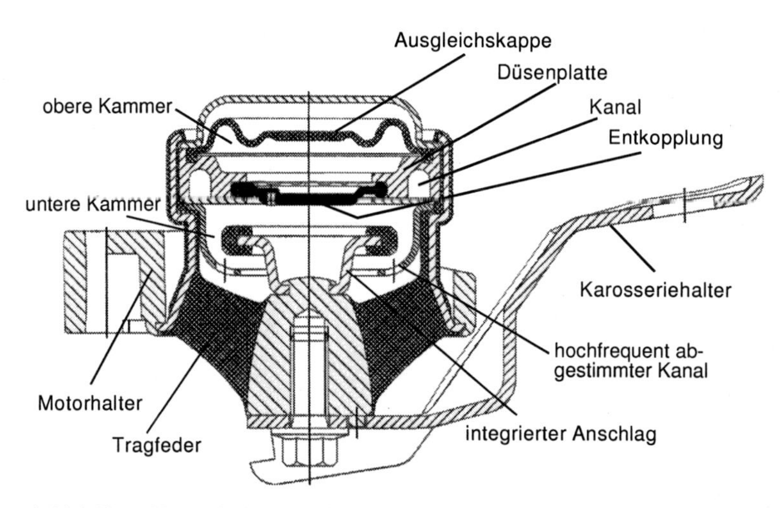

Bild 2.1.52: Hydraulisch gedämpftes Motorlager (einfach pumpend) (BTR)

Ein Hydrolager wird fast immer auf ein gewünschtes Lagerverhalten hin ausgelegt. Typischerweise wird eine bestimmte (quasistatische) Grundsteifigkeit, ein ausgeprägtes Dämpfungsmaximum in einem anwendungsspezifischen Frequenzbereich und eine möglichst geringe Steifigkeit bei hohen Frequenzen gefordert. Die Dämpfungseigenschaften des Lagers müssen also wesentlich von der dynamischen Beanspruchung abhängig sein.

Dieses Übertragungsverhalten des Hydrolagers kann durch die Gestaltung der Kammern, die Steifigkeit des Tragkörpers, die Kanalgeometrie und die Eigenschaften des Elastomers erreicht werden [GÖH92].

Neben den gezeigten Lagern sind auch Hydrolager mit elektroviskosen Flüssigkeiten in der Entwicklung. Bei diesen Lagern kann durch Anlegen einer Hochspannung im Verbindungskanal der oberen und unteren Kammer die Viskosität des Hydraulikmediums verändert werden, um dadurch Einfluß auf die dynamische Steifigkeit zu nehmen.

Ebenso können gezielt Anregungen durch Schwingspulen in das Hydrolager eingeleitet werden, die die äußere Anregungsfrequenz haben, aber dazu phasenverschoben sind. Dadurch kann eine wirksame Körperschalldämmung erreicht werden.

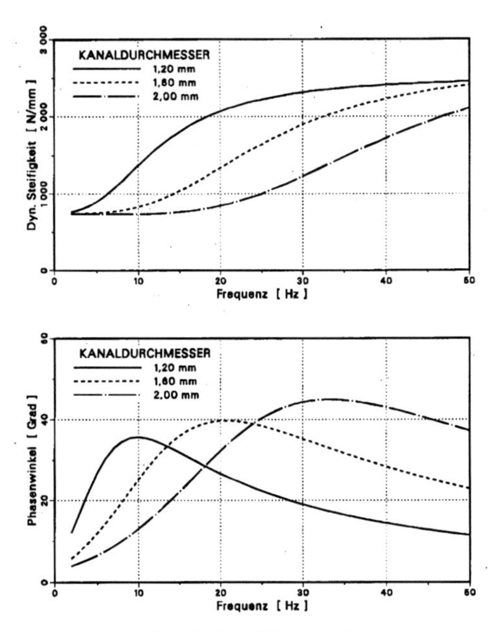

Bild 2.1.53: Dynamische Steifigkeit eines Fahrwerkslagers für verschiedene Kanaldurchmesser [GÖH92]

2.1.5 Verteilergetriebe

Da jedes Rad bei Kurvenfahrt unterschiedliche Wege zurücklegen muß, kann der Antriebsstrang zu den beiden Rädern einer Achse nicht verkoppelt ausgelegt werden, da sich so hohe Materialbeanspruchungen und starker Reifenverschleiß einstellen würden. Zudem wird das Fahrverhalten negativ beeinflußt. Mit Hilfe von Verteilergetrieben wird das zentrale Antriebsmoment aufgeteilt und bei Kurvenfahrt ein Drehzahlausgleich zwischen den getriebenen Rädern ermöglicht.

Bild 2.1.54 zeigt ein im Fahrzeug als Verteilergetriebe eingesetztes Kegelraddifferential.

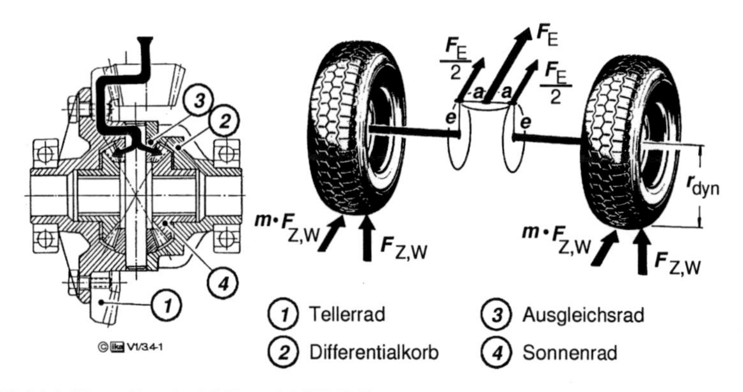

Bild 2.1.54: Kegelraddifferential [Wal95]

Durch den Einsatz von Differentialsperren kann diese Ausgleichsbewegung eingeschränkt werden. Dies wird dann nötig, wenn stark unterschiedliche Reibwerte an den getriebenen Rädern für ein Durchdrehen des Rades mit dem geringeren Reibbeiwert führen. Der prinzipielle Aufbau des Kegelraddifferentials verteilt nämlich auf beide Antriebsräder das gleiche Moment. Sinkt an einem Rad das Moment auf nahezu Null ab, so kann am anderen Rad ebenfalls keine Vortriebskraft übertragen werden. Als Folge führt die eingehende Motorleistung zu einer Drehzahlerhöhung des durchdrehenden Rades. In diesem Fall bleibt das Fahrzeug unter Umständen stehen.

Um die gleiche Momentenverteilung auf das linke und rechte Rad aufzuheben, werden deshalb Differentialsperren eingesetzt. So kann auch dann, wenn an einem Rad aufgrund geringer Haftbeiwerte kein Vortrieb mehr gewährleistet ist, am anderen Antriebsrad dennoch eine Vortriebskraft übertragen werden.

Eine Möglichkeit zur Sperrung eines Differentials ist die Nutzung der differenzdrehzahlabhängigen Sperrwirkung einer visko-hydraulischen Kupplung. Durch die Scherbeanspruchung bei einer Relativbewegung der Kupplungslamellen zueinander erwärmt sich das Fluid, dessen dynamische Viskosität sich dadurch erheblich erhöht und somit die Sperrwirkung verursacht (Bild 2.1.55).

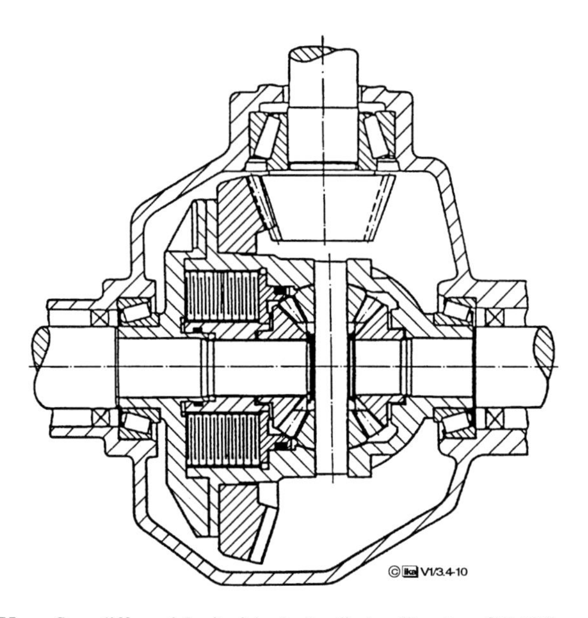

Bild 2.1.55: Sperrdifferential mit visko-hydraulischer Kupplung [Wal95]

Eine optimale Anpassung an die aktuellen Straßenverhältnisse gewährleistet ein elektronisch geregeltes Sperrdifferential mit hydraulisch steuerbarer Wirkung. Steuerbare Sperrdifferentiale ermöglichen eine stufenlose Einstellung des Reibmomentes. Als Reibelemente werden vielfach Lamellenkupplungen verwendet. Bild 2.1.56 zeigt ein solches, sehr aufwendiges Sperrdifferential. Der Öldruck gelangt durch Gehäusebohrungen in eine kleine Zylinderkammer. Dort bewegt er den Kolben '1' nach rechts. Dieser Überträgt die Druckkraft mittels des Rollenlagers auf eine Anlaufscheibe '2'. Die Scheibe wirkt auf kurze Druckbolzen '3', die den Stellhebel '4' der Lamellenkupplung betätigen.

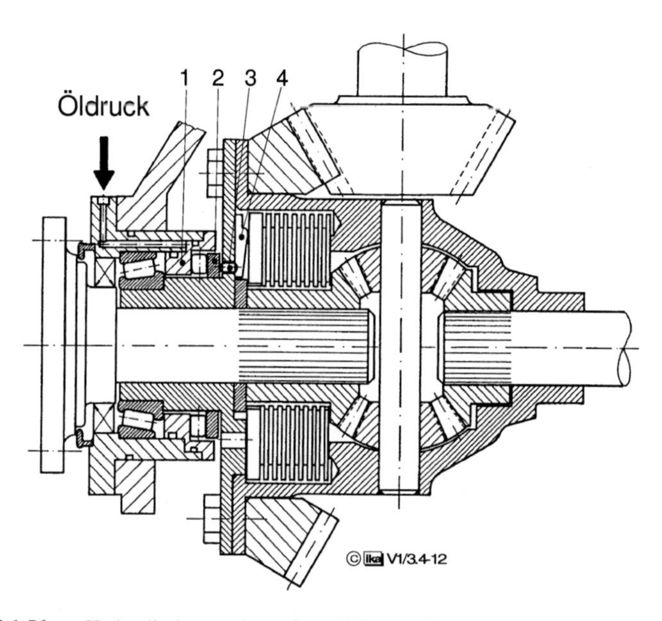

Bild 2.1.56: Hydraulisch steuerbares Sperrdifferential [Wal95]

2.1.6 Bremsanlage

Bremsen haben die Aufgaben, über die Fahrwiderstände und die motoreigene Bremswirkung hinaus das Fahrzeug zu verzögern oder das Fahrzeug im Stillstand (v = 0 km/h) bzw. bei Gefällstrecken auf einer konstanten Geschwindigkeit zu halten.

Dazu werden im Fahrzeug verschiedene Bremssysteme eingesetzt:

-Betriebsbremsanlage

-Hilfsbremsanlage

-Feststellbremsanlage

-Dauerbremsanlage

Die **Betriebsbremsanlage** wird während des normalen Fahrbetriebes vom Fahrer betätigt und dient in der Regel der Geschwindigkeitsreduzierung. Die Betätigung muß abstufbar und ohne Loslassen des Lenkrades möglich sein.

Die **Hilfsbremsanlage** übernimmt im Falle des Versagens die Funktion der Betriebsbremsanlage. Die Betätigung muß ebenfalls abstufbar sein, wobei jedoch eine Hand vom Lenkrad genommen werden darf. Die zulässigen Hand- und Fußkräfte sind gesetzlich beschränkt.

Die **Feststellbremsanlage** muß mit einer rein mechanischen Übertragung das beladene Fahrzeug auf einer Neigung von 20%, bei Lastzügen das mit Anhänger oder Auflieger gekoppelte Zugfahrzeug auf einer Neigung von 12% in Stillstand halten können. Die zulässigen Hand- und Fußkräfte sind gesetzlich beschränkt.

Die **Dauerbremse** ist eine von den Radbremsen (Betriebs-, Hilfs- und Feststellbremsanlage) unabhängige Bremsanlage, die auf Dauerbetrieb ausgelegt ist. Bei einem Gefälle von 7% muß sie eine Geschwindigkeit von 30 km/h über eine Strecke von 6 km halten können. Sie ist in der Bundesrepublik für alle Lkw mit einem zulässigen Gesamtgewicht $G_{ges,zul}$> 9t und alle Busse mit $G_{ges,zul}$> 5,5t vorgeschrieben.

Jede Bremsanlage gliedert sich in vier Grundbestandteile:

-Energieversorgung

-Betätigungseinrichtung

-Übertragungseinrichtung

-Bremse

Die *Betätigungseinrichtung* steuert den Energiefluß von der *Energieversorgung* über die *Übertragungseinrichtung* zur am Rad wirksamen *Bremse.*

Energieversorgung

Die Energiequelle liefert die zum Bremsen benötigte Energie. Einrichtungen zur Regelung, Aufbereitung und gegebenenfalls Speicherung der Energie - soweit sie nicht Bestandteil der Übertragungseinrichtung sind - gehören ebenfalls zur Energieversorgung. Wichtigste Bremsenenergien sind pneumatische, hydraulische und mechanische Energie sowie Muskelkraft des Fahrzeugführers. Die Bremsausrüstung von Nutzfahrzeugen kann ausschließlich auf Druckluftbetrieb aufgebaut sein oder aber durch mehrere Energiearten betrieben werden, beispielsweise bei einem Lastkraftwagen mit einer Druck-Luft-Betriebs- und Hilfsbremsanlage und einer durch Muskelkraft betätigten Feststellbremsanlage.

Betätigungseinrichtung

Sie umfaßt die Teile einer Bremsanlage, die die Wirkung der Anlage steuern und endet dort, wo die Übertragung der Energie beginnt, die die Spannkräfte an den Bremsen erzeugt. Bei Druckluftbremsanlagen wird die Betätigungseinrichtung entweder durch den Fahrzeugführer über Bremspedal bzw. Handbremshebel oder selbsttätig, z.B. durch Abreißen des Anhängefahrzeugs, ausgelöst.

Übertragungseinrichtung

Zur Übertragungseinrichtung gehören alle Teile einer Bremsanlage, durch die die Energie zu den Bremsen übertragen wird. Sie beginnt am

Bremspedal oder Bremshebel und endet an der Radbremse. Die Energiespeicherung der einzelnen Bremskreise einschließlich der Absicherung dieser Bremskreise gilt als Teil der Übertragungseinrichtung.

Bremse

Die Bremse ist der Teil der Bremsanlage, in dem die der Bewegung oder der Bewegungstendenz des Fahrzeuges entgegengerichteten Kräfte erzeugt werden. Diese Bremskräfte wandeln die Bewegungsenergie des Fahrzeugs in Wärme um.

Bremsen gliedern sich in Betriebsbremsen und Dauerbremsen (Retarder).

2.1.6.1 Bremskreisaufteilung

Bei Ausfall eines Teils der Übertragungseinrichtung muß sichergestellt sein, daß eine bestimmte Mindestverzögerung erreicht wird. Daher muß ein Fahrzeug zumindest über zwei voneinander unabhängige Bremskreise verfügen.

In der Praxis sind fünf verschiedene Bremskreisaufteilungen realisiert worden, die in Bild 2.1.57 vergleichend betrachtet werden:

Bremskraft- Aufteilung				
Standard-	***Diagonal-***	***erweit. Standard-***	***erweit. Diagonal-***	***Doppel- Vierrad-***
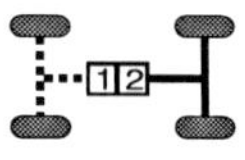 1 2	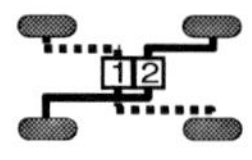 1 2	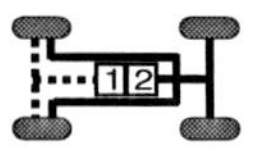 1 2	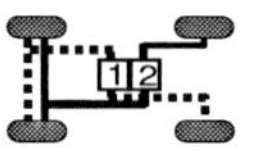 1 2	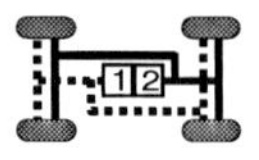 1 2
je ein Bremskreis für Vorder- und Hinterachse bei Ausfall eines Bremskreises: Fahrzeug bleibt stabil bei Ausfall des vorderen Kreises: Verzögerung wesentlich geringer (Achslastveränderung)	jeder Kreis umfaßt eine Vorderradbremse und diagonal dazu eine Hinterradbremse bei Kreisausfall bleibt halbe Gesamtbremskraft erhalten dann allerdings: Giermoment um Fahrzeughochachse infolge unterschiedlicher Bremskräfte an Vorder- und Hinterrad	Vorderradbremsen in beide Kreise eingebunden Gegenüber Standartaufteilung verbesserte Bremswirkung bei Kreisausfall	jeder Kreis wirkt auf beide Vorderräder bei Kreisausfall wirkt stets noch gesamte Vorderachsbremse und eine Hinterachsbremse allerdings: Giermoment um Hochachse	zwei unabhängige, auf alle vier Radbremsen wirkende Bremskreise bei Kreisausfall auch weiterhin maximale Bremswirkung erreichbar © ika V1/ T-3.5-6

Bild 2.1.57: Vergleich verschiedener Bremskreisaufteilungen [Wal95]

2.1.6.2 Hydraulische Bremsanlage

Im Pkw wird üblicherweise eine hydraulische Betriebsbremsanlage eingesetzt. Bild 2.1.58 zeigt die Komponenten einer Vierradscheibenbremsanlage

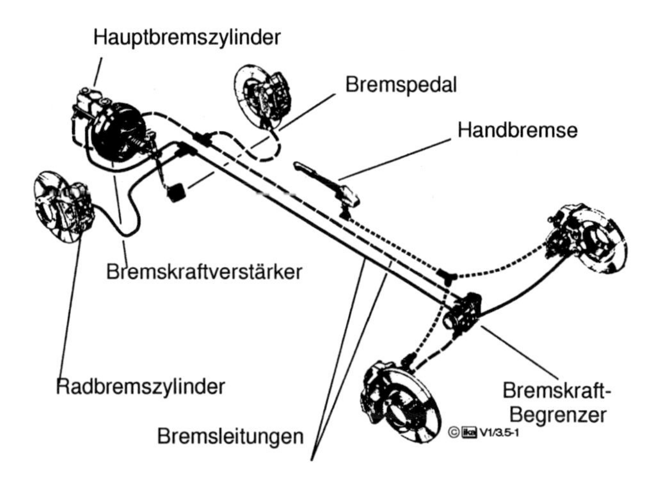

Bild 2.1.58: Pkw-Vierrad-Scheibenbremsanlage [Wal95]

Aus Sicherheitsgründen werden ausschließlich Mehrleitungsbremssysteme verwendet. Für den Bereich der hydraulischen Bremsen handelt es sich in den meisten Fällen um zwei Kreise. Eine Zweikreis-Bremsanlage besteht in ihrer einfachsten Form aus dem Hauptzylinder und den Betätigungselementen der Radbremsen.

Bremsen-Hauptzylinder

Der Hauptbremszylinder (Bild 2.1.59) ist das zentrale Teil einer hydraulischen Bremsanlage. In ihm wird die Pedalkraft in einen hydraulischen Druck umgesetzt. Er besteht aus zwei miteinander gekoppelten Betätigungszylindern, die jeweils einen Bremskreis beaufschlagen. Die Kopplung geschieht dabei derart, daß auch bei Leckwerden eines Bremskreises immer noch der Druckaufbau in dem anderen Bremskreis gewährleistet wird. Im allgemeinen ist der Vorratsbehälter für die Bremsflüssigkeit an den Hauptbremszylinder angebaut. Dieser ist sowohl notwendig, um die Volumina zur Verfügung zu stellen, die den Verschleiß der Bremsbeläge ausgleichen, als auch ein Sicherheitsreservoir bei Undichtigkeiten zu geben. Damit die Funktion der beiden Bremskreise auch bei Ausfall eines Kreises gewährleistet wird, ist der Vorratsbehälter durch einen Steg in der Mitte unterteilt. Auf diese Weise genügt eine Einfüllöffnung zum Befüllen des Vorratsbehälters. Liegt in einem der beiden Kreise Leckage vor, so sinkt nur ein Flüssigkeitsspiegel ab und der Vorrat für den anderen Kreis bleibt erhalten.

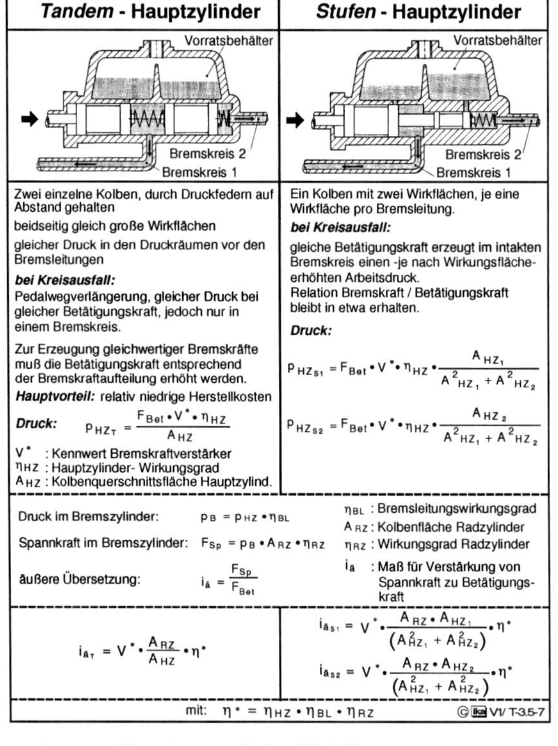

Bild 2.1.59: Bremsen-Hauptbremszylinder [Wal95]

Radbremsen

Von den ursprünglich sehr vielfältigen Bauarten von Betriebsbremsvorrichtungen sind heute nur noch zwei Grundprinzipien übrig geblieben: die Trommel- und die Scheibenbremse.

Die Trommel- oder Innenbackenbremse besteht, wie der Name schon nahe legt, aus einer mit dem Rad verbundenen Bremstrommel, in der mit dem Fahrzeug verbundene, bewegliche Bremsbacken angebracht sind, die im Falle einer Bremsung gegen die Trommel gepreßt werden. Das Betätigungselement ist dabei ein Plungerzylinder, die Rückstellung der Bremsbacken geschicht durch eine Feder (Bild 2.1.60).

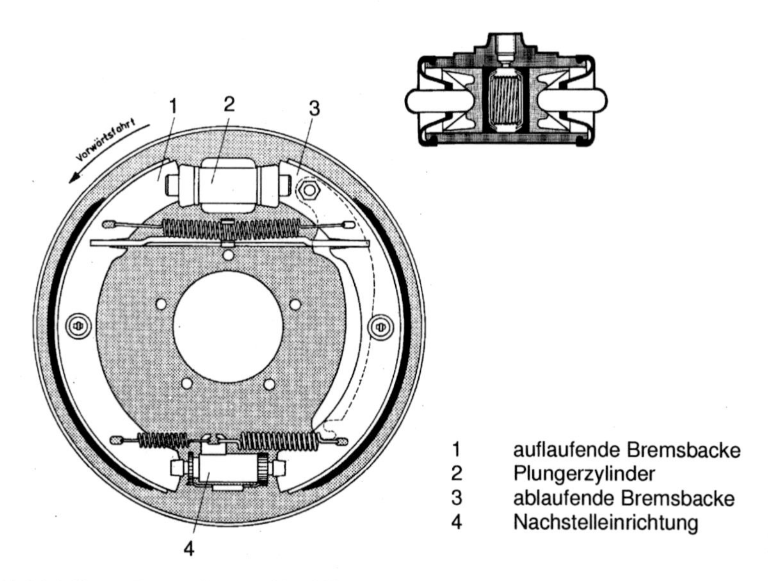

Bild 2.1.60: Trommelbremse [Tev93]

Es existieren dabei mehrere Möglichkeiten zur Anlenkung der Bremsbacke, was zu verschiedenen Übertragungsverhalten der Bremse führt (vgl. Umdruck Kfz I). Die Vorteile der Trommelbremse liegen in den relativ geringen Betätigungskräften, die durch die leicht zu realisierende Selbstverstärkung begründet sind. Weiterhin sind Trommelbremsen durch ihre geschlossene Bauart wesentlich weniger empfindlich gegenüber Verschmutzung. Die Nachteile der Trommelbremse liegen in dem nichtlinearen Zusammenhang zwischen Betätigungs- und Bremskraft. Unter anderem haben die Schwierigkeiten mit der Dosierbarkeit dazu geführt, daß sich die Scheibenbremse im PKW-Sektor weitgehend durchgesetzt hat und selbst bei schweren Nutzfahrzeugen bereits in der Einführung ist. Die Scheibenbremse hat gegenüber der Trommelbremse zudem den Vorteil der besseren Wärmeabfuhr.

Bei den Scheibenbremsen ist die Bremsscheibe mit dem Rad verbunden und der Bremssattel der Festsattelbremse greift um diese Scheibe herum. In den Bremssattel sind Kolben angeordnet, die die Bremsbeläge auf die Scheibe pressen. Eine vom Aufbau kostengünstigere und weniger Bauraum beanspruchende Lösung sind Schwimmsattelbremsen, bei denen nur ein Kolben auf einer Seite der Scheibe angeordnet ist. Dieser preßt den entsprechenden Bremsbelag gegen die Scheibe und zieht gleichzeitig den Schwimmsattel mit dem zweiten Bremsbelag gegen die andere Seite der Scheibe. Die Betätigungselemente für beide Bauarten sind wiederum Plungerzylinder (Bild 2.1.61). Ein wichtiger Unterschied liegt im Verschleißverhalten zwischen Trommel- und Scheibenbremse. Bei der Trommelbremse vergrößert sich der Betätigungsweg des Bremspedals mit zunehmendem Verschleiß, da sich der Hub der Zylinder vergrößert und durch die Rückstellfedern nach jeder Bremsung das gesamte Flüssigkeitsvolumen zurückgefördert wird. Bei den Scheibenbremsen geschieht die Rückstellung nur durch die Rauhigkeit der Bremsscheiben, d.h. mit zunehmendem Verschleiß sinkt der Flüssigkeitsspiegel im Vorratsbehälter, während der Betätigungsweg des Bremspedals unverändert bleibt. Ein Nachteil von Scheibenbremsen sind die relativ großen Betätigungskräfte. Um einen guten Bremskomfort zu erzielen und um die gesetzlichen Vorschriften erfüllen zu können, werden bei Fahrzeugen mit Scheibenbremsen in den meisten Fällen zusätzliche Bremskraftunterstützungen eingebaut.

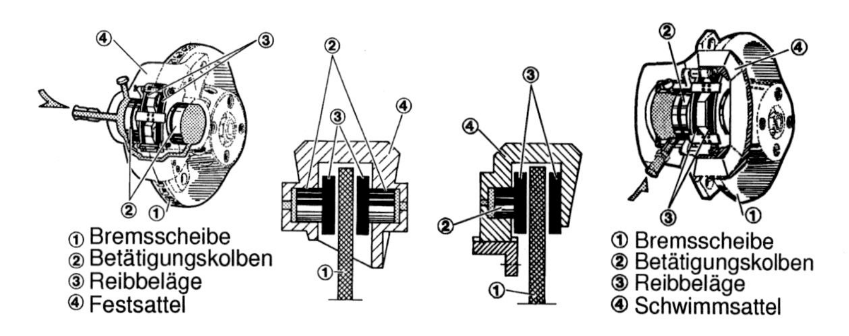

Bild 2.1.61: Festsattel- und Schwimmsattel-Scheibenbremse [Wal95]

Bremskraftregler

Beim Abbremsen eines Kfz verschieben sich mit zunehmender Verzögerung die dynamischen Achslasten. Die Belastung der Vorderachse steigt und die der Hinterachse sinkt. Da die maximale Bremskraft von den Radaufstandskräften abhängt, ist es bei Fahrzeugen mit fester Bremskraftverteilung deshalb nicht immer zu vermeiden, daß je nach Beladung und Stärke der Abbremsung eine der Achsen überbremst wird. Dabei erhöht das Überbremsen der Hinterachse die Schleudergefahr, während ein Überbremsen der Vorderachse die Lenkfähigkeit beeinträchtigt. Aus diesen Gründen ergibt sich beinahe zwangsläufig die Forderung nach einer Regelung des Bremsdruckes. Die beste Lösung ist eine achslastabhängige Bremskraftverteilung. Diese läßt sich bei Fahrzeugen mit normaler Federung recht einfach realisieren, da hier der Federweg der Achsbelastung direkt proportional ist. Dieser Federweg wirkt über ein Gestänge auf den Bremskraftregler, wie er in Bild 2.1.62 vereinfacht dargestellt ist.

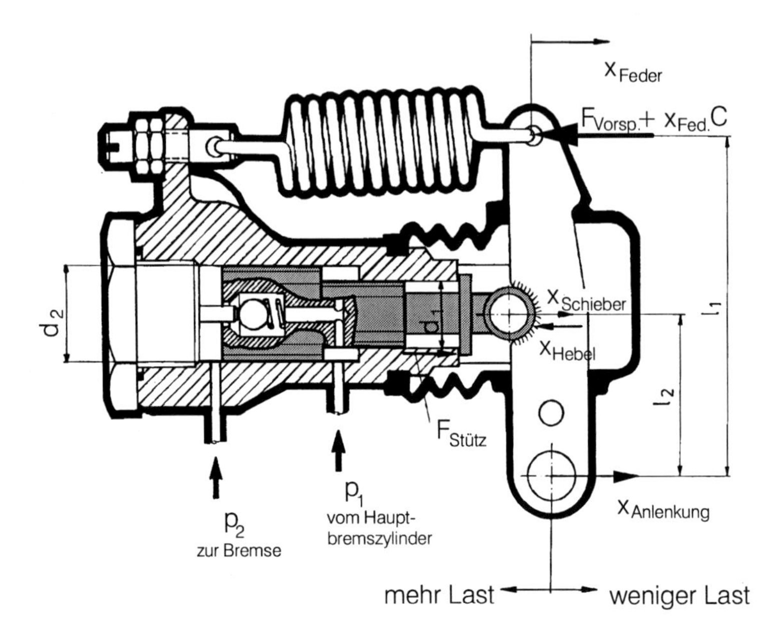

Bild 2.1.62: Bremskraftregler

Am Hauptschieber findet ein Kräftevergleich statt:

$$F_{Hebel} + F_{p1} = F_{p2} + F_{Stütz}$$

$$F_{p1} = p_1 \frac{\pi}{4}\left(d_2^2 - d_1^2\right)$$

mit $F_{p2} = p_2 \frac{\pi}{4} d_2^2$

$$F_{Hebel} = \left(F_{Vorspannung} + x_{Feder} \cdot C_{Feder}\right)\frac{l_1}{l_2}$$

mit $x_{Feder} = x_{Schieber} \frac{l_2}{l_1}$

$F_{Vorspannung} \cong$ Federkraft in der Konstruktionslage

Daraus ergibt sich, daß die Regelfunktion dann einsetzt, wenn die Kraft $F_{Stütz}$, mit der sich der Schieber am Gehäuse abstützt, gerade Null wird. Bei weiterem Ansteigen des Drucks p_2 löst sich der Hauptschieber. Dadurch verringert bzw. schließt die Kugel den kleinen Durchflußquerschnitt.

Der Druck p_2 an der Bremse ist demnach auf einen Druck begrenzt, der sowohl von dem anliegenden Druck p_1 als auch von der Hebelauslenkung $x_{Anlenkung}$ abhängt.

$$p_2 = \frac{1}{\frac{\pi}{4} d_2^2} \left[\left(F_{Vorspannung} + x_{Schieber} \frac{l_2}{l_1} C_{Feder} \right) \frac{l_1}{l_2} + p_1 \frac{\pi}{4} \left(d_2^2 - d_1^2 \right) \right]$$

Die Kennlinie eines solchen Bremskraftreglers ist qualitativ in Bild 2.1.63 dargestellt.

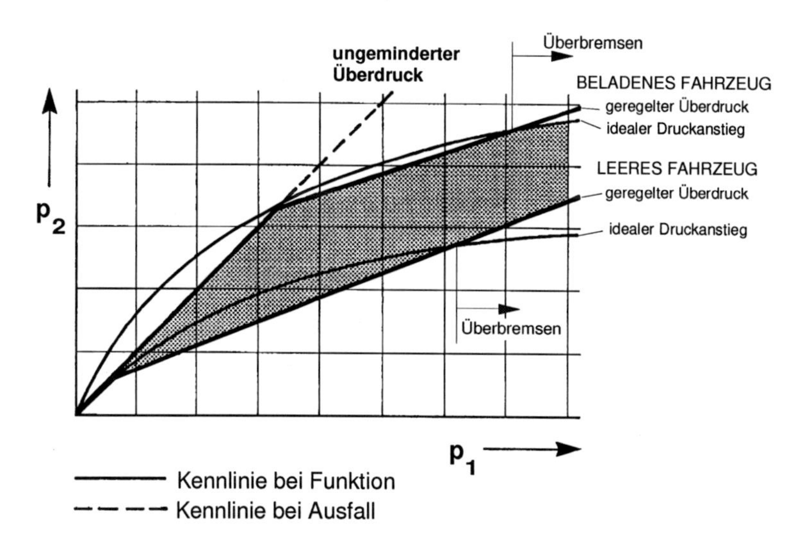

Bild 2.1.63: Qualitative Kennlinie eines Bremskraftreglers

Werden solche Bremskraftregler in Bremsanlagen eingesetzt, bei denen der eine Kreis die Hinterachse und der andere Kreis die Vorderachse ansteuert, so werden Regler mit Sperre eingesetzt. Die Sperre sorgt im Falle einer Leckage des Vorderachskreises dafür, daß die Regelung der Hinterachse außer Betrieb gesetzt wird, und so der gesamte Bremsdruck an der Hinterachse zur Verfügung steht.

Durch den vermehrten Einsatz von Scheibenbremsen haben die zur Bremsbetätigung notwendigen Kräfte den Einsatz von Bremskraftunterstützungen notwendig gemacht. Diese Vorrichtungen verstärken die vom Fahrer aufgebrachten Betätigungskräfte. Dazu sind mehrere Funktionsprinzipien im Einsatz, deren wichtigsten im folgenden kurz aufgezeigt werden.

Unterdruck-Bremskraftverstärker

Der Unterdruck-Bremskraftverstärker ist heute das am meisten verbreitete Funktionsprinzip. Der Unterdruck kann entweder dem Ansaugrohr von Ottomotoren entnommen werden oder es werden spezielle, vom Motor angetriebene Unterdruckpumpen eingesetzt.

Die Verwendung von Unterdruck als Energiequelle erfordert einen recht großen Bauraum, da normalerweise der zur Verfügung stehende Druckunterschied deutlich unter 1 bar liegt. Die schematische Darstellung eines solchen Unterdruck-Bremskraftverstärkers zeigt Bild 2.1.64.

Der eigentliche Arbeitszylinder des Bremskraftverstärkers wird durch eine Membran in zwei Räume unterteilt. Im linken Raum sorgt eine Feder dafür, daß die Trennmembran in der Ruhestellung an der rechten Gehäusewand anliegt. In diesem Arbeitsraum befindet sich auch der Saugluftanschluß des Ansaugrohres bzw. der Unterdruckpumpe. Eine Bohrung in der Membran, die durch ein Ventil verschlossen werden kann, verbindet den linken und den rechten Arbeitsraum. In der Ruhestellung wird der Ventilschieber der Verbindungsbohrung durch die kleine Schraubenfeder in einer Stellung gehalten, in welcher der rechte Arbeitsraum mit der Unterdruckseite verbunden ist. Bei Betätigung des Bremspedals wird zunächst der Verbindungskanal durch den Ventilschieber geschlossen. Im weiteren Verlauf der Bewegung wird ein Steuerquerschnitt zur Außenluft geöffnet, und der Druck im rechten Arbeitsraum steigt an. Aus der sich ergebenden Druckdifferenz resultiert eine Kraft F auf die Membran, die sich zu der am Pedal aufgebrachten Betätigungskraft addiert. Auf diese Weise ist die gleichmäßige Verstärkung der Pedalkraft gewährleistet.

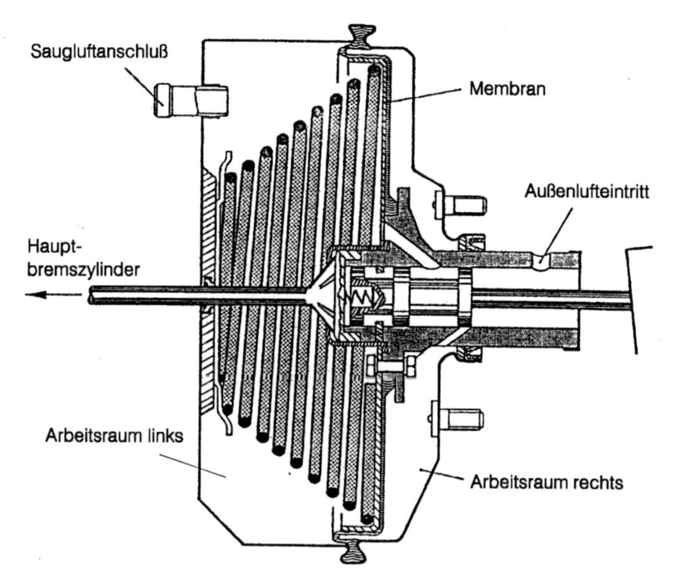

Bild 2.1.64: Unterdruck-Bremskraftverstärker

In den letzten Jahren ist aus Gründen von Maßnahmen zur Abgasverbesserung die Energieentnahme im Ansaugrohr jedoch problematischer geworden.

Die Dieselmotoren, die durch das Fehlen einer Drosselklappe im Ansaugkanal keinen Unterdruck erzeugen, benötigen eine zusätzliche Unterdruckpumpe am Motor. Durch die zunehmende Verbreitung von Einspritzanlagen auch bei Ottomotoren, insbesondere bei Kombinationen mit einem geregelten Abgaskatalysator, hat die Anzahl der Fahrzeuge mit einer gesonderten Unterdruckpumpe stark zugenommen. Aus diesen Gründen läßt sich die immer noch weite Verbreitung der Unterdruckverstärker nur dadurch erklären, daß diese Geräte durch die langjährige Entwicklung enorm ausgereift und somit preiswert, zuverlässig und wartungsarm sind.

Seit Ende 1996 wird erstmals von Mercedes-Benz der sogenannte Bremsassistent in Pkw eingesetzt. Dieses auf einem Unterdruck-Bremskraftverstärker aufbauende elektronisch gesteuerte System basiert auf Erkenntnissen, wonach Autofahrer in kritischen Situationen zwar schnell aber nicht kräftig genug aufs Bremspedal treten.

Der elektronische Bremsassistent baut schon am Beginn der Bremsung in Sekundenbruchteilen die maximale Bremskraftverstärkung auf und verkürzt dadurch den Anhalteweg. Dazu wird die Bremspedal-Betätigungsgeschwindigkeit gemessen und bei Bedarf der Bremskraftverstärker elektronisch zugeschaltet. Die Bremspedal-Betätigungsgeschwindigkeit kann aufgrund der mechanischen Kopplung an der Bremskraftverstärkermembran abgenommen werden. In Abhängigkeit von der Fahrzeuggeschwindigkeit und dem momentanen Pedalweg (Fahrer bremst) erfolgt eine dynamische Anpassung der Zuschaltschwelle, damit die Fahrerwunscherkennung jederzeit sicher erfolgt.

Hat der Mikro-Computer eine Notbrems-Situation erkannt, aktiviert er ein Magnetventil, das den Bremskraftverstärker sofort belüftet und auf diese Weise den vollen Bremsdruck aufbaut. Das Blockieren der Räder ist durch ABS ausgeschlossen. Die Abschaltung der Bremsassistent-Funktion erfolgt durch einen Mikroschalter (Löseschalter), wenn der Fahrer durch Reduzierung der Fußkraft auf etwa 20 N den Wunsch nach Beendigung der Notbremsung signalisiert. So wird auch bei unbewußter geringfügiger Pedalkraftreduzierung, wie sie bei den Untersuchungen für Normalfahrer häufig aufgetreten ist, die Unterstützung durch den BAS aufrecht erhalten.

2.1.6.3 Druckluftbremsanlage

Mittlere und schwere Nutzfahrzeuge werden üblicherweise mit pneumatisch arbeitenden Druckluftbremsanlagen ausgerüstet, da hier die Vorteile des Systems eindeutig erkennbar sind und die Nachteile nicht derart stark hervortreten wie im Personenwagenbereich.

Vorteile der pneumatischen Bremse gegenüber der hydraulischen Bremse:

- größere Wartungsunempfindlichkeit und Systemsicherheit, da bei geringen Leckagen kein Systemausfall eintritt.
- Leckagen führen nicht zu Umweltverunreinigungen.
- Kein Serviceaustausch des Übertragungsmediums notwendig.

- Kein Rückfluss notwendig.
- Koppelstellen zwischen Zugmaschine und Anhänger unkompliziert und schnell bedienbar.

Nachteil der pneumatischen Bremse gegenüber der hydraulischen Bremse:

- größerer Platzbedarf aufgrund geringerer Maximaldrücke

Während die Radbremsen der Druckluftbremsanlage bis auf die Betätigung der Bremsbeläge mit denen der hydraulischen Bremsanlage weitgehend übereinstimmen, unterscheiden sich die Baukomponenten von Betätigungs- und Übertragungseinrichtung erheblich.

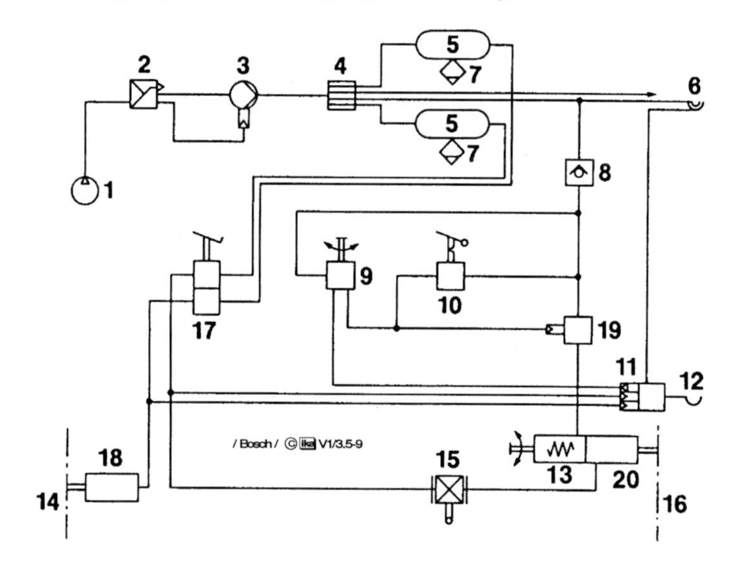

1 Kompressor; 2 Druckregler; 3 Lufttrockner; 4 Vierkreis-Schutzventil; 5 Luftbehälter; 6 Kupplungskopf mit automatischem Schließglied; 7 Wasserablaßventil; 8 Rückschlagventil; 9 Überprüfungsventil; 10 Feststellbremsventil; 11 Anhängersteuerventil; 12 Kupplungskopf ohne Schließglied; 13 Federspeicherbremszylinder; 14 Vorderachse; 15 automatisch lastabhängige Bremskraftsteuerung (ALB); 16 Hinterachse; 17 Betriebsbremsventil; 18 Bremszylinder; 19 Relaisventil; 20 Kombi-Bremszylinder

Bild 2.1.65: Zweikreis-Druckluftbremsanlage (Bosch) [Wal95]

Vom Gesetzgeber sind ebenso wie im Personenwagenbereich auch im Nutzfahrzeugbereich aus Sicherheitsgründen zwei Bremskreise vorgeschrieben. Ein Bremskreis wirkt auf die Vorderachse und der andere Kreis auf die Hinterachse. Beide Bremskreise beaufschlagen das Anhängersteuerventil. Die Verbindung zum Anhänger erfolgt über zwei Schläuche. Bei der früher üblichen Einleitungsverbindung wurde im ungebremsten Zustand die Versorgungsluft zum Anhänger übertragen und bei Bremsungen diese Leitung entlüftet. Da dies bei häufigen Bremsungen zu einem Verlust der Anhängervorratsluft führte, werden bei der heute vorgeschriebenen Zweileitungsverbindung jeweils eine Leitung für die Nachförderung von Vorratsluft und die Bremsbetätigung vorgesehen. Bild 2.1.65 zeigt den schematischen Aufbau einer pneumatischen Bremsanlage für ein Zugfahrzeug. Das hier gezeigte Überprüfungsventil ist bei modernen Anlagen im Feststellbremsventil integriert.

Im folgenden werden die Druckluftsysteme von Zugfahrzeug und Anhänger sowie die Funktion der einzelnen Komponenten näher beschrieben. Die Angaben sind [WAB98] entnommen.

In Bild 2.1.66 ist die pneumatische Bremsanlage eines zweiachsigen Zugfahrzeugs dargestellt. Bild 2.1.67 zeigt die Bremsanlage eines dreiachsigen Deichselanhängers mit integrierter ABS-Anlage.

Druckluftversorgung:

Die vom Kompressor (1) geförderte Druckluft gelangt über den Druckregler (2), der den Druck in der Anlage automatisch im Bereich von z.B. 7.2 bis 8.1 bar regelt, zum Lufttrockner (3). Hier wird der Druckluft die in der Luft enthaltene Feuchtigkeit entzogen und diese über die Entlüftung des Trockners ins Freie geleitet. Die getrocknete Luft gelangt dann zum Vierkreis-Schutzventil (4). Dieses sichert bei Defekten eines oder mehrerer Kreise die intakten Kreise gegen einen Druckabfall ab. Innerhalb der Betriebsbremskreise I und II strömt die Luft über die Luftbehälter (6 und 7) zum Motorwagen-Bremsventil (15). Im Kreis III strömt die Luft vom Vierkreis-Schutzventil über das im Anhänger-Steuerventil (17) integrierte 2/2-Wegeventil zum automatischen Kupplungskopf (11) sowie über das Rückschlagventil (13),

Handbremsventil (16) und das Relaisventil (20) in den Federspeicherteil der Tristop-Zylinder (19). Über den Kreis IV werden eventuelle Nebenverbraucher, die hier aus der Motorstaudruck-Bremsanlage bestehen, mit Luft versorgt (z.B. auch Luftfederung).

Die Bremsanlage des Anhängers wird bei angekuppeltem Vorratsschlauch über den Kupplungskopf (11) mit Druckluft versorgt. Die Luft gelangt dann über Leitungsfilter (25) und Anhänger-Bremsventil (27) in den Luftbehälter (28).

Wirkungsweise Betriebsbremsanlage:

Bei Betätigung des Motorwagen-Bremsventils (15) strömt die Luft über das ABS-Steuerventil (39) in die Membranzylinder (14) der Vorderachse sowie zum automatischen Bremskraftregler (18). Dieser steuert um, und Luft gelangt über das ABS-Steuerventil der Hinterachse (40) in den Betriebsbremsteil (Membranzylinder) der Tristop-Zylinder (19).

Der Druck in den Bremszylindern, der die für die Radbremse notwendige Kraft erzeugt, ist abhängig von der auf das Motorwagen-Bremsventil wirkenden Fußkraft sowie vom Beladungszustand des Fahrzeugs. Der vom Beladungszustand abhängige Druck wird von dem automatischen Bremskraftregler (18) gesteuert, der hier über eine Anlenkung mit der Hinterachse verbunden ist. Der beim Be- und Entladen des Fahrzeugs sich ständig ändernde Abstand zwischen Fahrzeugrahmen und Achse bewirkt eine stufenlose Regelung des Bremsdruckes. Bei luftgefederten Fahrzeugen wird der Druck in den Luftfederbälgen zur Sensierung der Achslast herangezogen. Mit der Betätigung des Bremskraftreglers wird über eine Steuerleitung das im Motorwagen-Bremsventil integrierte Last/Leer-Ventil vom automatischen Bremskraftregler beeinflußt. Somit ist auch der Bremsdruck der Vorderachse dem Beladungszustand des Fahrzeugs angepaßt (vorwiegend beim LKW).

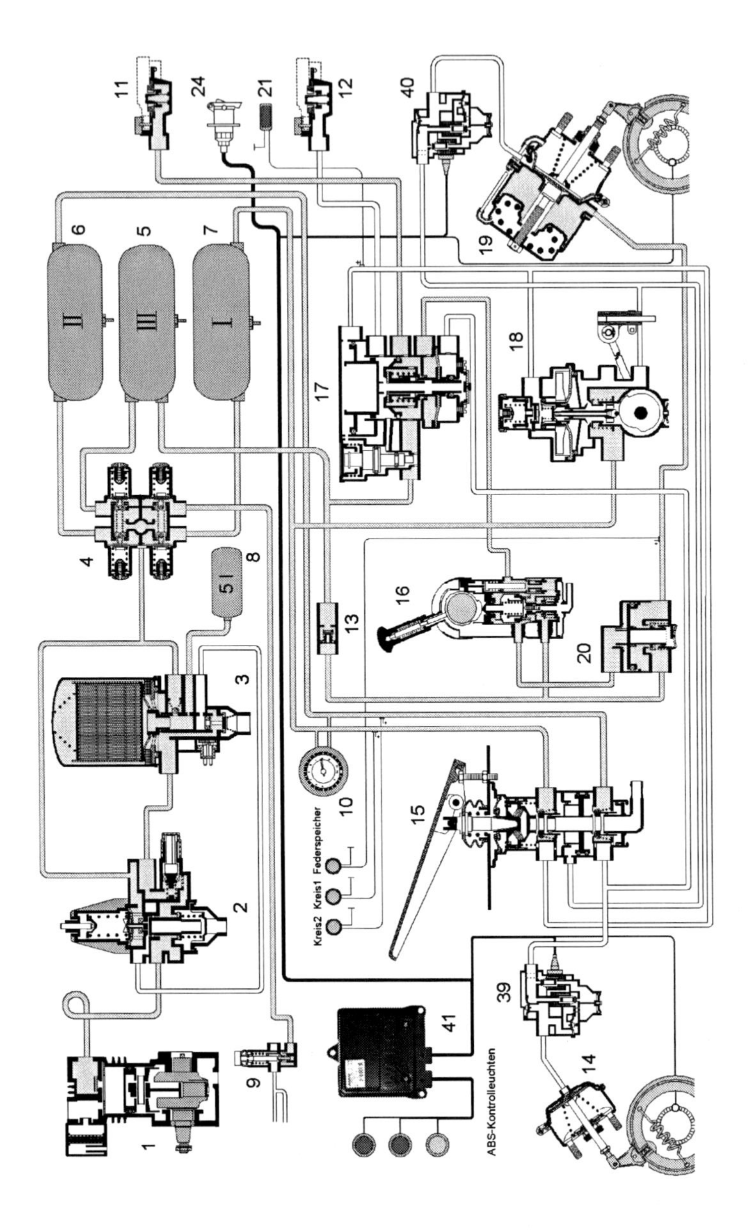

Bild 2.1.66: Pneumatische Anlage mit ABS beim Motorwagen (WABCO) [WAB98]

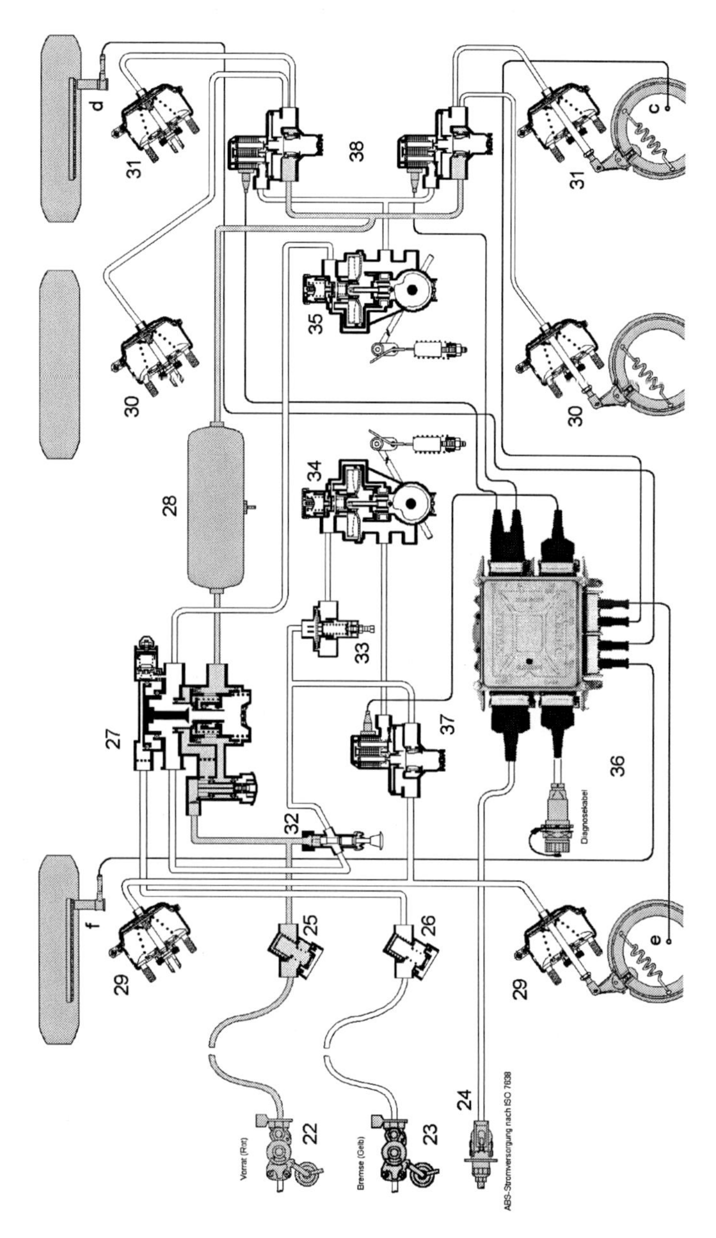

Bild 2.1.67: Pneumatische Anlage mit ABS beim Anhänger (WABCO) [WAB98]

Das von beiden Betriebsbremskreisen angesteuerte Anhänger-Steuerventil (17) belüftet über den Kupplungskopf (12) und den Verbindungsschlauch 'Bremse' den Steueranschluß des Anhänger-Bremsventils (27). Damit wird der Weg der Druckluft aus dem Luftbehälter (28) über das Anhänger-Bremsventil, Löseventil (32), Anpassungsventil (33) und automatischen Bremskraftregler (34) sowie ABS-Relaisventil (37) zum Membranzylinder (29) freigegeben. Gleichzeitig gelangt Druckluft über den ALB-Regler (35) zu den ABS-Relaisventilen (38), diese steuern um, und Vorratsluft gelangt zu den Membranzylindern (30 und 31). Der dem ausgesteuerten Druck des Motorwagens entsprechende Bremsdruck im Anhänger wird durch die automatischen Bremskraftregler (34 und 35) dem Beladungszustand des Anhängers angepaßt. Um eine Überbremsung der Radbremse der Vorderachse in Teilbremsbereichen zu vermeiden, wird der Bremsdruck vom Anpassungsventil (33) reduziert. Sollten die Räder dabei zum Blockieren neigen, wird der Bremsdruck von den ABS-Relaisventilen entsprechend angepaßt.

Wirkungsweise Feststellbremse:

Bei Betätigung des Handbremsventils (16) in die Raststellung werden die Federspeicher der Tristop-Zylinder (19) vollständig entlüftet. Die für die Radbremse notwendige Kraft erzeugen jetzt die stark vorgespannten Federn der Tristop-Zylinder. Gleichzeitig wird auch die Leitung vom Handbremsventil (16) zum Anhänger-Steuerventil (17) entlüftet. Die Abbremsung des Anhängers wird durch Belüften des Verbindungsschlauches 'Bremse' eingeleitet.

Da in der Richtlinie des Rates der Europäischen Gemeinschaften (RREG) gefordert wird, daß ein Lastkraftwagenzug nur vom Motorwagen gehalten werden können muß, kann die Bremsanlage des Anhängers durch Betätigung des Handbremshebels in die 'Kontrollstellung' wieder entlüftet werden. Hiermit kann überprüft werden, ob die Feststellbremsanlage des Motorwagens die RREG-Bedingungen erfüllt.

Wirkungsweise Hilfsbremsanlage:

Durch die feinfühlige Abstufbarkeit des Handbremsventils (16) kann der Lastkraftwagenzug bei Ausfall der Betriebsbremskreise I und II mit den Federspeicherteilen der Tristop-Zylinder (19) abgebremst werden. Die Erzeugung der Bremskraft für die Radbremsen erfolgt - wie bereits bei der Feststellbremsanlage beschrieben - durch die Kraft der vorgespannten Federn der Tristop-Zylinder, jedoch werden hierbei die Federspeicherteile nicht vollständig entlüftet, sondern nur entsprechend der benötigten Bremswirkung.

Automatische Bremsung des Anhängers:

Bei einem Bruch der Verbindungsleitung 'Vorrat' baut sich der Druck schlagartig ab und das Anhänger-Bremsventil (27) leitet eine Vollbremsung des Anhängers ein.

Bei Bruch der Verbindungsleitung 'Bremse' drosselt beim Betätigen der Betriebsbremsanlage das im Anhänger-Steuerventil (17) integrierte 2/2-Wegeventil den Durchgang zum Kupplungskopf der Vorratsleitung (11) soweit, daß der Bruch der Bremsleitung einen schnellen Druckabfall in der Vorratsleitung bewirkt und innerhalb der gesetzlich vorgeschriebenen Zeit von max. 2 Sekunden das Anhänger-Bremsventil (27) eine automatische Bremsung des Anhängers auslöst. Das Rückschlagventil (13) sichert die Feststellbremsanlage vor unbeabsichtigter Betätigung bei einem Druckabfall innerhalb der Vorratsleitung zum Anhänger.

ABS-Komponenten

Der Motorwagen ist üblicherweise mit drei Kontrolleuchten (bei ASR noch eine weitere) für die Funktionserkennung und die laufende Systemüberwachung ausgestattet, sowie Relais, Infomodul und ABS-Steckdose (24).

Nach Betätigung des Fahrtschalters leuchtet die gelbe Kontrolleuchte, wenn das Anhängefahrzeug über kein ABS verfügt oder die Verbindung unterbrochen ist. Die rote Kontrolleuchte verlischt, wenn das Fahrzeug eine Geschwindigkeit von ca. 7 km/h überschreitet und kein

Fehler durch die Sicherheitsschaltung der ABS-Elektronik erkannt wurde.

Die in den Bildern 2.1.66 und 2.1.67 gezeigten Komponenten der Gesamtsysteme werden im folgenden detailliert beschrieben.

Kompressor

Der Kompressor wird dazu benötigt, in Fahrzeugen Druckluft zu erzeugen. In modernen luftgefederten Fahrzeugen werden häufig Zweizylinderkompressoren eingesetzt, wie in Bild 2.1.68 gezeigt.

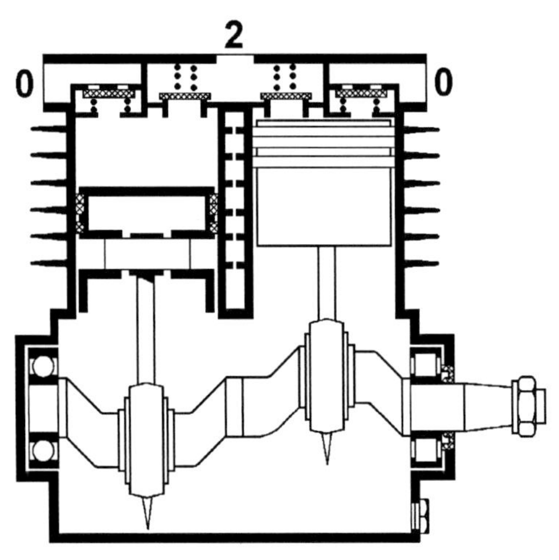

Bild 2.1.68: Zweizylinder Kompressor (WABCO) [WAB98]

Wirkungsweise:

Die vom Fahrzeugmotor angetriebene Kompressorkurbellwelle überträgt ihre Bewegung mittels der Pleuelstange auf den Kolben. Beim Herabgehen des Kolbens wird die entweder durch das Motor-Luftfilter oder ein eigenes Naß- bzw. Ölbad-Luftfilter gereinigte atmosphärische Luft über den Anschluß 0 und das Saugventil angesaugt, durch den heraufgehenden Kolben verdichtet und über das Druckventil und den Anschluß 2 in die Behälter gedrückt.

Die Schmierung erfolgt je nach Typ durch Tauch- oder Umlaufschmierung.

Druckregler

Der Druckregler regelt den Betriebsdruck einer Bremsanlage selbsttätig in einem eingestellten Druckbereich (z.B. 7,2 - 8,1 bar). Nach Erreichen des Betriebsdruckes öffnet der Druckregler und der mit dem Verbrennungsmotor gekoppelte Kompressor fördert sofort in die Umgebung.

Die vom Kompressor geförderte Druckluft strömt über eine Metallleitung, die zum Ausgleich der Motorschwingungen spiralförmig gedreht ist und gleichzeitig der Kühlung dient, über den Anschluß 1 und das Filter (g) in den Raum B. Nach Öffnen des Rückschlagventils (e) gelangt sie über die vom Anschluß 21 abgehende Leitung zu den Luftbehältern sowie in den Raum E. Der Anschluß 22 ist für die Ansteuerung einer nachgeschalteten Frostschutzpumpe vorgesehen, die in der gezeigten Anlage nicht eingesetzt wird.

Im Raum E baut sich eine Kraft auf, die auf die Unterseite der Membran (c) wirkt. Sobald die Kraft größer ist, als die mit der Schraube (a) eingestellte Kraft der Druckfeder (b), wölbt sich die Membran nach oben und nimmt dabei den Kolben (m) mit. Der Auslaß (l) schließt und der Einlaß (d) öffnet, so daß die im Raum E anstehende Druckluft in den Raum C gelangt und den Kolben (k) gegen die Kraft der Druckfeder (h) nach unten bewegt. Der Auslaß (i) öffnet und die vom Kompressor geförderte Druckluft entweicht über die Entlüftung 3 ins Freie. Durch den Druckabfall im Raum B schließt das Rückschlagventil (e) und der Druck in der Anlage bleibt gesichert.

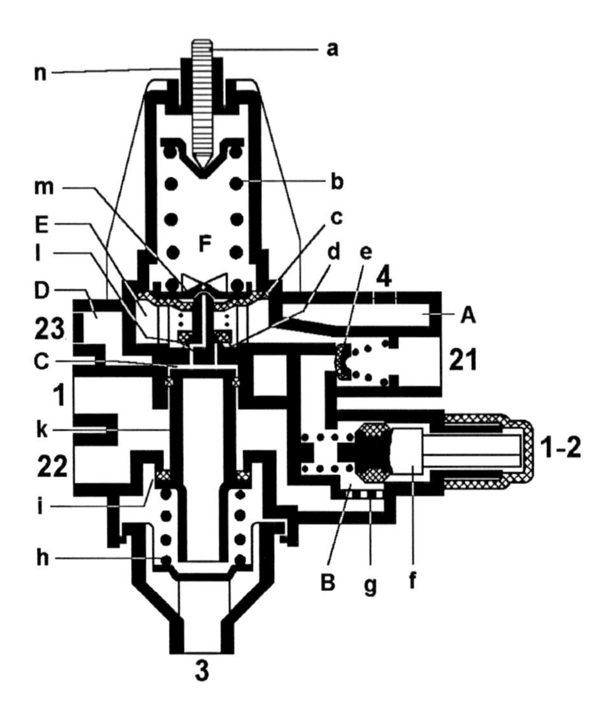

Bild 2.1.69: Druckregler (WABCO) [WAB98]

Wirkungsweise:

Der Kompressor arbeitet nun so lange im Leerlauf, bis der Druck in der Anlage unter den Einschaltdruck des Druckreglers abgesunken ist. Dabei baut sich auch der Druck im Raum E unterhalb der Membran (c) ab. Daraufhin wird diese, zusammen mit dem Kolben (m), durch die Kraft der Druckfeder (b) nach unten gedrückt. Der Einlaß (d) schließt, der Auslaß (l) öffnet und die Luft aus Raum C entweicht über den Raum F und einer Verbindungsbohrung an der Entlüftung 3 ins Freie. Die Druckfeder (h) bewegt den Kolben (k) aufwärts und der Auslaß (i) schließt. Die vom Kompressor nachgeförderte Druckluft strömt jetzt wieder durch das Filter (g) in den Raum B, öffnet das Rückschlagventil (e) und die Anlage wird wieder bis zum Abschaltdruck des Druckreglers aufgefüllt.

Bei dem im Bild 2.1.66 gezeigten Druckregler wird der Steuerdruck über den Anschluß 4 abgenommen. Der Abschaltdruck wird dadurch nicht intern im Druckregler abgenommen, sondern kann aus der Vorratsleitung nach dem Lufttrockner abgeleitet werden. Die Verbindung von Raum B zum Raum E ist verschlossen und das Rückschlagventil (e) entfällt. Über den Anschluß 4 und Raum A gelangt die Vorratsluft in den Raum E und beaufschlagt die Membran (c). Der weitere Ablauf erfolgt analog der oben beschriebenen Bauform. Die Verbindung von Raum C zum Raum D ist geöffnet, so daß über den Anschluß 23 der Steuerdruck aus Raum C auch zum Ansteuern des Einkammer-Lufttrockners benutzt werden kann.

Lufttrockner

Der Lufttrockner wird benötigt, um die vom Kompressor geförderte Druckluft durch Entzug der in der Luft enthaltenen Wasserdampfmenge zu trocknen.

Wirkungsweise:

In der Förderphase strömt die vom Kompressor geförderte Druckluft über den Anschluß 1 in den Raum A. Hier sammelt sich infolge der Temperaturabsenkung anfallendes Kondenswasser, das über den Kanal C zu Auslaß (e) gelangt.

Über das in der Kartusche integrierte Feinfilter (g) und den Ringraum (h) strömt die Luft zu der Oberseite der Granulatkartusche (b). Beim Durchströmen durch das Granulat (a) wird der Luft die Feuchtigkeit entzogen und von der Oberfläche des Granulates (a) aufgenommen. Die getrocknete Luft gelangt über das Rückschlagventil (c), Anschluß 21, und den nachgeschalteten Bremsgeräten zu den Luftbehältern. Gleichzeitig strömt getrocknete Luft auch über die Drosselbohrung und Anschluß 22 zum Regenerationsbehälter.

Beim Erreichen des Abschaltdruckes in der Anlage wird über Anschluß 4 vom Druckregler aus der Raum B belüftet. Der Kolben (d) bewegt sich abwärts und öffnet den Auslaß (e). Die Luft aus Raum A gelangt über Kanal C und Auslaß (e) in Freie.

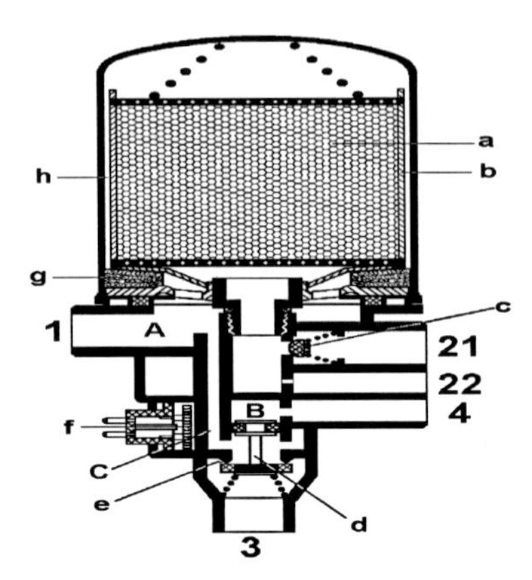

Bild 2.1.70: Lufttrockner mit Steuerung über separaten Druckregler (WABCO)

Aus dem Regenerationsbehälter strömt nun Luft durch die Drosselbohrung zur Unterseite der Granulatkartusche (b). Beim Expandieren und Durchströmen von unten nach oben der Granulatkartusche (b) wird die an der Oberfläche des Granulats (a) haftende Feuchtigkeit von der Luft aufgenommen und über den Kanal C, den geöffneten Auslaß (e), an der Entlüftung 3 ins Freie geleitet.

Beim Erreichen des Einschaltdruckes am Druckregler wird der Raum B wieder entlüftet. Der Auslaß (e) schließt und der Vorgang der Trocknung beginnt wie vorstehend beschrieben.

Durch Einbau einer Heizpatrone (f) für den Bereich des Kolbens (d) wird eine Funktionsstörung durch Eisbildung bei extremen Bedingungen vermieden.

Vierkreis-Schutzventil

Das Vierkreis-Schutzventil wird zur Drucksicherung für die intakten Bremskreise bei Ausfall eines oder mehrerer Kreise in einer Vierkreis-Druckluftbremsanlage benötigt.

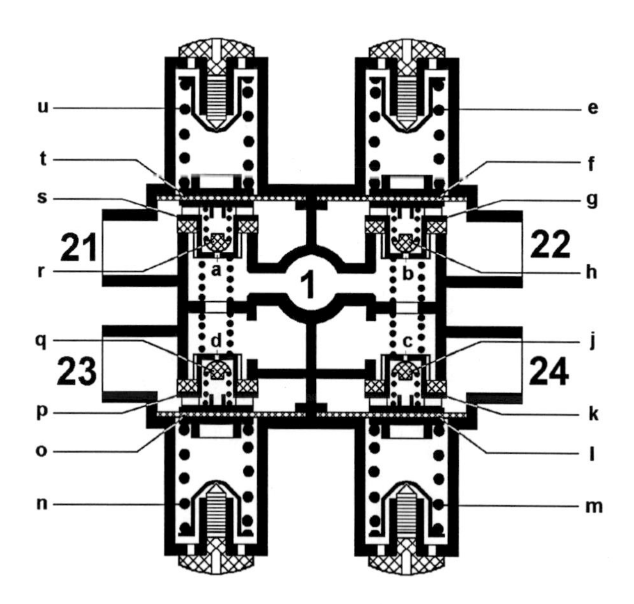

Bild 2.1.71: Vierkreis-Schutzventil (WABCO) [WAB98]

Wirkungsweise:

Es erfolgt ein gleichrangiges Auffüllen aller vier Kreise. Das Vierkreis-Schutzventil hat in allen Kreisen Bypass-Bohrungen, die bei Ausfall eines Kreises ein Auffüllen der Bremsanlage von 0 bar an gewährleisten.

Die vom Druckregler über den Anschluß 1 in das Schutzventil strömende Druckluft gelangt durch die Bypass-Bohrungen (a, b, c und d) vorbei an den Rückschlagventilen (h, j, q und r) in die vier Kreise der Druckluftbremsanlage. Gleichzeitig baut sich unter den Ventilen (g, k, p und s) ein Druck auf, der beim Erreichen des eingestellten

Öffnungsdruckes (gesicherter Druck) diese öffnet. Die Membranen (f, l, o und t) werden dabei gegen die Kraft der Druckfedern (e, m, n und u) angehoben. Die Druckluft strömt über die Anschlüsse 21 und 22 zu den Luftbehältern der Kreise 1 und 2 der Betriebsbremsanlage sowie über die Anschlüsse 23 und 24 in die Kreise 3 und 4. Vom Kreis 3 wird die Hilfs- und Feststellbremsanlage des Motorwagens sowie das Anhängefahrzeug versorgt, vom Kreis 4 weitere Nebenverbraucher.

Fällt ein Kreis (z. B. Kreis 1) aus, so strömt die Luft aus den drei anderen Kreisen bis zum Erreichen des dynamischen Schließdruckes der Ventile in den defekten Kreis. Durch die Kraft der Druckfedern (c, m, n und u) werden die Ventile (g, k, p und s) geschlossen. Bei Luftentnahme aus den Kreisen 2, 3 oder 4, die einen Druckabfall zur Folge hat, werden diese wieder bis zum eingestellten Öffnungsdruck des defekten Kreises aufgefüllt.

Die Drucksicherung der intakten Kreise bei Ausfall eines anderen Kreises erfolgt in gleicher Weise.

Bei Ausfall eines Kreises (z. B. Kreis 1) und Druckabfall innerhalb der intakten Kreise auf 0 bar (bei längerer Standzeit des Fahrzeuges) strömt beim Auffüllen der Bremsanlage die Druckluft zunächst über die Bypass-Bohrungen (a, b, c und d) in alle vier Kreise. In den intakten Kreisen baut sich unter den Membranen (f, l und o) ein Druck auf, der den Öffnungsdruck der Ventile (g, k und p) herabsetzt. Bei einem weiteren Druckanstieg im Anschluß 1 öffnen diese Ventile. Die Kreise 2, 3 und 4 werden bis zum eingestellten Öffnungsdruck des defekten Kreises 1 aufgefüllt und in dieser Höhe gesichert.

Motorwagen-Bremsventil

Das Motorwagen-Bremsventil wird benötigt, um ein feinfühliges Be- und Entlüften der Zweikreis-Motorwagen-Betriebsbremsanlage zu ermöglichen. Außerdem wird die automatische Regelung des Druckes im Vorderachsbremskreis in Abhängigkeit des vom ALB-Regler in den Hinterachsbremskreis eingesteuerten Druckes gewährleistet, um die Bestimmungen der EG Ratsrichtlinie "Bremsanlagen" und deren Anpassungsrichtlinien zu erfüllen.

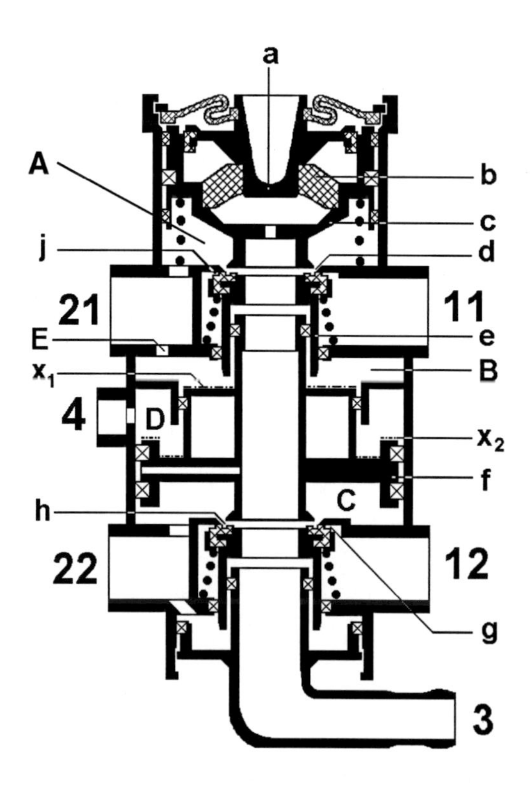

Bild 2.1.72: Motorwagen-Bremsventil mit Beeinflussung des Bremsdruckes im Vorderachskreis durch die ALB-Funktion (WABCO) [WAB98]

Wirkungsweise:

Beim Betätigen des im Federteller (a) sitzenden Stößels bewegt sich der Kolben (c) nach unten, verschließt den Auslaß (d) und öffnet den Einlaß (j). Die am Anschluß 11 anstehende Vorratsluft strömt über den Raum A und Anschluß 21 zu den nachgeschalteten Bremsgeräten des Betriebsbremskreises I. Gleichzeitig strömt Druckluft über die Bohrung E in den Raum B und beaufschlagt die Fläche X_1 des Kolbens (f). Dieser wird abwärts bewegt, verschließt den Auslaß (h) und öffnet den Einlaß (g). Die Vorratsluft vom Anschluß 12 strömt über den Raum C und Anschluß 22 zu den nachgeschalteten Bremsgeräten des Betriebsbremskreises II.

Die Höhe des eingesteuerten Druckes in dem Kreis II ist abhängig vom ausgesteuerten Druck des ALB-Reglers. Dieser Druck gelangt über den Anschluß 4 in den Raum D, beaufschlagt die Fläche X_2 des Kolbens (f) und unterstützt somit die auf die Oberseite des Kolbens (f) wirkende Kraft.

Der sich im Raum A aufbauende Druck wirkt auf die Unterseite des Kolbens (c). Dieser wird gegen die Kraft der Gummifeder (b) aufwärts bewegt, bis auf beiden Seiten des Kolbens (c) ein Kräfteausgleich entsteht. In dieser Stellung ist der Einlaß (j) sowie der Auslaß (d) geschlossen. Eine Abschlußstellung ist erreicht.

In entsprechender Weise bewegt der ansteigende Druck in Raum C den Kolben (f) wieder aufwärts, bis auch hier eine Abschlußstellung erreicht wird. Der Einlaß (g) sowie der Auslaß (h) sind geschlossen.

Bei einer Vollbremsbetätigung wird der Kolben (c) bis in seine untere Endstellung bewegt und der Einlaß (j) bleibt ständig geöffnet. Der über die Bohrung E im Raum B auf der Fläche X_1 wirkende Vorratsdruck, unterstützt durch den im Raum D auf die Fläche X_2 wirkende volle Bremsdruck des Hinterachskreises, bewegt den Kolben (f) in seine untere Endstellung. Der Einlaß (g) ist geöffnet und die Vorratsluft strömt ungemindert in die beiden Betriebsbremskreise.

Die Entlüftung der beiden Betriebsbremskreise erfolgt in umgekehrter Reihenfolge und kann ebenfalls abstufbar vorgenommen werden. Der in den Räumen A und C anstehende Bremsdruck bewegt die Kolben (c und f) aufwärts. Über die sich öffnenden Auslässe (d und h) sowie die Entlüftung 3 werden die beiden Kreise der Betriebsbremsanlage entsprechend der Stößelstellung teilweise oder vollständig entlüftet. Der Druck in dem Raum D baut sich über den vorgeschalteten ALB-Regler ab.

Bei Ausfall eines Kreises, z. B. Kreis II, arbeitet der Kreis I in der beschriebenen Weise weiter. Fällt dagegen der Kreis I aus, wird bei einer Bremsbetätigung der Kolben (f) vom Ventilkörper (e) abwärts bewegt. Der Auslaß (h) schließt und der Einlaß (g) öffnet. Eine Abschlußstellung wird wie vorstehend beschrieben erreicht.

Membran-Bremszylinder

Der Membranzylinder wird zur Erzeugung der Bremskraft für die Radbremse mit Hilfe von Druckluft dort benötigt, wo bei Luftverlust keine Zylinderbremsfunktion gefordert ist.

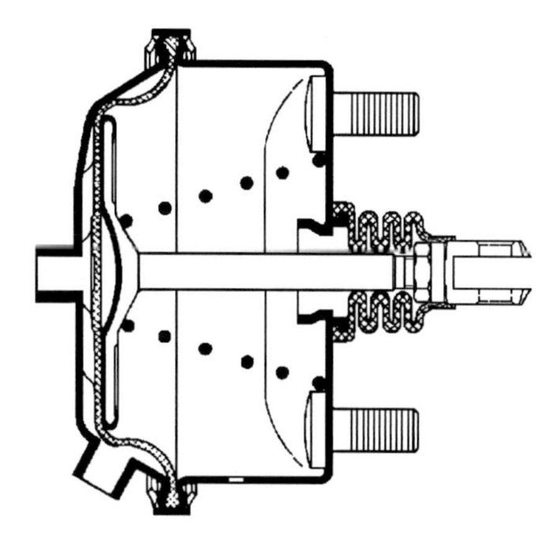

Bild 2.1.73: Membran-Bremszylinder (WABCO) [WAB98]

Wirkungsweise:

Sobald Druckluft in den Bremszylinder gelangt, wirkt die entstehende Kolbenkraft über die Druckstange auf den Bremshebel. Beim Entlüften drückt die mit Vorspannung eingebaute Druckfeder den Kolben bzw. die Membran in die Ausgangstellung zurück.

Federspeicher-Bremszylinder

Kombinierte Federspeicher-Membranzylinder (Tristop®-Zylinder) dienen zur Erzeugung der Bremskraft für die Radbremsen. Sie bestehen aus dem Membranteil für die Betriebsbremsanlage und dem Federspeicherteil für die Hilfs- und Feststellbremsanlage.

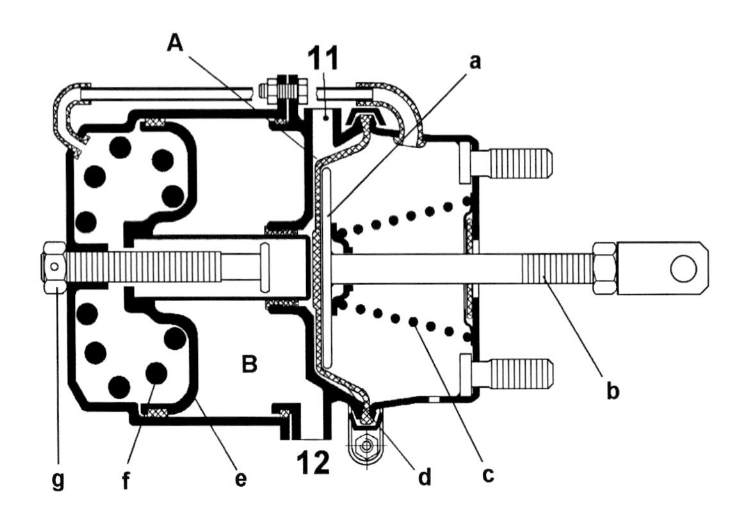

Bild 2.1.74: Federspeicher-Membranzylinder für Nockenbremsen (WABCO)

Wirkungsweise:

a) Betriebsbremsanlage

Beim Betätigen der Betriebsbremsanlage strömt Druckluft über den Anschluß 11 in den Raum A, beaufschlagt die Membran (d) und drückt den Kolben (a) gegen die Kraft der Druckfeder (c) nach rechts. Über die Kolbenstange (b) wirkt die erzeugte Kraft auf den Gestängesteller und damit auf die Radbremse. Beim Entlüften des Raumes A bewegt die Druckfeder (c) den Kolben (a) sowie die Membran (d) in ihre Ausgangsstellung zurück. Der Membranzylinder des Tristop®-Zylinders ist in seiner Funktion völlig unabhängig vom Federspeicherteil.

b) Feststellbremsanlage

Bei Betätigung der Feststellbremsanlage wird der unter Druck stehende Raum B über den Anschluß 12 teilweise oder ganz entlüftet. Hierbei wirkt die Kraft der sich entspannenden Druckfeder (f) über den Kolben (e) und die Druckstange (b) auf die Radbremse.

Die maximale Bremskraft des Federspeicherteils wird bei völliger Entlüftung des Raumes B erzielt. Da die Bremskraft in diesem Falle ausschließlich mechanisch durch die Druckfeder (f) aufgebracht wird, darf der Federspeicherteil nach StVZO für die Feststellbremsanlage verwendet werden. Zum Lösen der Bremse wird der Raum B über den Anschluß 12 wieder belüftet.

c) Mechanische Lösevorrichtung:

Der Tristop-Zylinder ist für Notfälle mit einer mechanischen Lösevorrichtung für den Federspeicherteil ausgestattet. Bei vollständigem Druckausfall an Anschluß 12 kann durch Herausdrehen der Sechskantschraube (g) die Feststellbremsanlage wieder gelöst werden.

Handbremsventil

Das Handbremsventil wird benötigt, um eine feinfühlig abstufbare Betätigung der Hilfsbremsanlage sowie der Feststellbremsanlage in Verbindung mit einem Federspeicherzylinder zu gewährleisten. Das Handbremsventil weist außerdem eine Kontrollstellung zur Überprüfung der Feststellbremswirkung des Motorwagens auf. Es besteht aus einem Grundventil für die Hilfs- und Feststellbremsanlage, welches je nach Ausführungsart um ein Sicherheitsschaltungs-Ventil (Notlöseventil) und/oder ein Prüfventil erweitert ist.

Wirkungsweise:

In der Fahrtstellung ist die Verbindung von Raum A nach Raum B geöffnet und die am Anschluß 11 anstehende Druckluft strömt über den Anschluß 21 in die Federspeicherkammern der Tristop-Zylinder.

Beim Betätigen der Hilfsbremsanlage mittels des Handhebels (a) schließt das Ventil (e) die Verbindung zwischen Raum A und B. Die Druckluft aus den Federspeicherkammern entweicht über den sich öffnenden Auslaß (d) am Anschluß 3 ins Freie. Hierbei verringert sich auch der Druck im Raum B und der Kolben (b) wird durch die Kraft der Druckfeder (g) abwärts bewegt. Mit dem Schließen des Auslasses wird in allen Teilbremsstellungen eine Abschlußstellung erreicht, so daß in den Federspeicherkammern immer ein der gewünschten Verzögerung entsprechender Druck vorhanden ist.

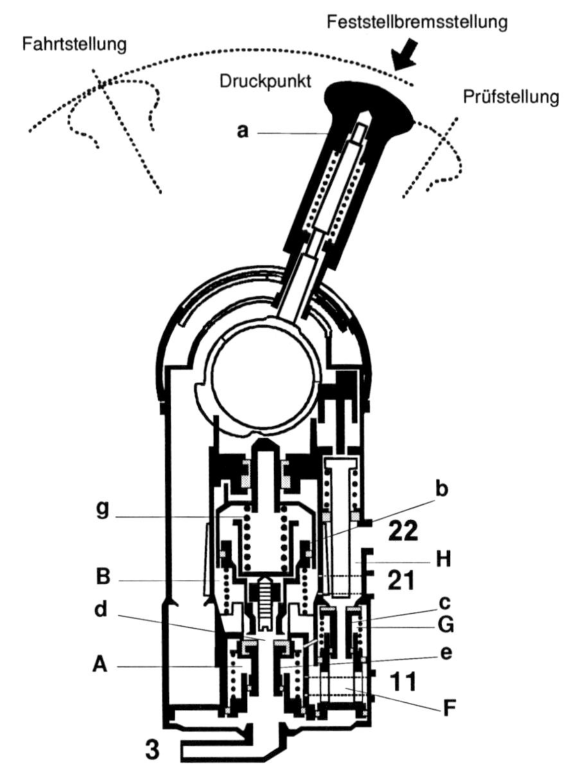

Bild 2.1.75: Handbremsventil (WABCO) [WAB98]

Bei weiterer Betätigung des Handhebels (a) über den Druckpunkt hinaus, gelangt man in die Feststellbremsstellung. Der Auslaß (d) bleibt geöffnet, worauf die Druckluft aus den Federspeicherkammern entweicht.

Im Hilfsbremsbereich, von der Fahrtstellung bis zum Druckpunkt, läuft der Handhebel (a) nach Loslassen automatisch in die Fahrtstellung zurück.

Durch das mit dem Grundventil kombinierte zusätzliche Prüfventil kann ermittelt werden, ob die mechanischen Kräfte der Feststellbremsanlage des Zugfahrzeuges den Wagenzug an einem bestimmten

Gefälle oder einer Steigung bei gelöster Anhängerbremsanlage halten können.

In der Fahrtstellung sind die Räume A, B, F, G und H miteinander verbunden und der Vorratsdruck gelangt über den Anschluß 21 zu den Federspeicherkammern sowie über Anschluß 22 zum Anhänger-Steuerventil. Beim Betätigen des Handhebels (a) wird der Druck in den Räumen B, F und H verringert, bis er sich bei Erreichen des Druckpunktes völlig abgebaut hat. Beim Überschreiten des Druckpunktes erreicht der Betätigungshebel eine Zwischenstellung: die der verriegelten Feststellbremsstellung. Durch eine weitere Hebelbewegung in die Prüfstellung strömt die im Raum A anstehende Druckluft über den Raum G und dem geöffneten Ventil (c) in den Raum H. Durch die Belüftung von Anschluß 22 wird das Anhänger-Bremsventil angesteuert, das nun seinerseits die während der Hilfs- oder Feststellbremsung erfolgte pneumatische Bremsbetätigung im Anhänger wieder aufhebt. Der Lastkraftwagenzug wird jetzt nur durch die mechanischen Kräfte der Federspeicherzylinder des Zugfahrzeuges gehalten. Sobald der Betätigungshebel wieder losgelassen wird, kehrt er in die Feststellbremsstellung zurück, bei der die Anhängerbremsanlage an der Feststellbremsung mitwirkt.

Relaisventil

Das Relaisventil wird zur Steuerung des Federspeicherteils im Tristdop-Zylinder sowie dem schnellen Ent- und Belüften beim Betätigen des Handbremsventils benötigt.

Wirkungsweise:

Der vom Handbremsventil ausgesteuerter Druck gelangt über den Anschluss 4 in den Raum A und bewegt den Kolben (a) in seine untere Endstellung. Dabei wird der Auslaß (b) geschlossen und der Einlas (c) geöffnet. Die am Anschluß 1 anstehende Vorratsluft strömt nun in den Raum B und über den Anschluß 2 in den Federspeicherteil des Tristop-Zylinders.

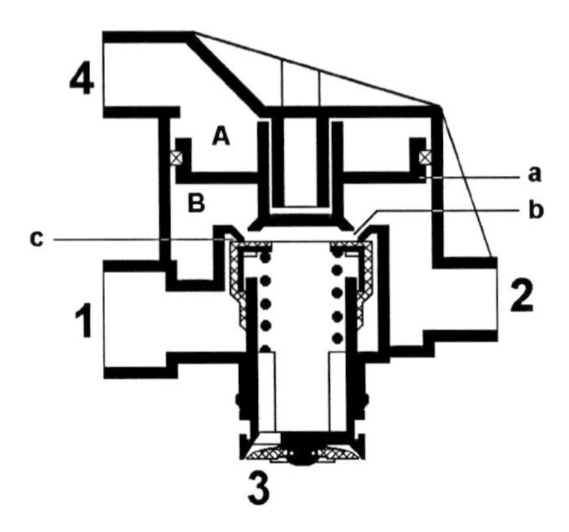

Bild 2.1.76: Relaisventil (WABCO) [WAB98]

Beim Betätigen des Handbremsventils erfolgt ein teilweises oder vollständiges Absenken des Steuerleitungsdruckes am Anschluß 4. Der Kolben (a) wird vom Druck im Raum B wieder aufwärts bewegt und der überschüssige Druck am Anschluß 2 entweicht über Auslaß (b) und Entlüftung 3 in Freie.

Automatischer Bremskraftregler

Der automatische Bremskraftregler dient der automatischen Regelung der Bremskraft in Abhängigkeit von der Federdurchbiegung und damit vom Beladungszustand des Fahrzeuges. Durch das integrierte Relaisventil erfolgt eine schnelle Be- und Entlüftung der Bremszylinder.

Wirkungsweise:

Der Bremskraftregler ist am Fahrzeugrahmen befestigt und über ein Gestänge mit einem an der Achse angebrachten Festpunkt bzw. Federungskörper verbunden. Im Leerzustand besteht der größte Abstand zwischen der Achse und dem Bremskraftregler, der Hebel (j) befindet sich in seiner untersten Stellung. Wird das Fahrzeug beladen verringert sich dieser Abstand und der Hebel (j) wird aus der Leerstellung in Richtung Vollaststellung bewegt. Die gleichsinnig mit dem Hebel (j) verstellte Kurvenscheibe (i) bewegt den Ventilstößel (h) in die dem jeweiligen Beladungszustand entsprechende Position.

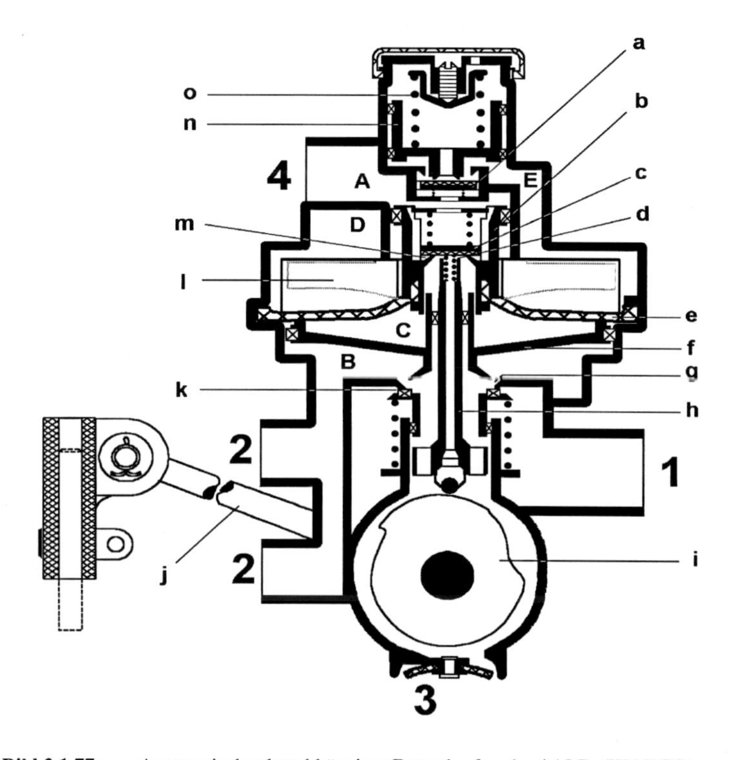

Bild 2.1.77: Automatischer lastabhängiger Bremskraftregler / ALB (WABCO)

Die vom Motorwagen- bzw. Anhänger-Bremsventil ausgesteuerte Druckluft strömt über den Anschluß 4 in den Raum A und beaufschlagt den Kolben (b). Dieser wird abwärts bewegt, verschließt den Auslaß (d) und öffnet den Einlaß (m). Die am Anschluß 4 eingesteuerte Druckluft gelangt in den Raum C unterhalb der Membran (e) und beaufschlagt die wirksame Fläche des Relaiskolbens (f).

Gleichzeitig strömt Druckluft über das geöffnete Ventil (a) sowie Kanal E in den Raum D und beaufschlagt die Oberseite der Membran (e). Durch diese Druckvorsteuerung wird die Untersetzung im Teillastbereich bei geringen Steuerdrücken (bis max. 1,0 bar) aufgehoben. Steigt der Steuerdruck weiter an, wird der Kolben (n) gegen die Kraft der Feder (o) aufwärts bewegt und das Ventil (a) schließt.

Durch den im Raum C sich aufbauenden Druck wird der Relaiskolben (f) abwärts bewegt. Der Auslaß (g) schließt und der Einlaß (k) öffnet. Die am Anschluß 1 anstehende Vorratsluft strömt nun über den Einlaß (k) in den Raum B und gelangt über die Anschlüsse 2 zu den nachgeschalteten Druckluftbremszylindern. Gleichzeitig baut sich im Raum B ein Druck auf, der auf die Unterseite des Relaiskolbens (f) wirkt. Sobald dieser Druck etwas größer ist, als der im Raum C, bewegt sich der Relaiskolben (f) nach oben und der Einlaß (k) schließt.

Die Membran (e) legt sich bei der Abwärtsbewegung des Kolbens (b) an die Fächerscheibe (l) an und vergrößert so laufend die wirksame Membranfläche. Sobald die Kraft, die im Raum C auf die Membranunterseite wirkt, gleich der auf den Kolben (b) wirkenden Kraft ist, bewegt sich dieser nach oben. Der Einlaß (m) wird geschlossen und eine Abschlußstellung ist erreicht.

Eine weitere Druckerhöhung am Anschluß 4 führt automatisch zu einer proportionalen Druckuntersetzung des an den Anschlüssen 2 ausgesteuerten Druckes.

Die Stellung des Ventilstößels (h), die abhängig ist von der Stellung des Hebels (j), ist maßgebend für den ausgesteuerten Bremsdruck. Der Kolben (b) mit der Fächerscheibe (l) muß einen der Stellung des Ventilstößels (h) entsprechenden Hub machen, ehe das Arbeiten des Ventils (c) beginnt. Durch diesen Hub ändert sich auch die wirksame Fläche der Membran (e). In der Vollgasstellung wird der am Anschluß 4 eingesteuerte Druck im Verhältnis 1:1 in den Raum C gesteuert. Indem der Relaiskolben (f) mit dem vollen Druck beaufschlagt wird, hält er den Einlaß (k) ständig geöffnet und es findet keine Regelung des eingesteuerten Bremsdruckes statt.

Nach Abbau des Steuerdruckes am Anschluß 4 werden der Relaiskolben (f) vom Druck in den Anschlüssen 2 und der Kolben (b) vom Druck im Raum C aufwärts bewegt. Die Auslässe (d und g) öffnen und die Druckluft entweicht über die Entlüftung 3 ins Freie.

Bei Gestängebruch geht der Regler automatisch auf die Notsteuerkurve des Nockens (i), dessen ausgesteuerter Druck etwa der Hälfte des Betriebsbremsdruckes bei vollbeladenem Fahrzeug entspricht.

Anhänger-Steuerventil

Das Anhänger-Steuerventil wird benötigt, eine Zweileitungs-Anhänger-Bremsanlage in Verbindung mit dem Zweikreis-Motorwagen-Bremsventil und dem Handbremsventil für Federspeicherzylinder zu steuern. Bei Leitungsbruch oder nicht angeschlossener Anhänger-Bremsleitung erfolgt beim Betätigen des Motorwagen-Bremsventils eine Drosselung der Vorratsluft vom Motorwagen zum Anhänger bei gleichzeitigem Druckabbau in der Anhänger-Vorratsleitung.

Wirkungsweise:

Beim Auffüllen der Druckluftbremsanlage strömt die Vorratsluft durch den Anschluß 11 in das 2/2-Wegeventil und beaufschlagt den Kolben (l). Dieser wird gegen die Kraft der Druckfeder (n) in seine obere Endstellung bewegt. Über den Raum C und Anschluß 12 strömt die Vorratsluft weiter zum automatischen Kupplungskopf „Vorrat“.

a) Ansteuerung vom Zweikreis-Motorwagen-Bremsventil

Beim Betätigen des Motorwagen-Bremsventils strömt Druckluft vom Betriebsbremskreis 1 über Anschluß 41 in die Räume A und G und beaufschlagt die Kolben (c und l). Der Kolben (c) wird abwärts bewegt. Durch Aufsetzen des Kolbens (c) auf das Ventil (g) wird der Auslaß (e) geschlossen sowie der Einlaß (f) geöffnet. Die im Raum C anstehende Vorratsluft strömt über den Raum B zum Anschluß 22 und belüftet die Anhänger-Bremsleitung entsprechend dem Druck im Betriebsbremskreis 1. Gleichzeitig strömt Druckluft über den Kanal (k) in den Raum F und beaufschlagt mit die Unterseite des Kolben (l). Bei einem Steuerdruck von ca. 4 bar überwiegt der auf die Oberseite des Kolbens (l) wirkende Druck und dieser wird bis zur Gehäusekante (m) abwärts bewegt (Spielbewegung, um ein Festsetzen des Kolbens (l) zu vermeiden).

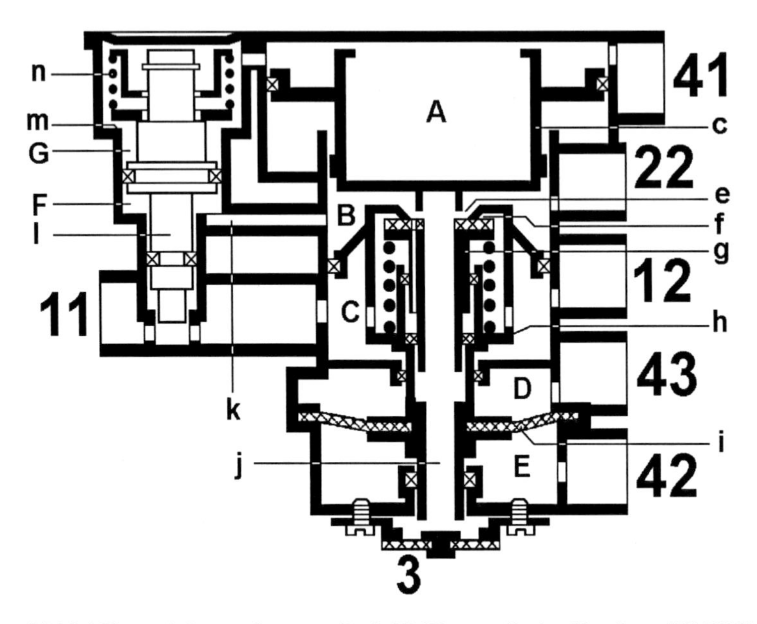

Bild 2.1.78: Anhänger-Steuerventil mit 2/2-Wegeventil, ohne Voreilung (WABCO)

Der im Raum B sich aufbauende Druck beaufschlagt die Unterseite des Kolbens (c) und bewegt diesen gegen den im Raum A wirkenden Steuerdruck aufwärts. Das nachfolgende Ventil (g) schließt den Einlaß (f) und eine Abschlußstellung ist erreicht. Bei einer Vollbremsung überwiegt der auf die Oberseite des Kolbens (c) wirkende Steuerdruck und der Einlaß (f) bleibt geöffnet.

Gleichzeitig mit den Vorgängen im Anschluß 41 erfolgt vom Betriebsbremskreis 2 über den Anschluß 42 eine Belüftung des Raumes E unterhalb der Membran (i). Da jedoch durch Belüftung der Räume B und D der auf die Oberseiten des Kolbens (h) und der Membran (i) wirkende Druck überwiegt, verändert sich die Lage des Kolbens (h) nicht. Fällt durch einen Defekt der Betriebsbremskreis 1 aus, so erfolgt über Kreis 2 nur eine Belüftung des Anschlusses 42. Der sich dabei im Raum E unterhalb der Membran (i) aufbauende Druck bewegt den Kolben (h) sowie das Ventil (g) nach oben. Der in seiner oberen Endlage gehaltene Kolben (c) schließt den Auslaß (e) und öffnet den Einlaß (f), so daß die der Motorwagenbremsung entsprechende Belüftung der Anhänger-Bremsleitung stattfindet.

Im Teilbremsbereich bewegt der sich im Raum B aufbauende Druck den Kolben (h) wieder abwärts. Der Einlaß (f) schließt und eine Abschlußstellung ist erreicht. Bei einer Vollbremsung überwiegt der Druck im Raum E und der Einlaß (f) bleibt geöffnet.

Bei einem Bruch der Anhänger-Bremsleitung (Anschluß 22) kommt es bei Betätigung der Betriebsbremsanlage nicht zu einem Druckaufbau innerhalb der Räume B und F. Hierdurch wird der Kolben (l) von dem im Raum G wirkenden Steuerdruck weiter abwärts bewegt und somit die vom Anschluß 11 zum Anschluß 12 strömende Vorratsluft gedrosselt. Gleichzeitig baut sich der Druck in der Anhänger-Vorratsleitung (Anschluß 12) über den geöffneten Einlaß (f) an der Bruchstelle der Anhänger-Bremsleitung ab und führt somit zur Zwangsbremsung des Anhängers.

b) Ansteuerung vom Handbremsventil

Die abgestufte Entlüftung der Federspeicherzylinder über das Handbremsventil führt zu einer entsprechenden Entlüftung des Raumes D über den Anschluß 43. Der nun überwiegende Vorratsdruck im Raum C bewegt den Kolben (h) nach oben. Die Belüftung des Anschlusses 22 läuft dann in gleicher Weise ab wie bei der Ansteuerung des Raumes E beim Ausfall von Betriebsbremskreis 1. Nach Beendigung des Bremsvorganges werden die Anschlüsse 41 und 42 wieder entlüftet bzw. der Anschluß 43 belüftet. Hierdurch werden die Kolben (c und h) vom Druck im Raum B in ihre Ausgangsstellung zurückbewegt. Dabei öffnet der Auslaß (e) und die im Anschluß 22 anstehende Druckluft entweicht durch das Kolbenrohr (j) sowie Entlüftung 3 in Freie.

Anhänger-Bremsventil mit Voreilung und Löseventil

Das Anhänger-Bremsventil wird im Anhänger installiert und regelt dessen Zweileitungs-Bremsanlage.

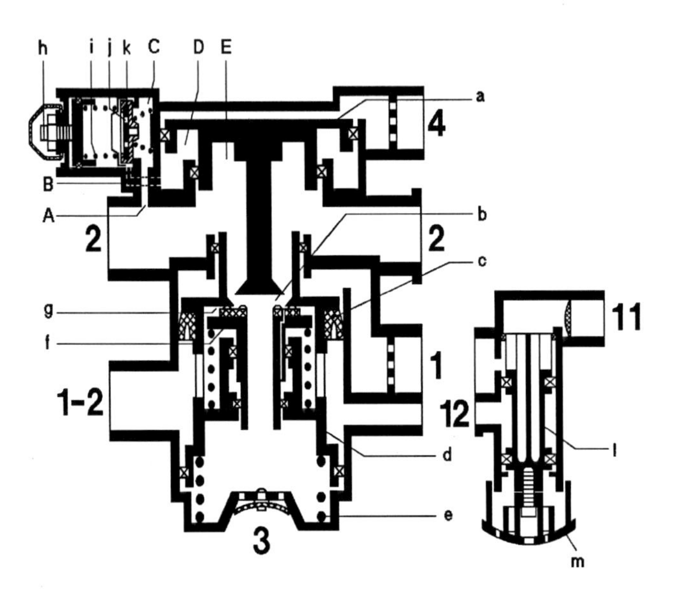

Bild 2.1.79: Anhänger-Bremsventil mit Voreilung und Löseventil (WABCO)

Wirkungsweise des Anhänger-Bremsventils:

Die über den Kupplungskopf 'Vorrat' vom Motorwagen kommende Druckluft gelangt über den Anschluß 1 des Anhänger-Bremsventils, vorbei am Nutring (c) zum Anschluß 1-2 und weiter zum Vorratsbehälter des Anhängers.

Beim Betätigen der Bremsanlage des Motorwagens gelangt Druckluft über den Kupplungskopf 'Bremse' und den Anschluß 4 auf die Oberseite des Kolbens (a). Dieser bewegt sich abwärts, verschließt durch Aufsetzen auf das Ventil (f) den Auslaß (b) und öffnet den Einlaß (g). Die Druckluft aus dem Vorratsbehälter des Anhängers (Anschluß 1-2) strömt nun über die Anschlüsse 2 zu den nachgeschalteten Bremsventilen sowie über den Kanal A in den Raum C und am Ventil (k) baut sich eine Kraft auf.

Sobald die Kraft im Raum C überwiegt, wird das Ventil (k) gegen die Kraft der Druckfeder (i) geöffnet. Die Druckluft strömt über den Kanal B in den Raum D und beaufschlagt mit die Unterseite des Kolbens (a). Durch die Addition der im Raum D und E wirkenden Kräfte wird der auf die Oberseite des Kolbens (a) wirkende Steuerdruck überwunden und der Kolben (a) aufwärts bewegt.

Im Teilbremsbereich schließt das nachfolgende Ventil (f) den Einlaß (g) und eine Abschlußstellung ist erreicht. Bei einer Vollbremsung hält der Kolben (a) den Einlaß (g) während des gesamten Bremsvorganges geöffnet.

Durch Änderung der Vorspannung der Druckfeder (i) mit Hilfe des Gewindestiftes (h) kann eine Druckvoreilung der Anschlüsse 2 gegenüber dem Anschluß 4 bis maximal 1 bar eingestellt werden.

Nach Aufhebung der Motorwagenbremsung und der damit verbundenen Entlüftung des Anschlusses 4 wird der Kolben (a) vom Druck in den Anschlüssen 2 in seine obere Endlage bewegt. Hierbei schließt der Einlaß (g) und der Auslaß (b) öffnet. Die in den Anschlüssen 2 anstehende Druckluft entweicht durch das Ventil (f) und Entlüftung 3 ins Freie. Bedingt durch den Druckabbau im Raum C gelangt die im Raum D anstehende Druckluft über die Bohrungen (j) des Ventils (k) wieder in den Raum C und von dort zur Entlüftung 3.

Beim Abkuppeln des Anhängers, oder durch Bruch der Vorratsleitung, wird der Anschluß 1 entlüftet und der Kolben (d) auf seiner Oberseite druckentlastet. Durch die Kraft der Druckfeder (e) und den am Anschluß 1-2 anstehenden Vorratsdruck wird der Kolben (d) aufwärts bewegt und das Ventil (f) schließt den Auslaß (b). Der Kolben (d) hebt bei seiner weiteren Aufwärtsbewegung von dem Ventil (f) ab und der Einlaß (g) öffnet. Die am Anschluß 1-2 anstehende Vorratsluft des Anhängers strömt über die Anschlüsse 2 in voller Höhe zu den nachgeschalteten Bremsventilen.

Wirkungsweise des Anhänger-Löseventils:

Bei Verwendung des Anhänger-Bremsventils in Verbindung mit einer automatisch-lastabhängigen Bremskraftregelung bzw. einem handverstellbaren Bremskraftregler ohne Lösestellung ermöglicht das Anhänger-Löseventil das Bewegen des Anhängers im abgekuppelten Zustand. Dazu wird der Kolben (l) von Hand über den Betätigungsknopf (m) bis zum Anschlag hineingeschoben. Der Durchgang von Anschluß 11 des Anhänger-Löseventils zum Anschluß 1 des Anhänger-Bremsventils wird dadurch versperrt und eine Verbindung zwischen Anschluß 1 des Anhänger-Bremsventils und 12 hergestellt. Der am Anschluß 12 anstehende Vorratsbehälterdruck des Anhängers strömt in den Anschluß 12 des Anhänger-Bremsventils und bewirkt dessen Umsteuern in die Fahrtstellung, wodurch die Bremszylinder entlüftet werden.

Sollte beim Wiederankuppeln des Anhängers an den Motorwagen der Kolben (l) nicht von Hand bis zum Anschlag herausgezogen worden sein, so drückt der vom Motorwagen über den Anschluß 11 kommende Vorratsdruck diesen heraus. Danach befindet sich das Löseventil wieder in der Normalstellung, in der Anschluß 11 des Löseventils und Anschluß 1 des Anhänger-Bremsventils miteinander verbunden sind.

Elektronisch geregeltes Bremssystem

Im Jahre 1996 wurde von der Firma WABCO eine neue Generation pneumatischer Bremssysteme vorgestellt, die sich grundlegend von allen bisher bekannten Systemen abhebt. Die Schaltelemente der bekannten Bremssysteme werden bei EBS elektronisch mit pneumatischer Redundanz ausgeführt (Bild 2.1.80).

Dazu ist am Betriebsbremsventil ein elektronischer Bremswertgeber (2) eingebaut, der aus dem vom Fahrer vorgegebenen Pedalweg einen Verzögerungswunsch bestimmt und an die Elektronik (1) weiterleitet. Diese steuert elektrisch die Relaisventile für die Vorderachse (3) und die Hinterachse (5). An der Vorderachse sind die ABS-Relaisventile (4) separat für beide Fahrzeugseiten aufgebaut, für die Hinterachsbremse sind sämtliche Funktionen wie ALB, ABS und EBS im sogenannten Modulator (5) vereinigt. Kombiniert mit einer elektronischen Bremse am Anhänger können durch EBS deutlich kürzere Bremswege erreicht werden, da die Schaltverzögerungen des pneumatischen Systems entfallen. Zudem können Zugfahrzeug und Anhänger besser aufeinander abgestimmt werden und so neben der Verschleißharmonie auch die Bremsenbelastung und damit die Systemsicherheit erhöht werden.[WAB98]

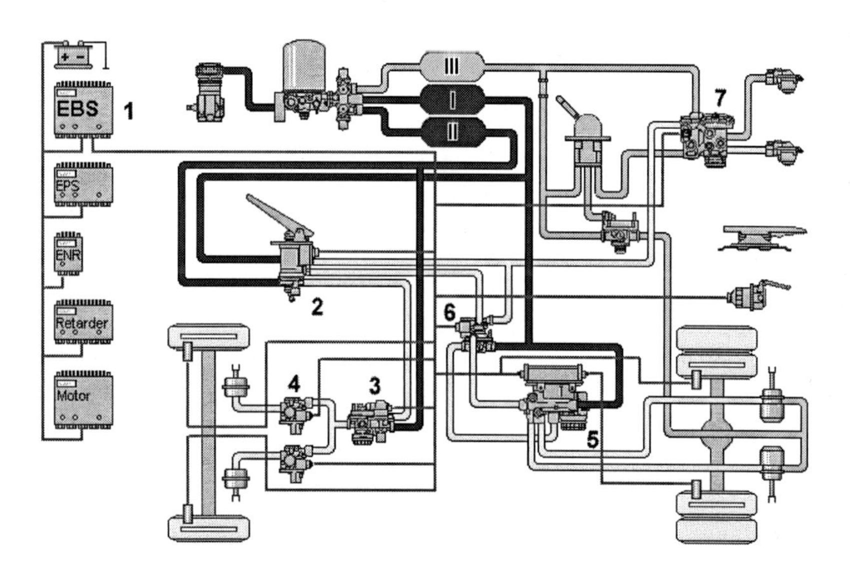

Bild 2.1.80: Schaltbild eines Elektronisch geregelten Bremssystems (EBS) für ein Zugfahrzeug (WABCO) [WAB98]

2.1.6.4 Kombinierte Druckluft-Hydraulik-Bremsanlage

In einigen Anwendungsfällen, insbesondere im Bereich der Mittelklasse der Nutzfahrzeuge (10 bis 16 t zulässiges Gesamtgewicht), werden kombinierte Druckluft-Hydraulik-Bremsanlagen eingesetzt. Dabei ist die eigentliche Bremsanlage rein hydraulisch, nur die Bremskraftunterstützung und die Ansteuerung der Anhängerbremse geschehen pneumatisch. Bei den Zugfahrzeugen wird die hydraulische Bremse verwendet, da sich durch die deutlich höhere Kraftdichte dieser Betätigungsart kleinere Ansteuerkomponenten für die Radbremsen realisieren lassen.

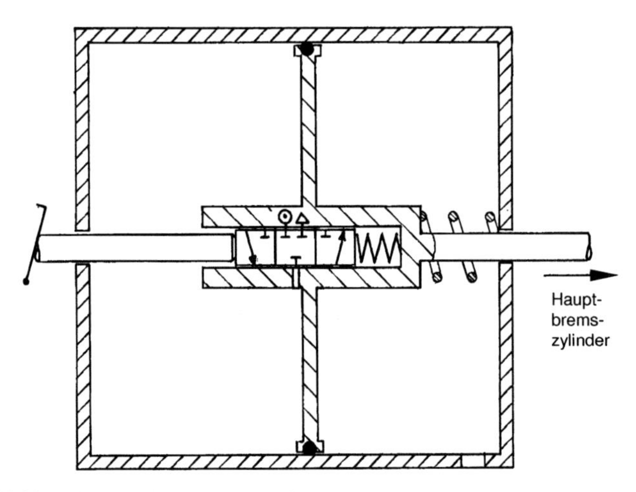

Bild 2.1.81: Pneumatischer Bremskraftverstärker

Der Aufbau der hydraulischen Bremsanlage, sowie die Drucklufterzeugung und -speicherung entspricht der Beschreibung aus den vorigen Kapiteln. Das hier zu beschreibende Bauteil ist der eigentliche Verstärker. Dabei handelt es sich um einen sogenannten „Einkreisverstärker“ (Bild 2.1.81), der die vom Fahrer aufgebrachten Betätigungskräfte überträgt und verstärkt. Die Funktionsweise entspricht der des bereits beschriebenen Linearverstärkers, wobei durch das Druckmedium Luft und die niedrigen Arbeitsdrücke ein wesentlich größerer Bauraum erforderlich ist.

2.1.6.5 Dauerbremsen

Für Lastkraftwagen mit einem zul. Gesamtgewicht von $G_{ges,zul} > 9t$ und Busse mit $G_{ges,zul} > 5.5t$ sind Dauerbremsen vorgeschrieben, die das Fahrzeug bei einem Gefälle von 7% auf einer Strecke von 6 km auf einer Geschwindigkeit von 30 km/h halten können. Diese Bremsen müssen von den Radbremsen unabhängig sein. Der Grund liegt darin, daß Radbremsen bei längerer ununterbrochener Beanspruchung aufgrund von Überhitzung eine stark nachgebende Bremswirkung aufweisen (Fading).

Retarder

Ein Beispiel für eine Dauerbremse ist der hydrodynamische Retarder (Bild 2.1.82). Retarder werden in 'inline'- oder 'offline'-Bauform angeboten. Die 'offline' eingesetzten Hochtriebretarder werden durch eine Übersetzung mit einer höheren Drehzahl als der Kardanwellendrehzahl betrieben. Dadurch können bei geringerem Bauvolumen und -gewicht höhere Bremsleistungen erreicht werden. Diese Bauform hat aufgrund des nichtlinearen Zusammenhangs zwischen Bremsmoment und Drehzahl allerdings den Nachteil des größeren Einflusses der Geschwindigkeit auf die Bremsleistung.

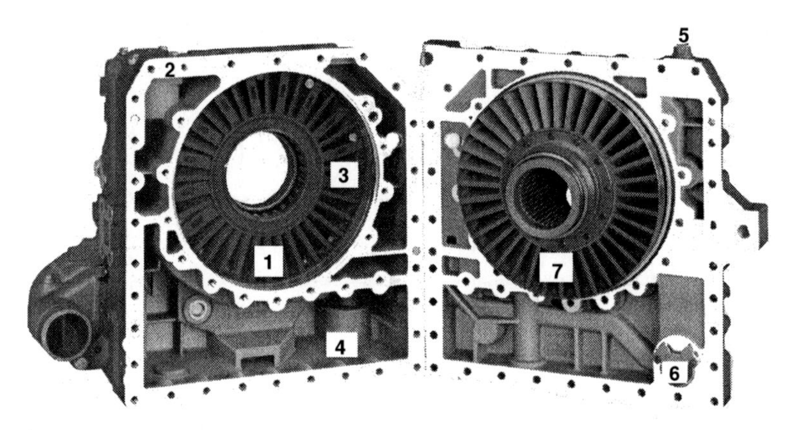

Bild 2.1.82: Hydrodynamischer Retarder (Voith R133-2 mit 4000 Nm Bremsmoment)

Die im Antriebsstrang eingesetzten Retarder für schwere Nutzfahrzeuge erreichen bei einem Aggregatgewicht von etwa 75 kg ein maximales Bremsmoment von ca. 4000 Nm.

Der Retarder arbeitet nach dem Prinzip der hydrodynamischen Kupplung, bei der das Turbinenrad fest mit dem Gehäuse gekoppelt ist.

Der Rotor (7) des Retarders ist mit dem Antriebsstrang verbunden, während der Stator (1) mit den Statorbolzen (3) fest montiert ist. Die Bremswirkung tritt ein, wenn das Retardergehäuse ganz oder teilweise aus dem Ölsumpf (4) mit Öl gefüllt wird. Der durch das Pumpenrad in Bewegung gesetzte Ölstrom prallt auf die stillstehenden Statorschaufeln und die kinetische Energie wird als Stoßenergie in Wärme umgesetzt. Die entstehende Wärme wird durch einen großdimensionierten Ölkühler an die Umgebung abgeführt. Die Regelung des Bremsmomentes erfolgt über den Ölfüllungsgrad des Retarders. Im abgeschalteten Zustand gewährleisten sogenannte Kurzschlußkanäle, daß die Luft im Retarderraum ungehindert zirkulieren kann und die Bremswirkung aufgehoben wird.

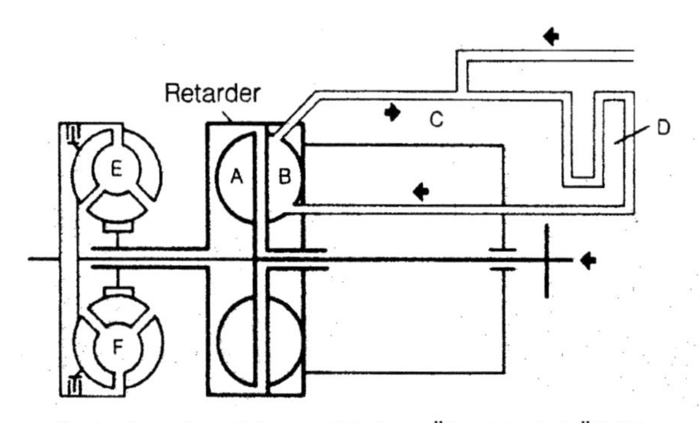

A Pumpenwelle des Retarders; B Stator; C äußerer Ölkreislauf; D Ölkühler; E Drehmomentwandler; F Antrieb auf Räder

Bild 2.1.83: Wirkprinzip des Retarders

In Bild 2.1.84 ist das relative Bremsmoment in Abhängigkeit von der Retarderdrehzahl dargestellt. Man erkennt ein mit der Drehzahl zunehmendes Bremsmoment, das zusätzlich vom Füllgrad des Retarders abhängig ist.

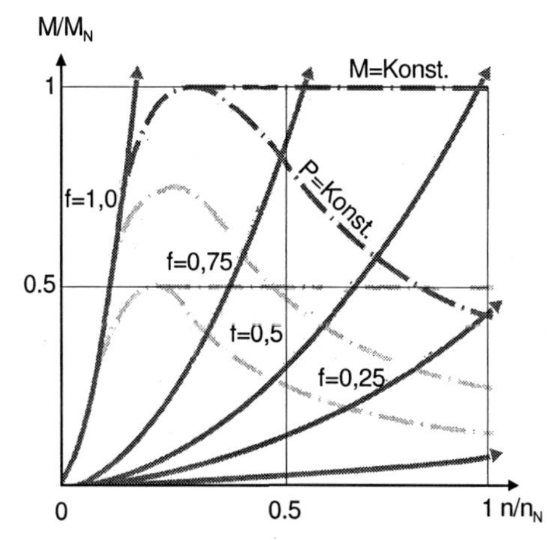

Bild 2.1.84: Bremsmoment als Funktion der Drehzahl für unterschiedliche Füllungsgrade f (Voith)

Zur Kühlung kann die anfallende Wärme des Retarderöls durch einen am Gerät angebrachten Wärmetauscher mit dem Motorkühlwasser getauscht werden. Das Kühlsystem des Fahrzeugs muß daher auf den Retarder abgestimmt sein, da nur begrenzte Temperaturgefälle im Kühlwasserkreislauf erlaubt sind. Das physikalische Leistungsvermögen des Retarders wird durch die Kapazität des Fahrzeugkühlsystems bestimmt.

Motorbremse

Von der Mannesmann-Rexroth GmbH ist in Zusammenarbeit mit der Mercedes-Benz AG eine Dauerbremse entwickelt worden, die in MB-Nutzfahrzeugen eingesetzt wird und als Dauerbremse mit hoher Bremsleistung wirkt. Diese sogenannte Dekompressionsventil-Motorbremse (DVB) öffnet ein zusätzliches getaktetes Ventil im Zylinderkopf, das den Kompressionsdruck in den Abgastrakt entläßt. Die Motorbremsleistung ergibt sich im p-V-Diagramm durch den Differenzdruck zwischen aufwärtsbewegendem Kolben beim Kompressionstakt und anschließend abwärts bewegendem Kolben bei geöffnetem Dekompressionsventil.

Das Hydrauliksystem ist in Bild 2.1.85 dargestellt.

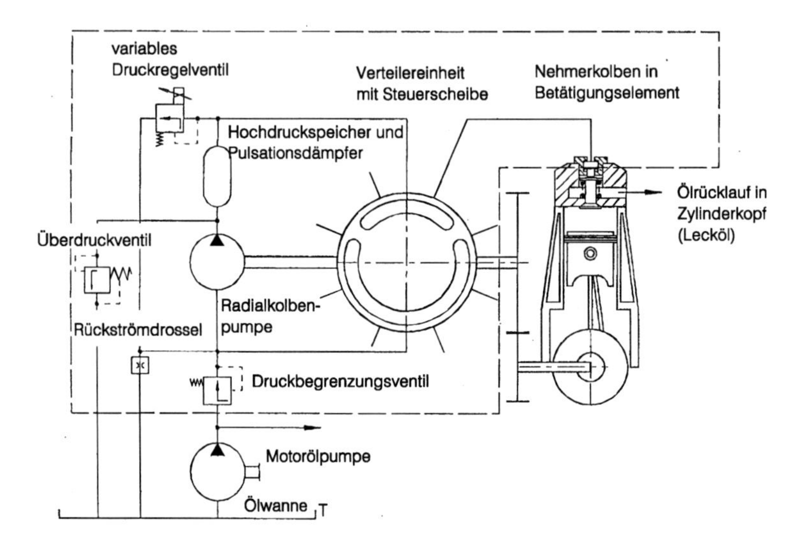

Bild 2.1.85: Schematische Darstellung des Hydrauliksystems des DVB [FLE95]

Die Ölversorgung erfolgt aus dem Hauptölkreislauf des Motors, wobei über ein Druckbegrenzungsventil der Speisedruck im DVB-System auf 1.5 bar begrenzt wird. Dadurch werden Druckspitzen im Hydrauliksystem zum Beispiel nach einem Motorkaltstart vermieden [FLE95]. Der Antrieb erfolgt durch den Steuerrädersatz des Motors, die Hydraulikeinheit läuft mit Nockenwellen- beziehungsweise Einspritzpumpendrehzahl.

Der Pumpenhochdruck wird mit einer Radialkolbenpumpe erzeugt, der maximale Druck wird durch ein einstellbares Druckregelventil begrenzt. Im Pumpengehäuse ist ein kleiner Druckspeicher integriert, der zusätzlich auch die Funktion eines Pulsationsdämpfers übernimmt.

Die kurbelwinkelrichtige und zylinderselektive Ansteuerung der einzelnen Betätigungselemente erfolgt in einer Verteilereinheit mit einer umlaufenden Steuerscheibe mit Druck- und Entlastungsnut. Sie überstreicht die im Pumpengehäuse gebohrten Abgänge zu den einzelnen Zylindern. Bild 2.1.86 zeigt den Längsschnitt der Hydraulikeinheit. Die Steuerscheibe wird von einer hochdruckbeaufschlagten Andruckscheibe gegen das Gehäuse gedrückt. Damit ist eine verschleißunabhängige Abdichtung zwischen Steuerscheibe und Gehäuse gewährleistet.

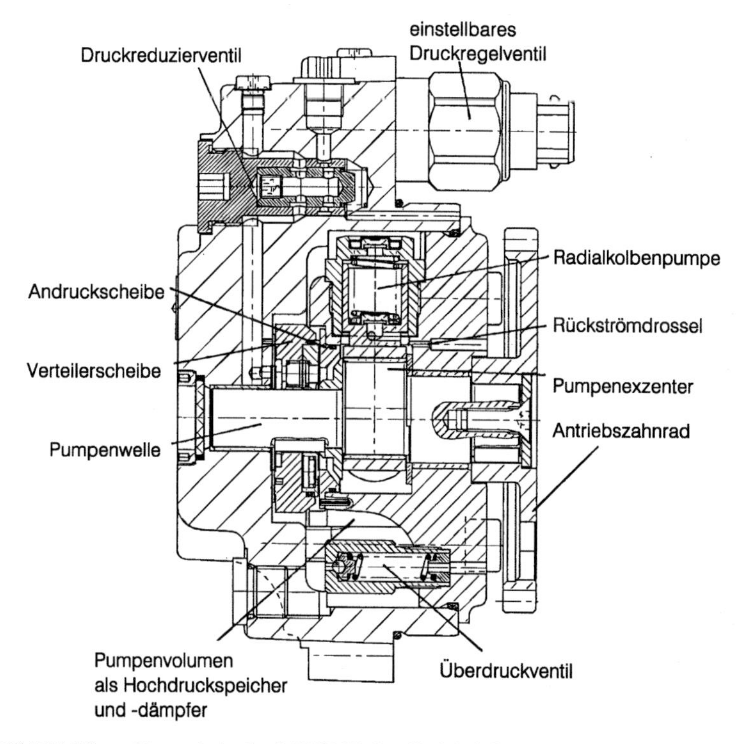

Bild 2.1.86: Längsschnitt durch DVB-Hydraulikeinheit [FLE95]

Das Eintreffen einer Druckwelle am Betätigungselement öffnet das Dekompressionsventil innerhalb von 2 ms. Wenn die Steuerscheibe die Entlastungsnut erreicht, wird der auf das Betätigungselement und die Ölsäule in der Leitung wirkende Öldruck wieder in den Pumpenraum abgebaut. Damit schließt das Dekompressionsventil innerhalb von 8 bis 10 ms [FLE95]. Bild 2.1.87 zeigt den Verlauf des Hubs des

Dekompressionsventils zusammen mit den Hubverläufen der Gaswechselventile über dem Kurbelwinkel.

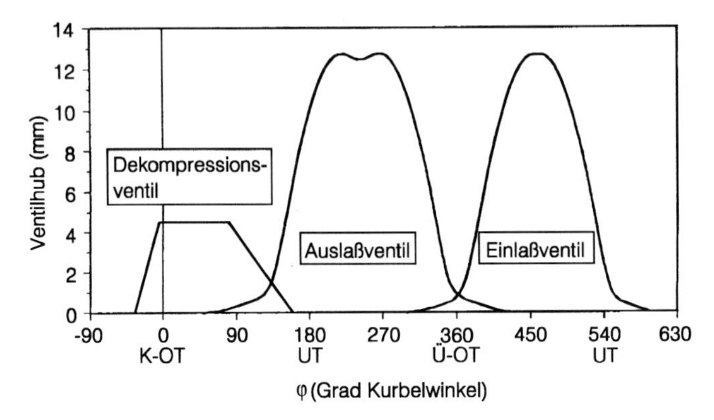

Bild 2.1.87: Verläufe der Ventilhübe [FLE95]

In Bild 2.1.88 ist der rechnerische Talfahrtvergleich eines 40-t-Lkw mit Achtzylinder-V-Motor mit DVB im Vergleich zu einem Fahrzeug mit Retarder dargestellt.

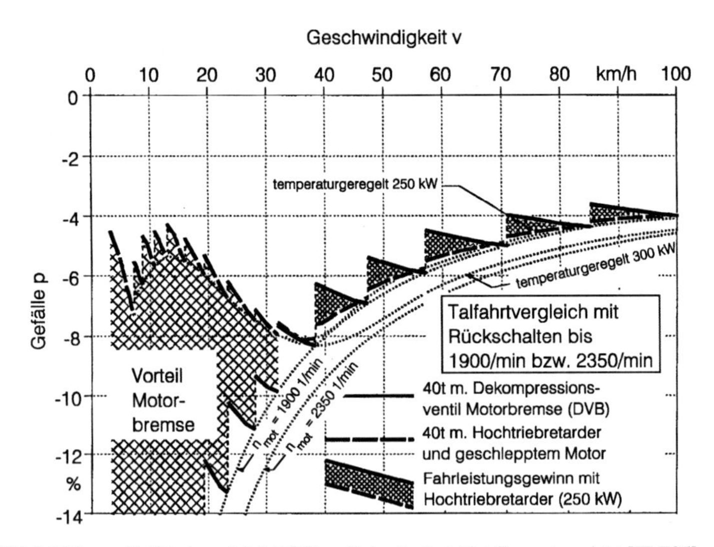

Bild 2.1.88: Talfahrtvergleich DVB zu Retarder bei 40 t Gesamtgewicht [FLE95]

Die Roll- und Luftwiderstandsbeiwerte des Fahrzeugs sind in den Berechnungen integriert. Man sieht, daß auch im oberen Geschwindigkeitsbereich die mögliche Dauerbremsleistung eines Retarders mit Temperaturbegrenzung (in der Regel zirka 250 bis 300 kW) erreicht wird, wenn bis etwa 1900 min^{-1} beziehungsweise 2350 min^{-1} zurückgeschaltet wird. Im unteren Geschwindigkeitsbereich können durch Schalten eines geeigneten Getriebegangs weit größere Gefälle als mit einem mit starrer Übersetzung zur Gelenkwelle angetriebenen Retarder ohne Betätigung der Betriebsbremse befahren werden.

2.1.6.6 Regelsysteme mit Bremseneingriff

Eine der wichtigsten sicherheitstechnischen Neuerungen auf dem Gebiet der Fahrzeugbremsen war in den letzten Jahren die Einführung von Automatischen-Blockier-Verhinderern. Dabei handelt es sich um Vorrichtungen, die bei extremen Bremsungen bzw. bei glatten Fahrbahnen das Blockieren der Räder verhindern sollen, damit die Lenkbarkeit des Fahrzeugs auch in solchen Situationen erhalten bleibt. Aus diesen Gründen leisten automatische Blockierverhinderer einen wichtigen Beitrag zur aktiven Sicherheit im Straßenverkehr.

Prinzipiell ist der Ablauf eines Regelzyklus für alle über die Raddrehverzögerung gesteuerten automatischen Blockierverhinderer gleich. Der vom Fahrer zu hoch eingestellte Bremsdruck wird so eingeregelt, daß sich die Raddrehverzögerung so einstellt, daß der noch verfügbare Kraftschluß zwischen Reifen und Fahrbahn möglichst maximal ausgenutzt wird. Die Methoden, eine möglichst sichere, von äußeren Störgrößen unabhängige Einhaltung der für eine optimale Bremsung erforderlichen Grenzen zu realisieren, sind je nach ABV-Typ unterschiedlich.

Als Beispiel soll hier der Ablauf des Regelvorgangs einer ABS-Regelung (Anti-Blockier-System) unter Verwendung der Regelgrößen Raddrehverzögerung und relativer Schlupf betrachtet werden, wie er in Bild 2.1.89 dargestellt ist.

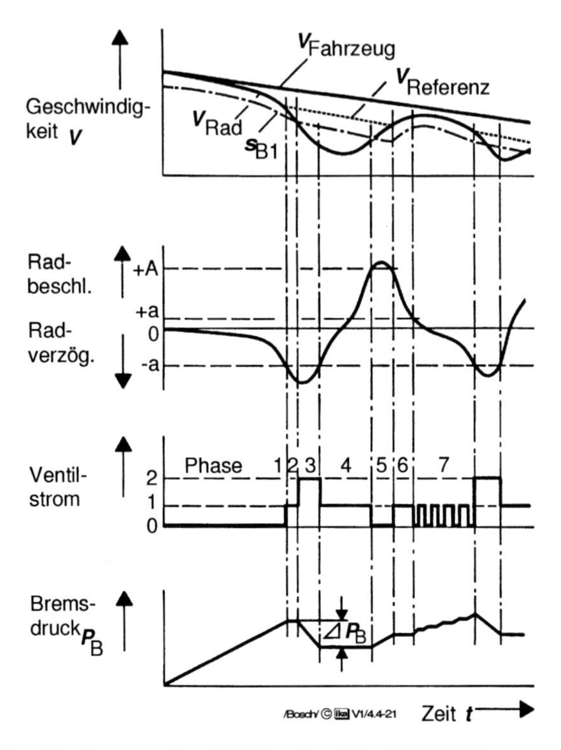

Bild 2.1.89: Regelvorgang einer ABS-Regelung (Bosch) [Wal95]

Aufgrund einer Erhöhung des Bremsdrucks durch den Fahrer sinkt die Radumfangsgeschwindigkeit stärker als die Fahrzeuggeschwindigkeit. Überschreitet die Radverzögerung die für das Erreichen des maximalen Kraftschlusses charakteristische Schwelle ('-a' in Bild 2.1.89), wird der Bremsdruck auf dem aktuellen Wert gehalten. Unterschreitet nun die Radgeschwindigkeit die Schlupfschaltschwelle S_{B1}, wird der Bremsdruck gesenkt, bis die '-a'-Schwelle wieder erreicht wird. Übersteigt die Radbeschleunigung in dieser Phase konstanten Bremsdrucks die obere Beschleunigungsgrenze ('+A'), wird der Bremsdruck wieder erhöht. Zwischen dem '+A'- und '+a'-Beschleunigungssignal wird der Bremsdruck gehalten, danach langsam gesteigert, bis erneut die '-a'-Radverzögerung erreicht ist. Hier beginnt ein neuer Regelzyklus, diesmal jedoch unmittelbar durch Druckabbau eingeleitet.

Die Druckhaltephase zu Beginn des Regelvorgangs dient der Filterung eventueller Störungen durch Änderung der äußeren Bedingungen. Da bei großen Radträgheitsmomenten, kleinem Kraftschlußbeiwert und langsamem Druckanstieg im Radbremszylinder schon bei vorsichtigem Anbremsen das Rad blockieren kann, ohne daß die Radverzögerungsschwelle '-a' erreicht wurde, zieht man als zweite Regelgröße des ABS den relativen Schlupf hinzu: das Erreichen eines bestimmten Schlupfwerts ruft ebenfalls eine Bremsdruckminderung hervor.

Regelungsstrategien

Bei der Regelung der Bremskraft an den Rädern einer Achse durch automatische Blockierverhinderer werden zur Zeit drei verschiedene Regelungsstrategien angewendet:

- Einzelrad-Regelung
- select-low-Regelung
- select-high-Regelung

- Einzelrad-Regelung

Soll die maximal mögliche Abbremsung eines Fahrzeugs verwirklicht werden, so muß jedes Rad den maximal möglichen Kraftschluß ausnutzen. Dies gelingt mit Hilfe einer Einzelrad- oder Individualregelung, bei der jedes Rad über einen Sensor für die Regelgröße sowie einen eigenen Bremsdruckkanal verfügt. Die Bremskraft wird so für jedes Rad unabhängig vom Verhalten der übrigen Fahrzeugräder separat gesteuert.

Dem Vorteil maximalen Bremsvermögens steht ein bei einseitig glatter Fahrbahn (μ-Split) aufgrund stark unterschiedlicher Bremskräfte hohes Giermoment entgegen. Damit scheidet diese Regelung für die praktische Anwendung aus.

- **select-low Regelung**

Bei der select-low-Regelung wird der Bremsdruck beider Räder einer Achse gemeinsam geregelt. Die Höhe des Bremsdrucks bestimmt dabei das Rad mit dem niedrigeren Kraftschluß, dies kann mit Hilfe eines Sensors an jedem Rad oder eines gemeinsamen Sensors am Achsantriebsritzel erfolgen.

Mit der select-low-Regelung wird der Kraftschluß des auf der griffigen Oberfläche rollenden Rades zwar nicht voll genutzt, es bleibt so jedoch eine hohe Seitenführungskraft erhalten. Giermomente treten nicht auf, da an beiden Rädern annähernd gleiche Bremskräfte wirken. Aus Stabilitätsgründen und da die Hinterachsbremskräfte infolge der Radlastverlagerung ohnehin geringer sind, werden select-low-Regelungen für die Hinterachse angewendet.

- **select-high-Regelung**

Bei der select-high-Regelung bestimmt das Rad mit dem höheren Kraftschluß den gemeinsamen Bremsdruck der beiden Räder einer Achse. Hierzu ist ein Sensor pro Rad erforderlich. Die erzielbare Abbremsung ist höher als bei select-low-geregelter Achse. Das Rad mit dem geringeren Kraftschluß kann jedoch blockieren, was zum Verlust der Seitenführungskraft führt. Die dann ungleichen auf die Fahrbahn übertragenen Kräfte erzeugen ein Giermoment. Um das Blockieren eines Vorderrades zu vermeiden und damit das mögliche Seitenführungspotential auszuschöpfen, werden deshalb an der Vorderachse üblicherweise individuelle Einzelradregelungen vorgesehen.

Mit diesen Regelungsprinzipien für die Räder einer Achse ergeben sich für ein zweiachsiges Fahrzeug zahlreiche Kombinationsmöglichkeiten. Bild 2.1.90 zeigt einige Varianten mit unterschiedlicher Anzahl von Drehzahlaufnehmern (Sensoren) und Druckregelkanälen.

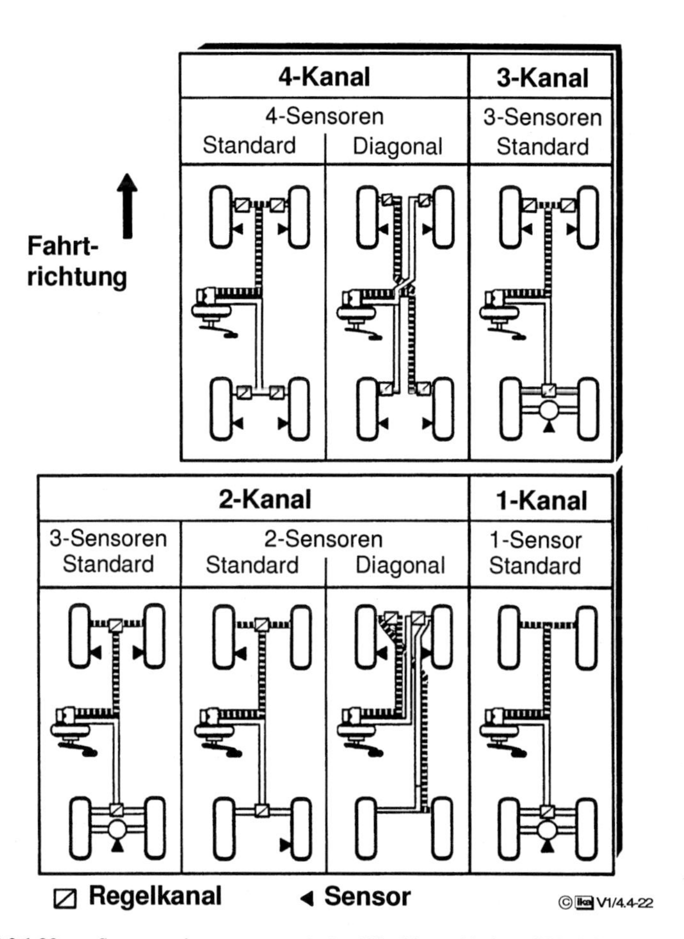

Bild 2.1.90: Systemvarianten automatischer Blockierverhinderer [Wal95]

Die Einzelradregelung an beiden Achsen erfordert in jedem Fall vier Sensoren und 4 Regelkanäle. Automatische Blockierverhinderer mit individuell oder select-high-geregelten Vorderrädern und select-low-geregelter Hinterachse benötigen bei diagonaler Bremskreisaufteilung ebenfalls 4 Kanäle und Sensoren, bei Standardaufteilung jedoch nur jeweils drei.

Die 2-Kanal-Variante mit 3 Sensoren wird üblicherweise nach der select-high-Methode geregelt. Lenkbarkeit und Fahrstabilität sind bei für beide Radspuren unterschiedlichem Kraftschluß nicht gewährleistet. Bei diagonaler Bremskreisaufteilung mit 2 Kanälen und 2 Sensoren wird der Bremsdruck eines Hinterrads von dem angesteuerten Druck des diagonal gegenüberliegenden, einzeln geregelten Vorderrades bestimmt. Auch bei diesem System sind Lenkbarkeit und Fahrstabilität nicht gesichert. 1-Kanal-Regelungen gewährleisten nur auf symmetrischen Fahrbahnoberflächen Fahrstabilität, Lenkbarkeit ist nicht sichergestellt. Die Bremswege sind vergleichsweise lang. Damit fällt die 1-Kanal-Regelung aus der Gruppe der praxistauglichen Geräte heraus.

Ausgeführte Beispiele

Ausgeführte automatische Blockierverhinderer (ABV) lassen sich einteilen in

- mechanische Systeme.
- elektronische Systeme

Mechanische Systeme wurden zu Beginn der 'ABV-Ära' entwickelt. Aufgrund ihrer mangelhaften Flexibilität konnten sie sich jedoch nicht etablierten.

Elektronische Systeme

Elektronisch gesteuerte automatische Blockierverhinderer bestehen grundsätzlich aus drei Baugruppen, wie der Darstellung des Regelkreises in Bild 2.1.91 zu entnehmen ist:

- den Sensoren (1) zur Erfassung der Regelgröße,
- der elektronischen Steuereinheit (2), die die Signale der Sensoren verarbeitet,
- der hydraulischen Steuereinheit (3), die die Befehle der elektronischen Steuereinheit über Magnetventile in Druckänderungen an den Radbremsen umsetzt.

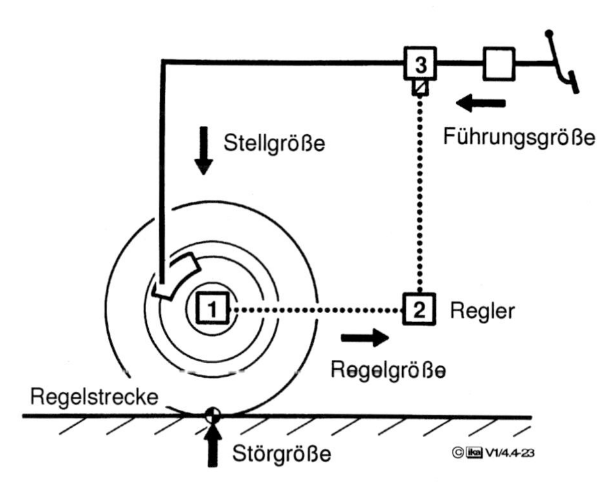

Bild 2.1.91: Regelkreis eines elektronischen ABV [Wal95]

Wegen der hohen Sicherheitsanforderungen an ein Bremssystem ist die elektronische Steuereinheit als redundantes System auszulegen. Dieses aus zwei identischen Mikroprozessoren bestehende System erkennt durch Vergleich von Kontrollsignalen die Fehlfunktion eines Mikroprozessors.

Das **Anti-Blockier-System (ABS, Bosch)** arbeitet mit individueller Vorderradregelung und select-low-geregelter Hinterachse. Das Hydraulikschema der Version ABS-2 ist in Bild 2.1.92 gezeigt. Das System wird als zusätzliches Bauelement in die Bremsanlage eingebaut. Je nach Bremskreisaufteilung werden drei oder vier Bremsventile und Sensoren verwendet. Die 3-Kanal-Regelung verfügt zwecks Aufwandreduzierung über einen gemeinsamen Sensor für die Hinterräder am Differential. Bei den Sensoren handelt es sich um Drehzahlfühler, der Rechner bildet aus der Raddrehzahl die Drehverzögerung sowie, als zweite Regelgröße, den relativen Schlupf. Aus beiden Regelgrößen ergeben sich die Steuerbefehle an die Magnetventile. In der ABS-2-Generation weisen diese Ventile drei mögliche Stellungen auf: Normal-, Druckhalte- und Druckabbaustellung (Bild 2.1.93).

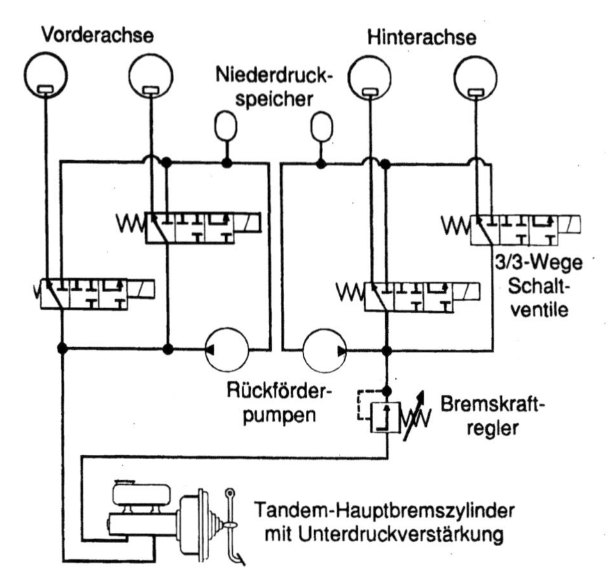

Bild 2.1.92: Hydraulikschaltplan des Bosch ABS-2 [Bur92]

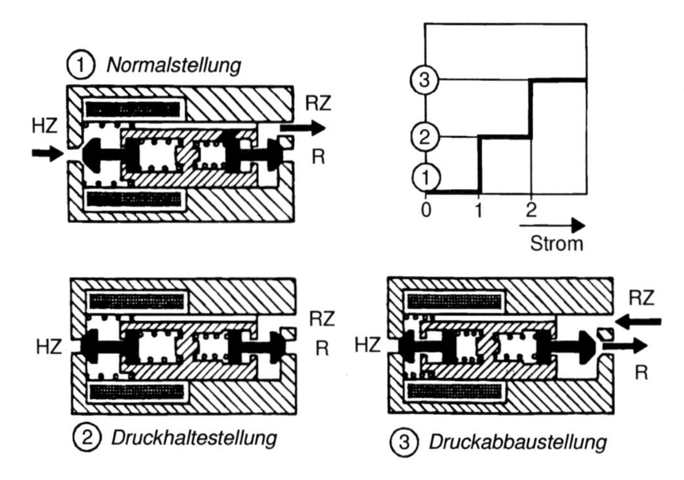

Bild 2.1.93: Funktion des ABS-3/3-Magnetventils (Bosch ABS-2) [Wal95]

Nach jedem Stillstand werden die elektronische Steuereinheit und die elektronischen Teile der Steuerhydraulik durch einen Selbsttest auf einwandfreie Funktion hin überprüft. Bei Defekten schaltet sich das

ABS ab, die Normal-Bremsanlage bleibt voll funktionsfähig, eine Warnleuchte signalisiert dem Fahrer den Ausfall des ABS.

Das neue Bosch ABS-5-System ersetzt die relativ aufwendigen 3/3-Wege-Ventile jeweils durch zwei 2/2-Wege-Ventile, die Kostenvorteile einbringen. Das Hydraulikschema einer ABS-5-Anlage ist in Bild 2.1.94 dargestellt.

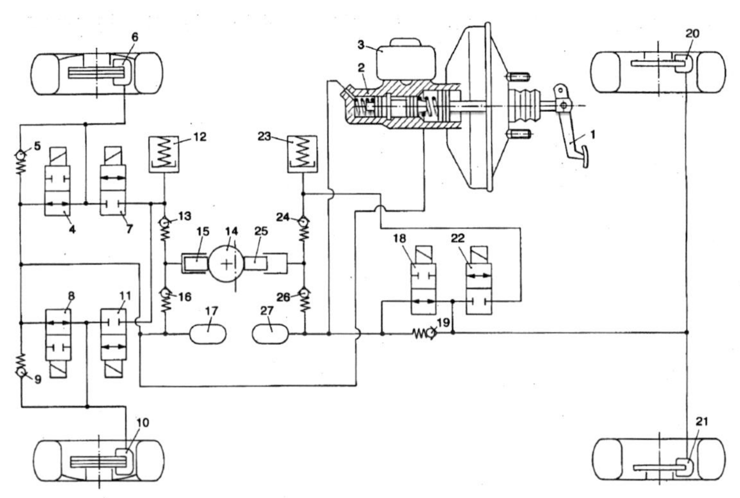

1 Bremspedal; 2 Stufen-Hauptbremszylinder; 3 Nachfüllbehälter; 4 Einlaßventil v.r.; 5 Rückschlagventil; 6 Radbremszylinder v.r. ;7 Auslaßventil v.r.; 8 Einlaßventil v.l.;9 Rückschlagventil; 10 Radbremszylinder v.l.; 11 Auslaßventil v.l.; 12 Niederdruckspeicher Vorderachskreis; 13 Pumpenrückschlagventil; 14 Exzenter der Rückförderpumpe; 15 Pumpenkolben Vorderachskreis; 16 Pumpenrückschlagventil; 17 Dämpferkammer Vorderachse; 18 Einlaßventil Hinterachse; 19 Rückschlagventil; 20 Radbremszylinder h.r.; 21 Radbremszylinder h.l.; 22 Auslaßventil Hinterachse; 23 Niederdruckspeicher; 24 Pumpenrückschlagventil; 25 Pumpenkolben Hinterachskreis; 26 Pumpenrückschlagventil; 27 Dämpferkammer Hinterachskreis

Bild 2.1.94: Hydraulikschaltplan des Bosch ABS-5 [Bur92]

Ein Vergleich der Ventilsysteme des ABS-2 und des ABS-5 ist in Bild 2.1.95 gezeigt:

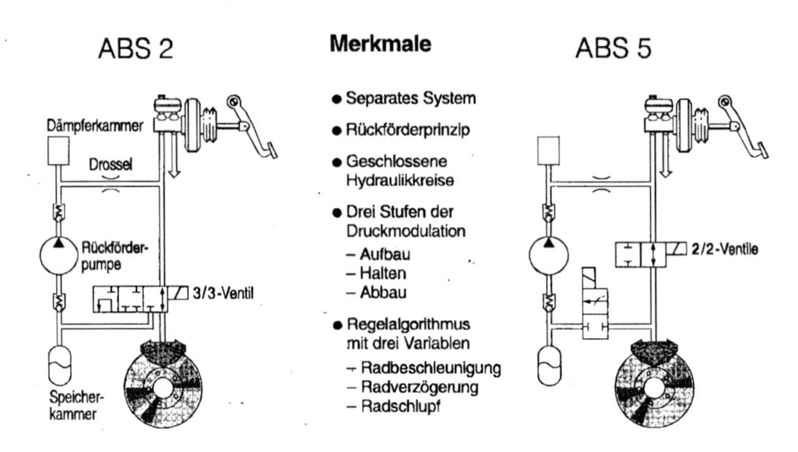

Bild 2.1.95: Merkmale der Bosch Antiblockiersysteme ABS-2 und ABS-5

Im Gegensatz zum "Add-on"-System von Bosch handelt es sich beim **Teves-ABS Mk 2** um eine integrierte Anlage, bei der Bremsbetätigung, Bremskraftverstärkung und die Antiblockierregelfunktion zu einem kompakten Hydraulik-Aggregat zusammengefügt sind. Im Vergleich zu früheren "Add-on"-Systemen brachte die integrierte Anlage Platzvorteile, wenn bereits bei der Konstruktion auf den Einbau des Gerätes Rücksicht genommen wurde. Wird das System jedoch mit einem neuen Leichtbau-Kompakt-Bremsgerät verglichen, schneidet es beträchtlich schlechter ab. Ein Vorteil gegenüber einem ausgeklügelten "Add-on"-System ist dann nicht mehr zu erkennen [BUR92]. Aus dieser Sicht ist das integrierte System vom Markt verdrängt worden.

Die Firma Teves hat ebenfalls ein "Add-on"-System entwickelt, das **Teves-ABS Mk 4 G**, das infolge seines modularen Aufbaus an die verschiedensten Wünsche der Fahrzeughersteller angepaßt werden kann. Es verdankt seine Entstehung der Erkenntnis, daß eine komplette Bremsanlage damit etwa 30% kostengünstiger herzustellen ist als eine integrierte Anlage (z.B. Mk 2) derselben Leistungsfähigkeit [Bur92]. Die hydraulische Verschaltung der Ventile entspricht der Bosch-Lösung. Die Regelung erfolgt nach der Radverzögerung und dem relativen Schlupf. Auch bei diesem System werden die Vorderräder individuell, die Räder der Hinterachse nach dem select-low-Prinzip geregelt.

Das **Lucas-Girling-ABS 4/4-F**, das z.B. in Fahrzeugen der Hersteller Mazda, Toyota und Mitsubishi eingesetzt wird, stellt eine besonders interessante Lösung dar. Es basiert auf dem in Bild 2.1.96 dargestellten Flow-Ventil. Dadurch wird - zusammen mit der Integration des elektronischen Steuergeräts - eine sehr kompakte Bauweise ermöglicht [Bur92]. Grundlage der Konstruktion ist ein Ventil, in dem Magnet- und Flow-Ventil zu einem Ventil zusammengesetzt sind. Die komplette Anlage besitzt somit nur noch vier Magnetventile (statt sonst acht) mit den zugehörigen Kabeln und Ausgangsstufen des elektronischen Steuergeräts; dies führt zu einer beachtlichen Reduzierung der Kosten.

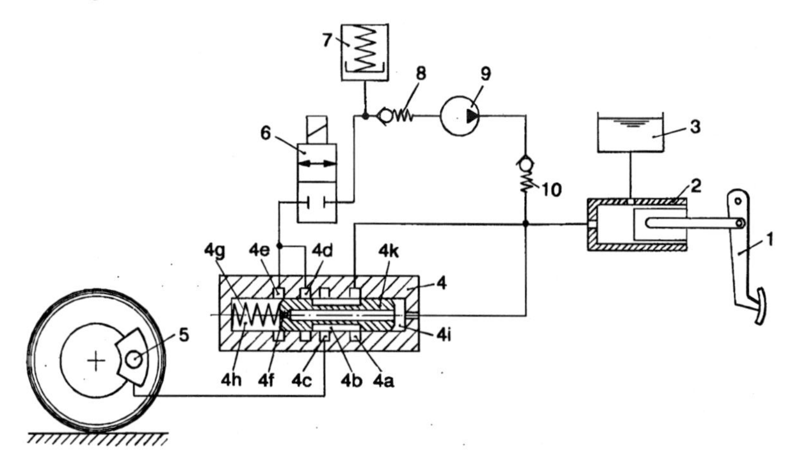

1 Bremspedal; 2 Hauptbremszylinder; 3 Nachfüllbehälter; 4 Flow-Ventil; 4a Einlaß-Ringkanal; 4b Kolbenabsatz; 4c Ringkanal; 4d Ringkanal; 4e Ringkanal; 4f Drossel; 4g Feder; 4h Kammer; 4i Kammer; 4k Kolben; 5 Bremssattel; 6 Auslaßventil; 7 Niederdruckspeicher; 8 Rückschlagventil; 9 Rückförderpumpe; 10 Rückschlagventil

Bild 2.1.96: Geschlossener Kreislauf mit Niederdruckspeicher und Flow-Ventil (Lucas-Girling) [Bur92]

Die Ausführung arbeitet folgendermaßen [Bur92]:
Der Bremsdruck wird in üblicher Weise im Hauptbremszylinder durch Betätigung des Bremspedals erzeugt und dem Flow-Ventil 4 zugeführt. Durch den Ringkanal 4a, den Kolbenabsatz 4b und den Ringka-

nal 4c gelangt er in den Bremssattel 5. Den Auslaß steuert das Auslaßventil 6, das im Bedarfsfall das Ventil 4 mit dem Niederdruckspeicher 7 verbindet. Über das Rückschlagventil 8 gelangt die abgelassene Flüssigkeit in die Rückförderpumpe 9, die sie durch das Rückschlagventil 10 in den Bremskreis drückt.
Stellt die Regelung die Notwendigkeit eines Druckabbaus fest, öffnet das Magnetventil 6. Dadurch sinkt der Druck im Ringkanal 4e ab. Da in der Kammer 4i noch der volle Bremsdruck herrscht, wird infolge der durch die Drossel 4f hervorgerufenen Druckdifferenz der Kolben 4k entgegen der Kraft der Feder 4g nach links gedrückt. Er schließt die Ringkanäle 4e sowie 4a und verbindet 4c mit 4d über den Kolbenabsatz 4b.
Als Folge davon wird der Bremssattel 5 vom Hauptbremszylinder 2 getrennt und mit dem Ventil 6 bzw. dem Niederdruckspeicher 7 verbunden. Dadurch sinkt der Bremsdruck rasch. Soll dieser wieder aufgebaut werden, schließt das Ventil 6, und die Pumpe 9 arbeitet. Sie fördert die abgelassene Flüssigkeit zwischen Hauptbremszylinder 2 und Ventil 4 zurück. Weil der Abfluß durch Kanal 4e gesperrt ist, kann sich der Druck zwischen den Räumen 4i und 4g durch die Drossel 4f ausgleichen. Die Feder 4g schiebt den Kolben 4k langsam nach rechts. Dadurch wird die Verbindung zwischen den Kanälen 4a und 4c geöffnet, und der Normalzustand stellt sich wieder ein. Die Rückförderpumpe sollte sich abschalten, sobald der Speicher 7 leer ist. Da das System nur die Stellungen Druckaufbau und Druckabbau aufweist und eine Druckhaltephase fehlt, ist die Regelgüte zwangsläufig etwas schlechter als bei den aufgezeigten Systemen mit drei Phasen. Außerdem ist die richtige gegenseitige Abstimmung von Drossel 4f und Feder 4g schwierig. Deshalb ist zu erwarten, daß eine Anwendung hauptsächlich in kostengünstigen Fahrzeugen mit reduzierten Komfortansprüchen an die Regelung erfolgt.

Druckluft ABS

Als Beispiel eines ABV-Systems für schwere Nutzfahrzeuge und Omnibusse soll das WABCO ABS-System dienen. In Bild 2.1.97 ist eine 4-Kanal ABS/ASR-Anlage gezeigt, deren Standardkomponenten für alle druckluftgebremsten Omnibusse und Nutzkraftwagen verwendet werden können.

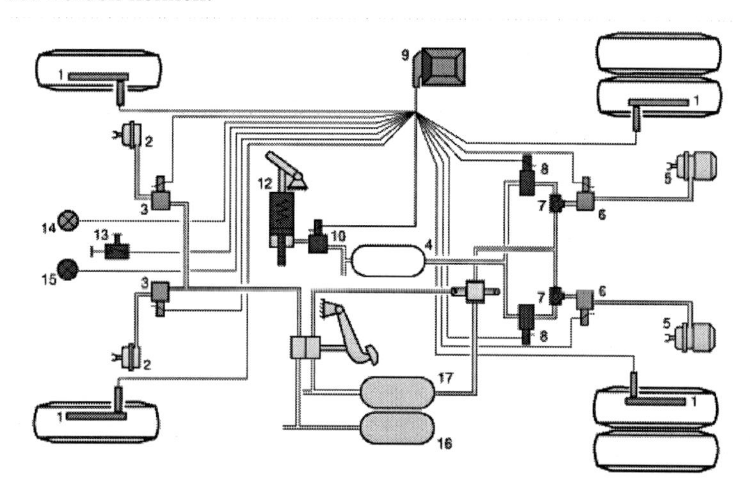

1 Polrad und Sensor; 2 Membranzylinder (Vorderachse); 3 ABS-Magnetregelventil; 4 Luftbehälter; 5 Tristop-Zylinder (Hinterachse); 6 ABS-Magnetregelventil; 7 Zweiwegeventil; 8 Differentialbremsventil; 9 Elektronik; 10 Proportionalventil; 12 ASR-Stellzylinder; 13 ABS-Funktionsschalter; 14 ABS-Funktionslampe; 15 ASR-Funktionslampe

Bild 2.1.97: 4-Kanal ABS/ASR (WABCO C-Version) [WAB98]

Die Räder verfügen über Radsensoren, deren Signale in der zentralen Steuereinheit verarbeitet werden. In die Bremsleitungen zwischen dem Betriebsbremsventil und den Radbremsbetätigungseinheiten sind Magnetventile angeordnet, die eine Entspannung des Bremsdrucks zur Umgebung hin ermöglichen. Dies ist einer der Vorteile des pneumatischen ABV, hier braucht keine Rückförderung vorgesehen zu werden, da es sich bei dem Druckmedium um Luft handelt, die an jeder beliebigen Stelle in die Umwelt entlassen werden darf. Auch die Nachförderung zum Wiederaufbau des Bremsdrucks stellt keine Schwierigkeiten dar, da die in einem vorherigen Kapitel beschriebene Druckluftbremsanlage ja über großvolumige Druckluftspeicher verfügt.

Das in Bild 2.1.97 gezeigte 4-Kanal-System regelt die Bremskräfte an den Hinterrädern zweiachsiger Kraftfahrzeuge nach dem Prinzip der sogenannten Individual-Regelung (IR) völlig unabhängig voneinander. Die Bremskräfte der Vorderräder werden nach dem Prinzip der sogenannten Modifizierten Individual-Regelung (MIR) geregelt. Die Regelkanäle der MIR-geregelten Vorderräder tauschen innerhalb der Elektronik Informationen über den Bewegungszustand ihrer Räder aus. Tritt beispielsweise auf einer Fahrbahn mit einseitig geringerem Kraftschluß die Regelung an einem Vorderrad (low-Rad) in Funktion, steuert der zweite Vorderrad-Kanal den Bremsdruck des anderen Rades (high-Rad) so, daß Druckdifferenzen nur langsam in kleinen Stufen bis zu einem begrenzten Maximalwert aufgebaut werden (Bild 2.1.98).

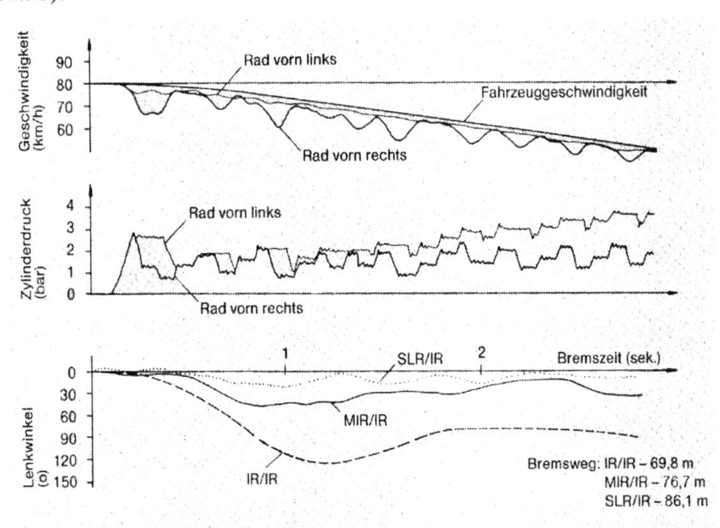

Bild 2.1.98: Oben und Mitte: ABS-Regelverlauf MIR/IR unter y-Split-Bedingungen, links Beton naß - rechts Blaubasalt naß, 2-Achs-Bus
Unten: Lenkkorrektur bei verschiedenen Regelkonzepten [WAB98]

Dieses Prinzip bildet bei allen möglichen Fahrbahnbedingungen sowohl für Omnibusse als auch für Lastkraftwagen und sogar allein fahrende Sattelzugfahrzeuge den - bezüglich Stabilität, Lenkanforderung und Bremsweg - optimalen Kompromiß zwischen der reinen Individual-Regelung an allen Rädern und dem Mischsystem mit sogenannter Select-Low-Regelung der Vorderräder. Bei der Anlage können verschiedene MIR-Formen -d.h. MIR-Schärfegrade- am Ende der Elektronik-Fertigung bzw. im Fahrzeugwerk parametriert werden, so daß der Fahrzeughersteller trotz Verwendung einer Einheitselektronik für verschiedene Fahrzeugtypen und Einsatzfälle unterschiedliche MIR-Formen darstellen kann.

Bild 2.1.99 zeigt ein Magnetregelventil für die in Bild 2.1.97 vorgestellte Anlage (vgl. a. Kapitel 'Druckluftbremse'). Das Ventil hat die Aufgabe, während eines Bremsvorganges in Abhängigkeit von den Regelsignalen der Elektronik in Millisekunden den Druck in den Bremszylindern zu erhöhen, zu senken oder zu halten.

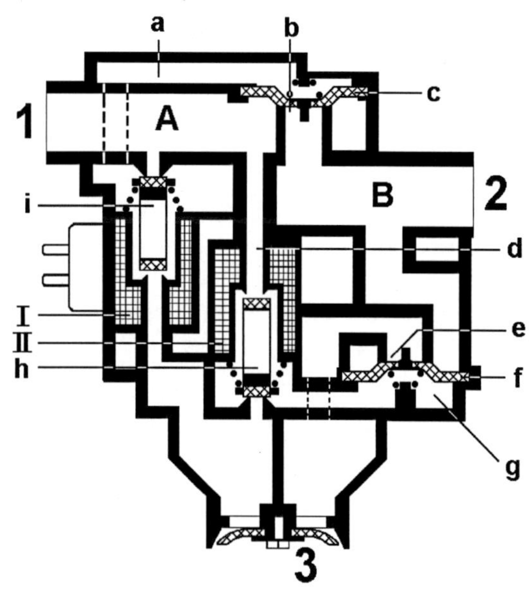

Bild 2.1.99: Magnetregelventil für direktgesteuerte Bremsanlagen (WABCO)

Für den **Druckaufbau** sind die Magnete I und II nicht erregt, der Einlaß von Ventil (i) und der Auslaß von Ventil (h) sind geschlossen. Die Vorsteuerkammer (a) der Membran (c) ist drucklos. Die an Anschluß 1 anstehende Druckluft gelangt von Raum A über den geöffneten Einlaß (b) in den Raum B und von dort über Anschluß 2 zu den Bremszylindern. Gleichzeitig strömt die Druckluft auch über die

Bohrung (d) in die Vorsteuerkammer (g) der Membran (f) und der Auslaß (e) bleibt geschlossen.

Wenn die ABS-Elektronik zwecks **Druckabbau** das Signal zum Entlüften gibt, wird der Ventilmagnet I erregt, das Ventil (i) schließt die Verbindung zur Entlüftung 3 und der Durchgang zur Vorsteuerkammer (a) wird geöffnet. Die im Raum A anstehende Druckluft strömt in die Vorsteuerkammer (a) und die Membran (c) schließt den Einlaß (b) zum Raum B. Gleichzeitig schaltet der Ventilmagnet II um, Ventil (h) verschließt den Durchgang der Bohrung (d), so daß die in der Vorsteuerkammer (g) anstehende Druckluft über die Entlüftung 3 entweichen kann. Die Membran (f) öffnet den Auslaß (e) und der am Anschluß 2 anstehende Bremsdruck entweicht über die Entlüftung 3 ins Freie.

Um den **Druck zu halten** wird durch einen entsprechenden Impuls beim Umsteuern des Ventilmagnets II von Ventil (h) der Durchgang zur Entlüftung 3 geschlossen. Die Druckluft von Raum A strömt über die Bohrung (d) wieder in die Vorsteuerkammer (g) und die Membran (f) schließt den Auslaß (e). Ein Druckanstieg bzw. Druckabfall in Raum B und damit in den Bremszylindern wird unterbunden.

Das beschriebene ABS-Magnetregelventil hat für den ABS-Einsatz in Mehrachs-Anhängefahrzeugen Grenzen hinsichtlich der Erfüllung der Bremsen-Schwellzeitvorschriften sowie des elektrischen Strombedarfs in mehrkanaligen Systemen. Deshalb wurde für die Anhänger-ABS-Generation ein ABS-Regelventil mit integrierter Relaisfunktion entwickelt, also ein vorgesteuertes Ventil. Dieses ist in Bild 2.1.100 dargestellt (vgl. a. Kapitel 'Druckluftbremse'). Das Ventil besteht aus 2 Baugruppen: dem eigentlichen Relais-Ventil und dem elektromagnetischen Vorsteuerventil.

Wirkungsweise:

a) Vorratsdruck vorhanden, jedoch kein Steuerdruck:
Der Ringkolben (c) wird von der Druckfeder (d) gegen den Sitz (b) gepreßt und dichtet Anschluß 1 gegen Raum B (und damit Anschluß 2) ab.

Wird am Anschluß 4 ein Steuerdruck (z.B. 1 bar) eingesteuert, strömt dieser über die Magnete (M1 und M2) in den oberen Kolbenraum A und drückt den Kolben (a) nach unten. Es öffnet sich ein schmaler Spalt am Sitz (b) und Vorratsluft vom Anschluß 1 strömt in den Raum B. Am Ausgang 2 und somit in den Bremszylindern baut sich Druck auf. Da obere und untere Seite des Kolbens (a) gleiche Flächen haben, stellt sich der Kolben -sobald der Druck an 2 gleich dem Druck an 4 ist- in die ursprüngliche Stellung. Der Ringkolben (c) liegt wieder am Sitz (b) an und der Durchgang von 1 nach Raum B ist gesperrt.

Fällt der Steuerdruck, wird der Kolben (a) angehoben und der Druck im Anschluß 2 entweicht über Raum B zur Entlüftung 3.

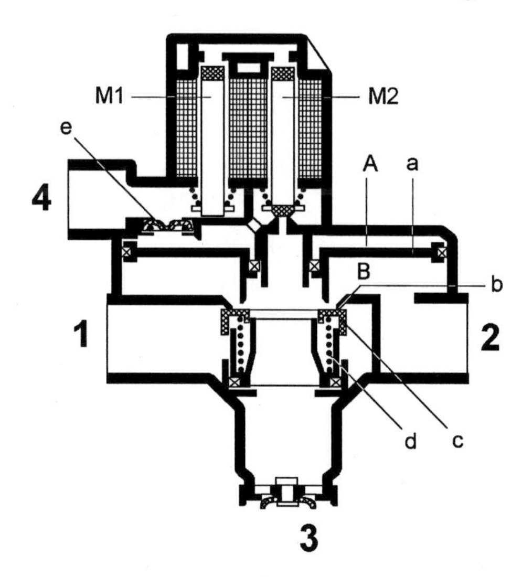

Bild 2.1.100: vorgesteuertes ABS-Ventil (Relaisventil) (WABCO)

b) Funktionsweise bei ABS-Regelung:

Beim **Druckaufbau** sind die Magnete (M1 und M2) stromlos und der Steuerdruck steht im Raum A an. Der Kolben (a) befindet sich in seiner unteren Endstellung und die Vorratsluft strömt von Anschluß 1 nach 2.

Um den **Druck zu halten** ist der Magnet M1 erregt und der Anker hat angezogen. Damit ist (trotz ansteigenden Steuerdruckes) die Luftzuführung von Anschluß 4 nach Raum A unterbrochen. Es stellt sich zwischen Raum A und B Druckgleichheit ein. Der Ringkolben legt sich wieder auf den Sitz (b) auf. Die Druckluft kann weder von 1 nach 2 noch von 2 nach 3 (außen) strömen.

Für den **Druckabbau** ist Magnet M2 erregt und somit der Durchgang zum Raum A verschlossen. Die abgehobene Dichtung am Fuß von M2 gibt den Weg zur Entlüftung 3 frei und der Druck aus Raum A entweicht durch die innere Öffnung des Ringkolbens (a) ins Freie. Hierdurch wird der Kolben (a) angehoben und der Druck vom Anschluß 2 und dem angeschlossenen Bremszylinder entweicht über Raum B und Entlüftung 3 ins Freie.

Antriebsschlupfregelungen (ASR)
Eine nahezu zwangsläufige Erweiterung von ABV-Anlagen sind die Antriebs-Schlupf-Regelungen. Damit sind Vorrichtungen gemeint, die beim Anfahren des Fahrzeugs die Raddrehzahlen überwachen und verhindern sollen, daß einzelne Räder durchdrehen. Die dazu benötigten Sensoren entsprechen denen der ABV-Systeme und die Steuereinheit läßt sich in den meisten Fällen auch um diese Zusatzfunktion erweitern.

Normalerweise wirkt die ASR-Steuerung derart, daß zusätzlich zu dem Motoreingriff das Rad, das im Begriff steht durchzudrehen, automatisch durch die Betriebsbremse abgebremst wird. In diesen Fällen muß die ASR-Anlage einen Bremsdruck in die Bremsanlage einsteuern, der von den vorhandenen ABV-Ventilen auf die Räder verteilt wird. Es ist naheliegend, daß eine solche Einflußnahme bei Fremdkraftbremsen einfach zu realisieren ist, während die Implementierung bei "normalen" Bremssystemen aufwendiger ist.

Gleichzeitig greifen die ausgeführten Systeme in die Motorsteuerung ein, um die Motorleistung zu reduzieren. Erkennt die Steuereinheit die Gefahr des Durchdrehens eines Rades, so wird normalerweise die Drosselklappe des Motors zurückgeregelt und Einspritzimpulse werden unterdrückt. In modernen Pkw mit elektronischer Zündzeitpunktsregelung kann durch "Spätstellen" des Zündzeitpunktes die Motorleistung zurückgenommen werden.

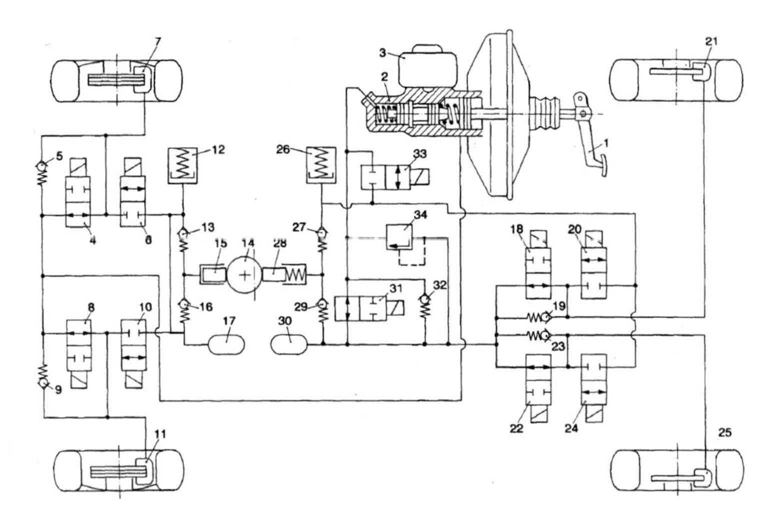

1 Bremspedal; 2 Hauptbremszylinder; 3 Nachfüllbehälter; 4 Einlaßventil v.r.; 5 Rückschlagventil; 6 Auslaßventil v.r.; 7 Bremssattel v.r.; 8 Einlaßventil v.l.; 9 Rückschlagventil; 10 Auslaßventil v.l.; 11 Bremssattel v.l.; 12 Niederdruckspeicher Vorderachskreis; 13 Pumpenrückschlagventil; 14 Rückförderpumpenmotor mit Exzenter; 15 Freikolben Vorderachskreis; 16 Pumpenrückschlagventil; 17 Dämpferkammer Vorderachskreis; 18 Einlaßventil h.r.; 19 Rückschlagventil; 20 Auslaßventil h. r. ; 21 Bremssattel h.r.; 22 Einlaßventil h.l.; 23 Rückschlagventil; 24 Auslaßventil h.l.; 25 Bremssattel h.l. 26 Niederdruckspeicher Hinterachskreis; 27 Pumpenrückschlagventil; 28 Selbstsaugender Pumpenkolben Hinterachskreis; 29 Pumpenrückschlagventil; 30 Dämpferkammer Hinterachskreis; 31 Umschlagventil; 32 Rückschlagventil; 33 Nachlaufventil; 34 Druckbegrenzungsventil Hinterachskreis

Bild 2.1.101: Hydraulikschaltplan ABS/ASR (Bosch) [Bur92]

Bild 2.1.101 zeigt den Hydraulikschaltplan einer entsprechend erweiterten ABS/ASR Anlage auf der Basis des bereits dargestellten ABS-Systems bei einem Fahrzeug mit Hinterachsantrieb.

Erkennt die Steuereinheit anhand der Sensorsignale der Raddrehzahlen das Durchdrehen eines angetriebenen Rades, so wird das ASR-Schaltventil betätigt und die ASR-Pumpe gestartet. Der Volumenstrom der Pumpe wird über die ABS-Schaltventile an die entsprechende Radbremse geleitet. Die Füllpumpe sorgt dafür, daß immer ein ausreichendes Flüssigkeitsvolumen nachgefördert wird.

Das gesamte System arbeitet mit Bremsflüssigkeit, worauf alle Dichtungen und Leitungen abgestimmt sein müssen.

Ein anderes System verwendet als Energiequelle eine vorhandene Hydraulikanlage. Da die Fluide der Hydraulikanlage und der Bremsanlage sich nicht vermischen dürfen, geschieht die Medientrennung in den im Bild 2.1.102 dargestellten Plungereinheiten.

Wird das Schaltventil betätigt, so verschiebt die Hydraulikflüssigkeit den Plungerkolben. Dadurch wird zunächst die Verbindung zwischen Hauptbremszylinder und Radbremse unterbrochen. Ein weiteres Verschieben des Plungerkolbens komprimiert die Bremsflüssigkeit in der Radbremse und erzeugt so den gewünschten Bremsdruck. Die Plungereinheiten arbeiten als Druckmodulator, da der Druck an der Radbremse sich durch den Druck der Hydraulikseite variieren läßt.

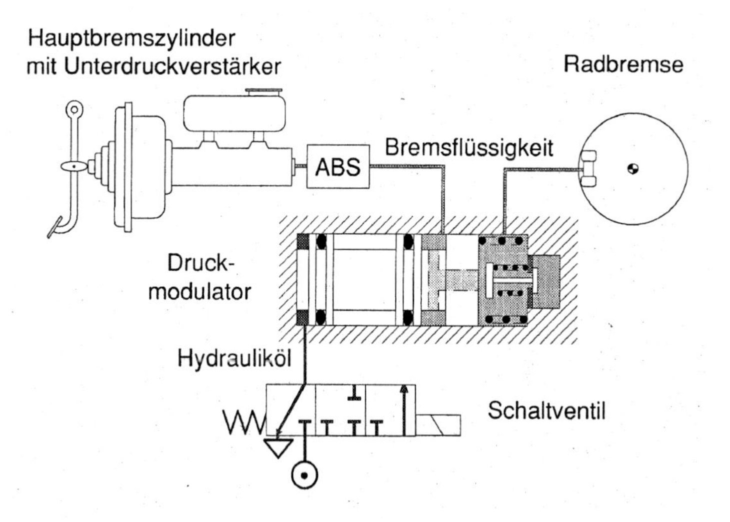

Bild 2.1.102: Prinzipbild des ASR-Druckmodulators (Bosch)

Im Bereich der Nutzfahrzeuge setzt sich die Kombination von ASR und ABV immer weiter durch, da hier einerseits der zu treibende Aufwand am geringsten ist und andererseits ein Zugewinn an Sicherheit damit verbunden ist, der u.a. auch die Wirtschaftlichkeit eines Fahrzeugs erhöht.

2.1.7 Literaturangaben

[BOS90] N.N.
Bosch Arbeitsmappe Kfz-Technik / Druckluftbremsanlagen,
VDI-Verlag 1990

[BUR92] BURCKHARDT, M.
Radschlupf-Regelsysteme
Vogel-Verlag 1992

[DAH] VON DAHLEN, R.; HEIDINGSFELD, D.; ROHS, U.
Isolation der Drehschwingungen in einem Kfz-Antriebsstrang durch einen Hydraulischen Torsionsdämpfer

[EIS94] EISENMANN S.; HÄRLE, C.; SCHREIBER, B.
Vergleich verschiedener Schmierölpumpen-Systeme bei Verbrennungsmotoren
MTZ 9/1994, S. 562 ff

[FLE95] FLECKENSTEIN, G.; HOLLOH, K.-D.
Die neue Dekompressionsventil-Motorbremse (DVB) von Mercedes-Benz
MTZ 7/8 1995, S. 418

[FÖR91] FÖRSTER, H.J.
Automatische Fahrzeuggetriebe
Springer-Verlag1991

[FOR88] N.N.
Ford-CTX-Getriebe
Techniker-Produktschulung, 12/1988

[GÖH92] GÖHLICH, D., GROSSMANN, T.
Computerunterstützte Auslegung von hydraulisch gedämpften Gummilagern
ATZ 9/1992, S. 462 ff

[HOF88] HOFMANN, M.
Neue Konzepte für Motorlagerungen
Automobil-Industrie 6/1988

[KEP95] KEPPELER, ST.
Common-Rail-Einspritzsystem für den direkteinspritzenden Dieselmotor
Dissertation an der RWTH Aachen, 1995

[KIE97] KIESEWETTER, W.; KLINKNER, W.; REICHELT, W.
Der neue Brake Assist von Mercedes-Benz
ATZ 6/97, S 330 ff

[KLU93] KLUG, H.-P.
Nutzfahrzeug-Bremsanlagen
Vogel-Verlag 1993

[KOR] KORP, D.
Jetzt helfe ich mir selbst (BMW 320/325)
Motorbuch-Verlag Stuttgart

[NEU92] NEUFFER, K.
Elektronische Getriebesteuerung von Bosch
ATZ 9/1992, S. 442 ff

[PIS90] PISCHINGER, F.
Verbrennungsmotoren II
Vorlesungsumdruck des eh. LAT der RWTH Aachen, 1990

[SPU85] SPURK, J; ANDRÄ, R.
Theorie des Hydrolagers
Automobil-Industrie 5/85, S.553 ff

[TLA93] N.N.
Technischer Lehrgang Automatische Getriebe
Vieweg Verlag, 1993

[TEV93] N.N.
Teves GmbH Bremsen-Handbuch
Autohaus-Verlag Ottobrunn, 1993

[VOI87] N.N.
Voith, Hydrodynamik in der Antriebstechnik
Vereinigte Fachverlage, Mainz, 1987

[WAB95] N.N.
Elektronische Niveauregelung für luftgefederte Anhängefahrzeuge (ECAS), WABCO 1995

[WAB98] N.N.
Systeme und Komponenten in Nutzfahrzeugen, WABCO 1998

[WAL95] WALLENTOWITZ, H.
Kraftfahrzeuge I
Umdruck zur Vorlesung des ika, RWTH Aachen 1995

2.2 Querdynamik

Hinsichtlich der Querdynamik hat der Fahrer eines Kraftfahrzeugs die Aufgabe, einen gewünschten Sollkurs einzuhalten. Auf die Aktionen des Fahrers folgen Reaktionen des Fahrzeugs, die wieder durch Fahrerhandlungen nachgeregelt werden müssen. Der Fahrer ist deshalb im Gesamtsystem 'Fahrer-Fahrzeug-Umwelt' als Regler aufzufassen. Das Gesamtverhalten dieses geschlossenen Regelkreises wird als 'Fahrverhalten' bezeichnet (Bild 2.2.1).

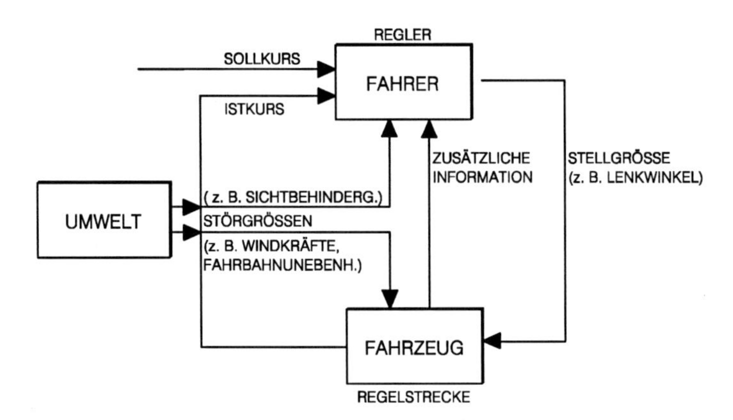

Bild 2.2.1.: Regelkreis Fahrer-Fahrzeug-Umwelt

Um dem Fahrer die ihm obliegende Regelaufgabe zu erleichtern, sind in den vergangenen Jahren neue Systeme zur Einflußnahme in den querdynamischen Bewegungsablauf eingeführt worden.

So kann durch eine Hinterradlenkung der Wendekreis bei geringen Geschwindigkeiten vermindert werden. Bei hohen Geschwindigkeiten wird die Gierstabilität durch entsprechend gerichtete Lenkwinkel der Hinterräder verbessert.

Querdynamische Stabilitäts-Regelsysteme können durch gezielten Bremseneingriff auf einzelne Räder bei kritischen Fahrsituationen die Gierstabilität auch im Grenzbereich aufrechterhalten. Solche Systeme basieren auf den zunehmend angewandten längsdynamischen ABV- und ASR-Komponenten.

2.2.1 Lenkunterstützung der Vorderachse

Das wichtigste Element zur Ausführung der Regelaufgabe des Fahrers ist die Lenkung. Dabei bildet der Lenkradwinkel eine Stellgröße, die vom Fahrer so vorzugeben ist, daß eine Abweichung vom Sollkurs gering bleibt oder wird. Zwischen der vom Fahrer ausgeführten Lenkraddrehung und der zu einer Kurskorrektur notwendigen Fahrtrichtungsänderung besteht aber kein eindeutiger funktionaler Zusammenhang. Die Gründe hierfür sind unter anderem die Elastizitäten in den Lenkungsbauteilen und die auftretenden Querbeschleunigungen. Der Zusammenhang zwischen Lenkungsbetätigung und Fahrtrichtungsänderung ist schematisch in Bild 2.2.2 dargestellt.

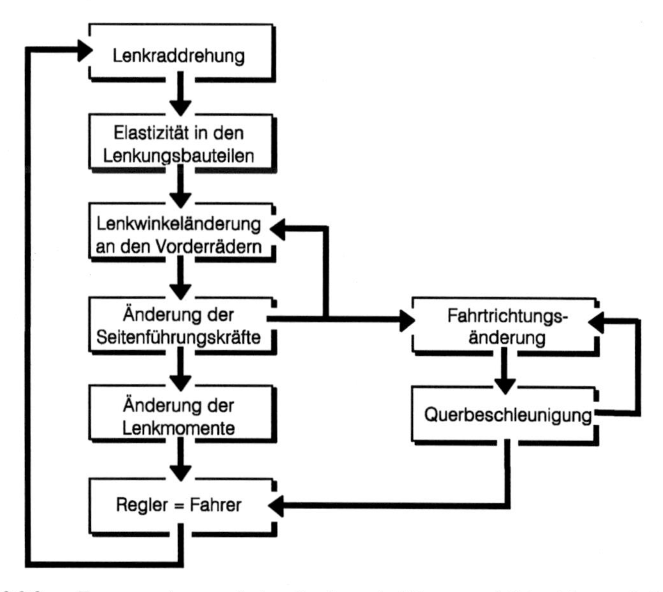

Bild 2.2.2: Zusammenhang zwischen Lenkungsbetätigung und Fahrtrichtungsänderung

Um ein Fahrzeug zu führen, muß der Mensch daher ständig den Zusammenhang zwischen Lenkraddrehung und Fahrtrichtungsänderung neu erarbeiten (adaptiver Regler). Zu dieser Aufgabe benutzt er zahlreiche Informationen, die über die optische Information (Abweichung vom Sollkurs) hinausgehen und z.B. über den Sitz

(Querbeschleunigung) und über das Lenkrad (Lenkmoment) auf den Fahrer übertragen werden.

Damit muß die Aufgabe der Lenkung zum einen in einer möglichst eindeutigen Zuordnung zwischen Lenkraddrehung und Fahrtrichtungsänderung bestehen. Zum anderen ist die Rückwirkung der Stellgrößen (Lenkwinkel, Seitenkraft) wesentlich, damit der Fahrer in der Lage ist, den momentanen Fahrtzustand einzuordnen.

Da der Mensch unter anderem über die Lenkung in das Gesamtsystem Fahrer-Fahrzeug einbezogen wird, müssen an dieses Bauteil Anforderungen gestellt werden, die sowohl durch die Eigenschaften des Menschen wie auch des Fahrzeugs bestimmt werden.

Unter dem Aspekt der fahrerbezogenen Anforderungen sind in der STVZO (§ 38) Grenzwerte für die durch den Fahrer aufzubringenden Lenkkräfte festgelegt:

maximal zulässige Betätigungskraft: $F_L = 250$ N

bei ausgefallener Lenkhilfe: $F_L = 600$ N

(beim Übergang von der Geradeausfahrt zu einer Kurvenfahrt mit 12 m Radius, Fahrgeschwindigkeit v = 10 km/h, max. Zeitbedarf zur Erreichung des vollen Lenkeinschlags t = 4 s, bei Ausfall der Lenkhilfe: t = 6 s.)

Übliche Werte liegen bei:

- $F_L < 240$ N (LKW)
- $F_L < 100$ N (PKW)

Im Jahre 1950 wurden erstmals von der Firma Chrysler hydraulisch unterstützte Lenksysteme eingesetzt, um die vom Fahrer aufzubringende Lenkkraft zu verringern. Anfang der sechziger Jahre führte die Firma Daimler-Benz Servolenkungen in Deutschland ein.

Die zunächst im wesentlichen auf Lenkunterstützung ausgelegten Systeme zeigten eine zu geringe Sensibilität. Die an den Rädern wirkenden Kräfte wurden nicht oder nur unzureichend an den Fahrer zurückgemeldet.

Eine direkte Lenkwirkung ist jedoch vor allem bei hohen Geschwindigkeiten von Bedeutung. Hier muß die Lenkbewegung spielfrei und präzise übertragen werden. Die gewünschte Lenkunterstützung und die Rückwirkungsfreiheit aus Fahrbahnanregungen soll dabei nicht so weit gehen, daß dem Fahrzeugführer das Gefühl für die jeweils wirksamen Seitenkräfte verloren geht.

Durch die zunehmende Verknüpfung von Mikroelektronik und Hydraulik können heute Systeme aufgebaut werden, die unter Betrachtung mehrerer Systemgrößen die Lenkhilfe der jeweiligen Fahrsituation anpassen.

Auch wenn die gesetzlichen Bestimmungen ohne Lenkkrafthilfe erfüllt werden können, werden eine Vielzahl von Fahrzeugen zur Erhöhung des Fahrkomforts (insbesondere beim Parkieren) mit dieser Einrichtung ausgestattet. Dabei handelt es sich neben Fahrzeugen der höheren Klassen zunehmend um solche der unteren Mittelklasse.

Nach der StVZO gilt für den Aufbau von Lenkanlagen grundsätzlich, daß diese 'keine rein elektrischen und keine rein pneumatischen Übertragungseinrichtungen' enthalten dürfen. Ausnahmen werden für Fahrzeuge mit einer bauartbedingten Höchstgeschwindigkeit von 50 km/h zugelassen, für die eine rein hydraulische Übertragungseinrichtung zulässig ist.

Bei bauartbedingten Höchstgeschwindigkeiten über 62 km/h müssen Fahrzeuge mit einer zusätzlichen mechanischen Übertragungseinrichtung ausgestattet sein. Diese nach dem Gesetz notwendige Maßnahme schränkt die Auslegungsmöglichkeiten von Lenksystemen ein.

2.2.1.1 Systeme und Eingriffsmöglichkeiten

Für den Bereich der Hydro-Hilfskraftlenkungen haben sich die beiden aus dem Bereich der reinen mechanischen Lenkungen bekannten Grundversionen 'Kugelmutterumlauflenkung' und 'Zahnstangenlenkung' durchgesetzt. Deren Komponenten werden im Kapitel 'Funktionssysteme' näher vorgestellt. Die Prinzipien beider Bauarten sind ähnlich:

Mit der Lenkradbewegung wird in einem Hydraulikventil ein Dreh- oder Linearschieber gegen Torsions- bzw. Druckfedern verstellt. (Bild 2.2.3). Eine heute noch üblicherweise vom Verbrennungsmotor angetriebene Pumpe fördert Öl zum Versorgungsanschluß dieses Ventils. Das Lenkventil und die Lenkhelfpumpe sind die Hauptkomponenten aller hydraulischen Servolenkungen.

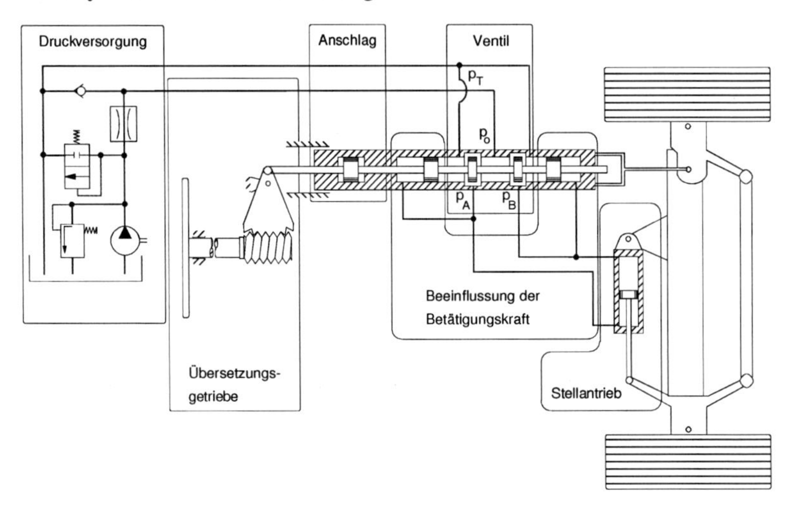

Bild 2.2.3: Prinzipdarstellung einer hydraulischen Hilfskraftlenkanlage

Im Laufe der Entwicklung haben sich zwei grundsätzlich unterschiedliche Systeme für die Druckversorgung herausgebildet (Bild 2.2.4).

i) Open-Center-System (OC):

Beim OC-System sind die Steuerkanten des Ventils negativ überdeckt. Dies bedeutet, daß in der Mittelstellung des Ventils (Geradeausfahrt) das Öl über geringe hydraulische Widerstände von der Pumpe an beiden Arbeitszylinderanschlüssen vorbei direkt zum Tank gefördert wird (open center = offene Mitte). Aufgrund des sowohl bei Geradeausstellung wie auch bei Lenkstellung fließenden Volumenstroms bezeichnet man ein OC-System auch als **Konstant-Volumenstrom-System**. Der sich in Geradeausstellung einstellende Umlaufdruck ist gering

(3 - 6 bar) und bewirkt die gewünscht niedrige Leistungsaufnahme der Pumpe.

Wird ein Lenkvorgang eingeleitet, so werden die Steuerkanten des Ventilschiebers verschoben und die Rückleitung der belasteten Zylinderseite, je nach aufgewandter Kraft am Lenkrad, teilweise oder ganz geschlossen. Hierdurch baut sich bei entsprechender Gegenkraft an den Rädern über den Arbeitszylinder ein Druck auf, der die Drehbewegung am Lenkrad unterstützt und dem Fahrer einen Großteil der Lenkarbeit abnimmt. Ist ein gewünschter Lenkwinkel erreicht, so sorgt eine mechanische Kopplung zwischen Stellantrieb und Ventilgehäuse für einen Wegabgleich. Der Ventilschieber ist gegenüber dem Ventilgehäuse dann nur soweit ausgelenkt, wie es zur Aufrechterhaltung der Lenkkraft notwendig ist.

Eine Servolenkung ist also ein Folgeregelkreis mit mechanischer Lagerückführung.

ii) Closed-Center-System (CC):

Im Vergleich zum OC-System, bei dem es sich bei der Druckversorgung um ein Konstant-Volumenstrom-System handelt, besitzt das CC-System eine **Konstant-Druck-Versorgung**. Das heißt, vor dem Ventil, welches mit sogenannter Null-Überdeckung (closed center = geschlossene Mitte) ausgeführt wird, liegt ein konstanter Druck an. Dieser Druck sollte aus energetischen Gründen nicht mit Hilfe eines Druckbegrenzungsventils zwischen einer VM-getriebenen Konstantpumpe und dem Lenkventil geregelt werden, sondern entweder durch den Einsatz druckgeregelter Verstellpumpen oder Konstantpumpen mit elektrischem Antrieb erzeugt werden. Bei der Verwendung von Verstellpumpen entstehen hohe Fixkosten, sie fördern jedoch nur soviel Volumenstrom, wie für die Lenkung benötigt wird. Elektrisch betriebene Konstantpumpen können abgeschaltet werden, wenn ein Druckspeicher gefüllt ist, da für Geradeausfahrt kein Volumenstrom benötigt wird. Zudem sind Lenkungen mit elektrisch betriebenen Pumpen auch bei Elektrofahrzeugen oder umweltfreundlichen Fahrzeugen mit Motorabschaltung einsetzbar. Im Vergleich zum OC-System werden wegen der nicht vorhandenen Umlaufverluste bis zu 85% Energieeinsparung durch das CC-System mit elektrisch betriebener abschaltbarer Pumpe angegeben.

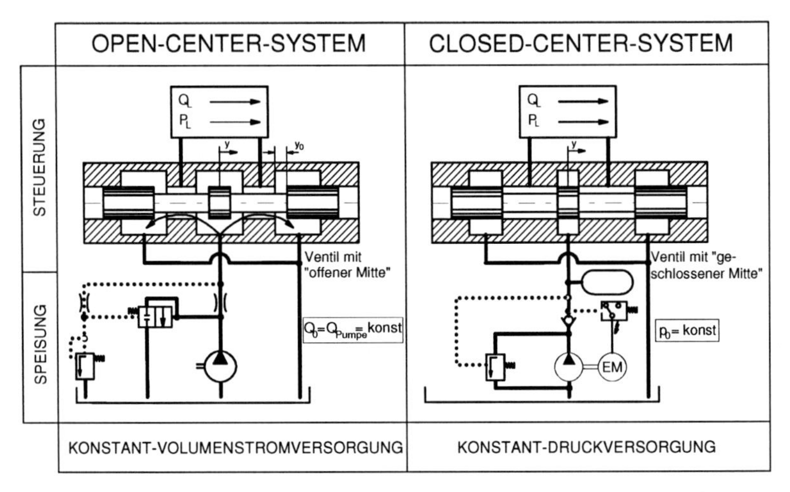

Bild 2.2.4: Gegenüberstellung von Open-Center-System und Closed-Center-System

Um das Lenkventil eines CC-Systems bei nicht benötigter Lenkunterstützung leckfrei abzudichten, werden zweckmäßig Sitzventile verwendet, damit der Speicher nicht entladen wird. Eine mögliche Ausführung wird schematisch in Bild 2.2.5 vorgestellt. Dabei wird der Steuerkolben unter der wirkenden Kraft nur so wenig verschoben, daß der O-Ring sich an seinen Dichtkanten nicht bewegen muß [LAN95].

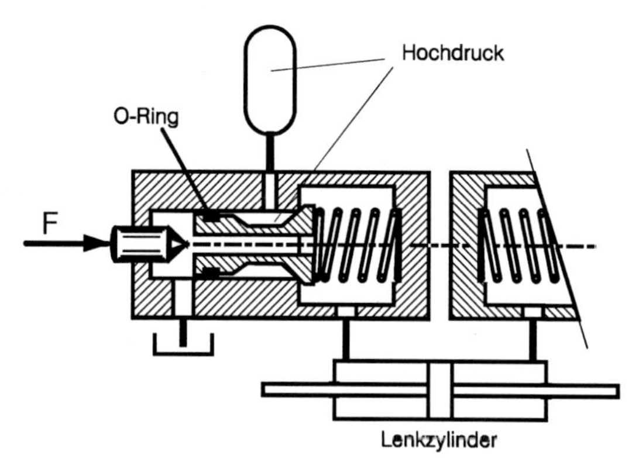

Bild 2.2.5: ZF - CC-System mit Sitzventilen [LAN95]

Ein für die Fahrsicherheit wichtiger Aspekt ist die Rückmeldung der am Rad angreifenden Seitenkräfte an den Fahrer. Dem Fahrer muß der augenblickliche Fahrbahnkontakt übermittelt werden. Um ihm ein 'künstliches Gefühl' über die notwendigen Lenkkräfte zu vermitteln, werden unterschiedliche Konzepte eingesetzt.

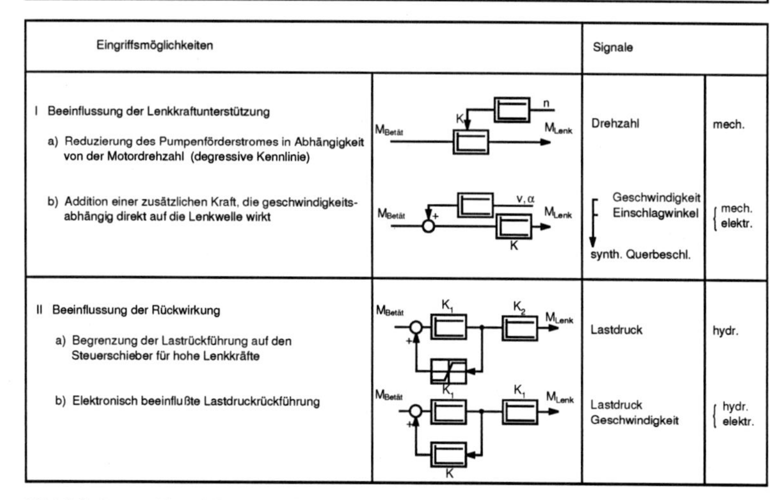

Ziel: • uneingeschränkte Lenkkraftunterstützung bei niedrigen Geschwindigkeiten (Einparken)
• zurückhaltende Lenkkraftunterstützung bei hohen Querbeschleunigungen (Lenken bei hohen Geschwindigkeiten)

Eingriffsmöglichkeiten		Signale	
I Beeinflussung der Lenkkraftunterstützung a) Reduzierung des Pumpenförderstromes in Abhängigkeit von der Motordrehzahl (degressive Kennlinie)	$M_{Betät}$, K, n, M_{Lenk}	Drehzahl	mech.
b) Addition einer zusätzlichen Kraft, die geschwindigkeitsabhängig direkt auf die Lenkwelle wirkt	$M_{Betät}$, +, v, α, K, M_{Lenk}	Geschwindigkeit Einschlagwinkel synth. Querbeschl.	mech. elektr.
II Beeinflussung der Rückwirkung a) Begrenzung der Lastrückführung auf den Steuerschieber für hohe Lenkkräfte	$M_{Betät}$, +, K_1, K_2, M_{Lenk}	Lastdruck	hydr.
b) Elektronisch beeinflußte Lastdruckrückführung	$M_{Betät}$, +, K_1, K_1, K, M_{Lenk}	Lastdruck Geschwindigkeit	hydr. elektr.

Bild 2.2.6: Eingriffsmöglichkeiten zur Anpassung der servohydraulischen Lenkkraftunterstützung an die Fahrsituation

Eine einfache Maßnahme zeigte Bild 2.2.3. Hier werden die Stirnflächen des Ventilschiebers mit den Arbeitsdrücken beaufschlagt und die Rückwirkung nimmt somit bei steigender Lenkunterstützung zu.

Bei hohen Fahrgeschwindigkeiten ist jedoch eine starke Rückwirkung wünschenswert, obwohl die Lenkkräfte bedingt durch die hohen Abrollgeschwindigkeiten der Räder abnehmen. Bevor Seitenkräfte aufgebaut werden, die über die Reifenrückstellmomente nach höherer Unterstützung verlangen, können bereits kritische Fahrzustände eingetreten sein. Deshalb sollten im Bereich hoher Geschwindigkeiten, wo nur geringe Lenkwinkel zulässig sind, eher höhere Lenkkräfte notwendig werden. Damit die Lenkunterstützung in diesem Fall nicht subjektiv mehr verunsichert als sie nützt, muß die Lastdruck-Rückführung deutlich spürbar sein. Der so erzeugte 'künstliche Widerstand' ist beim Einparken, wenn die Lenkkräfte sehr hoch sind, unerwünscht. In vielen Fällen wird daher zumindest eine Begrenzung des Lastdruckes auf ein bestimmtes aufzubringendes Lenkmoment vorgesehen.

In Bild 2.2.7 ist eine mögliche Bauform der Lenkmomentenbegrenzung vorgestellt. Hierbei wird der Steuerschieber je nach Drehrichtung translatorisch ausgelenkt. Durch Auslenkung des Schiebers aus seiner Mittelstellung werden die Steuerkanten paarweise geöffnet und geschlossen. Dadurch entsteht im Arbeitszylinder ein Differenzdruck, der die Lenkbewegung des Fahrers unterstützt.

Beim Prinzip der hydraulischen Kraftrückwirkung wird dieser Differenzdruck so auf den Steuerschieber zurückgeführt, daß er der Auslenkung des Schiebers entgegenwirkt. Dazu sind Verbindungsbohrungen im Schieber eingebracht, die das Öl der Rückwirkungsvolumina zwischen Steuerschieber und rechtem bzw. linkem Rückwirkungskolben mit dem jeweils zugehörigen Zylinderraum des Arbeitszylinders verbinden. Mit steigendem Öldruck in einem dieser Rückwirkungsvolumina stützt sich der entsprechende Rückwirkungskolben über Federn am Gehäuse ab. Die Reaktionskraft wirkt auf den Steuerschieber und führt dazu, daß die Lenkkraft mit steigender Kraft am Rad zunimmt.

Beim Parkieren wird die Reaktionskraft begrenzt. In diesem Fall läuft der nach außen durch Federn abgestützte Rückwirkungskolben gegen einen Sicherungsring im Steuerschieber. Der Rückwirkungskolben kann also nicht weiter nach außen verschoben werden. Ein zunehmender Anstieg des Druckes im Zylinder wirkt als innere Kraft im Steuerschieber und führt nicht zu einer Vergrößerung der Reaktionskraft des Steuerschiebers, da die Kraft der Stützfeder nicht weiter erhöht wird. Das Lenkmoment steigt auch bei wachsendem Differenzdruck in den Arbeitsräumen des Lenkzylinders nicht mehr an. Der Übergang in diese Begrenzung erfolgt stufenweise durch nacheinander einsetzende Federanschläge [PAT91]. Daraus ergibt sich die in Bild 2.2.9 oben dargestellte Kennlinie dieser Lenkung.

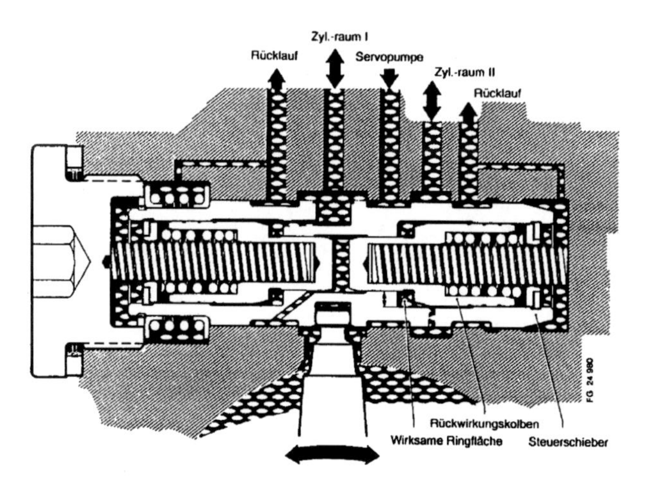

Bild 2.2.7: Hydr. Kraftrückwirkung der MB-Lenkung LSA 075 [PAT91]

Ein anderes Konzept bezieht die Druckversorgung in die Veränderung der Lenkmomentcharakteristik mit ein. Hier kommt eine Pumpe zum Einsatz, deren Kennlinie aufgrund weiter unten erläuterter Maßnahmen einen degressiven Verlauf über der Drehzahl aufweist. Die Grundidee ist, daß die Pumpe mit zunehmender Drehzahl, was zumeist einer hohen Geschwindigkeit entspricht, den Fahrer immer zurückhaltender unterstützt und beim Rangieren im niedrigen Drehzahlbereich dagegen voll wirksam ist.

Konsequenter ist jedoch die Beeinflussung der Lenkkraftunterstützung in Abhängigkeit von der Fahrgeschwindigkeit. Die Erfassung von Geschwindigkeit und Einschlagwinkel, mit denen dann auf die Querbeschleunigung geschlossen werden kann, erfolgt hierbei auf mechanischem oder elektrischem Wege. Eine Ausführung mit mechanischen Sensoren ist in Bild 2.2.8 gezeigt.

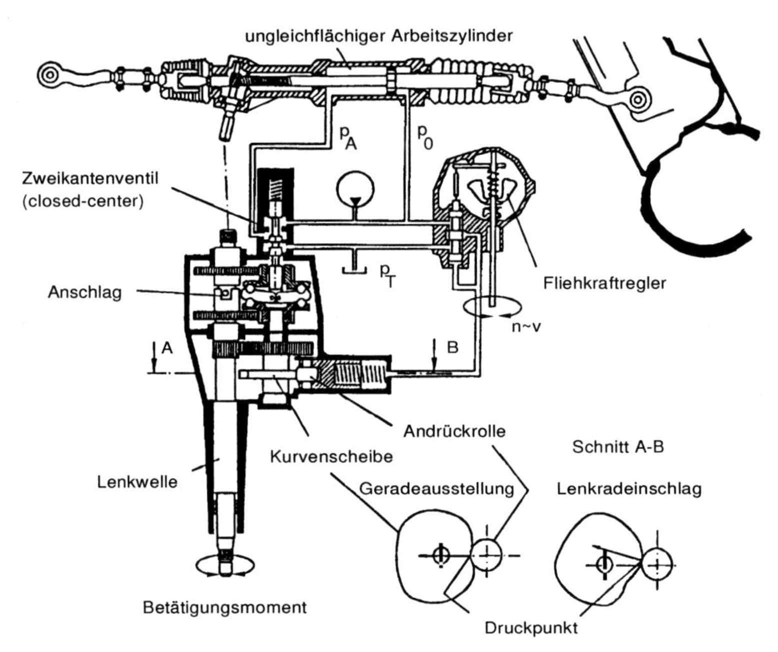

Bild 2.2.8: Sevolenkung des Citroen CX mit geschwindigkeitsabhängiger Lenkkraftbeeinflussung [CIT86]

Hier wird mittels eines Fliehkraftreglers ein Druckregelventil angesteuert. Der so erzeugte Druck wird über einen Kolben mit Andrückrolle auf eine Kurvenscheibe übertragen, die durch ein Übersetzungsgetriebe direkt mit der Lenkwelle verbunden ist. Auf diese Weise ist vom Fahrer eine zusätzliche, von Geschwindigkeit und Einschlagwinkel abhängige Kraft aufzubringen. Die Lenkunterstützung selbst wird über einen ungleichförmigen Arbeitszylinder aufgebracht, dessen Arbeitsräume in der Geradeausstellung beide durch ein Ventil mit geschlossener Mitte abgeschlossen sind. Bei Lenkbewegungen nach rechts wirkt in beiden Zylinderkammern der gleiche Druck. Durch die ungleichen Kolbenflächen erfolgt der Lenkeinschlag in die gewählte Richtung. Verdreht der Fahrer das Lenkrad nach links, so bewirkt der translatorische Verstellmechanismus für das Zweikantenventil eine Druckentlastung des Arbeitsraumes mit der größeren Kolbenfläche. Die Unterstützung führt zu einer Auslenkung der Zahnstange nach links.

Eine andere Philosophie als die der additiven Lenkkraftbeeinflussung wird mit den elektronisch beeinflußten Lastdruckrückführungen verfolgt. Hierbei ist die aufzuwendende Lenkkraft ein Produkt von Lenkkraftunterstützung und geschwindigkeitsabhängiger Gegenwirkung. Der Einsatz elektronischer Sensoren, Regler und Stellelemente eröffnet der Servolenkung in diesem Bereich neue Möglichkeiten zur gezielten Anpassung der technischen Systeme an das Fahrzeug, den Fahrer und die augenblickliche Fahrsituation. So kann beispielsweise das Lenkmoment von einem Mikrorechner gesteuert werden, der die aufzubringende Gegenkraft in Abhängigkeit von der Fahrgeschwindigkeit bestimmt. Solche Systeme zeichnen sich durch eine hohe Flexibilität und Anpassungsfähigkeit aus.

Ein solches realisiertes System ist die unter dem Namen 'Servotronik' eingeführte Lenkkraftunterstützung der Firma ZF (Zahnradfabrik Friedrichshafen), die das notwendige Betätigungsmoment auf elektronischem Wege beeinflußt. Bild 2.2.9 zeigt den Aufbau der Servotronic und einen Vergleich der hydraulischen Rückwirkung dieses Systems mit dem einer konventionellen Servolenkung.

Ohne Servotronic wirkt die Druckdifferenz der beiden Arbeitsanschlüsse als rückwirkendes Drehmoment, welches vom Fahrer für die Lenkbewegung aufgebracht werden muß. Diese Rückwirkung ist sowohl beim Einparken, als auch bei hohen Fahrgeschwindigkeiten gleich wirksam, so daß bei der Auslegung ein Kompromiß zwischen voll wirksamer Kraftunterstützung beim Parkieren und einer geringen Hilfe bei größeren Geschwindigkeiten gefunden werden mußte.

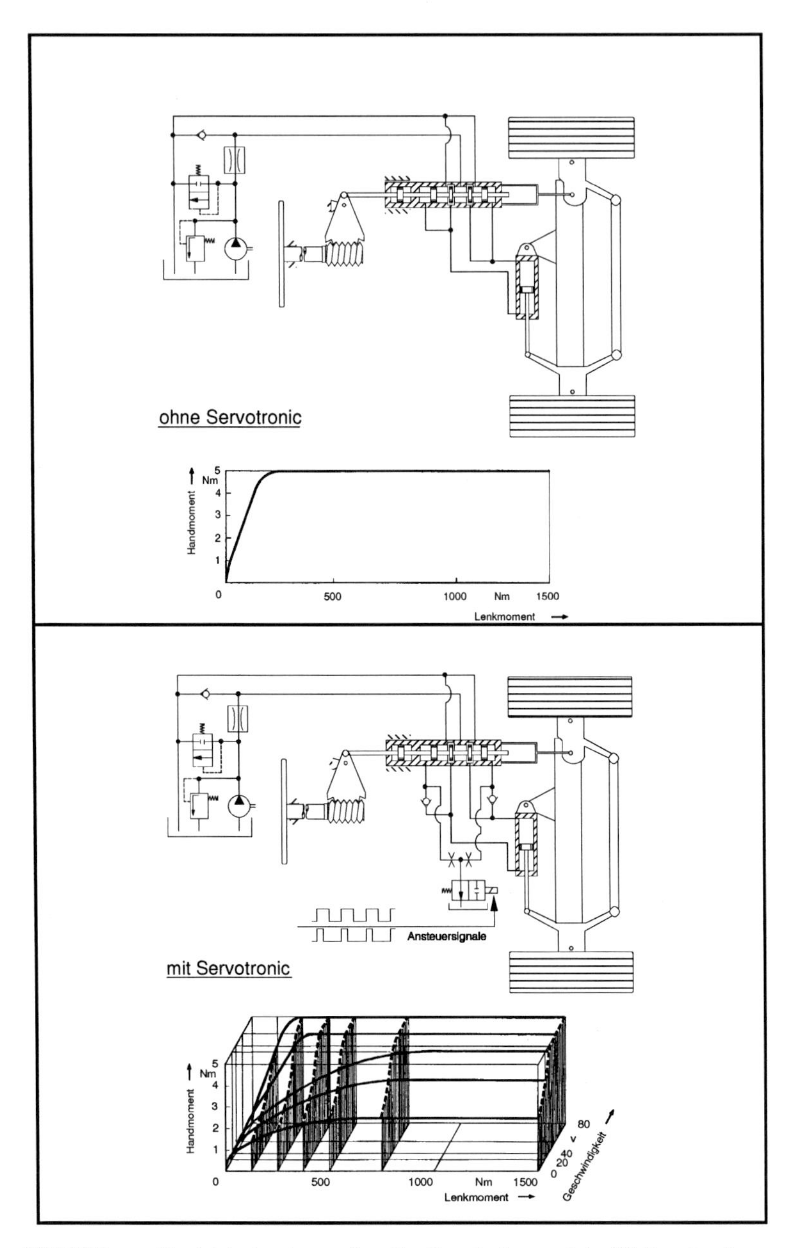

Bild 2.2.9: Vergleich einer konventionellen Servolenkung mit der ZF-Servotronik

Mit der in Bild 2.2.9 gezeigten Verbindungsleitung der Rückwirkungs-Räume wird die hydraulische Rückwirkung durch Schließen des Ventils aufgehoben, so daß dann die volle Unterstützung wirksam ist. Dieser Betriebszustand liegt bei der Servotronic im Falle des Einparkens vor.

Bei der Servotronic wird das Geschwindigkeitssignal des Tachometers einem Mikroprozessor zugeführt, der gemäß einer Kennlinie ein pulsbreitenmoduliertes Signal generiert. Dieses wirkt auf das stromlos offene Schnellschaltventil.

Um beim Fahren das zu überwindende Lenk-Drehmoment dosiert zu erhöhen, kommt die gezeigte Anordnung von Blenden und Schnellschaltventil zum Einsatz. Je nachdem, für wie lange das Schnellschaltventil innerhalb der Ansteuerperioden geöffnet bleibt, und damit einen mittleren Volumenstrom zum Tank freigibt, sinkt der Druck zwischen den Blenden, und die Druckkopplung zwischen den Schieberstirnflächen nimmt ab. Beim durchgängig geöffneten Ventil wird die Rückwirkung somit voll wirksam. Dies ist auch der Betriebszustand, der sich bei Stromausfall einstellen würde.

Über die Kennlinie kann die Lenkung jedem Fahrzeug angepaßt werden. Sie beeinflußt die Lenkung so, daß mit steigender Geschwindigkeit die hydraulische Rückwirkung zunimmt. Bei sehr niedriger Geschwindigkeit wird nahezu die ganze Lenkarbeit von der Hydraulik übernommen. Mit steigender Geschwindigkeit nimmt der vom Fahrer aufzubringende Anteil zu.

Bezüglich der Sicherheit ist ein weiterer Aspekt zu beachten. Im Gegensatz zu anderen Systemen wird die Abhängigkeit von der Geschwindigkeit nicht durch eine Verringerung des Volumenstromes erreicht. Bei Bedarf, zum Beispiel bei einem platzenden Reifen bei hoher Geschwindigkeit, steht immer sofort der maximale Volumenstrom für die Gegenreaktion zur Verfügung. Die Elektronik selbst ist mit einer Eigenüberwachung ausgerüstet, die Fehler erkennt und logisch richtig darauf reagiert. Bei Ausfall oder Störung des Geschwindigkeitssignals wird auf die Kennlinie mit maximaler hydraulischer Rückwirkung geschaltet.

2.2.1.2 Pumpensysteme zur Lenkhilfe

Die Anforderungen an Lenkhelfpumpen lauten:

- geringes Bauvolumen und Gewicht
- pulsationsarm
- geräuscharm
- geringe Leerlaufleistung
- geringe Wartung
- geeignet für Massenherstellung

Weiterhin soll der Förderstrom ab etwa 1000 U/min in der Regel konstant bleiben. Das heißt, eine unerwünschte Zunahme der Lenkunterstützung mit steigender Motordrehzahl soll in jedem Fall vermieden werden. Nur bei einem speziellen Konzept der Lenkunterstützung sinkt der Förderstrom bei hohen Pumpendrehzahlen, ansonsten muß er ab einer Grenzdrehzahl konstant bleiben.

Die typischen Leistungsdaten heutiger Lenkhelfpumpen für den Pkw-Bereich sind:

- Druck: 80 - 150 bar
- Fördervolumen: 4 - 12 cm^3/U
- Drehzahl: 500 - 7000 U/min
- Gewicht: 2 kg
- Temperaturbereich: -40°C bis +120°C
- Druckpulsation: $< 3\%\ p_0$
- Geräusch: als Einzelgeräusch im Fahrzeug nicht wahrnehmbar
- Leistungsaufnahme: bei Geradeausfahrt so gering wie möglich

Aufgrund der z. Zt. nicht vertretbaren Mehrkosten für eine Hubverstellpumpe kommen praktisch nur Konstantpumpen in Betracht.

Es sind verschiedene Pumpenbauarten im Einsatz:

- Zahnradpumpe

- Rollflügelumpe
- Radialkolbenpumpe
- Flügelzellenpumpe

Insbesondere wegen ihres pulsationsarmen Laufes hat sich die Flügelzellenpumpe bis heute gegenüber den anderen Bauarten durchgesetzt. Als preiswerte Konstantpumpe wegen ihrer Eignung zur Massenproduktion liefert sie jedoch einen drehzahlproportionalen Volumenstrom. Da die angeschlossenen Servolenkungen vorwiegend als Open-Center-Systeme ausgeführt sind und somit einen konstanten Volumenstrom benötigen, muß der von der Pumpe ausgehende Volumenstrom mit einem Stromregelventil begrenzt werden.

Bild 2.2.10 zeigt die schematische Ausführung eines Stromregelventils an einer Konstantpumpe, das auf den in Kapitel 1.3 behandelten Stromreglern aufbaut.

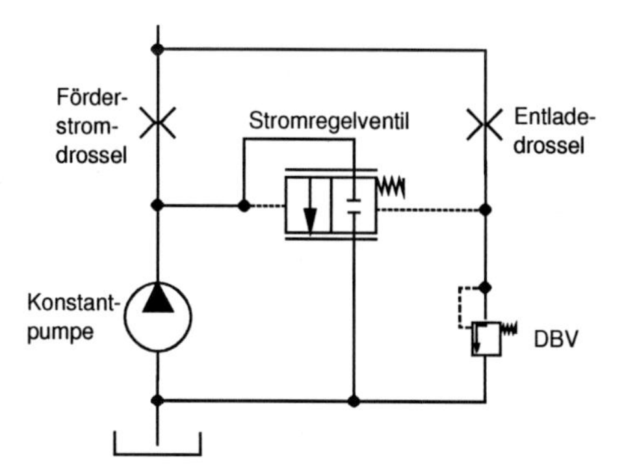

Bild 2.2.10: Stromregelventil

An der Förderstromdrossel fällt ein dem Volumenstrom proportionaler Druck ab, der auf die Stirnflächen des Ventils geführt wird. Bei zu hohem Differenzdruck an der Förderstromdrossel öffnet das Stromregelventil und führt einen Teil des Drucköles zurück in die Ansaugleitung. Bei ausreichender Förderleistung der Pumpe bleibt der Volumenstrom konstant.

Bei maximalem Lenkraddrehwinkel muß eine Sicherung vorgesehen werden, damit der geförderte, aber nicht benötigte Volumenstrom abgelassen werden kann. Dies wird erreicht, indem das Druckbegrenzungsventil bei hohen Lastdrücken öffnet und so die Vorstufe zur Totalöffnung des Stromregelventils bildet.

Bild 2.2.11 zeigt den Aufbau einer Lenkhelfpumpe nach dem Flügelzellenprinzip. Aufgrund der häufig wechselnden Einbausituationen und unterschiedlichen Anforderungen werden moderne Lenkhelfpumpen modular aufgebaut.

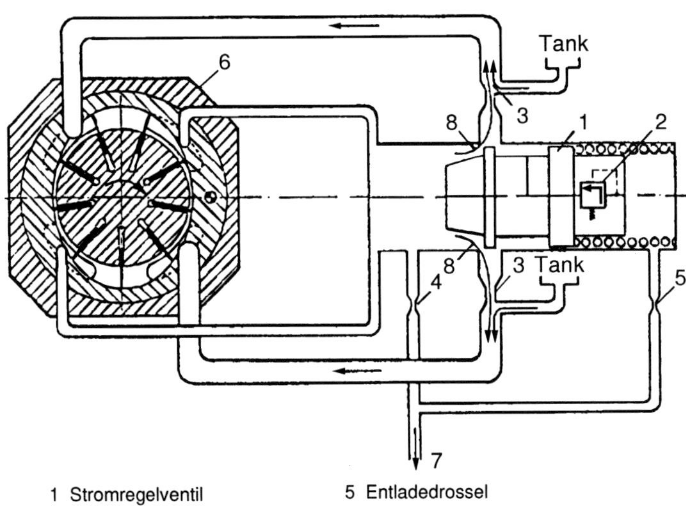

1 Stromregelventil
2 Druckbegrenzungsventil
3 Injektor
4 Förderstromdrossel
5 Entladedrossel
6 Flügelzellenpumpe
7 Verbraucheranschluß
8 symmetrische Abströmung

Bild 2.2.11: Lenkhelfpumpe mit symmetrischer Aufladung und Stromregelventil (Vickers) [KRÜ84]

Besondere Anstrengungen wurden unternommen, um einen einwandfreien Betrieb der Lenkhelfpumpe auch bei hohen Drehzahlen und hohen Temperaturen zu gewährleisten.

Hierfür ist eine 100%-Füllung der Pumpe und die Vermeidung jeglicher Kavitation Voraussetzung. Dies bedeutet, daß die Pumpe aufgeladen werden muß. Man erreicht das, indem man den vom 3-Wege-Stromregelventil zurückgeführten Ölstrom über einen Injektor führt, der das noch fehlende Ölvolumen aus dem Tank fördert und gleichzeitig einen Teil der kinetischen Energie des Öles, die ja an der

Abströmkante des Ventils am größten ist, in Druck in der Saugleitung umwandelt.

Durch die koaxiale Anordnung von Pumpenrotor und Ventil wird eine symmetrische Abströmung vom Regelventil (geringe Hysterese wegen kleiner Reibkräfte) erreicht und nach verlustarmer Umlenkung wird das Öl den beiden Saugseiten der Pumpe zugeführt. Damit wird mit ca. 0.7 bar ein relativ hoher Ladedruck unter ungünstigen Bedingungen (p_O = 5bar, n = 6000 1/min) erreicht. Mit diesem Ladedruck ist die Füllung gewährleistet und das Geräuschverhalten günstig beeinflußt.

Wie schon im vorhergehenden Kapitel erwähnt, soll bei einigen Lenkkonzepten der Pumpenförderstrom mit zunehmender Motordrehzahl abnehmen, wodurch im Open-Center-System die Drücke fallen und vom Fahrer höhere Lenkkräfte aufzubringen sind. Der geforderte degressive Volumenstrom kann mit einer speziellen Strömungsführung (Bild 2.2.12) am Stromregelschieber erzeugt werden.

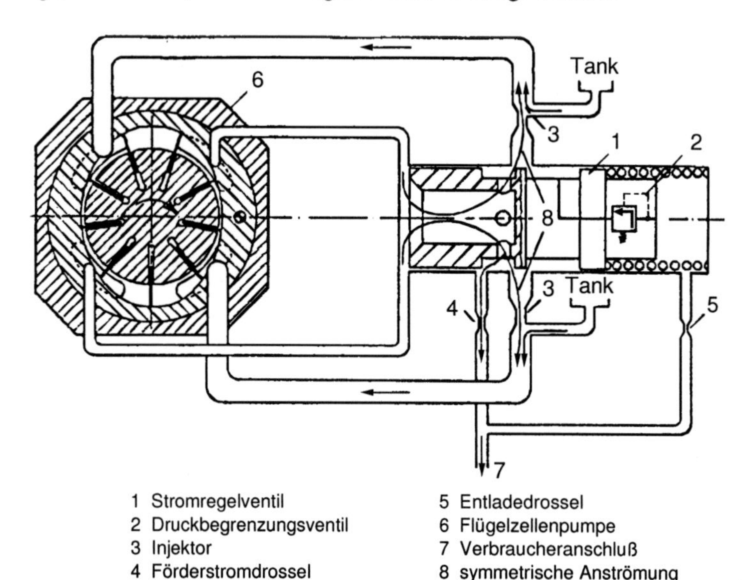

Bild 2.2.12: Lenkhelfpumpe mit symmetrischer Aufladung und degressivem Stromregelventil (Vickers) [KRÜ84]

Der gesamte, drehzahlproportionale Volumenstrom der Pumpe wird durch den schraffierten Teil des Stromregelventils geleitet. Die Strömung stützt sich am Schieber ab und erzeugt eine öffnende Kraft in Richtung größerer Öffnungsquerschnitte zur Pumpe. Diese Kraft steigt mit wachsendem Volumenstrom und verlagert somit das Kräftegleichgewicht am Schieber, so daß der Verbrauchervolumenstrom abnimmt.

In Bild 2.2.13 sind die durch die verschiedenen Pumpen geförderten Volumenströme sowie der Ladedruck über der Drehzahl aufgetragen. Der durch das einfache Stromregelventil eingestellte Volumenstrom bleibt nach Erreichen der minimalen Drehzahl konstant (oberer Bildteil).

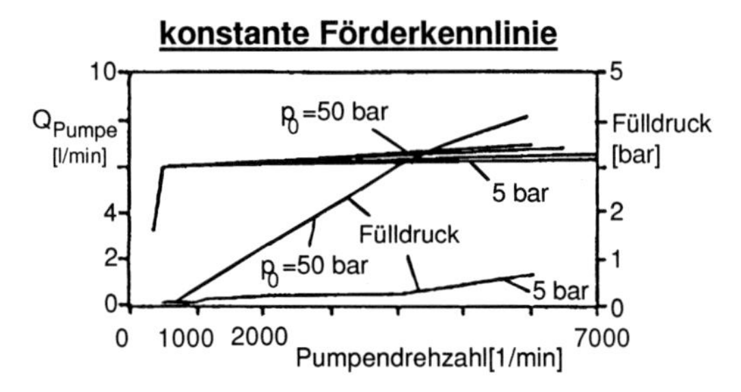

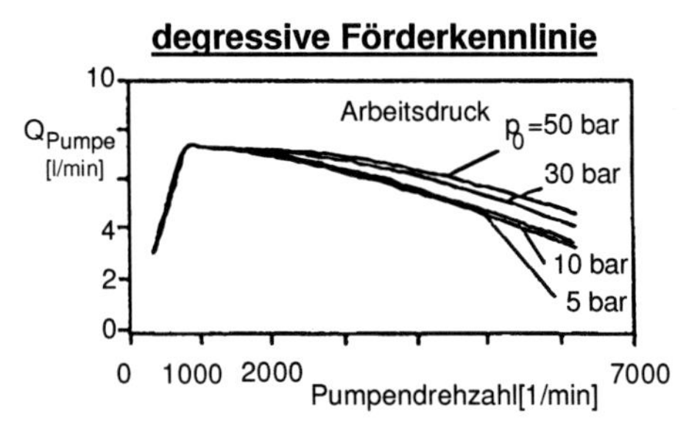

Bild 2.2.13: Kennlinien der Lenkhelfpumpen mit gleicher Flügelzellenpumpe (Fördervolumen V=11 cm³, pmax=120 bar)

Durch die Strömungsführung im Stromregelventil ergibt sich für die zweite Pumpe der degressive Verlauf der Kennlinie (unterer Bildteil) durch eine mittelbar drehzahlabhängige Öffnung des Stromregelventils. Die Kontur des Stromregelventils bestimmt dabei entscheidend den Verlauf der Kennlinie.

Für den Einsatz im Lkw lassen sich ebenfalls Flügelzellenpumpen verwenden. Bedingt durch die höhere Lenkleistung dieser Fahrzeuge, insbesondere im Gelände, sind die Pumpen bei einem generell höheren Umlauf- und Betriebsdruck auch größeren thermischen Belastungen ausgesetzt.

Der höhere Umlaufdruck bewirkt eine höhere Verlustleistung für den Fall, daß keine Lenkbewegung verlangt ist. Die Forderung nach Verringerung der Antriebsleistung kam daher zuerst aus dem Lkw-Bereich.

Eine verstellbare Axialkolbenpumpe in Schrägscheibenbauweise, die für diesen Einsatzbereich entwickelt wurde, zeigt Bild 2.2.14.

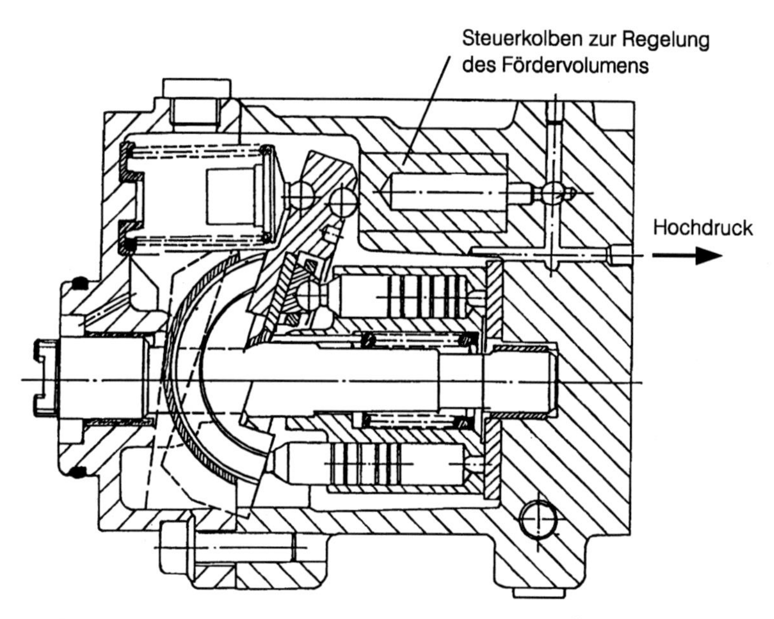

Bild 2.2.14: Lenkhelfpumpe mit variablem Fördervolumen [KRÜ84]

Bedingt durch den günstigeren volumetrischen Wirkungsgrad konnte das geometrische Fördervolumen kleiner ausgelegt werden als das einer vergleichbaren Flügelzellenpumpe. Einen Vergleich der technischen Daten zwischen zwei ausgeführten Lenkhelfpumpen zeigt die Tabelle in Bild 2.2.15. Man erkennt, daß die Pumpe mit variablem

Fördervolumen im Betrieb einen bedeutenden Fortschritt darstellt, besonders in Bezug auf die Wirtschaftlichkeit. Der Wirkungsgrad der Flügelzellenpumpe mit Volumenstromregelung entspricht dem Wert für eine Konstantpumpe mit Bypass-Stromregelung.

Das große Bauvolumen, das höhere Gewicht und vor allem die höheren Kosten für dieses System verhinderten bis heute jedoch einen serienmäßigen Einsatz.

		Lenkhelfpumpe mit konstantem Fördervolumern	Lenkhelfpumpe mit variablem Fördervolumen
geometr. Fördervolumen		16 cm³/U	13,8 cm³/U
Förderstrom bei	500 U/min 50 bar	6,4 l/min	6,56 l/min
volumetr. Wirkungsgrad bei	500 U/min 50 bar	77%	95%
Antriebsmoment bei	3500 U/min, 7 bar	4,0 Nm	2,2 Nm
	3500 U/min, 50 bar	17 Nm	5,5 Nm
Antriebsleistung bei	3500 U/min, 7 bar	1,47 kW	0,81 kW
	3500 U/min, 50 bar	6,40 kW	2,0 kW
Druckpulsation bei	3500 U/min, 7 bar	0,9 bar	3,5 bar
	3500 U/min, 50 bar	3,5 bar	6,0 bar
Schalldruckpegel bei 6cm Nahfeld	3500 U/min, 7 bar	91,5 db(A)	84 db(A)
	3500 U/min, 50 bar	89,5 db(A)	89,0 db(A)

Bild 2.2.15: Vergleich zwischen Konstant- und Verstell-Lenkhelfpumpe [KRÜ84]

Die sauggedrosselte Radialkolbenpumpe in Bild 2.2.16, eine Pumpenbauart, die den Fördervolumenstrom durch drehzahlabhängige Anpassung des Befüllungsgrades verändert, zeichnet sich durch ihre einfache und robuste Bauform aus. Die von dieser Pumpenbauart ermöglichte Förderstrombegrenzung wird nicht durch die den Konstantpumpen eigenen Wirkungsgradeinbußen erzeugt. Die Förderrichtung bleibt bei rechts- oder linksdrehendem Antrieb gleich. Diese Pumpen werden unter anderem als achsgetriebene Notlenkpumpen eingesetzt. Mit erreichbaren Drücken von über 200 bar eignen sich die Pumpen auch für die Versorgung von Niveauregulierungen und Bremskraftverstärkern. Die Fördervolumina gängiger Pumpen liegen zwischen 1.2 und 24 cm^3 pro Umdrehung.

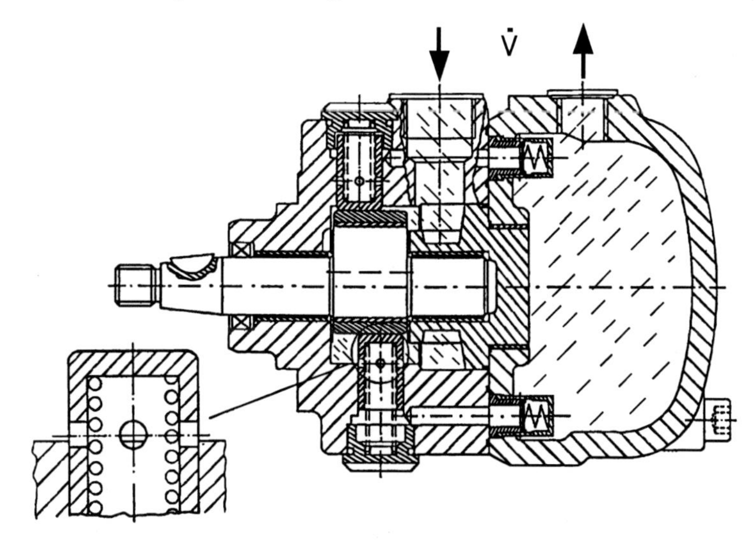

Bild 2.2.16: Saugdrosselpumpe [KRÜ84]

Von einer Exzenterwelle angetrieben, führen je nach Pumpenbauart zwei oder mehr federbelastete Kolben in radial angeordneten Zylinderbohrungen eine Hubbewegung aus. Bei der Bewegung des Kolbens zum unteren Totpunkt entsteht durch die Volumenvergrößerung im Kolbenraum ein Unterdruck. Kurz vor dem unteren Totpunkt verbinden die im Kolben befindlichen Querbohrungen den Kolbenraum mit dem Saugraum und der Unterdruck bewirkt das Einströmen des Öls in den Kolbenraum. Bei der Aufwärtsbewegung des Kolbens wird das Öl durch federbelastete Auslaßventile zum Druckraum gefördert. Diese Ventile verhindern auch den Rückfluß des Öls in den Kolbenraum.

Die Saugdrosselung wird dadurch erreicht, daß mit zunehmender Pumpendrehzahl die Öffnungszeit der Querbohrungen abnimmt und der Unterdruck somit ab einer Grenzdrehzahl nicht mehr ausreicht, den Kolbenraum ganz zu füllen. Der Fördervolumenstrom und somit auch die Antriebsleistung bleiben ab dieser Grenzdrehzahl nahezu konstant. Als Nebeneffekt kann die Betriebstemperatur des Öls um bis zu 30°C gesenkt werden. Als nachteilig ist der hohe Ungleichförmigkeitsgrad der Förderung zu nennen, der insbesondere bei Drehzahlen größer der Grenzdrehzahl auftritt. Zur Glättung dieser Pulsation dient der ölgefüllte Tilgerraum im rechten Bildteil.

2.2.1.3 Beschreibung verschiedener Funktionssysteme

Nach dem prinzipiellen Aufbau können die Lenkanlagen mit kinematischer Kraftübertragung in zwei Bauformen eingeordnet werden:

- Lenkung mit translatorischem Antrieb: Zahnstangenlenkung (für Pkw und leichte Lkw)
- Lenkung mit rotatorischem Antrieb: z.B. Kugelmutterumlauflenkung (für Pkw und Lkw)

Ein wesentlicher Grund dafür, daß die im Pkw-Bereich weit verbreitete Zahnstangenlenkung in schweren Nutzfahrzeugen nicht zur Anwendung kommt, ist in Einbauproblemen begründet. Die quer unter dem Fahrzeug anzubauende Zahnstangenlenkung ist wegen der bei Lkw tief liegenden Motor-Getriebe-Einheit schwieriger einzubauen als eine Lenkung mit rotatorischem Antrieb. Zudem würden aus kinematischen Gründen für die bei Nutzfahrzeugen großen Einfederwege sehr lange Spurstangen benötigt. Andererseits werden die vom Bauaufwand aufwendigeren Lenkungen mit rotatorischem Antrieb, die allerdings auch größere Auslegungsfreiheiten bieten, in letzter Zeit aus bisher etablierten Stellungen im Pkw-Bereich verdrängt. Als Gründe sind vor allem die höheren Kosten und das größere Gewicht der Lenkungen mit rotatorischem Antrieb im Vergleich zu Zahnstangenlenkungen anzuführen.

Als Steuerventile für Hydrolenkungen werden Drehschieberventile oder Drehkolbenventile eingesetzt. Dabei kommen beide Ventilarten sowohl bei Zahnstangenlenkungen wie auch bei Kugelumlauflenkungen zum Einsatz. Die Steuerventile werden immer am Eingang des Lenkgetriebes zwischen Lenksäule und Lenkantrieb eingesetzt. Durch das Drehmoment am Lenkrad wird ein Federstab im Ventil tordiert, der zu einer Lenkmomenten-abhängigen Relativbewegung der Steuerkanten des Ventils führt.

Zahnstangenlenkung

Bild 2.2.17 zeigt den Schnitt durch eine Zahnstangenhydrolenkung mit Drehschieberventil. Bei der Übertragung eines Drehmomentes über die Lenkspindel auf die Zahnstange oder umgekehrt wird der Drehstab zwischen Drehschieber und Steuerhülse elastisch verformt. Dies führt zum Druckaufbau auf der jeweiligen Kolbenseite im Zahnstangengehäuse.

Die Flügelzellenpumpe fördert den Ölvolumenstrom in das Drehschieberventil. Dabei fließt das Drucköl in die ringförmige Nut der Steuerbüchse und wird durch drei symmetrisch angeordnete radiale Bohrungen dem Steuernutensystem des innenliegenden Drehschiebers zugeführt. In der Geradeausstellung sind die Steuerkanten im Drehschieberventil negativ überdeckt und das Öl kann sowohl auf beide Seiten des Arbeitszylinders fließen, als auch zu den Rücklaufanschlüssen gelangen (Open Center).

Bei einer Lenkbewegung in Uhrzeigerrichtung wird der Steuerschieber entsprechend in Uhrzeigerrichtung verdreht, weil er direkt mit der Lenksäule verbunden ist. Da die Steuerhülse direkt mit dem Lenkgetriebe und damit den Rädern verbunden ist, kommt es aufgrund des notwendigen Lenkmomentes zu einer Torsion des Drehstabes und damit zu einer Relativdrehung zwischen Drehschieber und Hülse.

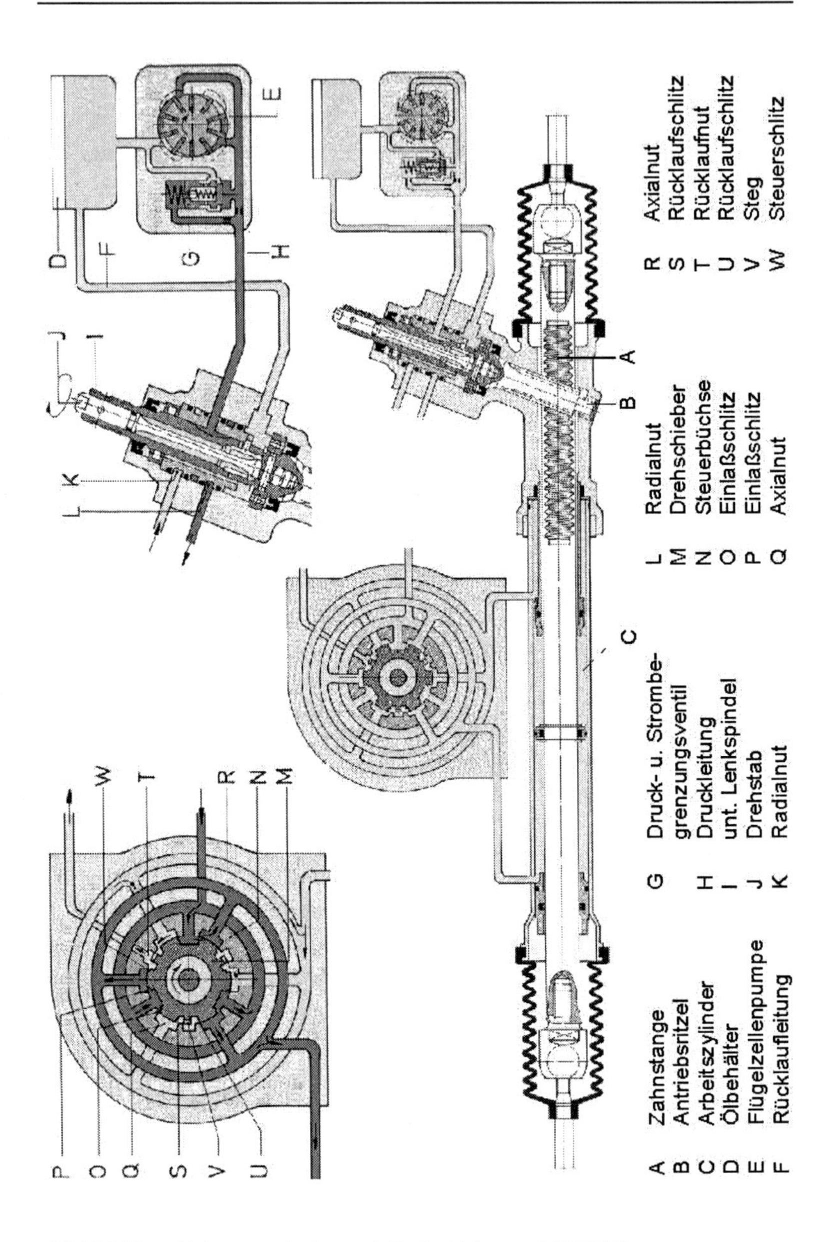

Bild 2.2.17: Zahnstangenlenkung mit Drehschieberventil [ZFSER]

Die geschlossenen Verbindungen zwischen den Anschlüssen der rechten Zylinderseite und dem Tank führen dazu, daß auf dieser Seite des Arbeitszylinders ein höherer Druck aufgebaut wird. Dagegen werden die Steuerkanten zwischen Druckversorgung und linker Zylinderseite geschlossen und die Steuerkanten zur Tankleitung weiter geöffnet. Es entsteht eine Druckdifferenz, die die Lenkbewegung nach rechts unterstützt.

Falls der Torsionsstab brechen sollte, sorgt ein mechanischer Drehanschlag zwischen Drehschieber und Steuerhülse für eine formschlüssige Verbindung der Lenkgetriebe-Glieder.

Kugelumlauflenkung

Bei der Kugelumlauflenkung mit Drehkolbenventil in Bild 2.2.18 sind Ventilgehäuse und Antriebsschnecke aus einem Teil gefertigt. Über einen elastischen Drehstab ist der Ventilkörper mit der Lenkspindel verbunden.

In Geradeausstellung kann das von der Pumpe geförderte Öl über die offenen Steuerkanten direkt in den Tank abfließen (Open Center). Bei einer Lenkbewegung wird der Drehstab geringfügig tordiert und die beiden quer zur Lenksäulenachse liegenden Ventilkolben, die über Zapfen mit der Lenksäule verbunden sind, werden relativ zum Ventilgehäuse ausgelenkt. Dadurch verändern sich die Steuerquerschnitte so, daß die eine Seite des Arbeitszylinders zunehmend mit der Pumpe und die entgegengesetzte Zylinderseite zunehmend mit der Tankleitung verbunden wird. Die Drehbewegung der direkten mechanischen Verbindung wird dadurch unterstützt.

Im Bild 2.2.18 ist ein Zusatzelement in Form eines zweiseitigen Rückschlagventils am Kolbenboden eingezeichnet. Dies führt dazu, daß es bei Maximaleinschlag zu einem Druckausgleich zwischen den Zylinderseiten kommt. Die Pumpe, die in diesem Fall mit dem höchsten Druck arbeiten muß, da die Ventilkanten geschlossen sind, kann so vor Überlast geschützt werden.

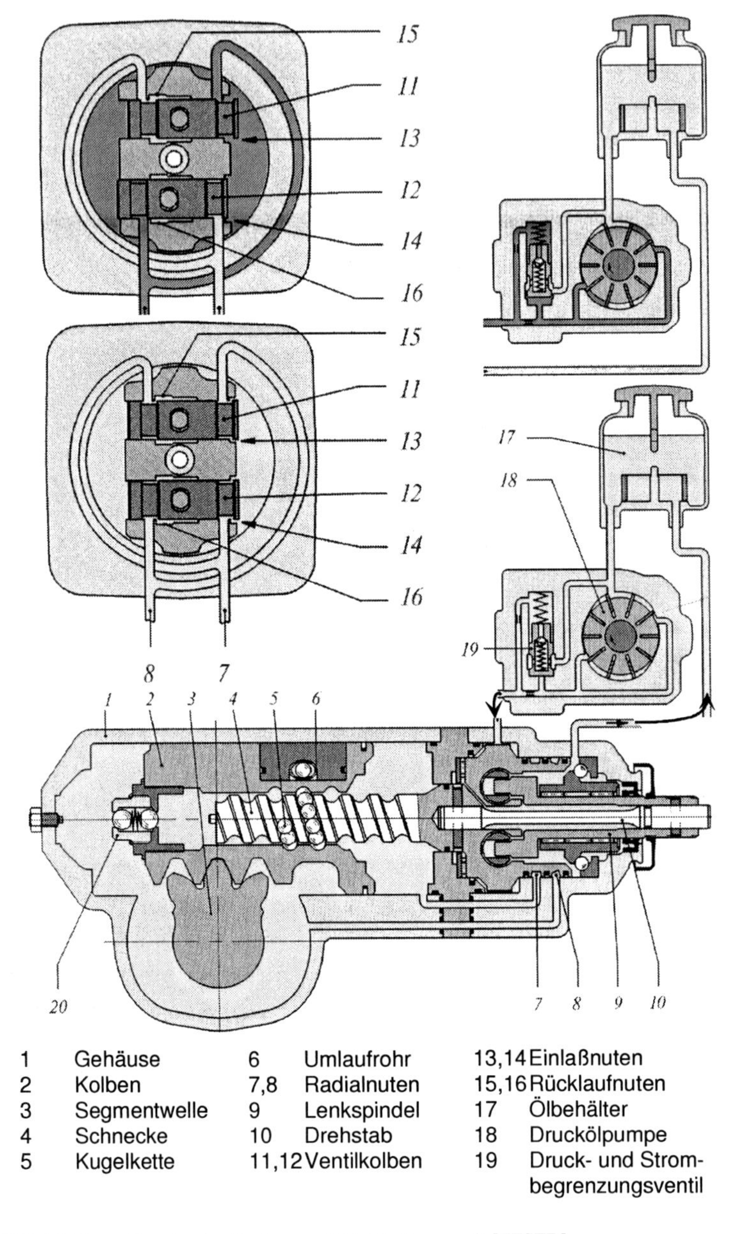

Bild 2.2.18: Kugelumlauflenkung mit Drehkolbenventil [ZFSER]

Zweikreislenkung

Für Fahrzeuge mit hohen Lenkachslasten oder mit mehreren gelenkten Achsen, die bei Ausfall der hydraulischen Unterstützung der Lenkanlage nicht mehr mit den vom Gesetzgeber festgelegten Kriterien lenkbar sind, ist eine Zweikreislenkanlage vorgeschrieben. Sie stellt sicher, daß diese schweren Fahrzeuge bei Ausfall eines Hydraulikkreises lenkbar bleiben. Außerdem kann der Aspekt einer damit möglichen fortschrittlicheren Fahrerplatzgestaltung ein Anwendungsgrund sein. Ein kleinerer Lenkraddurchmesser und eine Reduzierung der Gesamtlenkradumdrehungen für den vollen Lenkeinschlag verringert die erforderliche Lenkarbeit des Fahrers und bietet verbesserte Reaktionsmöglichkeiten.

Der schaltungstechnische Aufbau einer Zweikreislenkanlage ist in Bild 2.2.19 dargestellt. Kreis 1 besteht weitestgehend aus den konventionellen Bauteilen einer Einkreislenkung. Davon hydraulisch getrennt ist ein zweiter Kreis installiert, der durch ein Ventil angesteuert wird, welches ebenfalls mechanisch direkt mit der Lenkspindel verbunden ist. Beide Kreise wirken auf einen Doppel-Arbeitszylinder, deren Arbeitsräume entsprechend den Vorschriften separat hochdruckabgedichtet und durch eine Niederdruckzone getrennt sind.

Kennzeichnend ist auch die für jeden Kreis separate Ölversorgung. Kreis 1 wird durch eine motorbetriebene Pumpe versorgt, während die Pumpe für Kreis 2 achsgetrieben ist und damit auch bei Motorstillstand die Lenkbarkeit des rollenden Fahrzeugs sicherstellt. Zudem werden mittels Durchflußanzeiger beide Kreise überwacht und ein etwaiger Ausfall angezeigt.

Es besteht weiterhin eine mechanische Verbindung zu den gelenkten Rädern, über die die Lenkkräfte im Notfall allerdings kaum noch aufgebracht werden können.

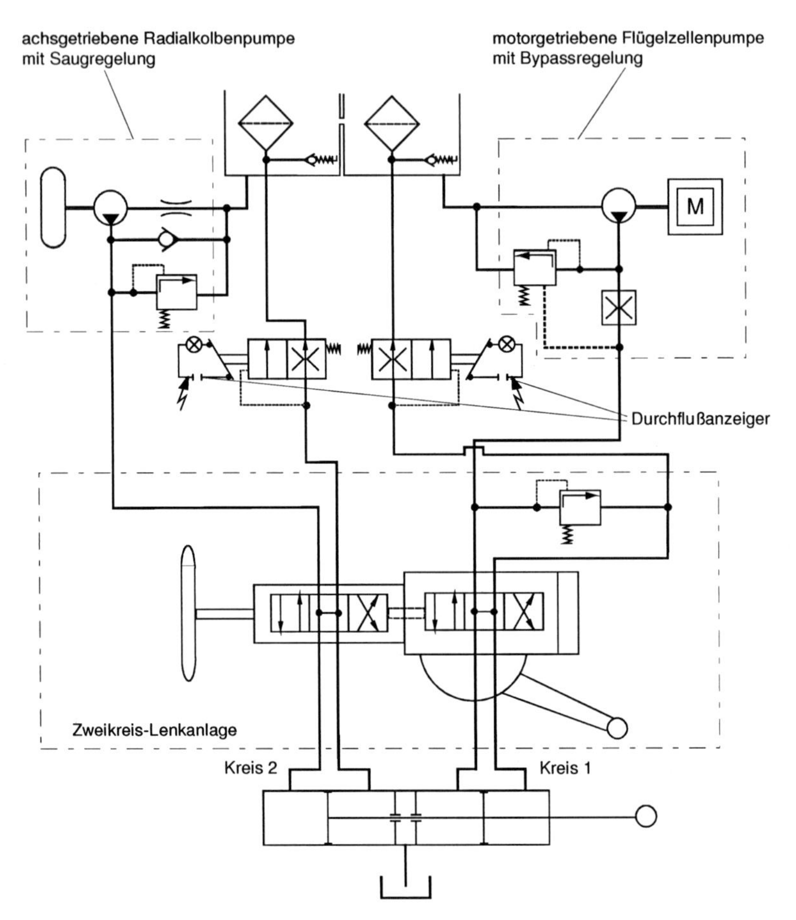

Bild 2.2.19: Zweikreislenkanlage [ELS85]

2.2.2 Hinterradlenkung

Eine zunehmend einsetzende Entwicklung auf dem Lenkungssektor ist die Vierradlenkung, bei der zusätzlich zu den Vorderrädern die Hinterräder gelenkt werden.

Der ursprüngliche Gedanke dabei war, durch einen Gegeneinschlag der Hinterräder zu den Vorderrädern, und damit bedingt einer virtuellen Verkürzung des Radstandes, eine Verringerung des Wendekreises zum Zwecke einer besseren Handlichkeit des Fahrzeuges zu erzielen (vgl. Bild 2.2.20). Auf die Fahrstabilität hat der gegensinnige Lenkeinschlag allerdings einen ungünstigen Einfluß, da die Schräglaufwinkel der Hinterachse bei dieser Lenkrichtung vermindert werden.

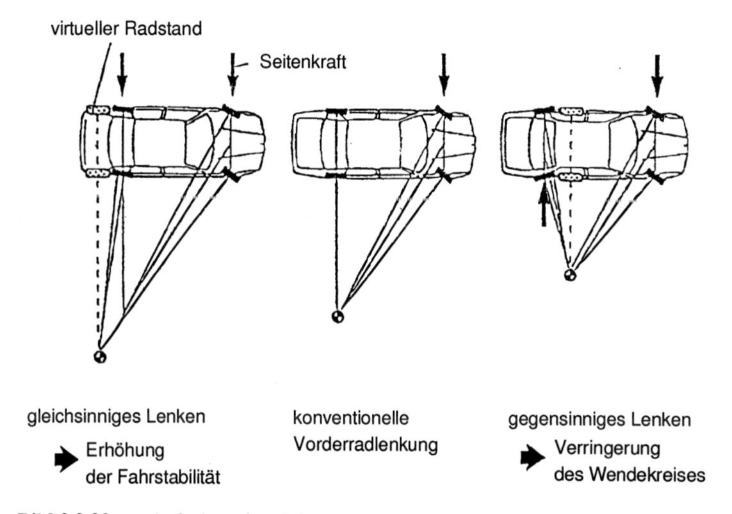

Bild 2.2.20: Aufgaben einer Vierradlenkung

Ein gleichsinniges Einschlagen der Vorder- und Hinterräder ruft eine virtuelle Verlängerung des Radstandes hervor (größerer Wendekreis). Da die Hinterräder allerdings beim Lenken sofort richtig orientierte Seitenkräfte aufbauen können, wird das Giermoment bei plötzlichen Lenkbewegungen, wie z.B. Ausweichmanövern, vermindert. Die Schräglaufwinkel und damit die Reifenseitenkräfte müssen nicht erst durch Aufbau eines Fahrzeug-Schwimmwinkels hervorgerufen werden. Mit dieser Maßnahme wird die Fahrstabilität bei sprungförmigen Lenkeingaben erhöht. Dieser Aspekt einer Stabilisierung des Fahrzustandes bei hohen Geschwindigkeiten steht heute beim Einsatz von Hinterradlenkungen im Vordergrund.

Bei den Hinterradlenkungen werden prinzipiell zwei Ausführungsformen unterschieden, gefesselte und ungefesselte Systeme. Während bei gefesselten Systemen eine starre mechanische Kopplung der Hinterachslenkung an die Vorderachslenkung besteht, ist bei ungefesselten Systemen eine unabhängige Betätigung der Hinterachslenkung über elektronische oder hydraulische Stellelemente möglich.

Um die verschiedenen im Fahrzeug betriebenen hydraulischen Systeme voneinander zu trennen und dennoch eine kompakte Versorgungseinheit zu erhalten, werden sogenannte Tandempumpen oder sogar Dreikreispumpen eingesetzt. Damit können auch unterschiedliche Ölkreisläufe für Vorder- und Hinterradlenkung realisiert werden. Bild 2.2.21 zeigt eine Tandempumpe mit unterschiedlichen Fördervolumina für die beiden Kreise.

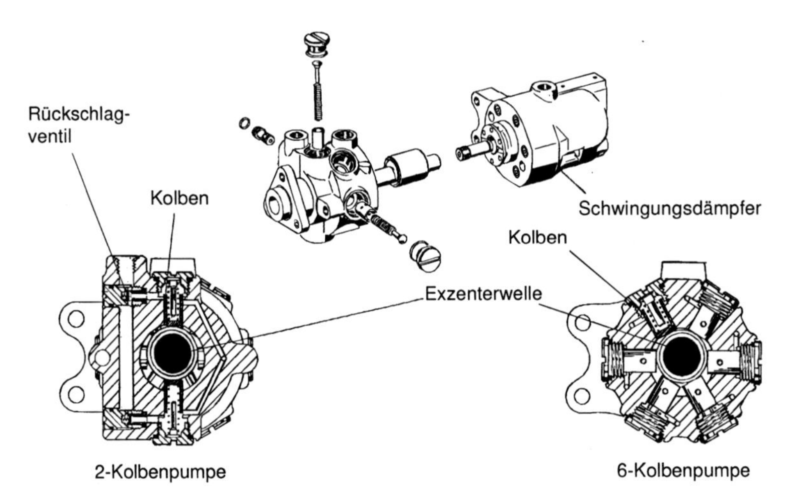

Bild 2.2.21: Tandempumpe (Audi)

2.2.2.1 Vierradlenkung im Personenkraftwagen

Erste aktive Hinterachslenkungskonzepte wurden bereits Anfang der 30er Jahre verwirklicht. Bei diesen Konzepten stand die Erhöhung der Wendigkeit im Vordergrund. Mitte der 60er Jahre wurden diese Entwicklungen von verschiedenen Firmen auch unter dem Aspekt der Fahrstabilität wieder aufgegriffen. Die Ergebnisse wiesen damals wie heute auf geringe erforderliche Radlenkwinkel an der Hinterachse zur Stabilitätserhöhung hin.

Seit 1977 führte Honda eigene Untersuchungen zu einem Vierradlenkungskonzept durch. Vor allem unter dem Aspekt einer günstigen Kosten-Nutzen-Relation wurde ein rein mechanischer Lenkmechanismus entwickelt. Hierbei handelt es sich um ein gekoppeltes System, bei dem der hintere Radlenkwinkel direkt vom vorderen Radlenkwinkel abhängig ist. Bis zu einem Vorderradlenkwinkel von 20 Grad erfolgt der hintere Lenkeinschlag gleichsinnig zu den Vorderrädern, bei größeren Werten gegensinnig, um im Rangierbetrieb die Wendigkeit zu verbessern. Bei gleichsinnigem Lenkeinschlag wurden bis 2° Lenkwinkel der Hinterräder erreicht, bei gegensinnigem Lenkeinschlag bis 7°.

Nissan führte 1985 unter der Produktbezeichnung HICAS (High Capacity Active Suspension) eine Zusatzlenkung auf dem japanischen Markt ein. Sie beschränkte sich in ihrer Funktion auf eine Verbesserung der Fahrtrichtungsstabilität bei höheren Geschwindigkeiten durch einen gleichsinnigen Radeinschlag an Vorder- und Hinterachse. Der maximale Lenkwinkel der Hinterachse war dabei auf 0.5° beschränkt.

Bei diesem System wird der gesamte Hinterachsfahrschemel verschwenkt, indem hydraulische Schwenkzylinder die Fahrschemellager zusammendrücken. Da es sich bei dem System nicht um eine Lenkbetätigung mittels entsprechender Spurstange sondern um Verstellung der Radaufhängung durch Beanspruchung der Elastizitäten handelt, wurde dieses System von Nissan nicht als Vierradlenkung, sondern als aktive Radaufhängung (Active Suspension) bezeichnet. Das technische Prinzip des HICAS-Systems ist in Bild 2.2.22 schematisch dargestellt.

Eine motorgetriebene Tandempumpe versorgt über ihren ersten Hydraulikkreis die Zahnstangenservolenkung der Vorderachse. Der zweite Hydraulikkreis stellt die Druckversorgung für die Stelleinrichtungen der Hinterachse bereit. Zwischen Druck- und Tankleitung dieses zweiten Hydraulikkreislaufes ist ein elektromagnetisches Bypassventil geschaltet, das, von der Fahrgeschwindigkeit gesteuert, einen hydraulischen Bypass zum Tank öffnet oder schließt. Für Fahrgeschwindigkeiten unter 30 km/h schaltet dieses Ventil den Pumpenstrom direkt auf Umlauf zum Tank. Somit wird die Stelleinrichtung der Hinterachse nicht aktiviert. Bei höheren Fahrgeschwindigkeiten wird der Durchlassquerschnitt des Bypassventils kontinuierlich verringert und ein zunehmender Volumenstrom steht dem Stellsystem zur Verfügung. Der Proportionalitätsfaktor zwischen Vorder- und Hinterachslenkwinkeln wird in Abhängigkeit vom aufgebrachten Lenkmoment festgelegt.

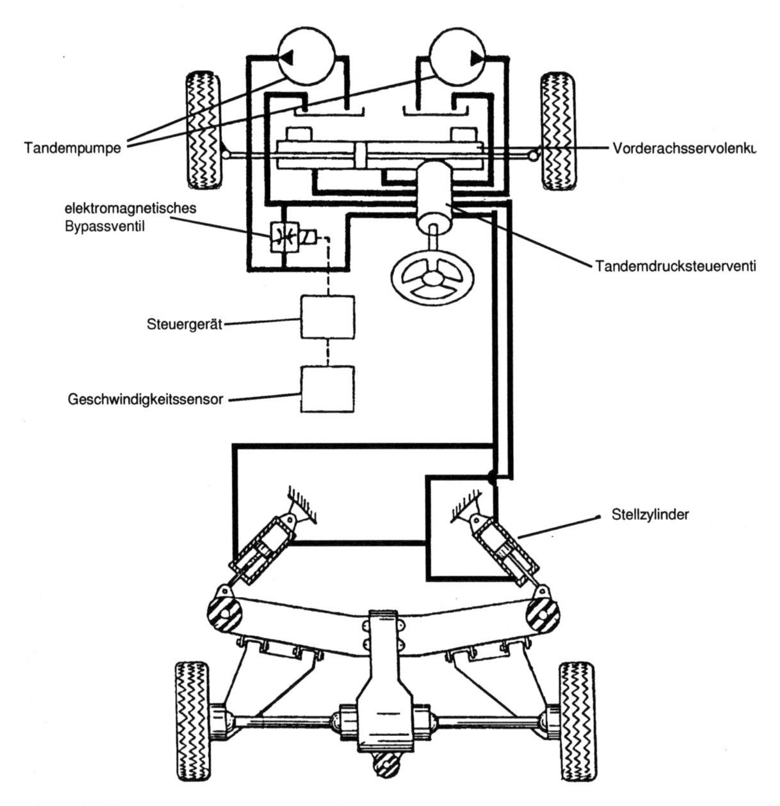

Bild 2.2.22: HICAS-System von Nissan

Die von der Firma Nissan in ihrem Forschungsfahrzeug ARC-X vorgestellte Super-HICAS-Steuerung geht vom Aufwand wesentlich weiter (vgl. Bild 2.2.23). Vorderachse und Hinterachse werden durch getrennte Elektroniken mit hydraulisch aufgebrachten Lenkwinkeln zusätzlich zum Fahrerwunsch bewegt. Der Bordcomputer kann dazu Stellsignale an die Hinterachs-Lenkeinheit geben, die beim Ausweichmanöver die Hinterräder zunächst einen Moment in Gegenrichtung und sodann gleichsinnig ausschwenken läßt. Der Aufbau der Giergeschwindigkeit wird damit forciert.

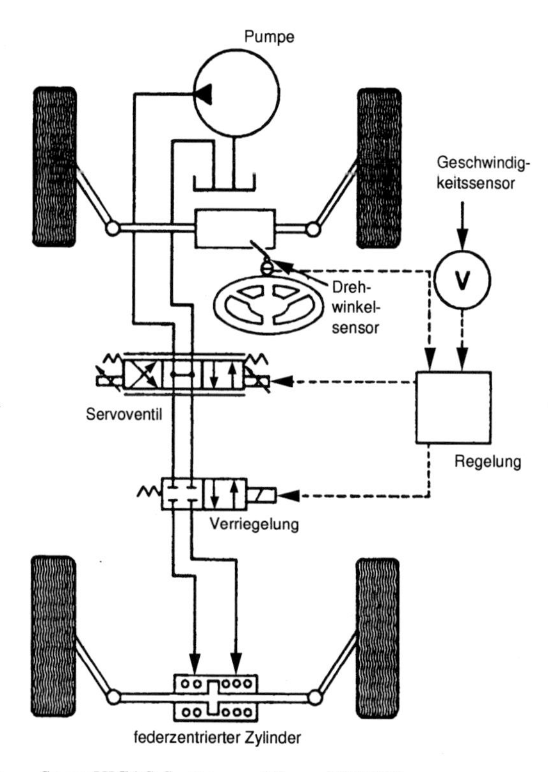

Bild 2.2.23: Super-HICAS-System von Nissan [SAN88]

Wesentlich ist zudem die Tatsache, daß auch das Ventil der Vorderachslenkung durch den Bordcomputer angesteuert werden kann. Dies bedeutet, daß das System nicht nur eine wendekreisvermindernde oder stabilitätserhöhende Strategie bei der Hinterachslenkung verwirklichen kann, sondern ebenso durch kurzzeitig verstärkte Lenkwinkel der Vorderräder den schnellen Aufbau von Seitenkräften unterstützen und so das Fahrverhalten beeinflussen.

Im Jahr 1987 wurde von der Firma Mazda eine Allradlenkung unter dem Namen 4WS angekündigt und auch ausgeführt, die die Fahrgeschwindigkeit in der Regelungslogik berücksichtigt. Das System beinhaltet mechanische, elektrische und hydraulische Komponenten und berücksichtigt sowohl die Forderung nach einer Verkleinerung des Wendekreises durch gegensinniges als auch die nach einer Erhöhung der Fahrstabilität bei höheren Geschwindigkeiten durch gleichsinniges Einschlagen der Hinterräder. Die Kennlinie des Hinterradeinschlags mit stetiger Änderung des Proportionalitätsfaktors zwischen Vorder- und Hinterradlenkwinkeln wird ansteuerungstechnisch durch die in Bild 2.2.24 gezeigte sogenannte Phasensteuerung verwirklicht. Dazu wird die Lenkbewegung mechanisch von der Vorderachse auf die Hinterachse übertragen.

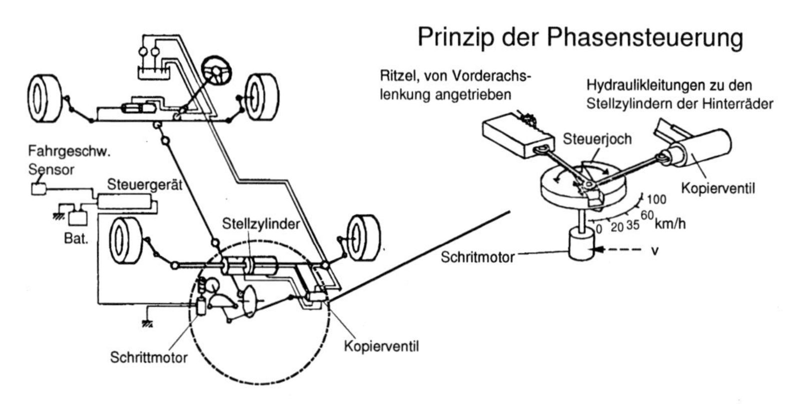

Bild 2.2.24: Mazda 4WS-System [FER87, SAU88]

Die Stellenergie zum Bewegen der Hinterräder kommt ausschließlich aus einer motorgetriebenen Servopumpe. Die Fahrgeschwindigkeit wird sensiert und in einer Elektronik so aufbereitet, daß sie als Eingangssignal für einen Schrittmotor verwendet werden kann. Dieser Schrittmotor verstellt einen Getriebemechanismus. Das Getriebe sorgt für die fahrgeschwindigkeitsbewertete Umsetzung der von der Vorderachse kommenden Lenkbewegung auf ein Kopierventil. Dieses gibt den Stellweg vor, der vom Stellzylinder nachgefahren wird. Als Lenkbewegungen können bezogen auf die Vorderräder sowohl gegensinnige Hinterradeinschläge (Verminderung des Wendekreises) als auch gleichsinnige Radeinschläge (Stabilitätsgewinn) erzeugt werden.

Mitsubishi entwickelte eine vollhydraulische Allradlenkung, die mit der Bezeichnung Active-Four im Mitsubishi Galant 1987 auf den Markt kam (Bild 2.2.25). Eine von zwei getrennten Pumpen versorgt einen Speicher und ist sowohl mit der Zahnstangenservolenkung der Vorderachse als auch mit den Kopfseiten des Steuerventils der Hinterradlenkung verbunden, um für die Hinterradlenkung eine reine Steuerfunktion auszuüben.

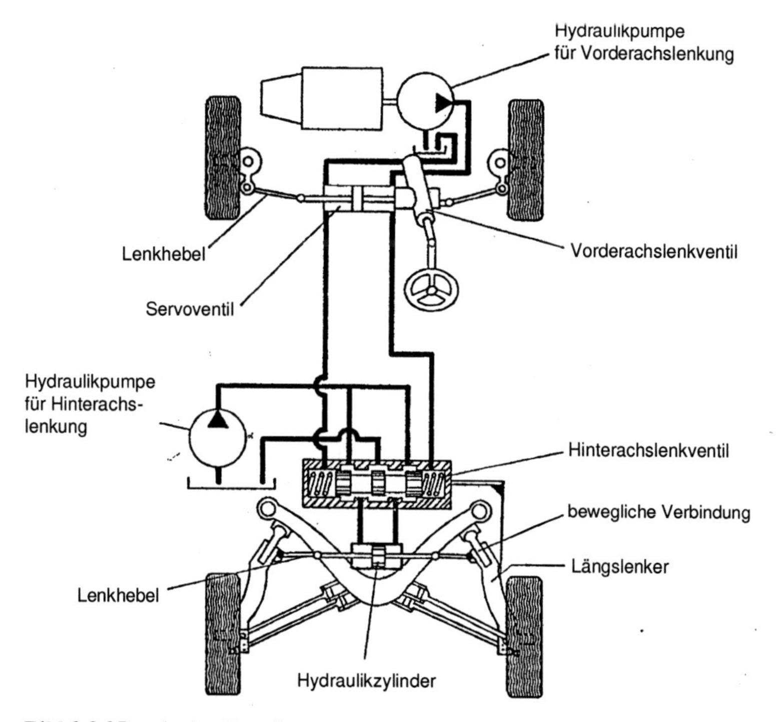

Bild 2.2.25: Active-Four System von Mitsubishi [FER87]

Die zweite Pumpe wird durch das Differentialgetriebe des mit Allradantrieb versehenen Fahrzeugs angetrieben und bringt ein geschwindigkeitsabhängiges Signal (= Volumenstrom) in das Steuerventil ein. Sie versorgt den Arbeitszylinder der Hinterradlenkung mit dem benötigten Volumenstrom. Der mechanische Lenkvorgang erfolgt durch Schwenken der Längslenker der Radführung. Diese Bewegung wird durch zwei kurze Laschen ermöglicht, die Lenker und Fahrschemel miteinander verbinden. Die Kolbenstange mit gelenkigen Endstücken dient als Spurstange für die beiden Lenkköpfe. Der Lenkeinschlag der Vorderräder und die Fahrgeschwindigkeit bestimmen den Hinterradlenkwinkel. Er beträgt maximal 1.5°. Das System verwirklicht nur eine gleichsinnige Auslenkung der Radpaare zur Erhöhung der Fahrtrichtungsstabilität. Die Hinterradlenkung wird erst ab einer Fahrgeschwindigkeit von 50 km/h aktiviert.

Seit Ende 1992 bietet BMW in den 850-Modellen eine Hinterradlenkung an, die als AHK (Aktive-Hinterachs-Kinematik) bezeichnet wird und in Bild 2.2.26 gezeigt ist.

Die Eingangsgrößen dieses rein elektro-hydraulischen Systems sind der Lenkradwinkel und die Fahrgeschwindigkeit, die aus Gründen der Systemsicherheit jeweils redundant gemessen werden. Ein mit ebenfalls redundanten Mikroprozessoren bestücktes Steuergerät berechnet aus diesen Größen den je nach Fahrzustand optimalen Einschlagwinkel der Hinterräder sowie die optimale Zeitabhängigkeit, mit der die Hinterrad-Einschlagwinkel eingestellt werden.

In einer Aussparung in der Mitte des hinteren Achsschemel-Querträgers ist die elektrohydraulische Stelleinheit integriert. Die Linearbewegung des Stellzylinders wird auf einen Zwischenhebel übertragen, der den inneren Lagerpunkt des Federlenkers aufnimmt und die Radlast am Hinterachsträger abstützt. Der Zwischenhebel definiert über die Anlenkpunkte von Stellzylinder und Federlenker die Übersetzung zwischen Stellgliedhub und Federlenkerbewegung. Die Bewegung des Federlenkers wird direkt am Radträger in einen Lenkwinkel der Hinterräder umgesetzt. Der Verstellbereich der Hinterradlenkung umfaßt ±2°. Bei diesem System handelt es sich also um eine Lenkung, bei der der Federlenker die Funktion der Spurstange übernimmt. Die Elastokinematik bleibt nahezu unbeeinflußt, da nur geringe Verspannungen der Gummilager auftreten.

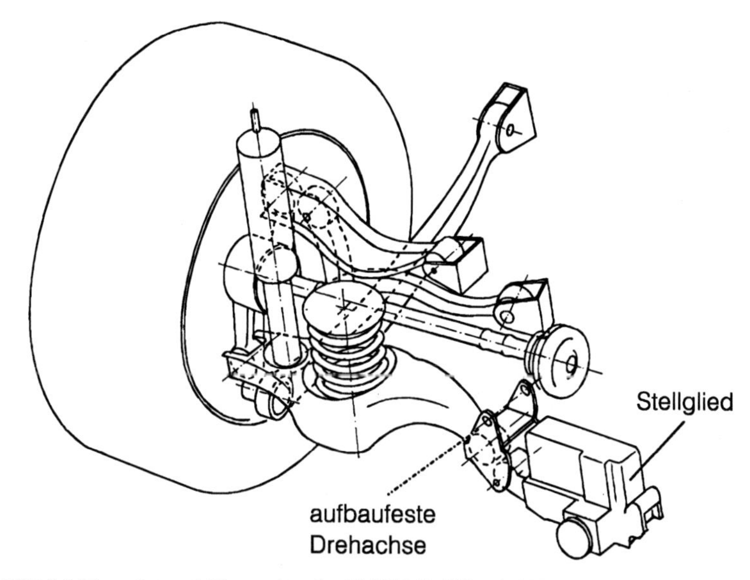

Bild 2.2.26: Integral-Hinterachse des BMW 850 CSi mit AHK (BMW)

Der berechnete Einschlagwinkel der Hinterräder wird mit Hilfe eines elektrohydraulischen Positionsregelkreises eingestellt. Die Stellbewegung wird durch ein elektrohydraulisches Stellglied ausgeführt, das die Stellposition über ebenfalls redundante Weggeber zurückmeldet. Die Stellenergie wird von einer motorgetriebenen Radialkolbenpumpe erzeugt, die mit der Flügelzellenpumpe der normalen Servolenkung und der Radialkolbenpumpe der Niveauregulierung eine Baueinheit in Form einer Dreikreispumpe bildet [DON92].

Die in Bild 2.2.27 dargestellte elektrohydraulische Stelleinheit birgt auf kleinem Bauraum das gesamte hydraulische Steuer- und Sicherheitssystem der Anlage.

Das 4-Wege-Proportionalventil steuert den Stellzylinder über die Anschlüsse A und B an. In den Zuleitungen zum Zylinder ist jeweils ein stromlos geschlossenes 2/2-Wege-Sperrventil vorgesehen. Mit diesen Ventilen kann der Arbeitskolben hydraulisch geklemmt werden. Die Ventile schließen sich bei Ausfall der Stromversorgung automatisch und stellen damit den sicheren Zustand her.

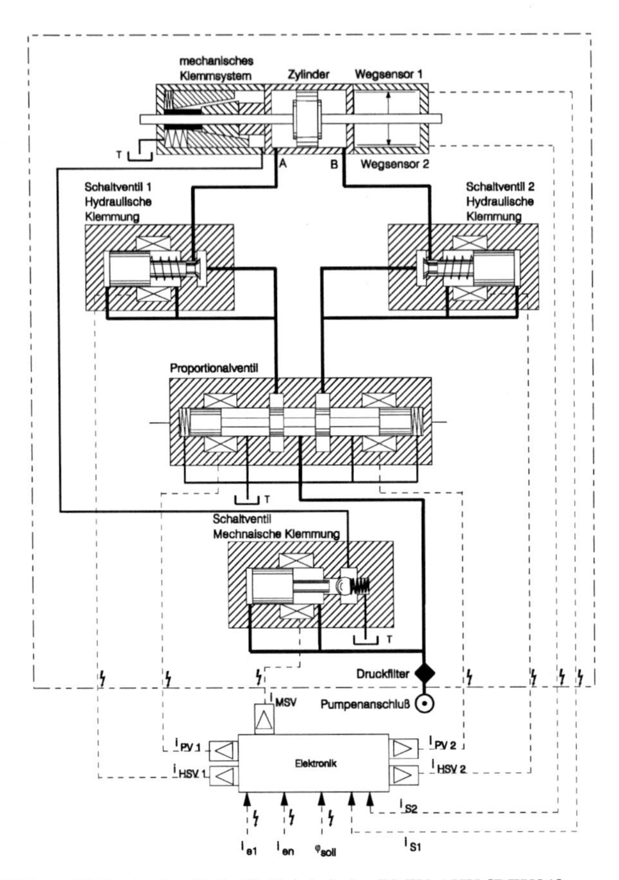

Bild 2.2.27: Elektrohydraulische Stelleinheit der BMW-AHK [REX91]

Als weitere redundante Sicherheitseinrichtung wurde ein mechanisch wirkendes Klemmsystem vorgesehen. Dabei wird der Arbeitskolben über einen federvorgespannten Reibkonus mechanisch geklemmt. Die Klemmung wird mit Öldruck über ein weiteres, elektrisch betätigtes 3/2-Wege-Schaltventil aufgehoben. Dieses Schaltventil ist konstruktiv ebenfalls so ausgelegt, daß der stromlose Zustand zur Klemmung führt. Bei einem Ausfall der Hydraulikversorgung schließt sich die Klemmung durch die Federvorspannung automatisch und stellt so den sicheren Zustand her.

Damit das Steuergerät zu jeder Zeit die Position des Arbeitskolbens genau und sicher feststellen kann, wurde auch der Wegsensor, über den der Lageregelkreis geschlossen wird, mechanisch und elektrisch redundant ausgeführt.

Zur Kostenoptimierung wurde in zwei weiteren Entwicklungsstufen die Komplexität reduziert. Bei der AHK 2 wurde statt des Gleichgangzylinders ein Differentialzylinder eingesetzt, wodurch sich das 4-Wege-Proportionalventil durch ein 3-Wege-Ventil ersetzen läßt. Zudem wurden weitere Hydraulikkomponenten eingespart. Die AHK 3 verzichtet auf eine hydraulische Klemmung und setzt stattdessen einen federzentrierten Stellzylinder ein, der bei Systemausfall in die Mittellage fährt.

Citroen hat in seinem Forschungsauto 'Activa' eine unkonventionelle Lenkung unter konsequenter Anwendung elektrohydraulischer Stellglieder demonstriert (Bild 2.2.28). Alle vier Räder werden einzeln gelenkt und sind nicht durch eine Lenkachse verbunden. Ein solches 'steer-by-wire'-System erfüllt nicht die zur Zeit vorgeschriebenen gesetzlichen Bestimmungen.

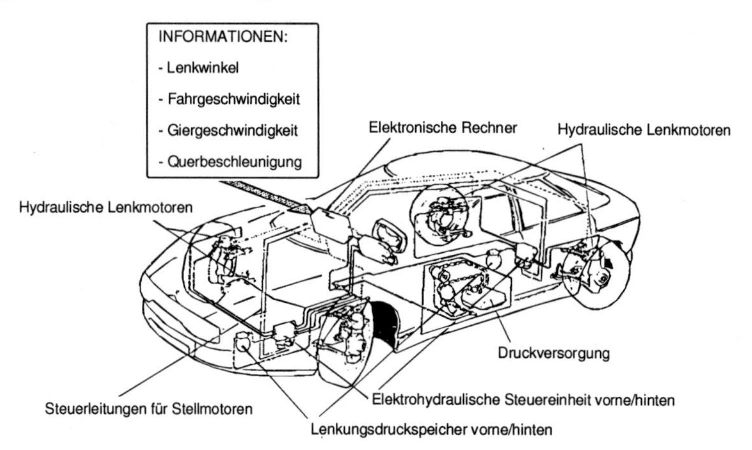

Bild 2.2.28: Elektrohydraulische Einzelradlenkung des Activa von Citroen [SAN87]

Der "Lenkungsrechner" verarbeitet zur Ansteuerung der Hydraulikantriebe die Signale von Lenkwinkel, Lenkwinkelgeschwindigkeit, Gierwinkelgeschwindigkeit, Fahrgeschwindigkeit und Querbeschleunigung. Die Hinterräder werden in Abhängigkeit von der Fahrgeschwindigkeit gegen- oder gleichsinnig ausgeschwenkt. Mit den relativ weit auslenkbaren Hinterrädern kann auch engster Parkraum im 'Krebsgang' erreicht werden.

2.2.2.2 Gelenkte Zusatzachsen im Nutzfahrzeug

Da für schwere Nutzfahrzeuge das Gesamtgewicht in Abhängigkeit von der Achszahl und deren Konstruktion festgelegt ist, werden diese Fahrzeuge häufig mit zusätzlichen Hinterachsen, sogenannten Vor- bzw. Nachlaufachsen ausgerüstet. Diese Achsen sind nicht angetrieben. Zur Verbesserung der Handling-Eigenschaften und Verminderung des Reifenverschleißes werden die Zusatzachsen in Sonderfällen gelenkt ausgeführt.

Die hydraulische Umsetzung dieser Forderung zeigt das Nachlaufachslenksystem der Firma ZF (Bild 2.2.29), das seit 1996 im Nutzfahrzeugbereich eingesetzt wird.

Das System besteht aus zwei Arbeitszylindern und einem Hydrospeicher.
Der Vorderachszylinder ist in Doppelkolbenbauweise ausgeführt. An den Zylinderenden wird der jeweilige Druck durch das Lenkventil eingesteuert. Die inneren Zylinderräume dienen als Ansteuersystem für den Hinterachslenkzylinder. Dadurch wird die Lenkbewegung der Vorderachse hydrostatisch auf die Hinterachse übertragen. Die Übersetzung zwischen den Achsen wird wegen des standardisierten Zylinderquerschnitts durch die Hebellängen festgelegt.

Im Arbeitszylinder an der Vorderachse ist eine automatische Synchronisierungseinrichtung integriert. Bei kleinen Lenkwinkeln der Vorderachse sind beide Zylinderräume zur Ansteuerung des Hinterachszylinders kurzgeschlossen. Innerhalb dieses kleinen Lenkwinkels der Vorderachse wird die Hinterachse durch eine hydraulische Zentriereinrichtung im Arbeitszylinder an der Hinterachse auf Geradeausfahrt gestellt und gehalten. Durch diesen Vorgang können evtl. auftretende hydrostatische Versätze durch geringste Dichtungsleckagen in den Zylindern kompensiert werden. Hierbei spricht man von einer automatischen Synchronisation.

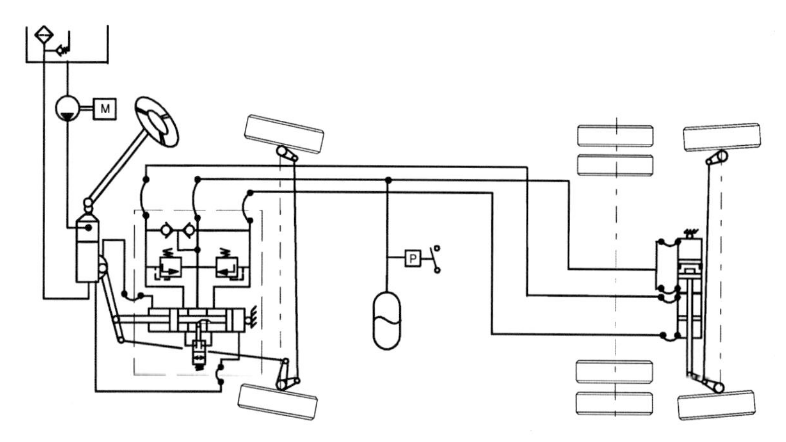

Bild 2.2.29: Hydraul. Lenksystem für Zusatzachsen im Nutzfahrzeug von ZF [ZF94]

Bei größeren Lenkwinkeln der Vorderachse werden die Zylinderräume des Steuerzylinders hermetisch getrennt. Das heißt, bei diesen Lenkwinkeln ist die hydrostatische Lenkung in Funktion.

Dem hydrostatischen System ist ein Druckspeicher zugeordnet. Dieser Druckspeicher hat die Aufgabe, die Steifigkeit des hydrostatischen Übertragungssystems zu verbessern, indem die Übertragungsleitungen durch den Zentrierdruck vorgespannt sind. Der Zentrier- und Vorspanndruck liegt bei ca. 10 bar. Das hydrostatische System ist durch eine integrierte Druckbegrenzung gesichert [ZF94].

2.2.3 Fahrdynamik - Regelsystem

Nach der Einführung von ABS (1978) und ABS/ASR (1986) hat Bosch 1995 ein neues Regelsystem eingeführt, das zur Stabilisierung eines Pkw im querdynamischen Grenzbereich dient. Mit dem FDR-System (Fahrdynamikregelung) können durch gezielte Abbremsung einzelner Räder Giermomente erzeugt werden, die dem durch einen kritischen Fahrzustand entstandenen Giermoment entgegenwirken. Das System baut weitgehend auf den für ABS und ASR benötigten Komponenten auf.

Für eine einwandfreie Regelung ist ein ausreichend schneller Aufbau der Druckkräfte in den Radbremsen notwendig. Problematisch sind in diesem Zusammenhang die niedrigen Kfz-typischen Temperaturen, bei denen die Viskosität der Bremsflüssigkeit drastisch zunimmt. Das realisierte Hydraulikkonzept zeigt Bild 2.2.30. Die Sicherstellung der Förderleistung der Rückförderpumpen bei Aktiveingriffen wird durch die Vorladeeinheit erreicht. Die Vorladepumpe darf dabei aber nicht direkt den Rückförderpumpen (RFP) vorgeschaltet werden, da sonst die Bremskreise geöffnet werden. Der Hauptbremszylinder ist durch die Ladekolbeneinheit vom unten im Bild dargestellten ABS/ASR-Steuerkreis getrennt. Bei aktivem Bremsdruckbedarf wird die Vorladepumpe eingeschaltet, die dann Bremsflüssigkeit zur Ladekolbeneinheit fördert. Die Flüssigkeit bewegt die Kolben der Ladekolbeneinheit auseinander. Dadurch werden die Zentralventile der Kolben mechanisch geschlossen und es wird Bremsflüssigkeit von der Ladekolbeneinheit zur ABS/ASR-Hydraulik gepreßt. Somit wird ein schneller Druckaufbau auch bei niedrigen Temperaturen sichergestellt.

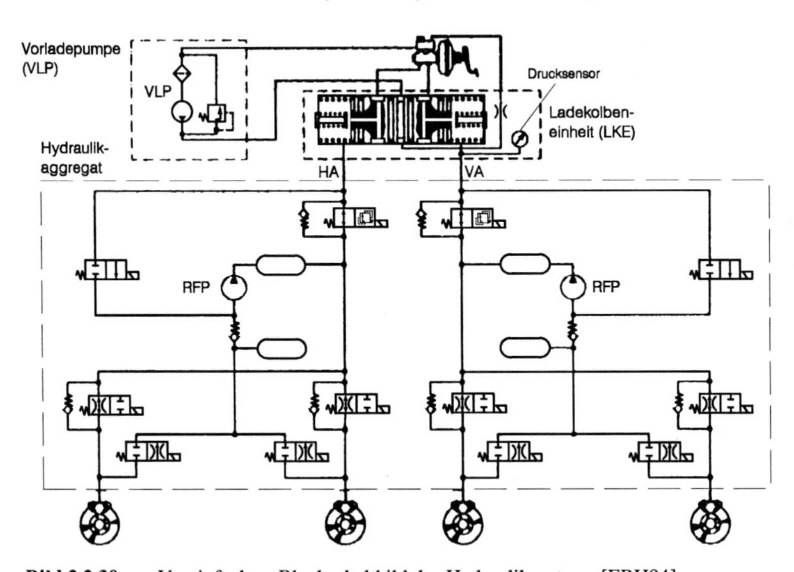

Bild 2.2.30: Vereinfachtes Blockschaltbild des Hydrauliksystems [ERH94]

Der Bremseingriff bleibt während eines Regelungsvorganges möglich, da der Bremsdruck des Hauptbremszylinders die Zentralventile der Ladekolbeneinheit öffnet, wenn im Hauptbremszylinder ein höherer Bremsdruck als im Bremskreis anliegt. Die Ladekolbeneinheit wurde prinzipiell (eine Seite) bereits in Bild 2.1.102 vorgestellt.

2.2.4 Literaturangaben

[CIT86] N.N.
Hydraulik Automobiles Citroen
Neuilly-sur-Seine, 1986

[DON92] DONGES, E.; WALLENTOWITZ, H.; WIMBERGER, J.
Die Aktive-Hinterachskinematik (AHK) des BMW 850Csi
ATZ 1992, S618 ff

[ELS85] ELSNER, D.
Lenkanlagen für Linienbusse
Verkehr und Technik, 1985, Heft 9

[ERH94] ERHARDT, R.; PFAFF, G.; VAN ZANTEN, A.
FDR-Die Fahrdynamikregelung von Bosch
ATZ 1994, S.674 ff

[FER87] FERSEN, O.
Im Quartett Japan-Trend Vierradlenkung
Mot-Technik, 19/1987

[KRA79] N.N.
Hydraulik-Lenkungen, was kann die Werkstatt tun?
Krafthand, Heft 12, Juni 1979

[KRÜ84] KRÜGER, H. W.; TEUBLER, H.
Moderne Lenkhelfpumpen
Tagungsband des 6. AFK, Aachen 1984

[LAN95] LANG, A.
Alternative energiesparende Servolenksysteme
Hydraulik und Pneumatik in der Fahrzeugtechnik, Haus der Technik, Essen, Februar 1995

[PAT91] PATZELT, H.; PEITSMEIER, K.; RÖHRINGER, A.
Die Lenkanlage der neuen Mercedes-Benz S-Klasse
ATZ 1991, S. 416 ff

[REX91] N.N.
Erfahrungen mit serienreifem, elektrohydraulischem Stellsystem für Hinterachskinematik (BMW AHK), Mannesmann Rexroth im Haus der Technik, Essen, 1991

[SAN88] SANDER, R.
Forschungsauto Nissan ARC-X
Mot-Technik, 10/1988

[SAN87] SANDER, R.
Forschungsauto Citroen Activa
Mot-Technik, 1987

[SAU88] SAUER, H.
Da geht's lang
Auto Motor Sport, 17/1988

[WAL95] WALLENTOWITZ, H.
Kraftfahrzeuge II
Umdruck zur Vorlesung, ika der RWTH Aachen 1995

[ZFSER] N.N.
Produktbeschreibung der Firma Zahnradfabrik Friedrichshafen zu verschiedenen Hydrolenkungen und Pumpen
ZF, Schwäbisch Gmünd

[ZF94] N.N.
Produktinformation der Zahnradfabrik Friedrichshafen zu einem Nkw-Nachlaufachslenksystem
ZF Schwäbisch Gmünd, Nov. 1994

2.3 Vertikaldynamik

Fahrbahnen für Kraftfahrzeuge sind mehr oder weniger uneben. Diese Unebenheiten verursachen beim Befahren Vertikalbewegungen von Fahrzeug und Insassen. Der Ausgleich der Unebenheiten verlangt primär ein Element zwischen Fahrbahn und Fahrzeugaufbau (Passagier), dessen Länge veränderlich ist. Ob und in welcher Weise bei dessen Längenänderungen auch Rückstellkräfte auftreten müssen, ergibt sich aus den teilweise gegensätzlichen Anforderungen an die Federung.

Zum einen ist z.B. beim Befahren von Unebenheiten relativ geringer Amplitude (bezogen auf den verfügbaren Federweg) u.U. eine Längenänderung der Federelemente nahezu ohne Rückstellkräfte erwünscht, um die Aufbaubeschleunigungen gering zu halten. Zum anderen sind beim Befahren von größeren Unebenheiten Rückstellkräfte erforderlich, um das Niveau des Aufbaus bezüglich der Fahrbahn konstant zu halten und ein Durchschlagen der Federung zu vermeiden.

Ein grundsätzliches Problem der Federungsabstimmung ist also die Dosierung der Rückstellkräfte.

Das technologisch einfachste und gebräuchlichste längenveränderliche Element ist die Feder, deren Rückstellkraft eine Funktion der Längenänderung ist. Sie wird zur Abfederung von Kraftfahrzeugen verwendet. Als Folge entstehen mit den beteiligten Massen schwingungsfähige Systeme, die ihrerseits zusätzliche dämpfende Elemente erfordern.

Die Aufgaben des Federungs- und Dämpfungssystems lauten:

- Abstützen des Aufbaus
- Isolieren des Aufbaus gegenüber der Störgröße 'Fahrbahnunebenheiten'
- Aufrechterhalten des Kontaktes zwischen Rad und Fahrbahn

Es handelt sich hierbei um Aufgaben, die sich den Kriterien Fahrkomfort und Fahrsicherheit zuordnen lassen. Aus den Aufgaben ergeben sich die Anforderungen an die Federungs- und Dämpfungssysteme:

- geringe Aufbaubeschleunigungen

- geringe Radlastschwankungen
- geringe Wank- und Nickbewegungen
- beladungsunabhängige Schwingungseigenschaften
- beladungsunabhängiges Fahrzeugniveau

Für die Fluidtechnik bietet sich hier ein breites Anwendungsgebiet. So sind heute nahezu alle Schwingungsdämpfer aus hydraulisch arbeitenden Komponenten aufgebaut. Als Federelemente werden bereits in einigen Pkw und in vielen Nutzfahrzeugen reine Luftfederungen eingesetzt, während die sogenannte Hydropneumatik bereits seit vielen Jahren im Einsatz ist. Dazu kommen die in den letzten Jahren vorgestellten adaptiven und aktiven Systeme, bei denen entweder die Dämpferkraft, die Federkraft oder auch beides beeinflußt werden kann. Sollen solche Systeme schnell und flexibel reagieren, so werden die hydraulischen Komponenten durch ihre Vorzüge bzgl. hoher Verstellgeschwindigkeit und geringem Leistungsgewicht besonders hervorgehoben.

2.3.1 Schwingungsdämpfer

Die oft als 'Stoßdämpfer' bezeichneten Schwingungsdämpfer unterscheiden sich grundsätzlich durch die Art der Reibung, die die Umwandlung von Schwingungsenergie in Wärme bewirkt (Bild 2.3.1).

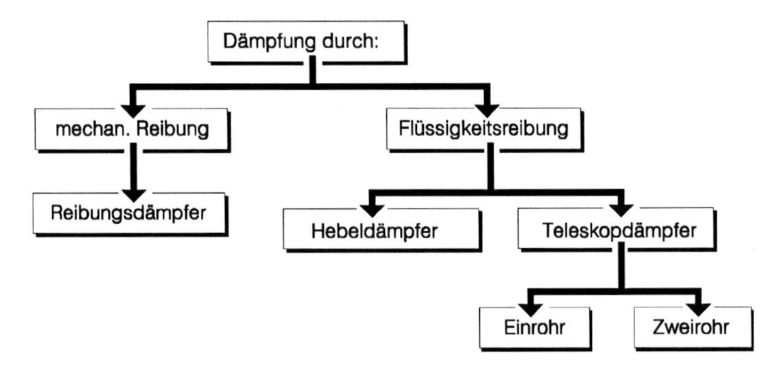

Bild 2.3.1: Verschiedene Stoßdämpferarten

Während Stoßdämpfer anfangs mit mechanischer Reibung arbeiteten, setzte sich im Laufe der Entwicklung der Flüssigkeitsdämpfer durch, da der hier gegebene exponentielle Zusammenhang zwischen Dämpferkraft und Einfedergeschwindigkeit eine bessere Anpassung der Dämpferkennlinien an das Schwingungssystem Fahrzeug erlaubt, eine unsymmetrische Auslegung von Zug- und Druckstufe mit relativ geringem Aufwand ermöglicht und diese Dämpfer ein besseres Ansprechverhalten aufweisen.

Bei Stoßdämpfern mit Flüssigkeitsreibung kannte man zunächst die Hebeldämpfer. Bei diesen Dämpfern wirkte ein häufig auch als Querlenker verwendeter Hebel über einen Betätigungsnocken auf einen Kolben, der Öl durch ein Ventil preßt.

Der heute ausschließlich eingesetzte Teleskopdämpfer hat die Grundform eines hydraulischen Zylinders, der durch die von außen aufgezwungene Bewegung einen Volumenstrom zwischen den Zylinderräumen erzeugt. Dieser Volumenstrom wird über einen Widerstand geleitet, so daß sich eine dem jeweiligen Volumenstrom entsprechende Druckdifferenz ergibt. Daraus resultiert die Dämpferkraft. Der Schwingungsdämpfer entzieht dem System Bewegungsenergie und setzt sie über Strömungsenergie in Wärme um, die an die Umgebung abgeleitet wird.

2.3.1.1 Grundbauformen

Bei den Teleskopdämpfern unterscheidet man nach Zweirohr- und Einrohrsystem. Bild 2.3.2 zeigt den prinzipiellen Aufbau beider Systeme.

Beim **Einrohrdämpfer** wird das von der Kolbenstange verdrängte Flüssigkeitsvolumen durch Komprimieren eines im Dämpfer eingeschlossenen Gasvolumens aufgenommen. Entweder kann die Einbaulage so gewählt werden, daß keine Trennung zwischen dem Öl- und dem Gasvolumen notwendig wird (Gasvolumen oben, Kolbenstange nach unten). In diesem Fall wird lediglich eine Prallscheibe eingebaut, die das in den oberen Teil des Arbeitsraums strömende Öl bremst und beruhigt. Dadurch wird ein Eindringen von Ölstrahlen in den Gasraum und damit ein Verschäumen des Öls verhindert. Bei der zweiten Bauart ist das Gasvolumen durch einen beweglichen Trennkolben vom Öl getrennt. Die Einbaulage des Dämpfers ist in diesem Fall beliebig.

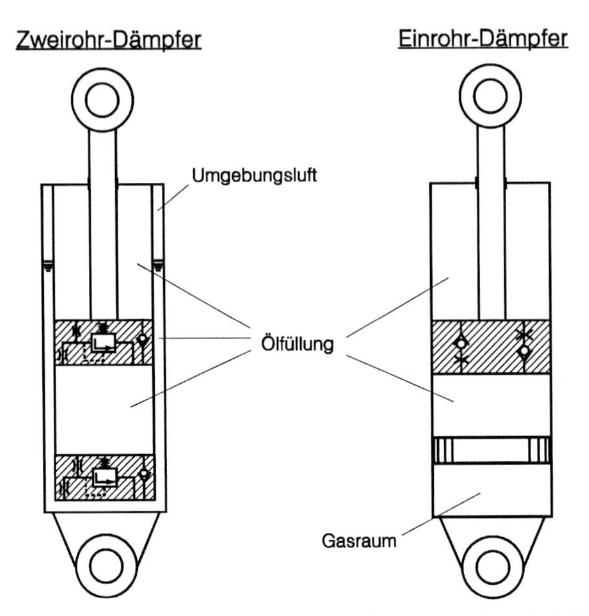

Bild 2.3.2: Schematischer Aufbau hydraulischer Schwingungsdämpfer in Einrohr- und Zweirohrbauart.

Die vom Gasdruck auf die Dämpferkolben-Fläche ausgeübte Gaskraft muß größer sein als die maximale Dämpferkraft, da ansonsten bei schlagartigen Kolbenbewegungen das Gas komprimiert würde, während in dem dem Gasvolumen gegenüberliegenden Teil des Dämpferarbeitsraums der Druck auf 0 bar abfiele. Dies würde bei plötzlicher Richtungsumkehr der Kolbenstangenbewegung zu kurzzeitigem Aussetzen des Dämpfers und zu Kavitationserscheinungen an den Kolbenventilen führen.

Der Gasdruck beträgt üblicherweise 30-40 bar. Die vom Gasdruck auf die Fläche des Kolbenstangenquerschnitts ausgeübte Gaskraft bedingt eine Ausfahrkraft der Kolbenstange, die bei der Auslegung der Aufbaufederung berücksichtigt werden muß.

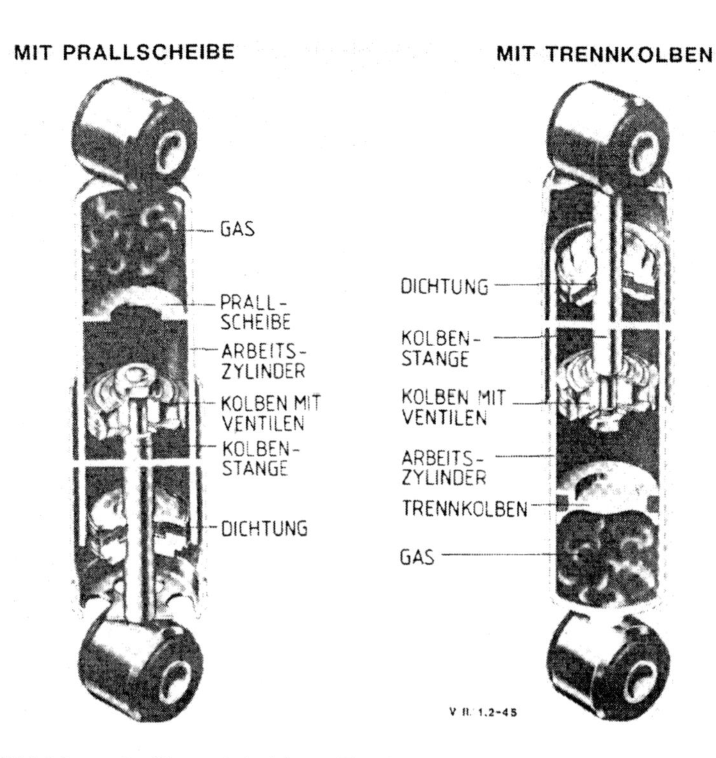

Bild 2.3.3: Ausführungsbeispiele von Einrohrdämpfern [WAL95]

Beim **Zweirohrdämpfer** wird das von der eintauchenden Kolbenstange verdrängte Flüssigkeitsvolumen über das Bodenventil in den als Ausgleichraum dienenden Mantelraum zwischen Innen- und Außenrohr gedrückt und beim Ausfahren der Kolbenstange zurückgesaugt. Im nicht bewegten Zustand ist der Flüssigkeitsdruck gleich dem Umgebungsdruck.

Um Kavitationserscheinungen an den Ventilen zu unterdrücken, kann Dämpfungsarbeit jeweils nur von den Ölströmen geleistet werden, die nicht gerade in einen sich vergrößernden Teil des Arbeitsraumes nachgesaugt werden.

Beim Zusammendrücken des Zweirohrdämpfers leistet also im wesentlichen der Teil des Ölstromes aus dem unteren Arbeitsraum Dämpfungsarbeit, der aufgrund des Eintauchens der Kolbenstange durch das Bodenventil in den Mantelraum gedrückt wird, während der andere Teil nahezu widerstandslos in den oberen Arbeitsraum fließt.

Beim Auseinanderziehen des Zweirohrdämpfers wird die Dämpfungsarbeit dagegen von dem Ölstrom geleistet, der über das Kolbenventil aus dem oberen Teil des Arbeitsraumes in den unteren strömt, während der Anteil am Ölvolumen, der aufgrund der ausfahrenden Kolbenstange aus dem Vorratsraum zurückfließen muß, nahezu widerstandslos durch die Bodenventile strömt.

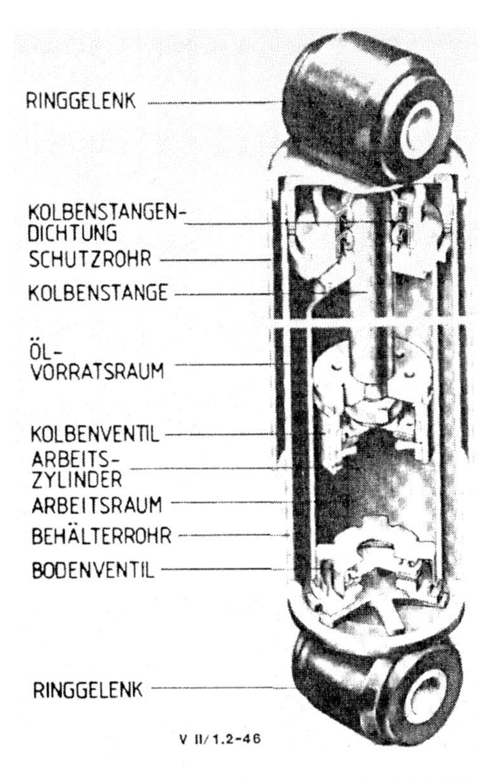

Bild 2.3.4: Ausführungsbeispiel eines Zweirohrdämpfers [WAL95]

Die Einbaulage für Zweirohrdämpfer ist in gewissen Toleranzen vorgegeben, da sichergestellt sein muß, daß am Bodenventil immer Öl ansteht. Aus diesen Gründen sind für Normalausführungen die Einbauschräglagen auf 45° aus der Vertikalen beschränkt.

Vergleicht man Einrohr- und Zweirohrdämpfer, so ergibt sich die folgende Bewertung

Vorteile eines Einrohrdämpfers

- größere Ölmenge bei gleichem Einbauraum
- bessere Wärmeableitung
- bei gleichem außen-∅ und gleicher Kraft nur geringere Öldrücke (größerer Kolben)
- beliebige Einbaulage bei Verwendung eines Trennkolbens
- geringer Geräuschpegel

Vorteile eines Zweirohrdämpfers

- geringere Kosten aufgrund größerer möglicher Fertigungstoleranzen
- hohe Lebensdauer, da keine oder nur geringe Ruhedrücke auftreten (Leckage)

Wie bereits erwähnt, arbeiten die heute eingesetzten Dämpfer ausnahmslos auf hydraulischer Basis. Die Dämpferkraft F_D ist eine Funktion der Einfedergeschwindigkeit und folgt dabei der Beziehung:

$$F_D = -\text{sign}\left(\dot{z}_{rel}\right) \cdot k \cdot \left|\dot{z}_{rel}\right|^n$$

mit n Dämpfungsexponent
k Dämpfungskonstante

Die Dämpferkennlinie beschreibt den funktionalen Zusammenhang zwischen Dämpferkraft und Einfedergeschwindigkeit. Zur Bestimmung der Dämpferkennlinie eines ausgeführten Dämpfers können die Dämpferkräfte z.B. auf einer Prüfmaschine mit Schubkurbelmechanismus bei konstantem Hub und unterschiedlichen Prüfmaschinendrehzahlen aufgenommen werden, woraus sich jeweils unterschiedliche maximale Kolbengeschwindigkeiten ergeben (Bild 2.3.5). Zum Aufstellen der Dämpferkennlinien werden die maximalen Zug- und Druckkräfte als Funktion der maximalen Kolbengeschwindigkeit aufgetragen.

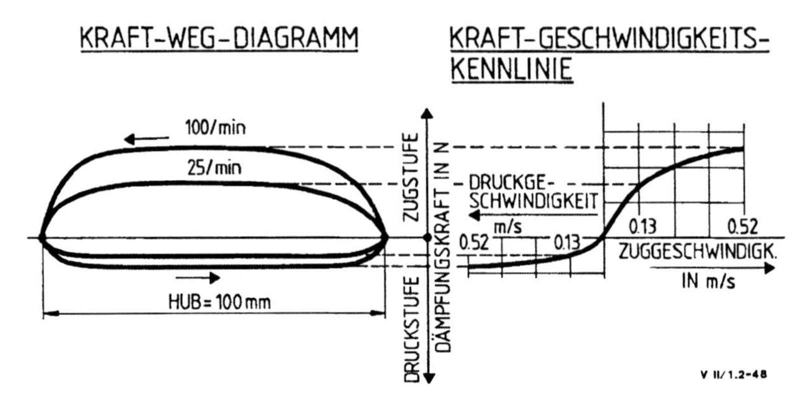

Bild 2.3.5: Dämpferarbeitsdiagramm zur Ermittlung der Dämpferkennlinie

Arbeitsdiagramm und Kennlinie hängen eng zusammen. Die möglichen Auslegungsfälle zeigt Bild 2.3.6.

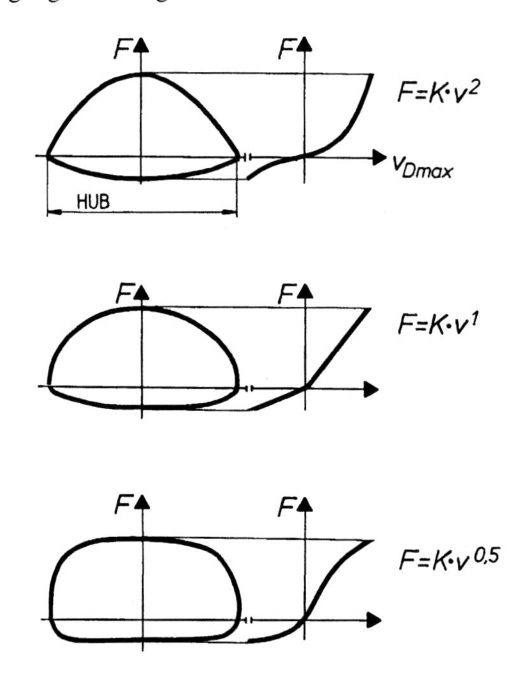

Bild 2.3.6: Dämpferkraft in Abhängigkeit von der Relativgeschwindigkeit bei verschiedenen Dämpfungsexponenten

Die progressive Dämpfung hat den Vorteil, daß die Kräfte um den Nullpunkt herum klein sind und begünstigt damit ein weiches Abrollen auch bei Gürtelreifen mit größerer Abrollhärte.

Die Kennlinie mit degressivem Verlauf führt zum Arbeitsdiagramm mit der größten Fläche. Bei dieser Auslegung liegt bereits bei geringen Kolbengeschwindigkeiten eine relativ große Dämpferkraft vor und wirkt sich somit nachteilig auf die Schluckfähigkeit der Federung bei kleinen Unebenheiten aus.

Das Verhältnis von Zug- und Druckstufe ist je nach Hersteller und Einsatzzweck eines Fahrzeuges unterschiedlich. Bild 2.3.7 zeigt den Einfluß der Auslegung von Zug- und Druckstufe auf die Radlastschwankungen.

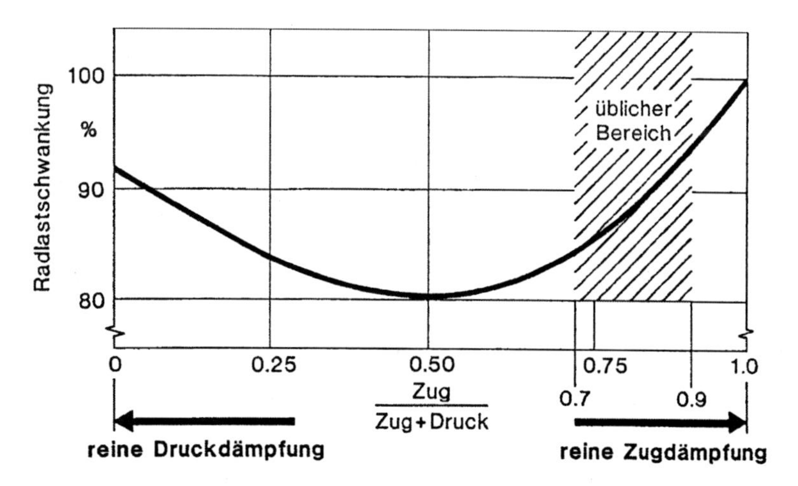

Bild 2.3.7: Einfluß der Dämpferauslegung auf die Radlastschwankungen

Ein Verhältnis von Zug- zu Druckstufe von 1 läßt eine Achsschwingung sehr schnell abklingen. Die Radlastschwankungen erreichen für diese Abstimmung ihr Minimum, was mit einer besseren Bodenhaftung der Räder gleichzusetzen ist. Im Hinblick auf den Federungskomfort ist diese Auslegung jedoch nicht günstig. Aus diesem Grunde wird das Verhältnis von Zug- zu Druckstufe üblicherweise im Bereich von $k_{Zug} = 2.5 - 9 \cdot k_{Druck}$ festgelegt.

Sowohl das Verhältnis von Zug- zu Druckstufe, als auch die absolute Größe der Dämpferkonstanten k werden in der Regel anhand von Versuchsreihen ermittelt, bei denen eine für das Spektrum der möglichen Beladungszustände eines Fahrzeugs und der möglichen Fahrbahnoberflächen optimale Dämpferauslegung festgelegt wird.

2.3.1.2 Sonderbauformen

Gasdruck-Zweirohrdämpfer

Speziell für den Einsatz in Federbeinen wurde der Gasdruck-Zweirohrdämpfer konzipiert.

Bei Feder- und Dämpferbein-Radaufhängungen wird die Kolbenstange des Dämpfers nicht nur zur Übertragung der Dämpferkräfte, sondern gleichzeitig zur Radführung benutzt. Um eine Durchbiegung der Kolbenstange unter den dabei auftretenden Querkräften in Grenzen zu halten, sind größere Kolbenstangendurchmesser erforderlich als bei ausschließlich auf Zug/Druck beanspruchten Dämpfern bzw. Federträgern. Dementsprechend sind auch die beim Ein- und Ausfahren der Kolbenstange zwischen Arbeitsraum und Ausgleichsraum hin- und herströmenden Ölvolumen größer, wodurch die Gefahr steigt, daß an den Rückschlagventilen in Kolben und Boden Kavitationserscheinungen auftreten, die zu kurzzeitigem Aussetzen des Dämpfer führen und mit einem störenden Geräuschniveau verbunden sind.

Eine deutliche Verbesserung des Betriebsverhaltens läßt sich bei diesen Dämpfern dadurch erzielen, daß der Ölvorratsraum mit einem relativ geringen Gasdruck beaufschlagt wird (üblich sind 6 - 8 bar). Dadurch erhält man eine exakte Funktion des Dämpfers, ohne den bei Einrohrdämpfern vorhandenen Nachteil in Kauf nehmen zu müssen, daß das Ansprechen des Dämpfers durch die Klemmreibung an der aufgrund des hohen Innendruckes mit hoher Flächenpressung ausgelegten Kolbenstangendichtung verschlechtert wird.

Frequenzselektive Dämpfer

Zur Ermittlung der Kennlinie bei Stoßdämpfern wird bei einem festen Hub die Frequenz langsam gesteigert. Es ergibt sich eine zunehmende

Relativgeschwindigkeit im Dämpfer. Diese hängt einerseits von der Wegamplitude und andererseits von der Verstellfrequenz ab.

Bei üblichen passiven Stoßdämpfern verändert sich die Dämpfungswirkung mit der Verstellgeschwindigkeit in progressivem, linearem oder degressivem Zusammenhang (vgl. Bild 2.3.6). Eine neue Dämpferbauform ermöglicht zusätzlich ohne äußere Ansteuerung eine Auswirkung der Beschleunigung des Dämpferkolbens auf die Dämpfercharakteristik. Dazu ist bei dieser Bauform im Dämpferkolben ein zusätzlicher Kanal integriert, der von einer am Kolben befestigten in Axialrichtung geführten federbeaufschlagten Masse verschlossen werden kann (Bild 2.3.8).

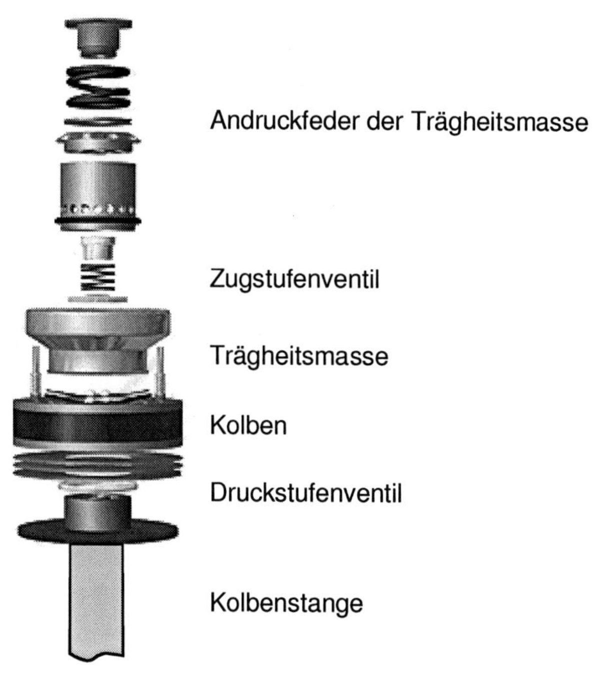

Bild 2.3.8: Aufbau eines Dämpferkolbens mit schwingungsfähiger Zusatzmasse [EDE98]

Die Trägheit dieses Einmassenschwingers am Dämpferkolben bewirkt, daß bei definierten Beschleunigungen der Bypasskanal im Kolben geschlossen wird. Dadurch wird der Durchflußwiderstand erhöht und im Kraft-Geschwindigkeitsdiagramm ergibt sich ein nahezu sprungförmiger Verlauf der Dämpferkraftkurve. Bild 2.3.9 zeigt im Vergleich mit der beispielhaften Kennlinie eines Standarddämpfers den Verlauf der Kennlinie des beschleunigungsbeeinflußten Dämpfers. Ab dem Zeitpunkt des Schließens des Bypasskanals erhöht sich die Dämpferkraft. Dieser Effekt tritt allerdings aufgrund der Konstruktion wie gewünscht nur in der Zugstufe auf.

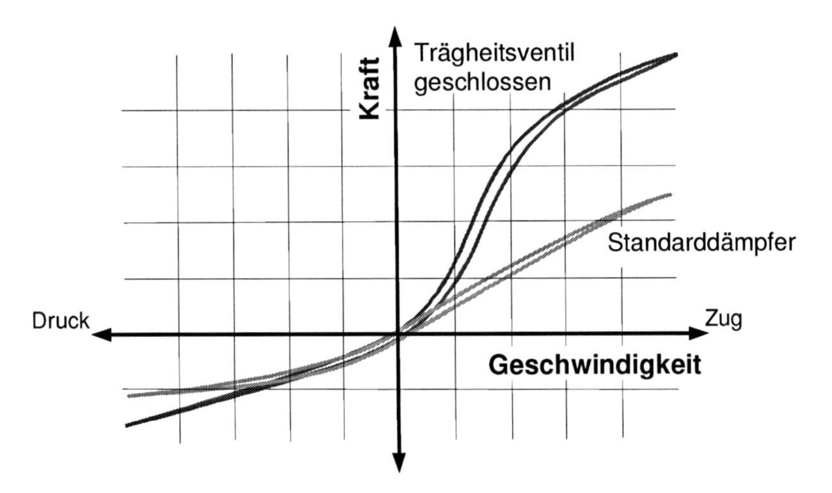

Bild 2.3.9: Kraft-Geschwindigkeits-Diagramm

Zweirohrdämpfer mit variabler Dämpfung

Mit dieser Sonderbauform von Schwingungsdämpfern wird die Forderung nach belastungsabhängiger Dämpfung auf eine sehr einfache Weise erfüllt. In einem normalen Zweirohrdämpfer wird eine Nut in den oberen Bereich der Zylinderinnenwand eingearbeitet. Dadurch wird eine Bypass-Öffnung geschaffen, die in diesem Bereich eine weiche Dämpfung erzeugt (Bild 2.3.10). Federt das Fahrzeug in beladenem Zustand ein, so überfährt der Kolben nicht mehr die Nut. Die Dämpfung wird in diesem Fall nur durch die Ventile bestimmt und ist größer als in der Konstruktionslage.

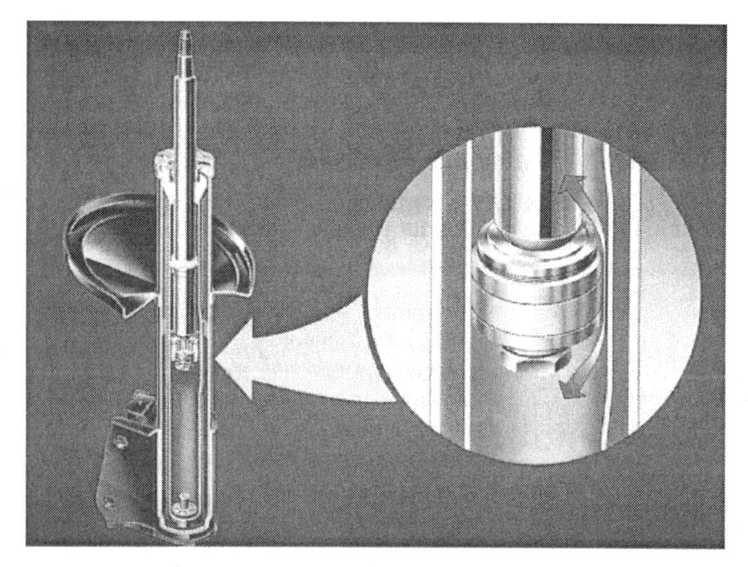

Bild 2.3.10: Zweirohrdämpfer mit variabler Dämpfung [MON95]

Der Übergang zwischen den beiden Dämpfungsbereichen darf nicht abrupt sein, um Kraftsprünge und Komforteinbußen zu vermeiden. Deshalb müssen die Übergänge von glatter Zylinderwand zu vollen Nutquerschnitten als kontinuierliche Querschnittsveränderung ausgeführt werden.

Die Vorteile dieser Bauart sind:

- Die normale Dämpferbauart bleibt erhalten. Daraus ergibt sich ein problemloser Austausch gegen Serienstoßdämpfer
- Es erfolgt keine Verstellung an beweglichen Teilen
- Komplizierte Steuerungselemente sind nicht notwendig

Das Kraft-Weg-Diagramm eines Dämpfers mit Bypass-Nuten ist in Bild 2.3.11 gezeigt. Man erkennt die geringe Dämpferkraft für die Zugstufe um die Kolbenmittelstellung. Bei weiter ausfahrendem Kolben wird der Bypasskanal verschlossen und dadurch die Dämpferkraft erhöht. In der Druckstufe macht sich die Bypassbohrung nicht bemerkbar, da aufgrund der Zweirohrbauform die Drosselung nicht im Kolbenventil sondern im Bodenventil erfolgt.

Bei Einrohrdämpfern können Bypassnuten für niveaugeregelte Fahrzeuge gezielt so ausgelegt werden, daß die Bypassnuten kurz vor Erreichen der Endanschläge überfahren werden und dadurch eine hydraulische Endlagendämpfung erzielt wird.

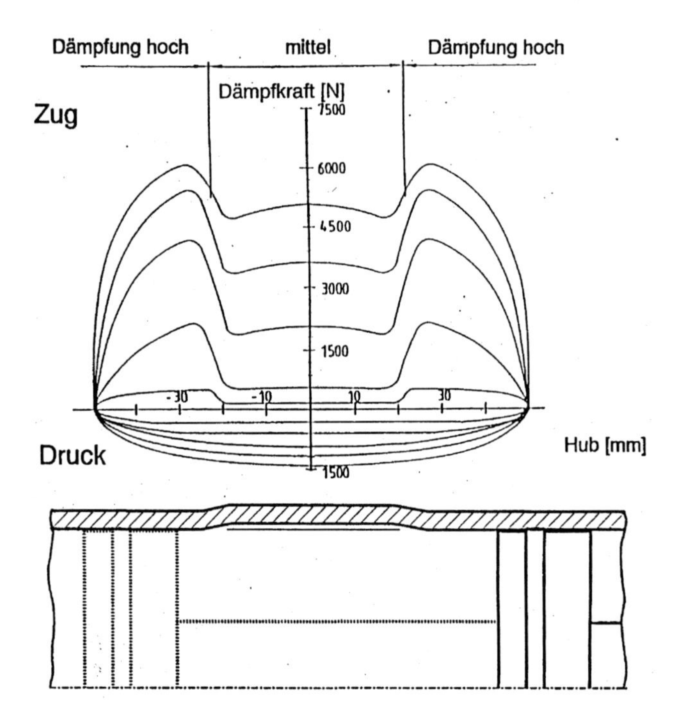

Bild 2.3.11: F-s-Kennfeld eines Dämpfers mit Bypassnuten (Fichtel & Sachs)

2.3.1.3 Steuerbare Systeme

Die Idee, Fahrwerkselemente entsprechend der jeweiligen Situation zu beeinflussen, ist bereits recht alt.

Bei der Anpassung besteht immer der Zielkonflikt zwischen möglichst großer Fahrsicherheit und maximal erreichbarem Komfort, der nur unter Zuhilfenahme moderner elektronischer Komponenten zufriedenstellend gelöst werden kann. Zur Beeinflussung des Fahrverhaltens ist das Konzept dabei neben der für die jeweilige Steuerlogik notwendigen Sensorik auf eine hochdynamische Aktuatorik angewiesen, um auf die jeweiligen Fahrsituationen entsprechend schnell reagieren zu können. Entsprechend zeigt Bild 2.3.12 bei späteren Entwicklungsstufen eine deutlich abnehmende Stellzeit der Systeme.

Phase	Prinzip	Stellzeit
1	Bypass-Bohrung zum Kolbenventil	100 - 300 ms
2	Doppelkolbensystem	30 - 200 ms
	außenliegende Schaltventile	20 - 100 ms
	innenliegende Schaltventile	
3	Bypass über ein Proportionalventil	< 20 ms
	Elektro-rheologische Dämpfer	< 5 ms

Bild 2.3.12: Entwicklungsphasen verstellbarer Dämpfer

Verstellbare Dämpfungssysteme wurden zunächst in Personenkraftfahrzeugen zur Verbesserung von Fahrkomfort und aktiver Sicherheit angeboten. Für Nutzfahrzeuge wurde auf derartige Systeme zunächst verzichtet, obwohl insbesondere hier der gesamtwirtschaftliche Nutzen hoch anzusetzen ist. Bei den im Nutzfahrzeugbereich auftretenden Radlasten ist auf eine optimale Dämpfung in Bezug auf Straßenbeanspruchung aber auch bzgl. Ladegutschonung besonderer Wert zu legen. Die hier in den letzten Jahren angebotenen Lösungen werden am Ende des Kapitels beschrieben.

Bypass-Bohrung

Die ersten auf den Markt gebrachten Verstelldämpfer haben ein oder mehrere Bypass-Bohrungen parallel zum Kolbenventil, die durch einen Elektromotor geöffnet oder geschlossen werden können (Bild 2.3.13). Die mögliche Spreizung der Dämpferkennlinien ist beschränkt, da nur eine Grundkennlinie mit Ventilen geschaltet wird und die andere(n) sich lediglich aus der Zuschaltung einer Bohrung ergeben.

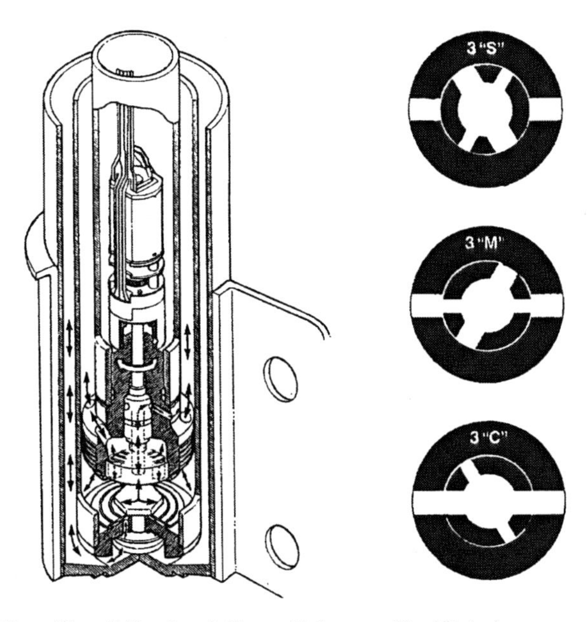

Bild 2.3.13: Verstelldämpfer mit Bypass-Bohrungen (Opel/Delco)

Die Ansteuerung geschieht in diesen Fällen entweder rein manuell oder teilautomatisch. Die Verstellzeiten liegen in einem Zeitbereich, der es nicht gestattet, auf Einzelhindernisse zu reagieren. Eine Automatik kann lediglich den Fahrzustand (z.B. Fahrgeschwindigkeit, Bremsdruck, usw.) und/oder den allgemeinen Straßenzustand erfassen und bearbeiten.

Doppelkolbendämpfer

Die nächste Entwicklungsstufe stellen die Doppelkolbensysteme dar (Bild 2.3.14). Die Hauptbestandteile sind ein Koppelkolben und ein in der hohlen Kolbenstange angeordneter, in Öl laufender Gleichstrommotor. Dieser Motor betätigt zwei in der Kolbenstange liegende Drehschieber, die jeweils mit einem eigenständigen Satz an Kolbenventilen bestückt sind. Dadurch sind zumindest zwei voneinander unabhängige Kennlinien realisierbar. Eine dritte ergibt sich aus der Hintereinanderschaltung der beiden Ventile. Damit die Verstellung in Zug- und Druckrichtung wirksam werden kann, ist jedem Drehschieber ein federsteifes Rückschlagventil für die Zugstufe und ein weiches für die Druckstufe zugeordnet.

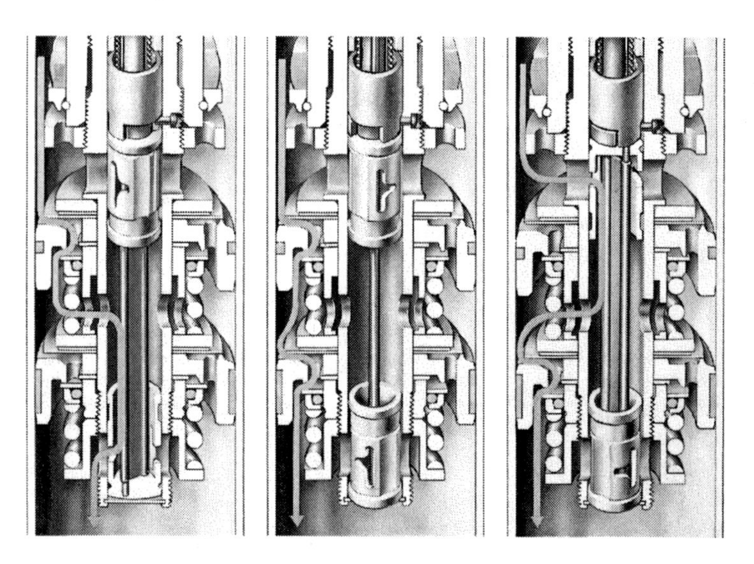

Bild 2.3.14: Ausgeführter Verstelldämpfer mit Doppelkolbensyst. (ADC-1) [F+S1]

Die Verstellzeiten dieses Systems sind immer noch so groß, daß die Reaktion einer Automatik auf Einzelhindernisse zu spät erfolgen würde.

Außenliegende Schaltventile

Einen weiteren Fortschritt bilden verstellbare Dämpfer mit außenliegenden Zusatzventilen (Bild 2.3.15). Die Ansteuerung geschieht hier durch Elektromagnete, wodurch sich deutlich kürzere Verstellzeiten realisieren lassen. Die außen angebrachten Schaltventile öffnen Bypasskanäle, in denen auch jeweils Dämpfungsventile angebracht sind.

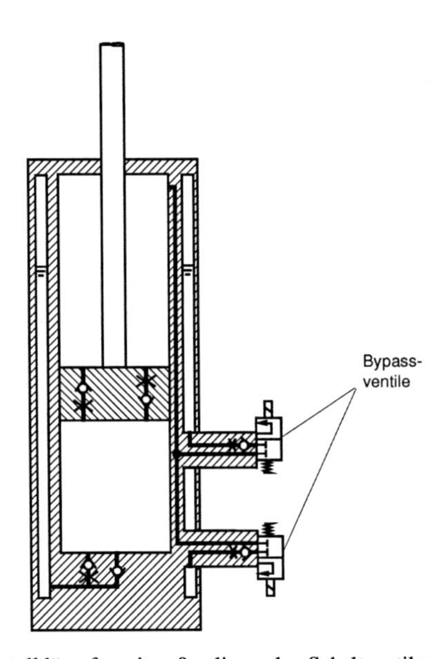

Bild 2.3.15: Verstelldämpfer mit außen liegenden Schaltventilen

Die sportliche Kennlinie wird von der Grundeinstellung des Dämpfers bestimmt. Die Dämpfventile im Bypass sind stromlos geschlossen; das Öl muß durch das Dämpfventil des Kolbens im Dämpfer strömen. Durch Zuschaltung jeweils eines der beiden Zusatzventile im Bypass entstehen zwei weitere Kennlinien ('Normal' und 'Komfort'). Das Öffnen beider Dämpfventile ermöglicht schließlich eine vierte 'Super-Komfort'-Kennlinie.

Die kurzen Schaltzeiten erlauben in begrenztem Maße Reaktionen auf Einzelhindernisse.

Innenliegende Schaltventile

Die in Bild 2.3.16 gezeigten voll im Dämpfer integrierten Verstellsysteme haben den Vorteil eines dem normalen Dämpfer entsprechenden seitlichen Raumbedarfs. Die Magnetventile sind im Kolben integriert. Aus diesem Grund werden die Dämpfer jedoch länger als solche mit außenliegenden Ventilen. Es können ein oder zwei Magnetventile als Baueinheit im Ventilblock zusammengefaßt werden.

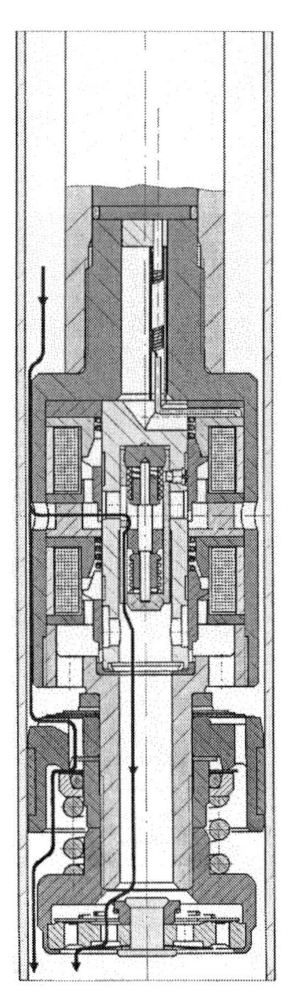

Bild 2.3.16: Verstelldämpfer mit innenliegenden Schaltventilen (ADC-2.2) [F+S]

Die Verstellzeiten der Dämpfer mit innen liegenden Magnetventilen gleichen denen der Systeme mit außenliegenden Ventilen

Bypass zum Kolbenventil über ein Proportionalventil

Die zwangsläufige Weiterentwicklung der beschriebenen Systeme ist es, die Erzeugung der Dämpfkraft über ein Proportionalventil zu beeinflußen, das eine stetige Verstellung ermöglicht. Die Verstellung ist nicht auf diskrete Kennlinien begrenzt, sondern mit dieser Bauform steht ein komplettes Kennfeld zur Verfügung (Bild 2.3.17). Die erreichbaren Verstellzeiten (< 20 ms) liegen in Bereichen, die eine Reaktion auf Einzelhindernisse möglich erscheinen läßt.

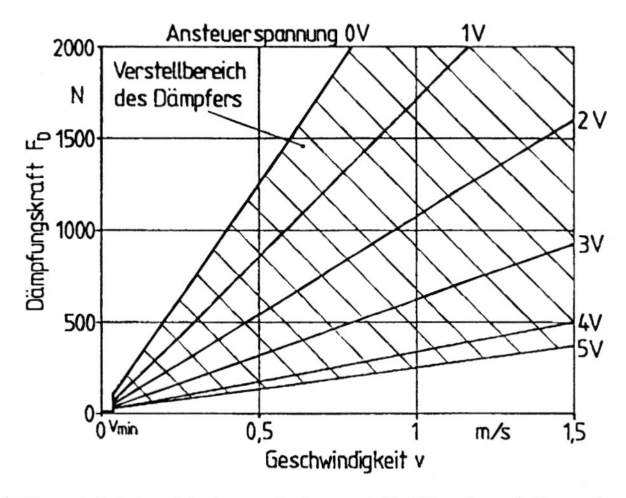

Bild 2.3.17: Arbeitsbereich eines stufenlos verstellb. Dämpfers mit Proportionalventil

Der Aufbau eines solchen Dämpfers basiert auf einem Zweirohrdämpfer (Bild 2.3.18). Die Ventile in Kolben und Boden sind auf reine Rückschlagfunktionen reduziert worden. Durch deren Verschaltung fließt das Druckmedium sowohl bei Druck- als auch bei Zugbewegungen in gleicher Richtung durch die Proportionaldrossel. Aus Sicherheitsgründen befindet sich parallel zur Drossel ein Druckbegrenzungsventil, das die maximale Druckdifferenz begrenzt und bei fehlerhafter elektronischer Ansteuerung den Dämpfer schützen soll. Durch die Anordnung von Magnet und Feder wird gewährleistet, daß bei Ausfall der elektrischen Ansteuerung die Drossel schließt. Das entspricht einem sehr harten Dämpfer, der zwar nur noch sehr begrenzt Komfort bietet, dafür aber die sicherste Lösung darstellt.

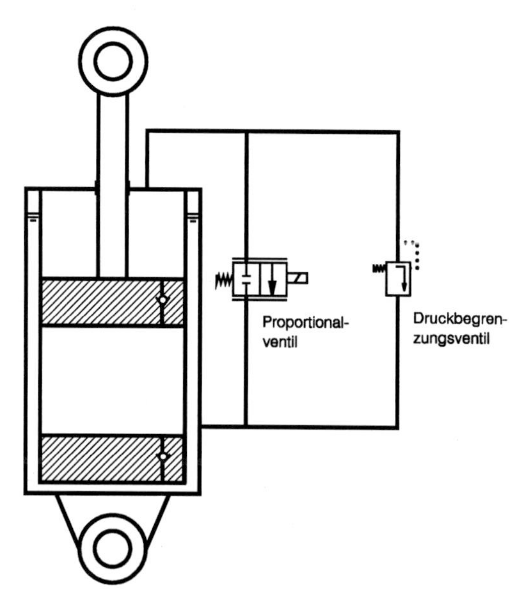

Bild 2.3.18: Dämpfer mit Proportionalventil

Die Möglichkeiten eines solchen Dämpfers bestehen u.a. darin, daß sich verschiedene Kennlinien elektronisch abspeichern und abrufen lassen. Die Beschränkung durch den Bauraum auf einige wenige Kennlinien entfällt. Weiterhin wird eine Kennfeldregelung denkbar.

Elektro-Rheologische Dämpfer

Diese Bauart von Schwingungsdämpfern wird durch Flüssigkeiten möglich, die ihre Viskosität unter dem Einfluß eines elektrischen Feldes verändern. Solche 'intelligenten Öle', die sogenannten elektro-rheologischen Flüssigkeiten (ERF), werden bereits vermarktet, die Schwingungsdämpfer sind derzeit noch im Entwicklungsstadium. Der schematische Aufbau eines Elektro-rheologischen Dämpfers ist in Bild 2.3.19 gezeigt. Man verspricht sich von den Systemen extrem kurze Verstellzeiten von $t < 5$ ms.

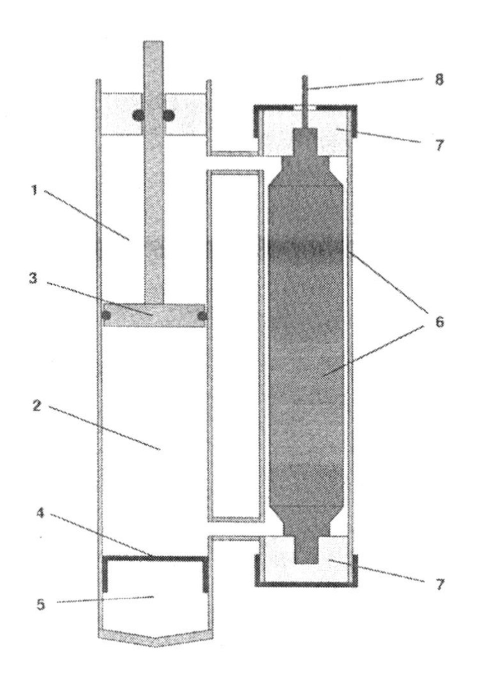

1	obere Flüssig- keitskammer
2	untere Flüssig- keitskammer
3	Kolben
4	Gas- Trennkolben
5	Gasvolumen
6	Ringspalt-ER- Ventil
7	Isolation
8	Hoch- spannungs- anschluß

Bild 2.3.19: Elektro-rheologischer Dämpfer [BAY95]

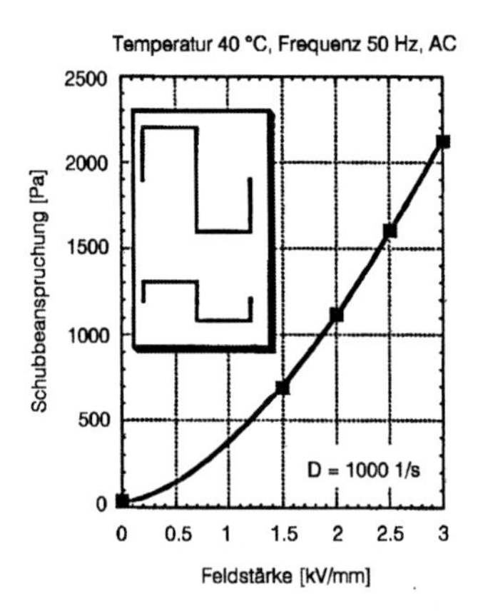

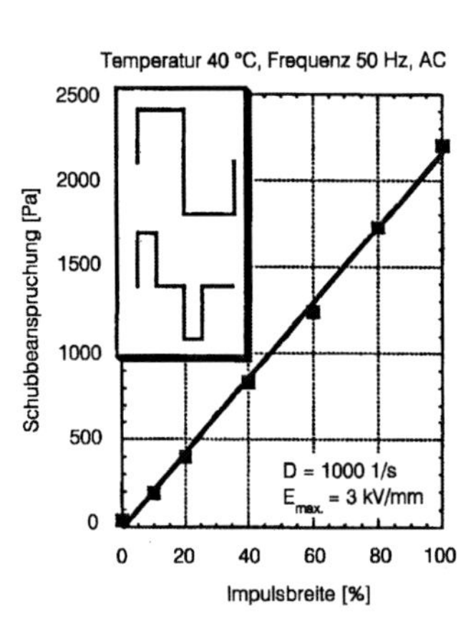

Bild 2.3.20: Steuerung der Schubspannung einer elektrorheologischen Flüssigkeit über die Feldstärke oder die Impulsbreite [BAY95]

Die Änderung der Viskosität wird durch Anlegen einer elektrischen Hochspannung an einen beispielsweise als Ringspalt ausgelegten Bypass zwischen oberem und unterem Arbeitsraum eines Einrohrdämpfers erreicht. Die Abhängigkeit der Viskosität von der einwirkenden elektrischen Feldstärke oder der Impulsbreite einer Wechselspannung ist in Bild 2.3.20 gezeigt.

Adaptive Dämpfung im Nutzfahrzeug

Um die Dämpfungscharakteristik der Beladung anzupassen, wurden zunächst schaltbare Systeme entwickelt, die über außenliegende Schaltventile in Abhängigkeit vom Luftfederdruck festgelegte Kennlinien schalten können (Bild 2.3.21). Aufgrund der hohen Last-Leer-Verhältnisse im Nutzfahrzeugbereich sind derartige Systeme neben den erwähnten Kriterien 'Straßenbeanspruchung' und 'Ladegutschonung' auch für die Fahrzeugbeanspruchung sinnvoll, bedenkt man z.B. die Lastzustände bei Wechselpritschenaufbauten und die daraus resultierenden Aufbaubeschleunigungen bei Fahrten mit der unbeladenen Lafette und einer auf das beladene Fahrzeug abgestimmten starken Dämpfung.

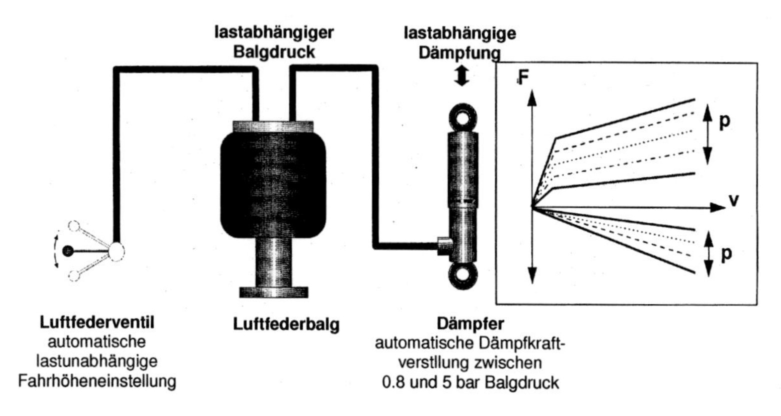

Bild 2.3.21: Schaltbarer Nutzfahrzeug Dämpfer (Mannesmann-Sachs Pneumatic Damping Control / PDC)

Um auch fahrdynamische Gesichtspunkte in Betracht ziehen zu können, wird derzeit neben dem in Bild 2.3.21 gezeigten kennliniengestützten System ein sogenanntes CDC-System (Coninuous Damping Control, Wabco + Mannesmann-Sachs) eingeführt, das durch Proportionalventile stufenlos zwischen den Grenzkennlinien verstellbar ist. Das System wird von einem Mikrocontroller angesteuert, der neben dem Luftfederbalgdruck auch die Federwege an Vorder- und Hinterachse und Bremsdruck sowie Fahrgeschwindigkeit sensiert. Daraus wird eine momentane Dämpfercharakteristik und der entsprechende Ansteuerstrom ermittelt, der dem Proportionalventil vorgegeben wird.

Mit einem derartigen System kann neben einer Verbesserung der erwähnten Punkte Straßenschonung, Ladegutschonung, Fahrkomfort zusätzlich auf die aktive Sicherheit durch eine Verringerung von Nick- und Wankwinkeln Einfluß genommen werden.

2.3.2 Federung

Die Federung hat die Hauptaufgabe, das Fahrzeuggewicht zu tragen. Dazu werden zur Zeit noch vorwiegend Stahlfedern verwendet.

Die teilweise noch bei Nutzfahrzeugen eingesetzten Blattfedern als 'klassische', aus dem Kutschenbau übernommene Lösung hat dabei den Vorteil niedriger Kosten, da diese Feder gleichzeitig Führungsaufgaben übernehmen kann. Aufgrund der relativ hohen Reibung zwischen den einzelnen Federblättern und dem daraus resultierenden schlechten Ansprechverhalten wird diese Federbauart jedoch zunehmend aus dem Nutzfahrzeugbau verdrängt.

Die vorwiegend im Pkw-Bereich eingesetzte Schraubenfeder kann aufgrund weit entwickelter Formgebungstechnologien für vielfältige Federkennlinien gewickelt werden. Zudem ist sie billig in der Herstellung. Wie bei der Blattfeder können jedoch keine variablen Kennlinien abgebildet werden.

Luftfeder oder Hydropneumatik können mit entsprechenden Ansteuerungsalgorithmen flexibel auf Anforderungen bezüglich Fahrwerkverstellung reagieren und bieten so ein weites Entwicklungspotential für den Einsatz aktiver Fahrwerkskomponenten. Zudem kann bei Luftfedern durch Änderung der Federsteifigkeit eine Entkopplung von Beladungszustand und Eigenfrequenz erreicht werden.

2.3.2.1 Luftfederung

Grundlagen

Bereits in den Anfangsjahren des Automobils existierte die Idee, die mechanischen Federn durch eine Luftfeder zu ersetzen. Im Jahre 1909 wurde auf der Olympia Motor Show ein Fahrzeug der Marke Cowey mit einer pneumatischen Federung gezeigt. Es dauerte jedoch bis in die fünfziger Jahre, bis die ersten Serienfahrzeuge mit pneumatischen Federungen ausgerüstet wurden.

Der Vorteil einer solchen Federung, im Gegensatz zu einer herkömmlichen, liegt in der leicht zu realisierenden Entkopplung des Zusammenhangs zwischen Beladungszustand und Eigenkreisfrequenz des Fahrzeugs.

Den prinzipiellen Aufbau zeigt Bild 2.3.22:

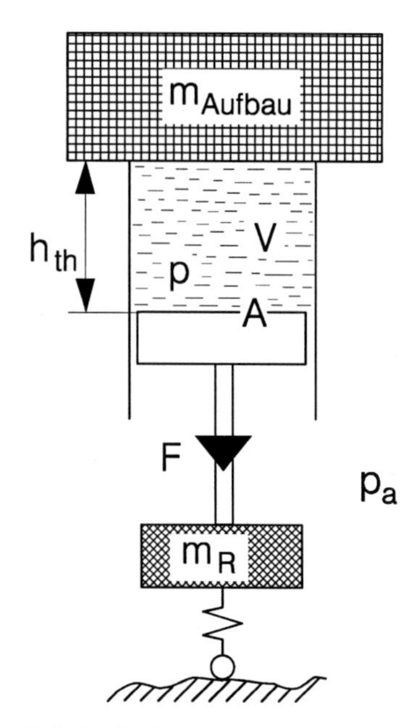

Bild 2.3.22: Kolben-Zylinder-Gasfeder

Eine charakteristische Kenngröße ist die theoretische Federlänge h_{th}, die sich als Quotient aus Arbeitsvolumen V (incl. evtl. Zusatzvolumen) und wirksamer, vom Gasdruck beaufschlagter Fläche A_W ergibt:

$$h_{th} = \frac{V}{A_W}$$

Die Federkraft F ergibt sich zu:

$$F = (p - p_a) \cdot A_W$$

$$\text{mit} \quad p = \text{Gasdruck}\,; \qquad p_a = \text{Außendruck}$$

Unter Berücksichtigung der Gasgleichung

$$p \cdot V^n = \text{const.}$$

erhält man aus der Ableitung der Federkraft nach dem Einfederweg

$$c(f) = \left.\frac{d\,F_F}{d\,f}\right|_f$$

$$= \frac{d\left(\left(p_{(f)} - p_a\right) \cdot A\right)}{d\,f} \quad = A \cdot \frac{d\left(p_{(f)} - p_a\right)}{d\,f} \quad = A \cdot \frac{d\,p(f)}{d\,f} \quad = A \cdot \frac{d\left(\frac{\text{const.}}{V_{(f)}{}^n}\right)}{d\,f}$$

$$= A \cdot \frac{n \cdot V_{(f)}^{(n-1)} \cdot \frac{d\,V}{d\,f} \cdot \text{const}}{V_{(f)}^{2n}} \quad = A \cdot n \cdot \frac{1}{V_{(f)}} \cdot A \cdot \frac{1}{V_{(f)}^n} \cdot \text{const} \quad = A \cdot n \cdot \frac{A}{V_{(f)}} \cdot p_{(f)}$$

die Gleichung für die Federsteifigkeit einer Gasfeder

$$c_{(f)} = A \cdot n \cdot p_{(f)} \cdot \frac{1}{h_{th}} \qquad \text{mit } h_{th} = \frac{V_{(f)}}{A}$$

Der Polytropenexponent liegt dabei zwischen n=1 für langsame, isotherme Federbewegungen und $n=\kappa=1.4$ für schnelle, adiabate Federbewegungen. Bild 2.3.23 zeigt, wie sich bei endlichem h_{th} die Federkraft bei quasistatischer (F_{stat}) und dynamischer Bewegung (F_{dyn}) ändert.

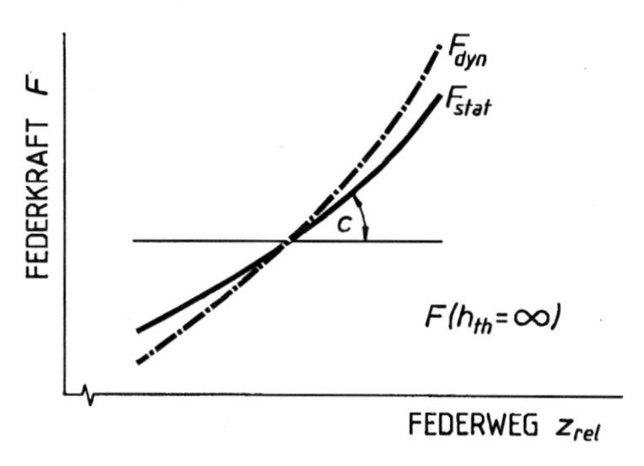

Bild 2.3.23: Federkraft in Abhängigkeit von der Einfederung einer Gasfeder

Das Verhältnis von Änderung der Federkraft zu Änderung des Weges gibt dabei die Größe der Federsteifigkeit c an. Zum Vergleich ist eine Linie $h_{th} = \infty$, d.h. c = 0 eingetragen. Eine geringe Federsteifigkeit (d.h. niedrige Eigenfrequenz) erfordert ein großes h_{th}, also ein großes Federvolumen.

Die Schwingung einer Masse m auf einer Gasfeder weist folgende Eigenfrequenz auf:

$$\omega_e = \sqrt{\frac{c}{m}} = \sqrt{\frac{c \cdot g}{(p - p_a) \cdot A}}$$

$$\omega_e = \sqrt{\frac{g \cdot n \cdot p}{h_{th} \cdot (p - p_a)}}$$

Bei verhältnismäßig kleinen Federdurchmessern wird $p_a \ll p$. Die Formel vereinfacht sich damit zu:

$$\omega_e = \sqrt{\frac{g \cdot n}{h_{th}}}$$

Als konstruktiv zu beeinflussende Größe nimmt damit allein die theoretische Federlänge Einfluß auf die Eigenfrequenz der schwingenden Masse.

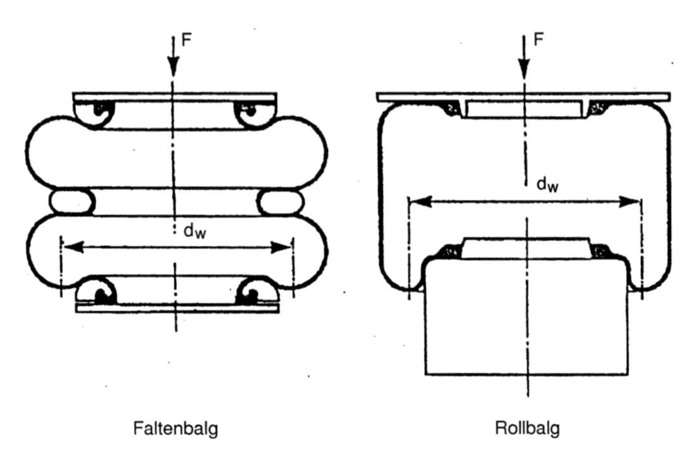

Bild 2.3.24: Wirksamer Durchmesser

Die wirksame Fläche der Luftfedern A_W ist die Fläche, über die der in der Luftfeder vorhandene Luftüberdruck $p_ü = p - p_a$ als Kraft auf das Fahrzeug übertragen wird. In Bild 2.3.24 ist die wirksame Fläche A_W durch den wirksamen Durchmesser d_W für einen sogenannten Faltenbalg und einen Rollbalg dargestellt. Der wirksame Durchmesser d_W ist stets kleiner als der Außendurchmesser. Der äußere Begrenzungskreis der wirksamen Fläche A_W liegt an der Stelle, an der die Tangente an die Wand der Luftfeder senkrecht zur Federkraft bzw. Tragkraft F verläuft.

Die Tragkraft wird also aus dem Produkt von Überdruck und wirksamer Fläche bestimmt.

Da Luftfedern flexible Gebilde sind, ist die wirksame Fläche A_W in vielen Fällen nicht über den gesamten Federweg f konstant. Je nach Konstruktionsprinzip, d.h. je nach Typ der Luftfeder und Konstruktionsauslegung ändert sich die wirksame Fläche A_W über dem Federweg f. Bild 2.3.25 zeigt für einen Zweifaltenbalg, einen Rollbalg mit zylindrischem Abrollkolben und einen Rollbalg mit eingeschnürtem Abrollkolben den Verlauf der Federkennlinien bei isobarer Zustandsänderung, also bei theoretisch unendlich großem Zusatzvolumen.

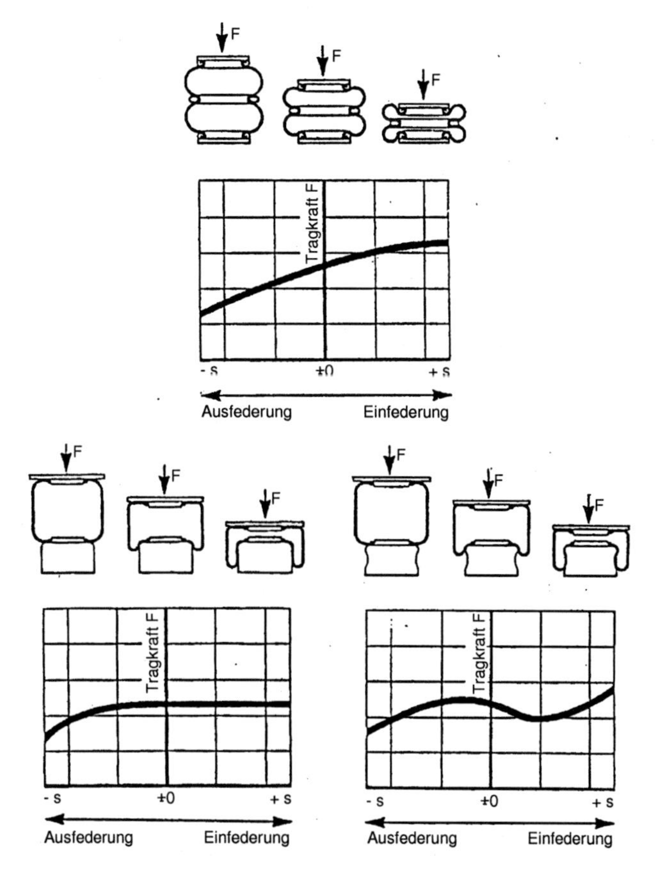

Bild 2.3.25: Kennlinien der wirksamen Fläche A_W verschiedener Luftfedertypen

Durch die Niveauregelung bei Luftfederungen bleibt die Konstruktionslage unverändert. Da die Tragkraft F dem Überdruck $p_ü$ in Konstruktionslage proportional ist, ergibt sich für jede Tragkraft F innerhalb des Belastungsbereiches zwischen Leerlast und Vollast eine eigene Federkennlinie.

Durch Vergrößerung des Federvolumens, d.h. durch Hinzuziehen z.B. des Kolbenvolumens eines Luftfeder-Rollbalges zum Federvolumen, können flacher verlaufende Federkennlinien festgesetzt werden, da bei Einfederbewegungen der Luftdruck in der Feder weniger stark ansteigt. Das Kennlinienblatt (Bild 2.3.26) zeigt die Zusammenfassung der Kennlinien der wirksamen Fläche A_W für einen Luftfeder-Rollbalg sowie dessen Federkennlinien mit und ohne Kolbenvolumen.

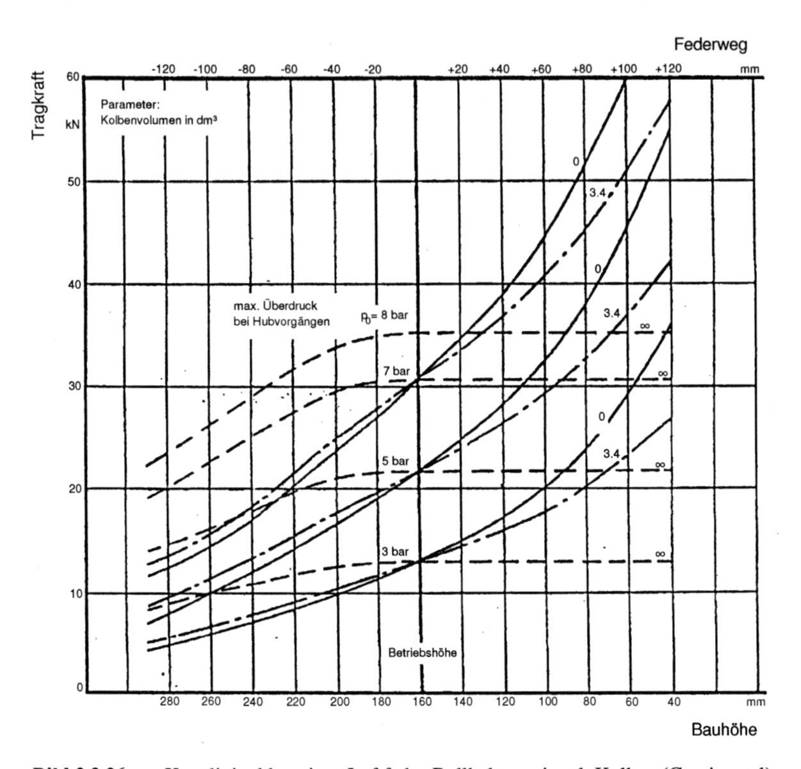

Bild 2.3.26: Kennlinienblatt eines Luftfeder-Rollbalges mit zyl. Kolben (Continental)

Ausführungsbeispiele

Luftfedern werden in Last- und Personenkraftwagen eingesetzt. Im Lastkraftwagen sind sie seit längerem etabliert. Im Pkw zeichnet sich ein Trend zum Einsatz von Luftfedern für Fahrzeuge mit hohen Komfortansprüchen ab.

In modernen Lkw werden sie an den Achsen mit hohen Last-Leer-Verhältnissen nahezu ausschließlich eingesetzt. Nur an Vorderachsen werden noch Blattfedern eingesetzt, da der Einfluß der Zuladung auf die Achslast verhältnismäßig gering ist. Bei hohen Komfortansprüchen oder wenn Wechselaufbauten vorgesehen sind und das gesamte Fahrzeug absenkbar ausgelegt sein muß, werden auch hier Luftfedern eingesetzt.

Der übliche Aufbau eines Luftfedersystems im Nutzfahrzeug sieht so aus, daß ein Höhensensor das Niveau zwischen Achse und Aufbau kontrolliert und bei Abweichungen vom Sollniveau mechanisch ein Ventil derart öffnet, daß die Luftmenge im Federbalg entweder erhöht oder vermindert wird. Einer der Nachteile dieses Systems ist der erhöhte mechanische Verschleiß der Steuerventile, die ständig betätigt werden, wenn sich das Niveau zwischen Achse und Aufbau ändert.

Mit elektronischen Systemen kann die Anlage verschleißärmer ausgelegt werden und erweiterte Schaltalgorithmen können integriert werden. Außerdem wird die Auslegung eines komplexen Gesamtsystems aufgrund modularer Bauweisen vereinfacht.

In Bild 2.3.27 ist der prinzipielle Aufbau eines elektronischen Luftfedersystems dargestellt. Mit Hilfe eines elektrischen Sensors (3) wird das Sollniveau erfaßt, mit dem Istniveau verglichen und eventuell ein Steuerbefehl aus dem Steuergerät (1) an das Luftfederventil (4) ausgegeben. Daraufhin wird die Luftmenge in der Luftfeder (5) verändert. Eine Bedieneinheit ermöglicht das Heben oder Senken von Aufbau, evtl. Liftachse und das Anfahren gespeicherter Höhenniveaus.

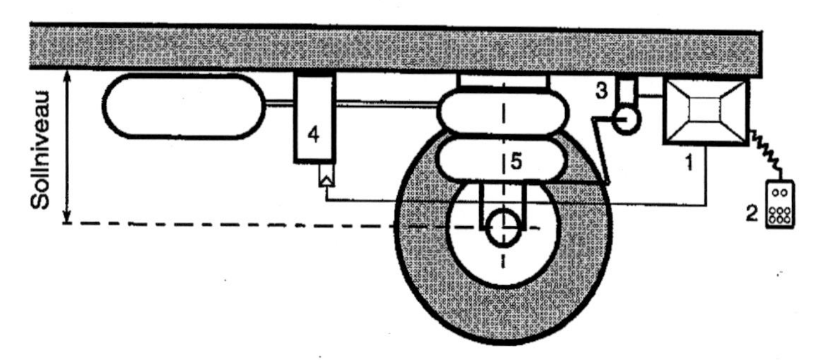

Bild 2.3.27: Grundsystem einer elektronischen Luftfederregelung (WABCO Ecas)

Für das im folgenden beschriebene System der Fa. WABCO/Hannover wurden spezielle Magnetventilblöcke entwickelt, die zu einem kompakten Block zusammengefaßt nur wenig Bauvolumen und Anschlußaufwand erfordern.

Von der Elektronik als Stellglied angesteuert, setzen die Magnetventile die anliegende Spannung in einen Be- oder Entlüftungsvorgang um, d.h. sie erhöhen, senken oder halten das Luftvolumen in den Luftfederbälgen.

Um einen großen Luftdurchsatz zu erreichen, werden vorgesteuerte Ventile verwendet, Die Magnete schalten zunächst Ventile mit geringer Nennweite, deren Steuerluft dann auf die Kolbenflächen der eigentlichen Schaltventile (NW 10 bzw. NW 7) geleitet wird.

Je nach Anwendung werden unterschiedliche Magnetventiltypen verwandt; für die Regelung nur einer Achse genügt ein Sitzventil, für die Ansteuerung der Liftachse wird ein aufwendigeres Schieberventil verwendet.

Beide Magnetventiltypen sind in einem Baukastensystem aufgebaut: Je nach Anwendung wird ein und dasselbe Gehäuse mit unterschiedlichen Ventilteilen und Magneten bestückt.

Sitzventile

Das Sitzventil (Bild 2.3.28) besitzt drei Magnete. Ein Magnet steuert ein zentrales Be- und Entlüftungsventil (auch zentrales 3/2 Wegeventil genannt), die anderen steuern die Verbindung der beiden Luftbälge (2/2 Wegeventile) mit dem zentralen Be- und Entlüftungsventil.

Mit dem Magneten 41 wird ein Vorsteuerventil (1) geschaltet, dessen Steuerluft über die Bohrung (2) auf den Steuerkolben (3) des Be- und Entlüftungsventils wirkt. Die Versorgung des Vorsteuerventils erfolgt über den Anschluß 11 (Vorrat) und die Verbindungsbohrung (4). Die Zeichnung in Bild 2.3.28 zeigt das Be- und Entlüftungsventil in der Entlüftungsstellung, bei der Luft aus dem Raum (5) über die Bohrung des Steuerkolbens zum Anschluß 3 abströmen kann.

Bei Bestromung des Magneten 41 wird der Steuerkolben (3) nach unten geschoben, wobei zunächst die Bohrung des Steuerkolbens mit der Ventilplatte (6) verschlossen wird. Anschließend wird die Ventilplatte von ihrem Sitz heruntergedrückt, so daß Luft vom Vorrat in den Raum (5) einströmen kann.

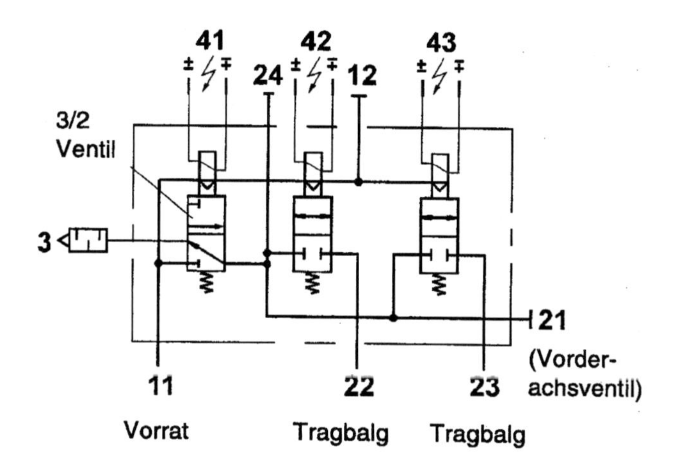

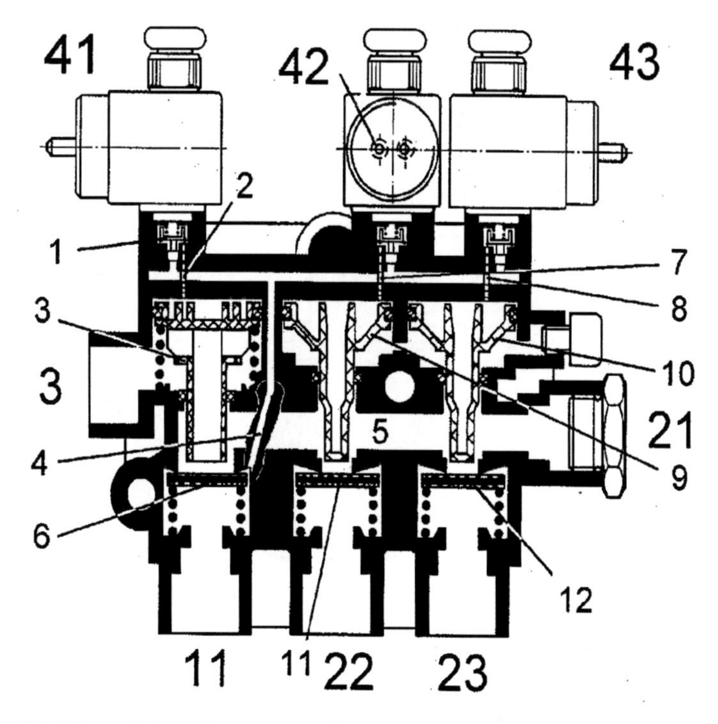

Bild 2.3.28: Schaltskizze und Schnittzeichnung des Sitzventils zur Regelung einer Achse (separate linke / rechte Seite) (WABCO) [WAB95]

Die beiden anderen Ventile verbinden die Luftfederbälge mit dem Raum (5). Je nach Bestromung der Magnete 42 oder 43 werden über die Bohrungen (7) und (8) die Steuerkolben (9) und (10) beaufschlagt und öffnen die Ventilplatten (11) und (12) zu den Anschlüssen 22 und 23. An den Anschluß 21 kann ein Magnetventil zur Steuerung der Vorderachse angeschlossen werden.

Schieberventile

Das in Bild 2.3.29 dargestellte Ventil besteht aus zwei miteinander verschraubten Ventilblöcken mit jeweils drei Ventilen. Mit diesem Gerät kann die Steuerung einer Hinterachse und einer Liftachse realisiert werden.

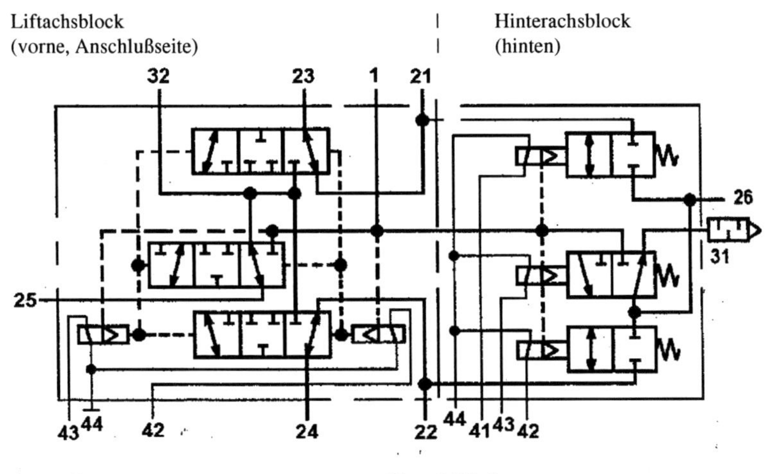

1------ Vorrat
21 ---- Tragbalg Hinterachse links
22 ---- Tragbalg Hinterachse rechts
23 ---- Tragbalg Liftachse links
24 ---- Tragbalg Liftachse rechts
25 ---- Liftbalg
26 ---- Ventil Vorderachse
31 ---- Entlüftung (zentr. 3/2-Wege-Ventil)
32 ---- Entlüftung Liftachse (evtl. Restdruckhaltung)

Bild 2.3.29: Schaltskizze des Schieberventils zur Regelung von Trieb- und Liftachse (separate linke / rechte Seite) (WABCO) [WAB95]

Das Schnittbild des Hinterachsblocks ist in Bild 2.3.30 gezeigt. Die Magnete der Vorsteuerventile sind zu einem Block zusammengefaßt und sind gemeinsam über eine Leitung an die Elektronikeinheit angeschlossen. Das Vorsteuerventil (1 in Bild 2.3.30) steuert über die Bohrung (2) den Ventilschieber (3) des zentralen Be- und Entlüftungsventils. In der Ruhestellung (nicht dargestellt) ist der Raum (5) gegenüber dem Vorrat (4) abgeschlossen und gegenüber der Entlüftung (6) geöffnet.

Die beiden anderen Ventile steuern die Verbindung zwischen Raum (5) und den Luftfederbälgen (8). Der Anschluß der Bälge und des Vorrats erfolgt nicht direkt an diesen Ventilblock, sondern an den Liftachsblock.

An den einzigen Anschluß, dem Anschluß 26, kann optional ein Vorderachsventil angeschlossen werden.

Das Bild 2.3.30 zeigt eine Stellung, in der eine Belüftung des linken Tragbalges aufgrund der Bestromung der Magnete 41 und 43 erfolgt.

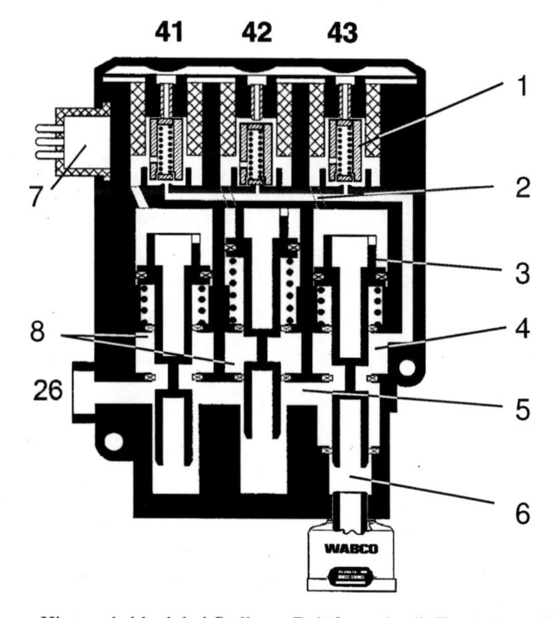

Bild 2.3.30: Hinterachsblock bei Stellung: Belüftung des li. Tragbalges (WABCO)

In Bild 2.3.31 ist die Schnittzeichnung durch den Liftachsblock gezeigt. Anders als der Hinterachsblock, bei dem die Ventilschieber gegen die Kraft einer Feder verschoben werden, besitzt der Liftachsblock Schieber, die sowohl von oben wie von unten mit Druckluft angesteuert werden können. Die Ansteuerung von einer Seite bewirkt eine Verschiebung der Schieber. Diese Ansteuerung braucht nur eine kurze Zeit lang zu erfolgen; nachdem der Schieber in die entsprechende Stellung gebracht wurde, verbleibt er dort. Aus diesem Grund spricht man bei diesem Ventiltyp von einem impulsgesteuerten Ventil, während der andere Ventiltyp, bei dem mit Hilfe einer Feder eine Rückstellung in die Ruheposition erfolgt, federrückgeführt genannt wird.

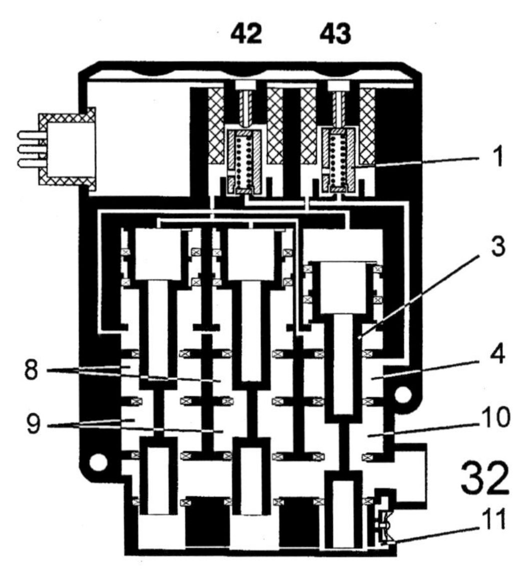

Bild 2.3.31: Liftachsblock bei Stellung: Liftbalg entlüftet, Liftachstragbälge belüftet

Der Ventilblock kommt mit zwei Vorsteuerventilen aus. Die gezeichnete Stellung zeigt ein geöffnetes Vorsteuerventil (1), das über verschiedene Kanäle die beiden linken Ventilschieber für die Liftachstragbälge von unten, und den rechten Ventilschieber (3) für den Liftbalg von oben mit Druck beaufschlagt.

Hierdurch ergibt sich eine Entlüftung des Liftbalgs, dessen Anschluß mit dem Raum (10) verbunden ist, über den Anschluß 32. Die Liftachse senkt sich.

Gleichzeitig werden die Tragbälge der Liftachse, die an den Räumen (9) angeschlossen sind, mit den Hinterachsbälgen an den Räumen (8) verbunden, so daß die Last des Aufbaus sich gleichermaßen auf beide Achsen verteilt.

Bei Bestromung des Magneten 42 würden die Schieber in die jeweils andere Endstellung gebracht, bei der die Tragbälge zum Anschluß 32 entlüftet, und der Liftbalg mit dem Vorrat (4) verbunden werden.

Die zusätzliche Entlüftung (11) ist erforderlich, damit der durch den Schieberhub entstehende Unter- oder Überdruck ausgeglichen werden kann.

Wie aus dem Schaltsymbol des Schieberventils ersichtlich, handelt es sich bei den Liftachsventilen um 3/3-Wegeventile. Werden beide Magnete gleichzeitig und dauerhaft bestromt, dann nehmen die Schieber die dritte Stellung ein, die für die Durchführung der Anfahrhilfe erforderlich ist.

Nachdem bei der Anfahrhilfe zunächst ein Entlasten bzw. Heben der Liftachse durch Bestromung des Magneten 42 erfolgt, wird bei Erreichen des vorgeschriebenen Anfahrhilfedrucks die Entlüftung der Tragachsbälge beendet und die entstandene Druckverteilung 'eingefroren'. Alle Bälge der Liftachse sind in diesem Moment abgekoppelt. Zur Beendung der Anfahrhilfe wird der Magnet 43 bestromt, so daß die Liftachse wieder belastet wird.

Im Pkw-Bereich können Luftfedern als voll- oder teiltragende Systeme ausgelegt werden. Bei teiltragenden Systemen wird die Luftfeder neben der Stahlfeder zur Niveauregelung eingesetzt. Bild 2.3.32 zeigt ein Federbein mit teiltragender Luftfeder.

In Bild 2.3.33 sind volltragende Luftfeder-Dämpferkombinationen für Vorder- und Hinterachse eines Pkw dargestellt.

An der Vorderachse ist die Schrägstellung der Luftfeder zu erkennen. Durch entsprechende Verlagerung der Wirkungslinie der Federkraft kann eine Klemmwirkung bei Federbeinradaufhängungen vermieden werden. Dazu müssen die Kraftwirkungslinien von Radaufstandskraft, Querlenkerlängskraft und Federkraft sich in einem Punkt schneiden.

Die Hinterachsfeder ist mit einer Sensorspule zur Erfassung des Einfederzustandes ausgerüstet.

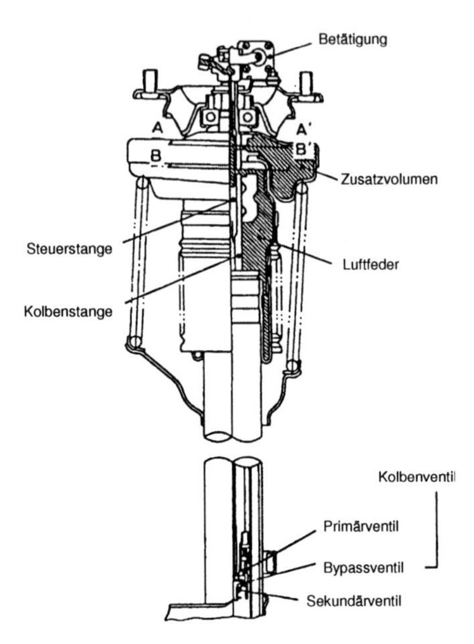

Bild 2.3.32: Federbein mit teiltragender Luftfeder

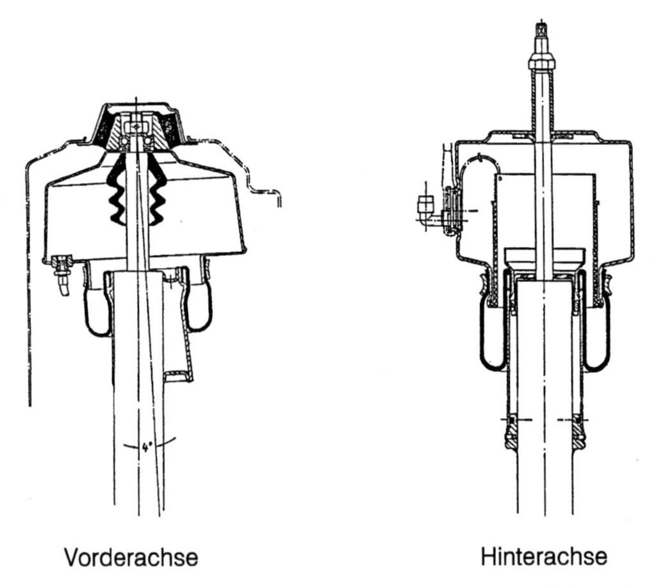

Bild 2.3.33: Luftfeder-Dämpfer-Kombination für Pkw-Vorder- und Hinterachse

Bei Nutzfahrzeugen werden Luftfedern nicht nur im Bereich des Fahrwerks eingesetzt, sondern auch, um den Fahrerarbeitsplatz vom Tragrahmen zu entkoppeln. Dazu werden Sitze verwendet, die von einer Luftfeder gestützt werden. Bei Fernverkehrsausführungen werden zusätzlich die Fahrerhäuser in Luftfedern aufgehängt. Bild 2.3.34 zeigt eine Sattelzugmaschine mit Blatt/Luft-Federung und luftgefedertem Fahrerhaus. Bei Sattelzugmaschinen bieten luftgefederte Hinterachsen neben den Schwingungsvorteilen auch den Vorteil, daß beim Aufsatteln die Sattelhöhe des Zugfahrzeugs aus dem Fahrerhaus mit Hilfe einer Fernverstellung der Höhe des aufgebockten Aufliegers angepaßt werden kann. An der Vorderachse wird aus Kostengründen häufig die Blattfederung eingesetzt.

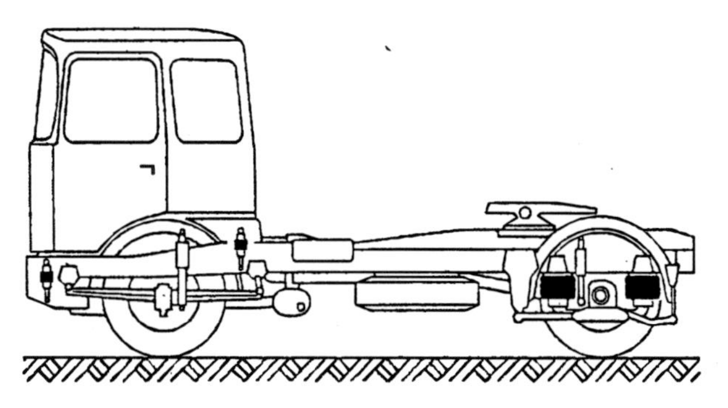

Bild 2.3.34: Sattelzugmaschine mit Blatt/Luft-Federung und luftgefederter Kabine

Bei den in Nutzfahrzeugen eingesetzten Luftfeder-Rollbälgen können bei Bedarf die Volumina der Abrollstempel als Zusatzvolumen verwendet werden. Außerdem kann durch entsprechende Ausformung der Abrollstempel eine gewünschte Federkennlinie eingestellt werden. Bild 2.3.35 zeigt auf der linken Seite einen Luftfeder-Rollbalg für einen Omnibus. Bei dieser Ausführung wird das Volumen des Abrollstempels als Zusatzvolumen genutzt, um die Progression mit steigender Einfederung zu verringern. Zusätzlich ist der Abrollstempel im Arbeitsbereich eingeschnürt. Dies führt beim Einfedern zu einer Abnahme des wirksamen Federdurchmessers und sorgt ebenfalls für eine geringe Progression der Feder. Erst bei größeren Einfederwegen nimmt der Durchmesser des Abrollstempels zu und führt zu einer stärker ansteigenden Federkennlinie. Die rechts im Bild dargestellte Rollbalg-Luftfeder eines Anhängers besitzt kein Zusatzvolumen. Der Abrollstempel ist zylindrisch ausgeformt. Die Federkennlinie dieser Luftfeder wird also im Arbeitsbereich stärker progressiv ausfallen als die Omnibus-Luftfeder.

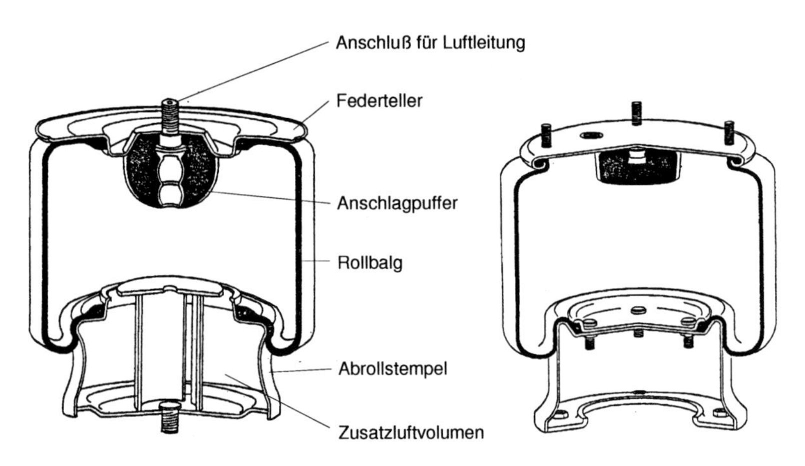

Bild 2.3.35: Rollbalg-Luftfeder mit und ohne Zusatzvolumen

Pneumatischer Niveauregler

Mit Hilfe der Niveauregler soll ein konstanter Abstand zwischen dem Rad bzw. der Achse und der Karosserie gewährleistet werden. Zu diesem Zweck regeln sie den Luftdruck im Federsystem entsprechend dem Beladungszustand des Fahrzeugs. Dazu wird das Gehäuse des Niveaureglers mit der Karosserie und der Anlenkhebel mit der Achse verbunden.

Die Schemazeichnung eines solchen Ventils ist in Bild 2.3.36 dargestellt. Wird das Fahrzeug beladen, so sinkt die Karosserie relativ zur Achse ab. Dadurch wird der Anlenkhebel nach oben ausgelenkt. Dieser Anlenkhebel kann sich mit dem fest verbundenen abgeflachten Zylindernocken im Betätigungshebel drehen. Durch zwei vorgespannte Federn wird der Anlenkhebel mit dem Betätigungshebel verbunden. Die Folgebewegung des Betätigungshebels wird hydraulisch gedämpft, um eine Reaktion auf dynamische Schwingbewegungen im

Fahrbetrieb zu verhindern. Im quasistatischen Beladungsfall folgt jedoch der Betätigungshebel dem Anlenkhebel und betätigt dadurch das Einströmventil. Die Luft fließt über das Rückschlagventil zur Federung und erhöht dort den Druck und somit auch den Abstand zwischen Rad und Aufbau solange, bis die eingestellte Sollage wieder erreicht ist.

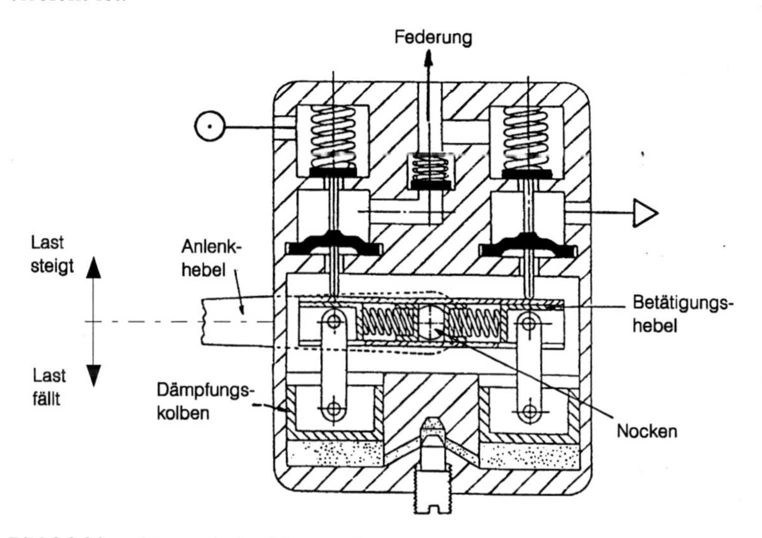

Bild 2.3.36: Pneumatischer Niveauregler

Im umgekehrten Fall, also bei Entladung des Fahrzeugs, öffnet der Betätigungshebel das Auslaßventil, welches Luft aus der Federung in die Umgebung entläßt.

2.3.2.2 Hydropneumatische Federung

Bereits im Jahr 1955 führte die Firma Citroen die hydropneumatische Federung beim Pkw ein. Der prinzipielle Aufbau ist in Bild 2.3.37 dargestellt. Im Gegensatz zur Luftfederung befindet sich das federnde Gaspolster in einem Speicher. Es handelt sich üblicherweise um einen Membranspeicher, dessen Gasseite mit Stickstoff auf einen Druck von 30 - 60 bar vorgespannt ist. Die Radbewegungen werden durch den Zylinder in Volumenströme umgesetzt, die die Schwingungen auf die Gasfeder übertragen. Dabei wird durch die Drossel in der Hydraulikleitung die notwendige Dämpfung realisiert. Durch Zu- und Abführen von Öl über den Füllstutzen kann das Fahrzeugniveau reguliert werden.

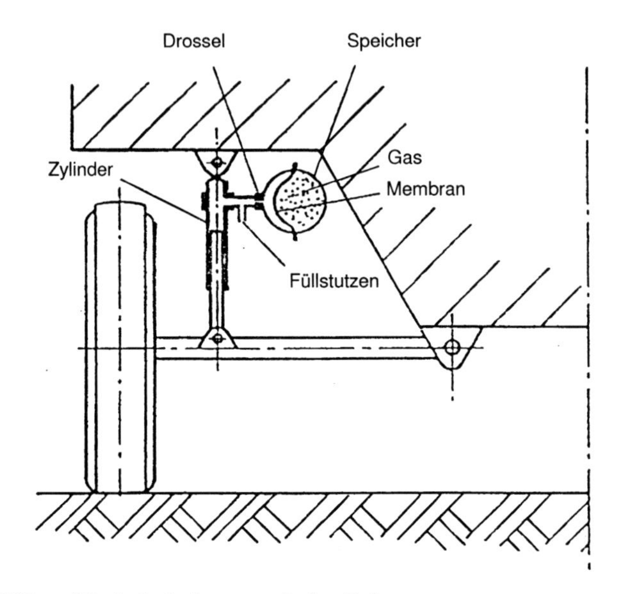

Bild 2.3.37: Prinzip der hydropneumatischen Federung

Die hydropneumatische Federung verbindet sehr guten Komfort mit hoher Fahrsicherheit.

Ihre Vorteile sind:

- Kleiner Bauraumbedarf durch das hohe Druckniveau (80-160 bar statisch).
- Der Eigenfrequenzbereich wird nicht durch die Abmessungen begrenzt.
- Schnelle Regelung durch quasi inkompressibles Medium.
- Integrierte hydraulische Dämpfung.
- Mögliche Integration in eine Zentralhydraulik.
- Druck- und somit lastabhängige Dämpfung ist möglich.

Die Nachteile der hydropneumatischen Federung im Vergleich mit der Luftfederung sind:

- Eigenfrequenz ist lastabhängig.
- Die Hydraulik erfordert mehr baulichen Aufwand.

Bauformen von fremdgespeisten hydropneumatischen Federungen

Das Schema der hydropneumatischen Federung eines Citroen ist in Bild 2.3.38 dargestellt.

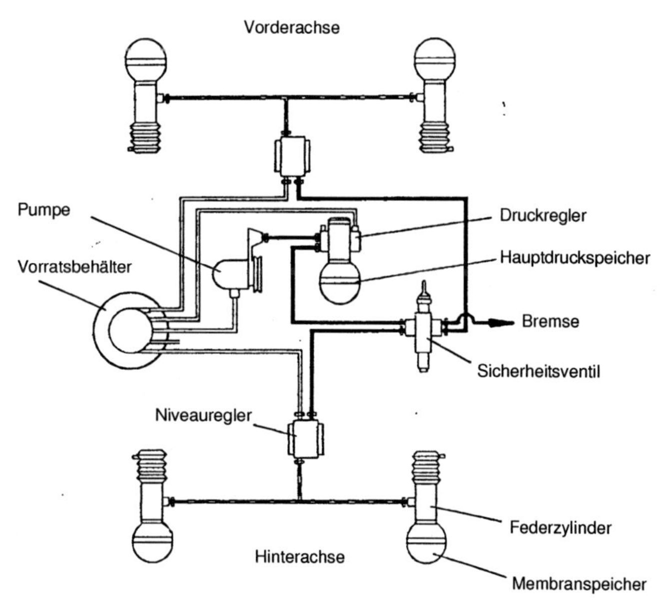

Bild 2.3.38: Hydropneumatische Federung von Citroen

Das System besteht aus dem Vorratsbehälter, der Pumpe, dem Hauptdruckspeicher, den vier hydropneumatischen Federungseinheiten, den beiden Niveaureglern und dem Sicherheitsventil. Im Sicherheitsventil ist ein Steuergerät zwischen dem Drucksystem der Hinterachse und der Bremse integriert, das mit Hilfe der Hinterachslast die Bremskraft dieser Achse regelt (Bremskraftregler). Bei den Pumpen handelt es sich um Taumelscheiben-Axialkolbenpumpen mit bis zu 7 Kolben und einem Verdrängervolumen von bis zu 5 cm³.

Die Federeinheiten sind in Bild 2.3.39 schematisch dargestellt. Der Membranspeicher ist direkt auf dem eigentlichen Federzylinder angebracht. In dem Übergang zwischen Zylinder und Speicher sitzen die Dämpfereinheiten. Wie bei normalen Schwingungsdämpfern gibt es unterschiedliche Ventile für Druck- und Zugbewegungen. Weiterhin ist eine kleine Bypass-Öffnung vorhanden, die ein ganz weiches Reagieren bei kleinen Anregungen gestattet.

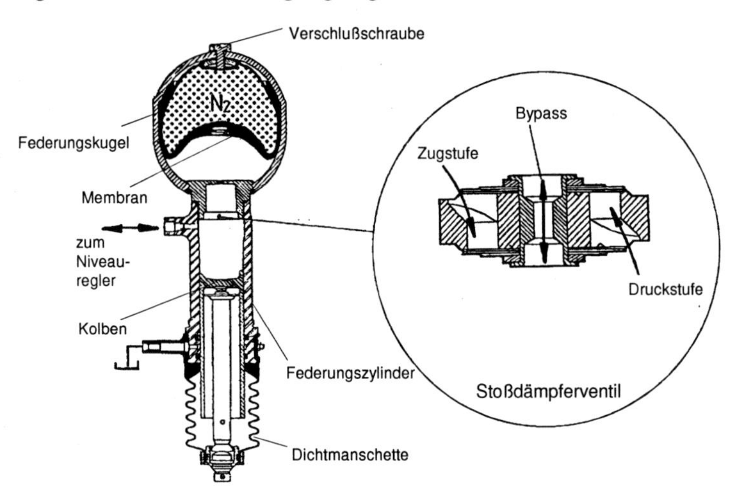

Bild 2.3.39: Federelement

Die sogenannte Hydraktiv-Federung von Citroen ist in Bild 2.3.40 dargestellt. Bei diesem System wird in Abhängigkeit vom Fahrzustand zu der normalen Hydropneumatik-Federung jeweils eine zusätzliche Federungskugel für die Vorder- und Hinterachse zu- oder abgeschaltet. Die Federsteife und die Dämpfung des Systems kann so verändert werden. Der entsprechende Rechner verarbeitet Daten, die von fünf Sensoren übertragen werden:

- ein Sensor an der Lenkung misst den Einschlagwinkel und die Einschlaggeschwindigkeit
- ein Sensor auf dem Gaspedal misst die Geschwindigkeit, mit der das Pedal niedergedrückt oder losgelassen wird.
- ein Sensor misst den Druck in der Bremsanlage

- ein auf dem vorderen Querstabilisator befestigter Sensor misst den Weg und die Geschwindigkeit der Karosseriebewegung
- ein auf dem Getriebe montierter Sensor misst die Fahrgeschwindigkeit

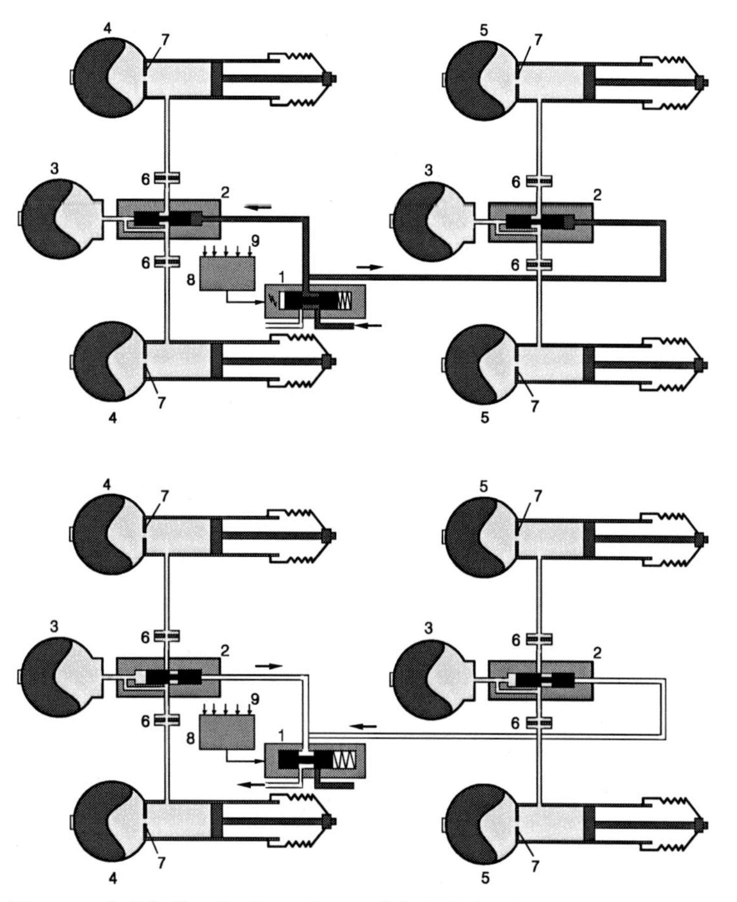

1 Magnetventil; 2 Stellmechanismus; 3 zusätzliche Federkugel; 4 vordere Federkugel; 5 hintere Federkugel; 6 zusätzliche Dämpferelemente; 7 Dämpferelemente; 8 Rechner; 9 Sensoreingänge

Bild 2.3.40: Schaltschema der Hydractiven Federung von Citroen (weiche Abstimmung: oben; harte Abstimmung: unten)

Die Sensoren versorgen einen Mikroprozessor kontinuierlich mit allen gemessenen Daten. In seinem Speicher sind Kennfelder abgelegt, mit denen sämtliche empfangenen Informationen ständig verglichen werden. Je nach Abweichung zwischen Kennfeld und empfangenen Daten ermittelt der Mikroprozessor die passende Federabstimmung und sorgt für die hydraulische Umstellung. Die Ansprechzeit des Systems liegt bei 0.05 s.

Zur Niveauregelung der Hydropneumatischen Federung werden 3/3-Wege Schieberventile eingesetzt (Bild 2.3.41), deren Schieber direkt durch Anlenkhebel mit den Rädern verbunden sind, während das Ventilgehäuse an der Karosserie befestigt ist.

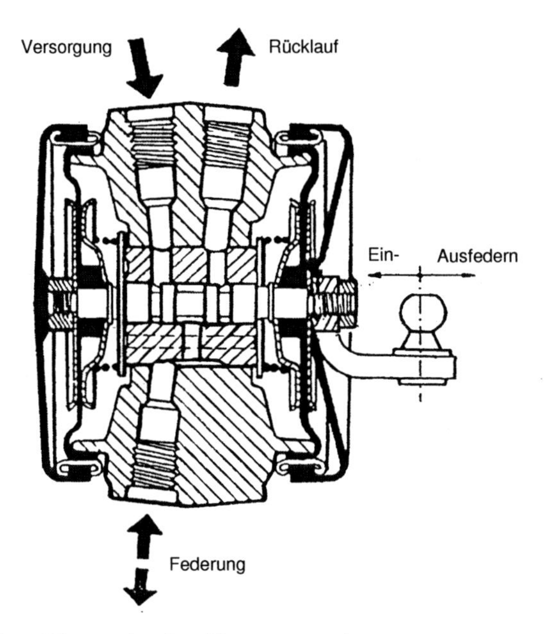

Bild 2.3.41: Niveauregler eines Citroen

2.3.2.3 Aktive Federung

Eine aktive Federung besteht aus einer Hydraulikversorgung, vier Aktuatoren (die Feder und Dämpfer ersetzen), einem Steuergerät und mehreren Sensoren (vgl. Bild 2.3.42). Die Hydraulikversorgung beinhaltet eine Axial- oder Radialkolbenpumpe, Versorgungs- und Pulsationsspeicher, einen Tank, einen Kühler, Filter und Verbindungsleitungen. Bei den verschiedenen Herstellern wird derzeit noch unterschiedliche Sensorik eingesetzt. So besteht die zur Erfassung des momentanen Fahrzustandes verbaute Sensorik beispielsweise aus 2 Quer-, 1 Längs- und 3 Vertikalbeschleunigungssensoren sowie 4 Höhenstandssensoren. Zusätzlich werden 5 Drucksensoren eingesetzt. Das Steuergerät wertet diese Informationen aus, setzt sie in eine Regelungsstrategie um und steuert die Aktuatoren an. Die Aktuatoren reagieren auf diese Steuersignale und erzeugen Kräfte zwischen Achse und Aufbau, die vor allem den Aufbau ruhig halten und Fahrbahnanregungen kompensieren sollen.

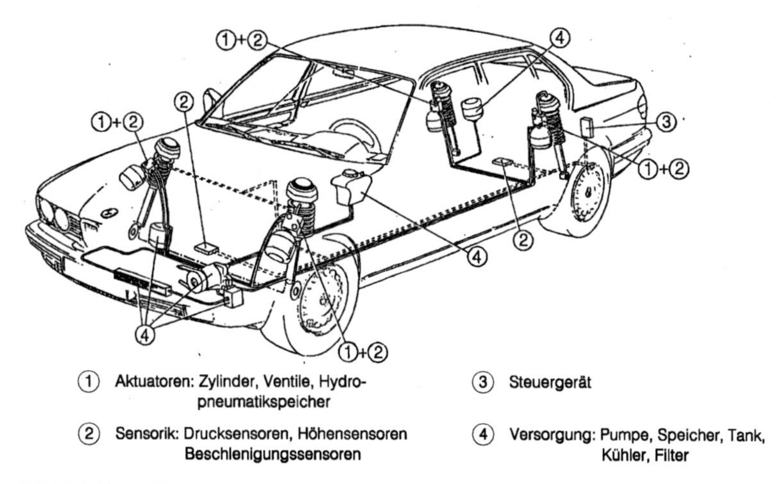

Bild 2.3.42: Komponenten eines aktiven Federungssystems

Die wesentlichen Funktionsprinzipien der aktiven Federung sind in Bild 2.3.43 dargestellt. Links ist eine sogenannte vollaktive Federung gezeigt, wie sie von Lotus definiert worden ist. Die rechte Prinzipskizze zeigt eine aktive hydropneumatische Federung. Dieses

Wirkprinzip wird z.B. von Nissan und Toyota in Serienfahrzeugen angeboten. Diese Art der Ausführung scheint die höchsten Realisierungschancen zu besitzen.

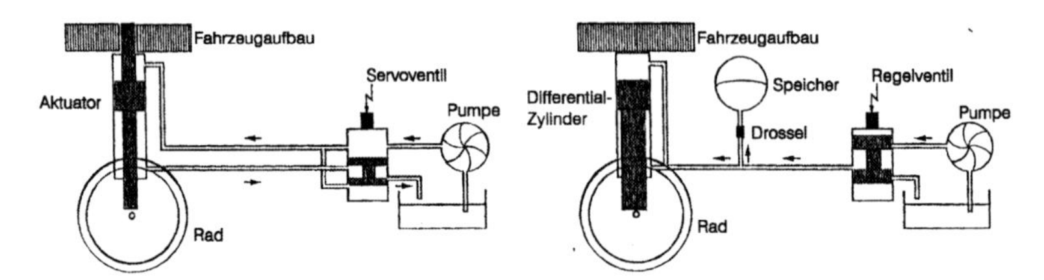

Bild 2.3.43: Funktionsprinzipien existierender aktiver Federungen

Der Aktuator (Federzylinder) der sogenannten vollaktiven Federung besteht aus einem Servoventil und einem Gleichgangzylinder, d.h. die Wirkflächen beim Ein- und Ausfedern sind gleich groß. Das Servoventil ist mit einer Hydraulikversorgung verbunden. Die statische Fahrzeuglast trägt im allgemeinen eine Stahlfeder, die aber hier nicht skizziert ist. Bei diesem Wirkprinzip muß das Servoventil auch für kleinste Bewegungen des Zylinders Ölvolumina zuführen oder herauslassen. Da sehr schnelle und somit hochfrequente Bewegungen auftreten -man denke an unebene Straßen, z.B. Stoßfugen oder Kopfsteinpflaster-, sind die Anforderungen an die Schnelligkeit des Servoventils, der Sensorik und des Steuergerätes hoch. Dies bedeutet eine sehr teure Hardware. Sobald das Servoventil zeitlich verzögert reagiert - selbst das schnellste und teuerste Ventil hat etwas Laufzeit-, stellt der Zylinder kurzzeitig eine sehr steife Verbindung zwischen Achse und Karosserie her. Hochfrequente Anregungen sind für diese aktive Federung eine besondere Anforderung. Da jede Fahrbahnunebenheit aktiv ausgeregelt werden muß, ist der Verbrauch an Drucköl hoch. Der Kraftstoffverbrauch wird durch ein solches System deutlich angehoben.

Der Aktuator der aktiven hydropneumatischen Federung basiert auf der im Kraftfahrzeug bewährten hydropneumatischen Federung. Diese setzt sich aus einem Differentialzylinder, einem Gasdruckspeicher -der als Federelement wirkt- und einer zwischen Zylinder und Speicher angeordneten Drossel -diese wirkt als Dämpferelement- zusammen.

Eine Stahlfeder mit verminderter Tragfähigkeit kann parallel zum Federbein wirken, ist in Bild 2.3.43 aber nicht skizziert. Der aktive Eingriff durch das Regelventil wird in diesem System als Zusatzmaßnahme realisiert.

Im Gegensatz zur vollaktiven Federung federt die aktive hydropneumatische Federung auch ohne Zu- und Abfuhr von Drucköl. Die Regelventile führen nur Ölvolumen zu oder ab, wenn das System erkennt, daß es das Fahrzeugverhalten durch einen aktiven Eingriff verbessern kann. Dies hat vor allem den Vorteil, daß auch unter extremen Fahrbedingungen nur ein Energieaufwand zu erbringen ist, der eventuell vertretbar ist. Beschränkt man die Bandbreite, in dem das System aktiv wirkt, so reduzieren sich zudem die Anforderungen an das Regelventil, die Sensorik und das Steuergerät.

Um den Funktionsumfang derartiger Systeme zu verdeutlichen sind in Bild 2.3.44 die Aufbaubeschleunigungen und die Radlastschwankungen als Funktion der Anregungsfrequenz der Straßenunebenheit für verschiedene Fahrwerke dargestellt.

Große Aufbaubeschleunigungen kennzeichnen einen schlechten Schwingkomfort und große Radlastschwankungen eine eingeschränkte Fahrsicherheit. Ein Feder-Dämpfer-System mit üblichen Kennungen dient als Referenz. Als Varianten sind im Bild ein passives System mit sehr geringer Dämpfung und eines mit sehr weicher Federung dargestellt. Diese Kurven zeigen das theoretische Funktionspotential beim Einsatz fester oder schaltbarer Feder-Dämpfer-Systeme. Zusätzlich sind die Amplitudenverläufe für eine vollaktive Federung und eine aktive hydropneumatische Federung eingetragen. Die aktive hydropneumatische Federung senkt die Amplituden von Aufbaubeschleunigung und Radlastschwankung bis etwa 6 Hz Anregungsfrequenz ab. Die vollaktive Federung zeigt auch bei Anregungen unter 10 Hz noch erhebliche Amplitudenabsenkungen.

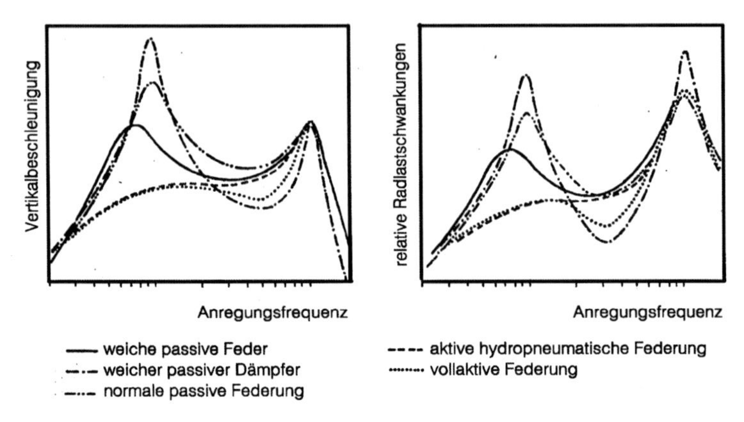

Bild 2.3.44: Theoretischer Fahrkomfort und Sicherheitspotential verschiedener Federungssysteme

In der Theorie kommen aber auch aktive Federungen an physikalische Grenzen, die keine beliebige Steigerung des Fahrkomforts zulassen. Feder-Dämpfer-Systeme -ob passiv oder aktiv- können die Aufbaubeschleunigung im unmittelbaren Bereich der Radeigenfrequenz nicht verändern. Dieser für Feder-Dämpfer-Systeme invariante Punkt läßt sich nur durch andere, allerdings passive Maßnahmen verbessern, z.B. durch eine Verringerung der ungefederten Massen und einer verringerten vertikalen Reifenfedersteifigkeit. Radlastschwankungen können im Bereich der Radeigenfrequenz nur durch die Dämpfer beeinflußt werden, nicht durch die Federabstimmung.

Bei Fichtel & Sachs befindet sich derzeit das ASC-System (Automatic Suspension Control) in der Konzeptüberprüfung, die anhand von Simulationen und Prüfstandsversuchen durchgeführt wird. Der prinzipielle Aufbau ist in Bild 2.3.45 dargestellt.

An jedem Rad ist eine Aktuatorik, bestehend aus Federzylinder und Federspeicher, eingebaut, optional kann parallel dazu eine Stahlfeder angebracht werden. Abhängig vom -durch Sensoren erfaßten- Fahrzeugzustand und der zugrunde gelegten Regelphilosophie werden die Signale für die Proportionalventile in der Steuerelektronik ermittelt. Die Proportionalventile steuern die Zu- oder Abfuhr des Hydraulikmediums. Dadurch entstehen in den Zylindern die zur Kompensation der Aufbaubewegung notwendigen Drücke. Eine motorgetriebene

Pumpe sorgt mit einem zentralen Speicher für die Bereitstellung der benötigten Hydraulikleistung. Im Falle einer Fehlfunktion wird dies in einer Diagnoseeinheit dokumentiert und dem Fahrer angezeigt. Die Fail-safe-Funktion ist durch Sperrung der Hydraulik gewährleistet.

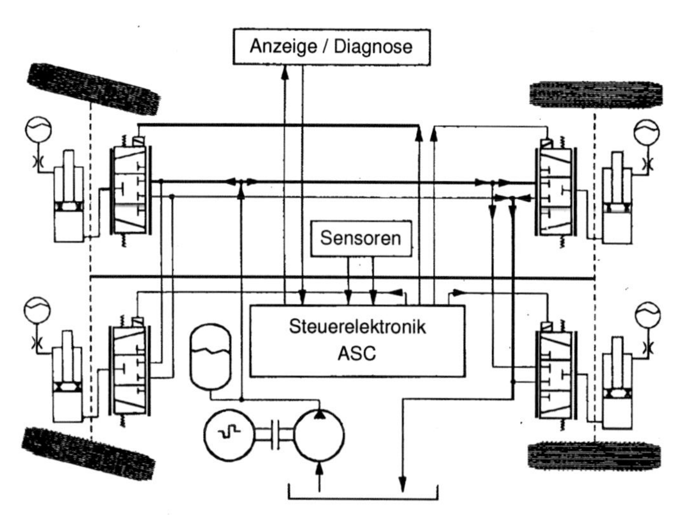

Bild 2.3.45: Prinzipieller Aufbau der ASC (Fichtel & Sachs)

2.3.3 Wankstabilisierung

Neben den Systemen zur Veränderung der Dämpfer- oder Aufbaufederkennungen bildet die Wankstabilisierung ein weiteres Feld zur Beeinflussung des Fahrverhaltens. Derartige Systeme befinden sich zur Zeit noch weitgehend im Entwicklungsstadium. Zur Wankstabilisierung kann sowohl auf den hergebrachten Stabilisator zurückgegriffen werden wie auch auf verstellbare Federn.

Stabilisatorverstellung

Mit Hilfe von 'aktiven Stabilisatoren' kann sowohl der Fahrkomfort durch Verminderung der Wankneigung wie auch das Fahrverhalten durch Änderung des Eigenlenkverhaltens beeinflußt werden. Bild 2.3.46 zeigt ein System zum Wankausgleich von Pkw.

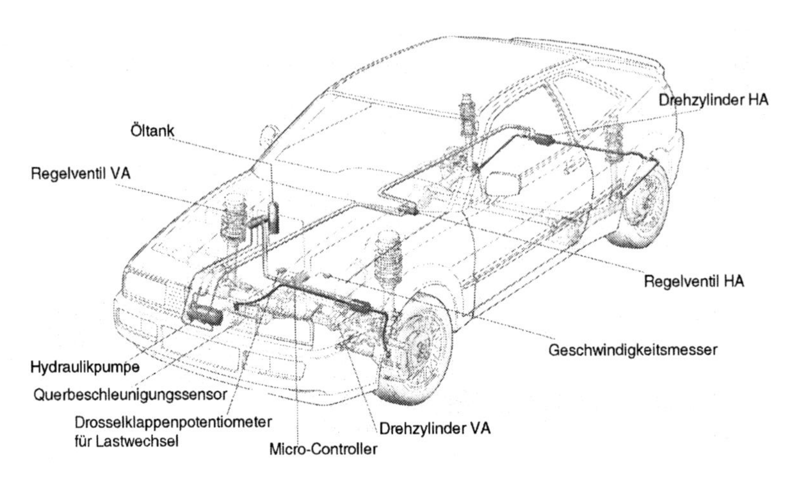

Bild 2.3.46: Wankausgleich mittels hydraulischer Stabilisatorverdrehung

Bei diesem System sind die Stabilisatoren in der Mitte aufgetrennt. Die beiden Hälften werden durch einen hydraulischen Drehzylinder (vgl. Kap. 1.3.1) miteinander verbunden. Zur Kompensation des Wankmomentes bei Kurvenfahrt wird in Abhängigkeit von der auftretenden Querbeschleunigung an den hydraulischen Drehzylindern ein Torsionsmoment erzeugt, das eine Abstützung der Karosserie mit Hilfe der Stabilisatoren bewirkt. Zur Ermittlung des Fahrzustandes werden folgende Sensoren eingesetzt:

- Querbeschleunigungssensor
- Drosselklappenpotentiometer
- Geschwindigkeitssensor

Damit kann sowohl Kurvenfahrt wie auch Lastwechsel sensiert und entsprechend eingegriffen werden, um die Fahrstabilität zu erhalten.

Das Hydrauliksystem besteht im wesentlichen aus zwei hydraulischen Drehzylindern, zwei elektrisch gesteuerten Ventilen und aus einer sauggeregelten Pumpe samt Ölreservoir.

Der Aufbau dieses Systems wird schematisch in Bild 2.3.47 gezeigt.

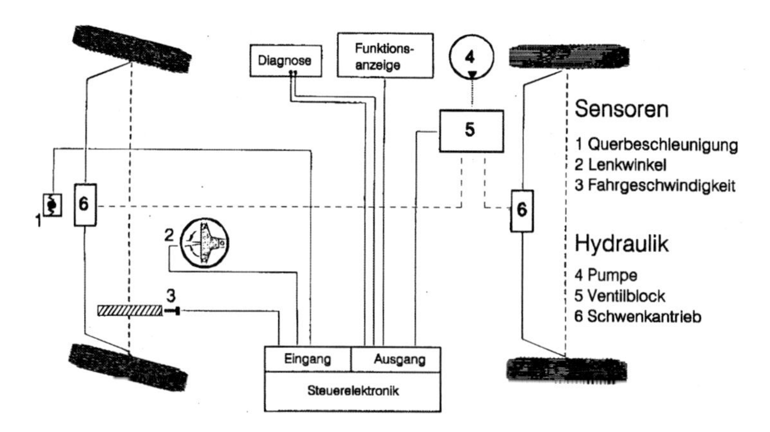

Bild 2.3.47: Prinzipieller Systemaufbau der Automatischen Wankbeeinflussung (AWB von F&S)

Die Konstruktion der Drehzylinder ist durch zwei Forderungen bestimmt:

- Integration in konventionelle Stabilisatoren einschließlich spielfreier Anbindung
- Kleine Baugröße zur Erhaltung der Bodenfreiheit.

Das Ergebnis sind Drehzylinder, die mit Stator und Rotor an den Stabilisatorhälften angeflanscht sind.

Das Steuerventil ist ein elektromagnetisch betätigtes Proportionalventil. Es besteht aus einem hydraulischen Mittelteil und zwei beidseitig angesetzten Elektromagneten.

Ohne Querbeschleunigung des Automobils, also im Regelfall bei Geradeausfahrt, sind beide Magnete stromlos. Damit ist ein druckloser Ölumlauf eingestellt und die Stabilisatorhälften sind entkoppelt. Je nach Kurvenrichtung wird die eine oder die andere Ventilseite angesteuert und beaufschlagt entsprechend der Querbeschleunigung den Drehzylinder. Die drucklose Drehzylinderseite ist dann mit dem Tank verbunden. Das System wird nur aus einem Pumpenkreis gespeist, und der Volumenstrom wird über das Vorderachsventil dem Ventil der Hinterachse zugeführt.

Beim **Citroen Activa** wird der Wankwinkel durch einen aktiven Stabilisator gesteuert. Das System besitzt an der Vorderachse auf der linken Fahrzeugseite statt der üblichen starren Strebe zwischen Stabilisator und Federbein einen doppeltwirkenden Zylinder. Dadurch kann die Vorspannung des Stabilisators verstellt und damit eine Wankbewegung erzielt werden.

In einer Linkskurve wird der Aufbau durch die Fliehkraft zu einer Neigung nach rechts veranlaßt. Ein Wankwinkel von 0.3 Grad löst eine Schieberbewegung des Neigekorrektur-Zylinders aus. In einer Linkskurve bewirkt er eine Erhöhung der Flüssigkeitsmenge im unteren Zylinderraum und damit eine Verlängerung des Zylinders. Dadurch wird eine Kraft aufgebaut, die der Seitenneigung des Fahrzeugs entgegenwirkt [GOR95].

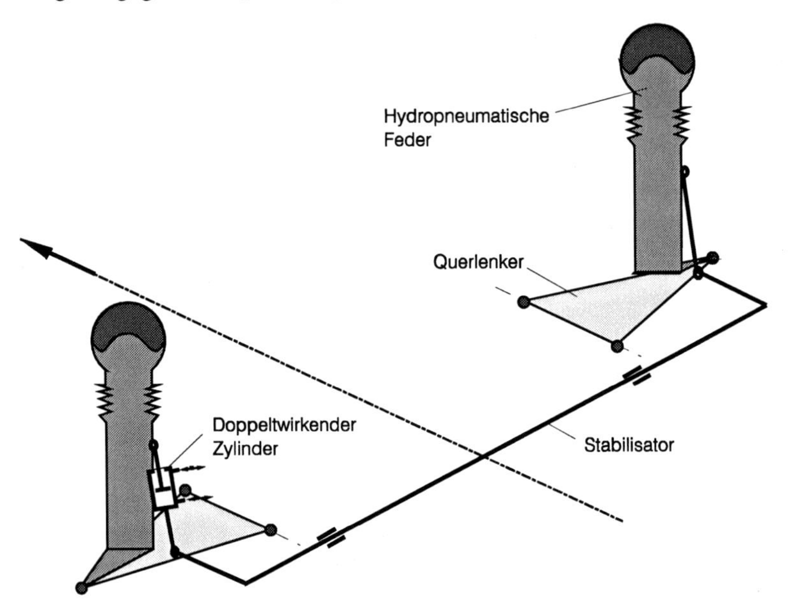

Bild 2.3.48: Schematische Darstellung des Wankausgleichs beim Citroen Activa

Luftfederverstellung

Bei luftgefederten Fahrzeugen stellt sich für die Geradeausfahrt auf beiden Seiten einer Achse derselbe Luftdruck in den Federn ein. Bei steigender Querbeschleunigung wächst die Radlast des kurvenäußeren Rades und die des kurveninneren Rades fällt ab. Bei ungeregelten Systemen, d.h. abgeschlossenen Luftvolumina auf jeder Seite wird die kurvenäußere Seite einfedern, damit der durch die Volumenverringerung steigende Luftdruck die höhere Radlast abstützen kann. Auf der kurveninneren Seite wird das Rad dementsprechend ausfedern. Ein Wankausgleich kann für derartige Systeme herbeigeführt werden, wenn kurvenaußen zusätzlich Luft in die Feder gepumpt wird. Kurveninnen muß Luft entnommen werden. Um das gewünschte Verhalten zu erreichen, müssen also linke und rechte Feder über ein zwischengeschaltetes System miteinander verbunden werden. Das System hat dabei die Aufgabe, für die kurvenäußere Seite einen hohen Druck bereitzustellen und kurveninnen die Luft mit geringem Druck zu entnehmen. Geschlossene Systeme, die dieses Verhalten in sehr kurzen Reaktionszeiträumen realisieren können, befinden sich derzeit im Entwurfsstadium.

2.3.4. Literaturangaben

[ATZ95] N.N.:
Schwingungsdämpfer mit elektrorheologischen Fluiden
ATZ 1995, S. 235

[BAY95] N.N.
RHEOBAY□ Produktinfo VP AI 3565 und 3566
Bayer AG, Silicone, 1995

[CIT86] N.N.
Hydraulik Automobiles Citroen
Neulliy-sur-Seine, 1986

[EDE98] N.N.
Edelbrock INERTIA ACTIVE SYSTEM
Fa. Edelbrock, USA, 1998

[F+S1] N.N.:
Elektronische Dämpferkraftsteuerung ADC
Fichtel & Sachs Produktinfo

[F+S2] N.N.
Funktion und Werkstatthinweise für Kraftfahrzeugteile
Fichtel & Sachs Produktbeschreibung

[GOR95] GORONCY, J.
Citroen Xantia Activa mit neuem Fahrwerk
ATZ 1995, S. 416 ff

[HEN90] HENNING, H.
Citroen XM V6
ATZ 1990, S. 22ff

[MON95] N.N.:
Variable Stoßdämpfer ohne Elektronik
Monroe Auto Equipment GmbH
ATZ 1995, S. 329

[OCH92] OCHS, M.; WOLF, F.
Fahrwerkssysteme - Entwicklungsziele und Methoden
ATZ 1992, S. 54 ff

[OEH93] OEHLERKING, C.
Wankausgleich - ein System zur Verbesserung von aktiver Sicherheit und Fahrkomfort
ATZ 1993, S. 20 ff

[VOS91] VOSS, H.
Das Anwendungsfeld und die Auslegung von Luftfedern im Schienen- und Straßenfahrzeugbau
HDT-Tagung: Feder und Dämpfungssysteme im Fahrzeugbau, Essen, Jan. 1991

[WAB95] N.N.
Elektronische Niveauregelung für luftgefederte Anhängefahrzeuge (ECAS), WABCO 1995

[WAL95] WALLENTOWITZ, H.
Kraftfahrzeuge II
Umdruck zur Vorlesung, Aachen 1995

[WAL92] WALLENTOWITZ, H.
Die Aktive Federung zwischen Kundennutzen und technologischem Wettkampf
FISITA-Tagung, London, Juni 1992

2.4 Komfort- und Sicherheitssysteme

Im Pkw-Bereich werden zunehmend Fluidsysteme eingeführt, die den Fahrkomfort oder die aktive bzw. passive Sicherheit verbessern. Diese Systeme werden aufgrund der geringen geforderten Energiedichte meist pneumatisch ausgeführt. Sie können dabei abhängig vom benötigten Energiebedarf entweder auf Betätigung durch Unterdruck oder Überdruck ausgelegt werden.

Bei Unterdruckbetätigung kann für Ottomotoren der Saugrohrunterdruck genutzt werden. Eine zusätzliche Energiequelle ist nicht notwendig. Das System mit einfachen, durch Federdruck rückstellbaren Elementen ist so mit geringem Kostenaufwand realisierbar. Bei Dieselmotoren wird wegen der fehlenden Drossel im Ansaugrohr eine zusätzliche Unterdruckpumpe nötig, die für den Unterdruck-Bremskraftverstärker aber ohnehin bereits vorhanden ist.

Bei höherer geforderter Energiedichte werden Kompressoren eingesetzt, die das System neben den steigenden Festigkeitsanforderungen für die relativ hohen Drücke zusätzlich teuer machen. Ist allerdings eine Versorgungseinheit im Fahrzeug installiert, kann sie mehrere Bordsysteme unterhalten. Eine Trennung der Systeme aufgrund verschiedener Medien, wie in der Hydraulik oft notwendig, ist nicht erforderlich.

Neben den üblichen unter dem Oberbegriff 'Pneumatik' behandelten Systemen wird auch der Airbag aufgeführt, der ebenfalls ein fluidtechnisches System darstellt, sein Arbeitsmedium allerdings direkt erzeugt.

2.4.1 Luftdruckregelung

Zur Steigerung der aktiven Sicherheit wurden Systeme zur Luftdruckregelung im Reifen entwickelt, die vereinzelt in Kleinserienfahrzeugen eingesetzt werden und zur Steigerung der aktiven Sicherheit in Zukunft möglicherweise in der Großserie eingesetzt werden.

Die Sensorik eines möglichen Systems zur aktiven Beeinflussung des Reifenluftdruckes ist in Bild 2.4.1 dargestellt. Eingangsgröße für das

Steuergerät ist die Radlast, die Fahrgeschwindigkeit und die Reifen-/Umgebungstemperatur.

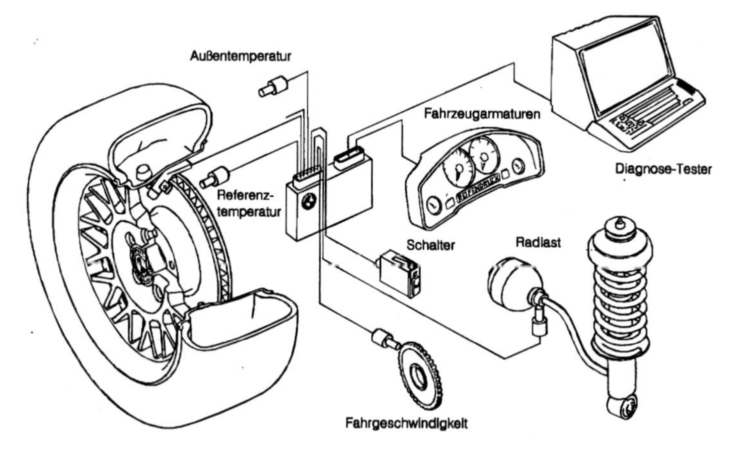

Bild 2.4.1: Sensorik zur Reifendruckregelung (BMW)

Der pneumatische Schaltplan des Systems ist in Bild 2.4.2 dargestellt. In Abhängigkeit von den Meßgrößen können stromlos geschlossene 2/2-Wege-Ventile für jeden Reifen steuern, ob Luft zu- oder abgelassen werden soll (Luftverteilung).

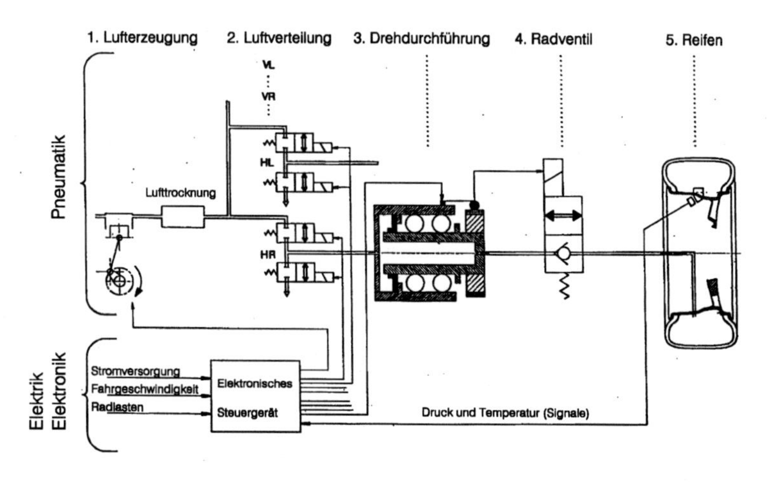

Bild 2.4.2: Bauelemente für das Reifendruck-Regelsystem

Eine Drehdurchführung ermöglicht die ständige Verbindung zwischen stehenden und drehenden Systemkomponenten. Ein im Rad eingebautes, stromlos geschlossenes Ventil (Radventil) steuert bei Bedarf das Ablassen der Luft aus dem Reifen. Der Schaltplan stellt eine derzeit nicht realisierte aber denkbare Ausführungsform dar.

2.4.2 Pneumatische Kupplung

Im Golf Ecomatic von Volkswagen, einem Pkw mit Dieselmotor und Schwungnutzautomatik, wird die Kupplung über Unterdruck angesteuert. Dabei kann sowohl die Kupplung als auch der Ausrückhebel, an dem normalerweise der zum Kupplungspedal führende Seilzug angreift, von den Modellen mit herkömmlicher Kupplung übernommen werden.

Dabei wird dieser Ausrückhebel über eine Stange mit einer Membran, an der ein Rollbalg aus Gummi befestigt ist, verbunden. Wird am Balg Unterdruck angelegt, zieht er die Membran an und die Kupplung wird geöffnet. Schaltet man den Unterdruck ab, strömt Luft in den Rollbalg und die Kupplung schließt sich. Die Steuerung übernimmt ein Ventil, das seine Befehle von einer Elektronik erhält [BUT95].

In diesem Fahrzeug gibt es demnach kein Kupplungspedal, wodurch schwierige Situationen bezüglich der Kupplungsbetätigung, wie beispielsweise das Anfahren am Berg oder das Einparken, entschärft werden. Auch im ganz normalen (Stadt-)Verkehr soll dieses System eine große Erleichterung selbst für routinierte Fahrer darstellen, da die Betätigung der Kupplung entfällt. Geschaltet wird aber nach wie vor von Hand.

Das 5-Gang-Getriebe ist ebenfalls mit dem vergleichbarer Modelle und herkömmlicher Kupplung identisch. Eine Besonderheit bietet nur der Schalthebel: Sein Knauf kann ein wenig kippen. Dabei wird der Kontakt ausgelöst, der beim Schalten die Kupplung steuert - jedoch nur bei gleichzeitigem Gaswegnehmen. Dies geschieht wiederum mit Hilfe der Elektronik.

2.4.3 Zentralverriegelung

Zentralverriegelungen gehören heute in vielen Pkw zur Serienausstattung. Dabei werden alle Türen und Klappen durch Betätigung eines beliebigen Schlosses ver- bzw. entriegelt. Neben der damit verbundenen Komfortsteigerung leistet diese Einrichtung auch einen Beitrag zur Diebstahlvermeidung, da der Fahrer beim Abschließen nie die Verriegelung einer einzelnen Türe oder Klappe vergessen kann. Außerdem ist diese Schloßbetätigung auch einfach mit einer Diebstahlsicherung zu kombinieren.

Durch den Einsatz pneumatischer Zentralverriegelungen ergeben sich im Vergleich zu elektrischen Zentralverriegelungen Kostenvorteile, die je nach Ausstattung mit weiteren Pneumatikkomponenten zwischen 15 bis 20% der Installationskosten der elektrischen Systeme liegen [BUT95].

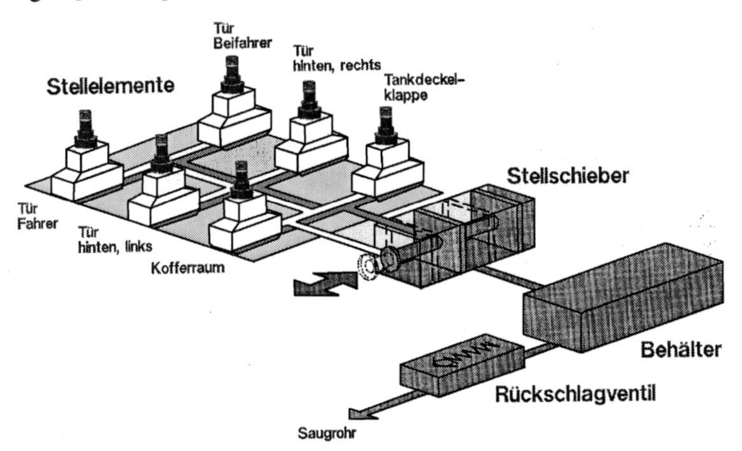

Bild 2.4.3: Pneumatische Zentralverriegelung (Zweischlauchsystem, Hella) [GRÜ94]

Bild 2.4.3 zeigt eine pneumatische Zentralverriegelung in einer Ausführung, wie sie jahrelang bis zur Ablösung durch die elektropneumatische Zentralverriegelung eingebaut wurde. Ein Behälter wurde hierbei vom Saugrohr evakuiert. Das gespeicherte Vakuum konnte durch einen mit dem Fahrertürschloß verbundenen Stellschieber mechanisch mit der oberen oder unteren Kammer des Stellelementes verbunden werden. Entsprechend der Stellschieberstellung wurde somit eine einheitliche Stellposition erzielt. Die diesem System eigenen Merkmale Behälter, Zweischlauchsystem und Versorgung durch den Saugrohrunterdruck waren mit Platzproblemen, Montageproblemen, Verschmutzungsproblemen und Undichtigkeitsproblemen verbunden.

Aus den Problemen der ersten Generation pneumatischer Zentralverriegelungen leitete sich bald die Aufgabenstellung nach einer Folgegeneration ab mit den Merkmalen:

- Entfall des Behälters
- Einschlauchsystem
- separate Druckerzeugung (Vakuum und Überdruck)

Die elektropneumatische Zentralverriegelung ist schematisch in Bild 2.4.4 dargestellt.

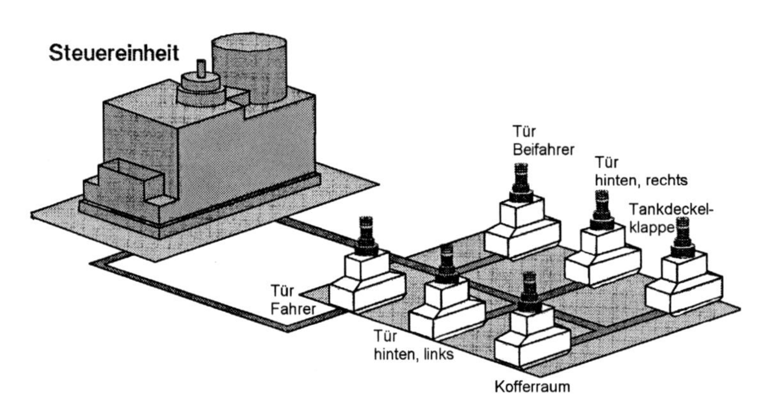

Bild 2.4.4: Elektropneum. Zentralverriegelung (Einschlauchsystem, Hella) [GRÜ94]

Mit Hilfe einer Flügelzellenpumpe wird bei dem weiterentwickelten System innerhalb weniger als 1 s ein Druck von ± 500 mbar erzeugt. Die Möglichkeit der Erzeugung von Vakuum und Überdruck ermöglichte ein Einschlauchsystem.

Die Flügelzellenpumpe ist Bestandteil der sogenannten Steuereinheit, in der außerdem die erforderliche Elektronik sowie der Druckschalter untergebracht sind. Die Pumpe wird durch elektrischen Befehl von der

Fahrertür oder zusätzlichen Schaltpunkten eingeschaltet. Der Druckschalter sensiert das Druckniveau im System und schaltet die Pumpe nach Erreichen von ± 500 mbar ab.

Bild 2.4.5 zeigt ein in diesem Zusammenhang entwickeltes Bi-Druckelement, das in beiden Richtungen eine Stellkraft von ca. 60 N aufbringen kann.

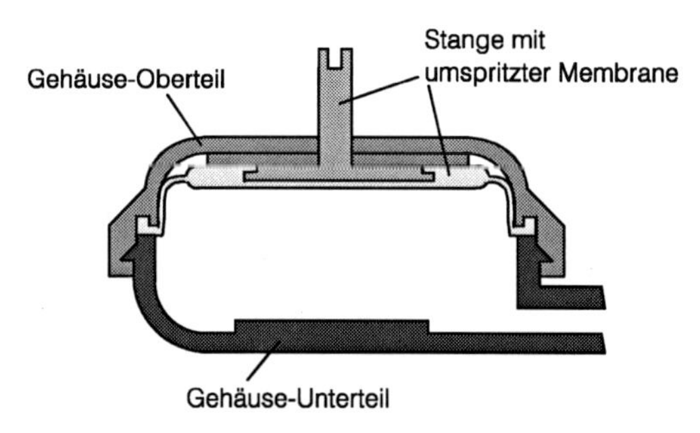

Bild 2.4.5: Bi-Druckelement (Hella)

Da die beim Einsatz solcher Schließsysteme erforderliche Schlauchverlegung nahezu den gesamten Karosseriebereich abdeckt, liegt es nahe, neben der üblichen Betätigung von Tür-, Heck- und Tankklappenverriegelungen weitere Funktionen mit der Zentralverriegelung zu koppeln, wie z.B.:

- Verrieglung des Handschuhfaches
- Automatische Sitzlehnenverriegelung, die beim Schließen der Türe aktiviert wird

2.4.3 Zentralpneumatik

Bald nach Beginn der Entwicklung der elektropneumatischen Zentralverriegelung kam der Gedanke auf, die für die Zentralverriegelung eingesetzte Pumpe auch für weitere Stellfunktionen im Auto zu nutzen.

Die Anlagen sind so ausgelegt, daß sie in der Regel je nach Anwendungsfall mit bis zu ± 0.8 bar arbeiten [BUT95].

Beispielhaft soll der Anwendungsumfang der Zentralpneumatik in Bild 2.4.6 gezeigt werden.

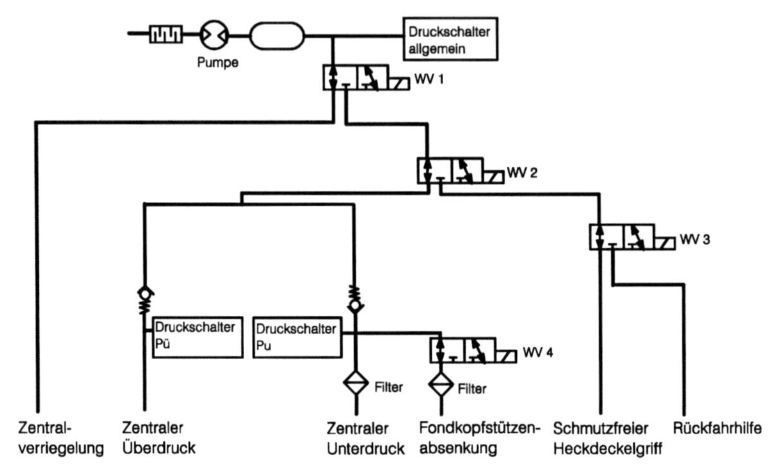

Bild 2.4.6: Zentralpneumatik (Hella) [GRÜ90]

Die Zentralpneumatik umfaßt folgende Verbraucher [GRÜ90]:

- Zentralverriegelung (Bidruck)
- Zentrale Überdruckversorgung
  Es wird ein definiertes, konstantes Überdruckreservoir zur Verfügung gestellt, über das Nebenverbraucher (z.B. Orthopädischer Sitz) bedient werden können.
- Zentrale Unterdruckversorgung
  Es wird ein definiertes, konstantes Unterdruckreservoir zur Verfügung gestellt, über das Nebenverbraucher (z.B. Klimaanlage) bedient werden können.
- Fondkopfstützenabsenkung (Unterdruck)
- Rückfahrhilfe (Bidrucksystem)
  Die Optimierung des c_W-Wertes führt zu Karosserieformen, deren Ecken vom Fahrer nicht mehr eingesehen werden können. Dies ist insbesondere beim Rückwärtsfahren nachteilig. Als Orientierungshilfe werden beim Einlegen des Rückwärtsganges an den hinteren Kotflügeln Peilstäbe ausgefahren.

2.4.5 Leuchtweitenregulierung

Da sich je nach Beladungszustand des Fahrzeugs die Strahlrichtung der Scheinwerfer relativ zur Fahrbahn ändert, kann eine Standardeinstellung der Scheinwerfer nicht zufrieden stellen.

Um eine Blendung zu vermeiden, sind in Deutschland Leuchtweitenregulierungen vorgeschrieben, die eine beladungsabhängige Einstellung der Scheinwerfer ermöglichen. Bei allen Bauarten werden diese dazu um eine horizontale Achse geschwenkt.

Die hierfür erforderlichen Stellelemente arbeiten entweder elektrisch (Getriebemotoren oder elektrisch beheizte Dehnstoffglieder) oder pneumatisch. Letztere kommen z.B. bei Mercedes-Benz zum Einsatz und arbeiten ausschließlich mit Unterdruck. Die Aktuatoren sind dabei so angeordnet, daß bei Ausfall des Unterdrucksystems eine Blendung des Gegenverkehrs ausgeschlossen ist, indem das Eigengewicht des Schweinwerfers bzw. dessen Schwerpunktlage relativ zum Drehpunkt für die Rückstellung des Scheinwerfers (Schwenkung nach unten/zur Fahrbahn gerichtet) sorgt.

Zudem sind die verwendeten Stellelemente so luftdicht, daß auf eine Fixierung der Scheinwerfereinstellung verzichtet werden kann.

Die Ansteuerung der Leuchtweitenregulierung erfolgt meist über einen Regler in der Armaturentafel. Es gibt jedoch auch automatische Anlagen, die mit Niveaugebern an den Fahrzeugachsen arbeiten. Diese Niveaugeber übertragen ein der Einfederung proportionales Signal an die Stellelemente. Durch Zwischenschaltung eines elektronischen Dämpfungselementes wird dabei eine Nachregelung bei kurzen Niveauänderungen während der Fahrt verhindert.

Die schematische Darstellung einer Leuchtweitenregulierung wurde bereits in Kapitel 1. vorgestellt.

2.4.6 Klimaanlage

Zur Regelung der Luft- und Temperaturverhältnisse im Fahrzeuginnenraum werden Lüftungs- und Klimaanlagen eingesetzt. Die Einstellung von Lüftungen wird vorwiegend mechanisch vom Fahrzeuginsassen realisiert.

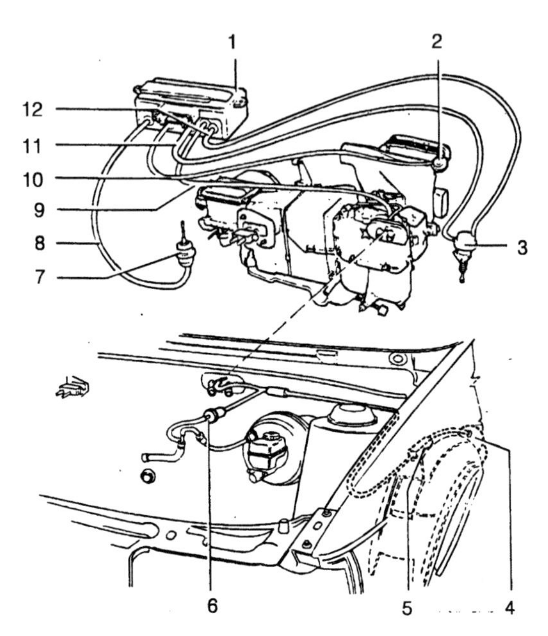

1 Ventilleiste
2 Vakuumdose für Ausströmung Mitte
3 Vakuumdose für Fußraum / Defrost
4 Unterdruckbehälter
5 Schaumgummi
6 Rückschlagventil
7 Vakuumdose für Frischluft / Umluft

Bild 2.4.7: Klimaanlage mit pneumatischen Bauelementen (Anschlußplan für Unterdruckschläuche, VW)

Klimaanlagen sind demgegenüber wesentlich aufwendiger, da sie eine gezieltere Temperierung der Luft ermöglichen. Die Regelung von Klimatisierungseinrichtungen ist mit der Verstellung mehrerer Lüftungsklappen verbunden, die zwischen den Bereichen "Geschlossen" und "Offen" gegebenenfalls mehrere Zwischenpositionen erlauben sollten. Die Ansteuerung dieser Klappen erfolgt heute oft über Unterdruckelemente.

Bild 2.4.7 zeigt eine solche Klimaanlage mit pneumatischen Bauelementen.

Die für solche Anwendungen eingesetzten Ventilleisten enthalten mehrere Schaltventile und vereinen sie auf engem Bauraum gleichzeitig mit den notwendigen Rückschlagventilen und Verbindungskanälen. Eine solche Ventilleiste in 2-Ebenen-Bauweise ist in Bild 2.4.8 dargestellt.

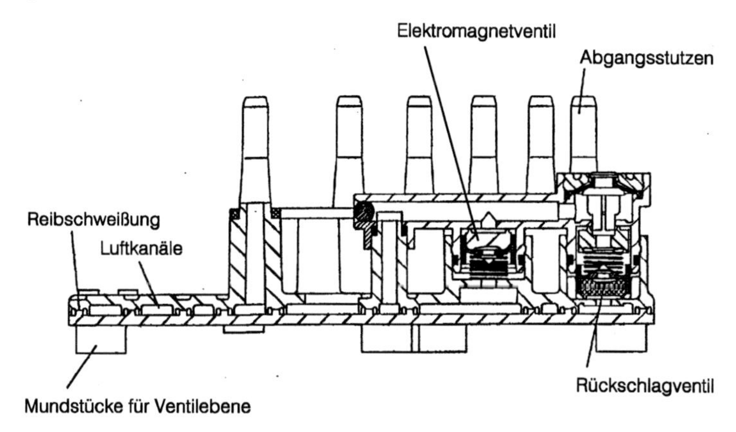

Bild 2.4.8: Zwei-Ebenen-Ventilleiste

2.4.7 Polstereinstellung

Polsterverstellungen, bei denen sowohl der Härtegrad als auch die Kontur des Sitzes variiert werden können, bieten eine weitere Möglichkeit zur individuellen Anpassung der Sitze an die Fahrzeuginsassen. Vor allem aufgrund der stark zunehmenden Anzahl orthopädischer Erkrankungen im Rückenbereich gewinnt diese Anpassungsmöglichkeit der Sitze immer mehr an Bedeutung, die beispielsweise von Mercedes-Benz unter der Bezeichnung Multikonturlehne als Sonderausstattung angeboten wird.

Durch Einlagerung von Luftkissen in Sitzfläche und Rückenlehne kann über eine Druckregelung dieser Kissen die Sitzhärte variiert werden. Je nach Größe, Ausformung, Positionierung und dem das Luftkissen umgebenden Material können über diese Regelung auch Konturveränderungen erzielt werden. Dadurch lassen sich beispielsweise Wirbelsäulen- bzw. Lordosenstützen, verstellbare Seitenwülste sowie rechts und links getrennt einstellbare Oberschenkel- und Schulterstützen realisierten, die dem Fahrzeuginsassen ein entspanntes Sitzen ermöglichen. Weiterhin kann über Bälge eine Verstellung der

Sitztiefe durchgeführt werden, indem man den letzten Teil der Sitzfläche ausfahrbar gestaltet (vgl. BMW-Sportsitze).

2.4.8 Airbag

Zur Erhöhung der passiven Sicherheit wurde vor einigen Jahren der Airbag zusätzlich zum Gurt-Rückhaltesystem eingeführt. Aus Kostengründen war er zunächst den Fahrzeugen der Oberklasse als Zusatzausstattung vorbehalten, ist heutzutage aber durch den gehobenen Sicherheitsanspruch der Fahrzeugkäufer oft schon als Serienausstattung in Mittelklasseautos für beide Frontpassagiere zu finden. Weitere Bemühungen der Entwicklung gehen derzeit in Richtung Airbags zum Seitenaufprallschutz und Airbags für Fontpassagiere.

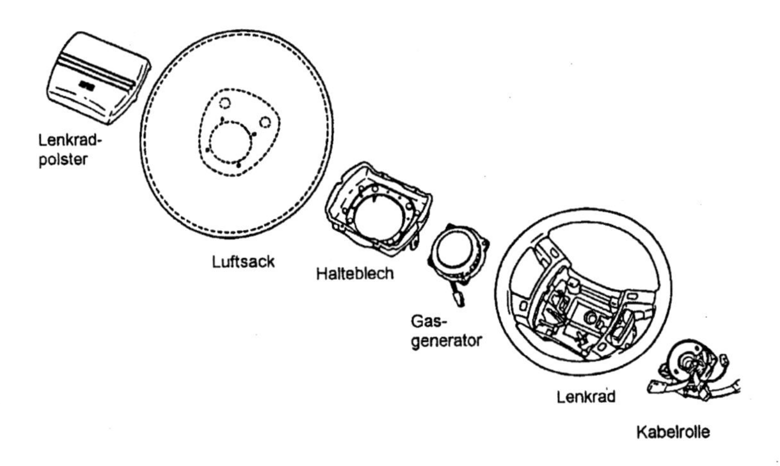

Bild 2.4.9: Fahrer-Airbag-Einzelteile (Honda SRS I) [ABR94]

Der Airbag -als internationale Bezeichnung ist auch S.R.S (Supplementary Restraint System) gängig- soll das Verletzungsrisiko der Insassen durch ein Aufschlagen des Kopfes auf das Lenkrad bzw. die Armaturentafel bei einem Frontalaufprall vermindern. Bei einer Kollision wird der Gasgenerator des Airbags durch Beschleunigungssensoren ausgelöst, dessen freigesetzte Gasmenge einen Luftsack von - je nach Fahrzeug - 40 bis über 100 Litern Volumen aufbläht. Der

Luftsack erreicht idealerweise sein maximales Volumen genau bei Aufprall des Insassen und wird dann durch das Eintauchen der Person über definierte Austrittsöffnungen wieder entleert. Der vor dem Crash zusammengefaltete Luftsack ist mit dem Gasgenerator zusammen als eine kompakte Einheit unter einem Polster mit Sollbruchstelle im Lenkrad (Bild 2.4.9) bzw. in der Armaturentafel untergebracht.

An das System Airbag werden dabei ganz besondere Ansprüche gestellt, da es eine möglichst hohe Ausfallsicherheit bieten muß, andererseits aber durch einen Unfall geringer Schwere oder durch eine Fehlfunktion nicht ausgelöst werden darf. Zur Auslösung ist üblicherweise das Schalten zweier Sensoren, die nach dem Feder-Masse-Prinzip arbeiten, erforderlich. Die Hauptsensoren sind z.B. im Motorraum oder im vorderen Fußraum untergebracht, ein sekundärer Sensor z.B. im SRS-Steuergerät. Bei dieser Anordnung, wie z. B. beim System Honda SRS-I muß der Sekundär-Sensor empfindlicher ausgeführt sein, da bei der Anbringung in Fahrzeugmitte ein Teil der Aufprallenergie schon durch die Fahrzeugstruktur abgebaut ist. Beispiele für einen Haupt-Sensor mit axial bewegter Masse, Spiralfeder und Dämpfungsmembran und einen Sekundär-Sensor mit Rollenmasse und Bandfeder sind in den Bildern 2.4.10 und 2.4.11 gegeben.

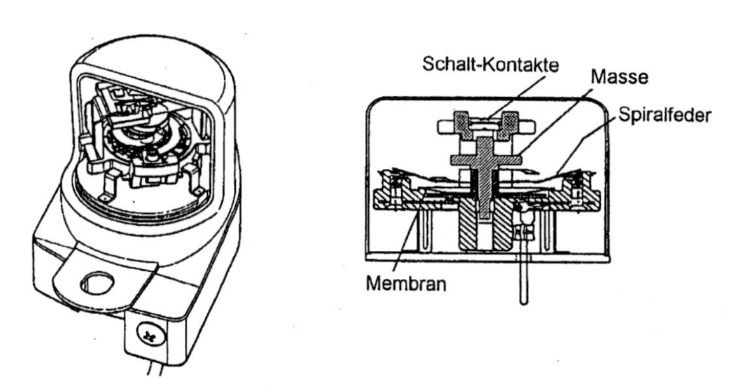

Bild 2.4.10: Haupt-Auslösesensor (Honda SRS I) [ABR94]

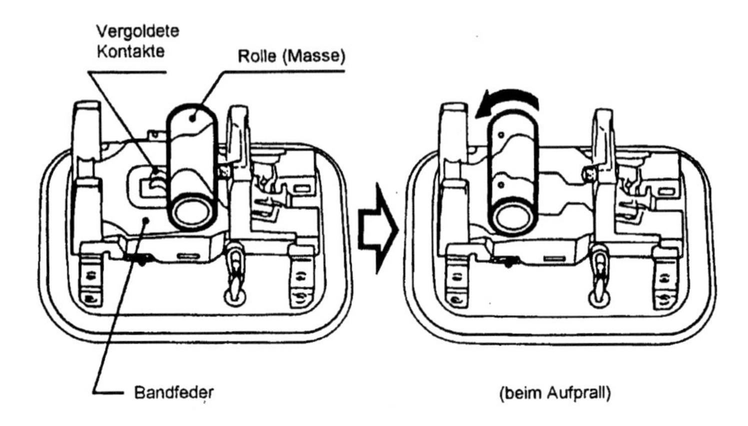

Bild 2.4.11: Sekundär-Auslösesensor (Honda SRS-I) [ABR94]

Im Sinne eines Fail-Safe-Systems sind nicht nur die Sensoren redundant ausgeführt, sondern auch Goldkontakte und möglichst wenige, aber doppelzüngig ausgeführte Steckverbindungen verwendet. Eine möglichst ausfallsichere Verschaltung des Systems stellt Bild 2.4.12 dar.

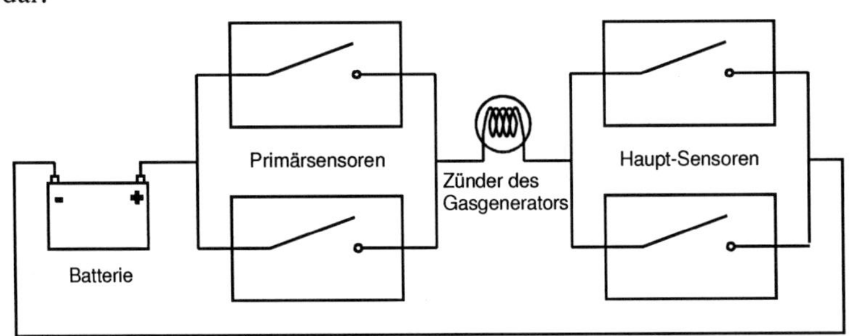

Bild 2.4.12: Einzelausfallsichere Verschaltung von 4 Sensoren (Honda SRS I) [ABR94]

Der Gasgenerator (Bild 2.4.13) enthält als Treibmittel Stickstoff in Tablettenform, welches elektrisch gezündet wird und den Luftsack innerhalb von 20 bis 30 Millisekunden aufbläst. Für die Funktionssicherheit ist eine höchstgenaue Dosierung des Treibmittels erforderlich. Der Luftsack besteht aus reißfestem, von innen mit Chlorkautschuk beschichteten, Nylongewebe dessen Nähte aus Sicherheitsgründen doppelt ausgeführt sind.

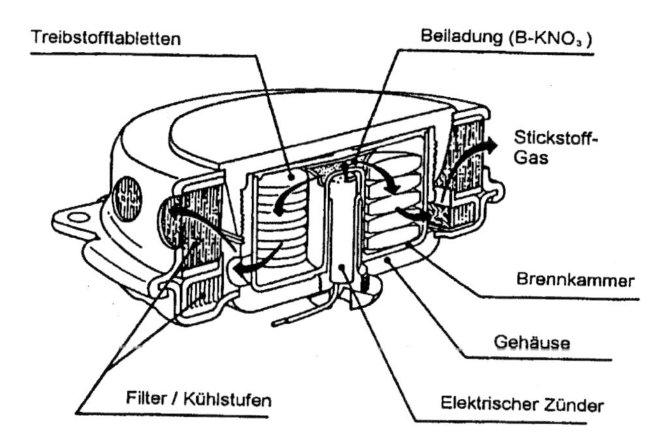

Bild 2.4.13: Gasgenerator [ABR94]

2.4.9 Literaturangaben

[ABR94] ABRÖLL, M.
Airbag-Auslösung
Elektronik im Kraftfahrzeugwesen, Expert-Verlag 1994

[BUT95] BUTT, F.
Studie zum Einsatz pneumatisch betätigter Baugruppen im Pkw
Studienarbeit am Institut für Kraftfahrwesen, 1995

[GRÜ90] GRÜNER, R.
Pneumatische Systeme mit integrierter Steuerelektronik
9. Aachener Fluidtechnisches Kolloquium 1990

[GRÜ94] GRÜNER, R.
Moderne Zentralverriegelungssysteme
Elektronik im Kraftfahrzeugwesen, Expert-Verlag 1994,

[SON92] SONNEMANN, R.
Pneumatikventile im Automobil
10. Aachener Fluidtechnisches Kolloquium 1992

3 Fluidtechnik in fahrenden Arbeitsmaschinen

Die Frage nach der Verwendung hydraulischer Systeme wird immer dann aufgeworfen, wenn eine hohe Leistungsdichte verlangt wird (Gabelstapler), wenn ein gutes dynamisches Verhalten gefragt ist (Handlinggeräte), wenn ein flexibler Einbau, z.B. des Antriebs, ermöglicht werden soll (Weinbergschlepper), oder wenn die Regelbarkeit ein wichtiges Kriterium ist (Seilwinde). Teilweise stellt die Hydraulik sogar die einfachste, denkbare Realisierungsmöglichkeit dar: ein Beispiel hierfür ist der Linearantrieb durch Hydraulikzylinder (Bagger, Kran, ...).

Im Kapitel 1.1. wurden Unterschiede zwischen der Stationär- und der Mobilhydraulik aufgezeigt. Im Gegensatz zur Kfz-Hydraulik zeichnet sich die Hydraulik in fahrenden Arbeitsmaschinen dadurch aus, daß sich für ihren Einsatz genauso vielfältige wie ausgefallene Möglichkeiten bieten. Somit ist es schwierig, eine vollständige Übersicht über alle bestehenden Systemlösungen zu geben. Vielmehr sollen in diesem Kapitel unterschiedliche Energieversorgungssysteme beschrieben und anschließend die wesentlichen Bereiche, in denen hydraulische Antriebe in fahrenden Arbeitsmaschinen zum Einsatz kommen, betrachtet werden. Dazu gehören insbesondere (Bild 3.1)

- der hydrostatische Fahrantrieb,
- die hydrostatische Lenkung und
- die Arbeitshydraulik.

Aufgrund der Vielfältigkeit werden neben einigen grundsätzlichen Ausführungsformen Beispiele realisierter Systeme gezeigt.

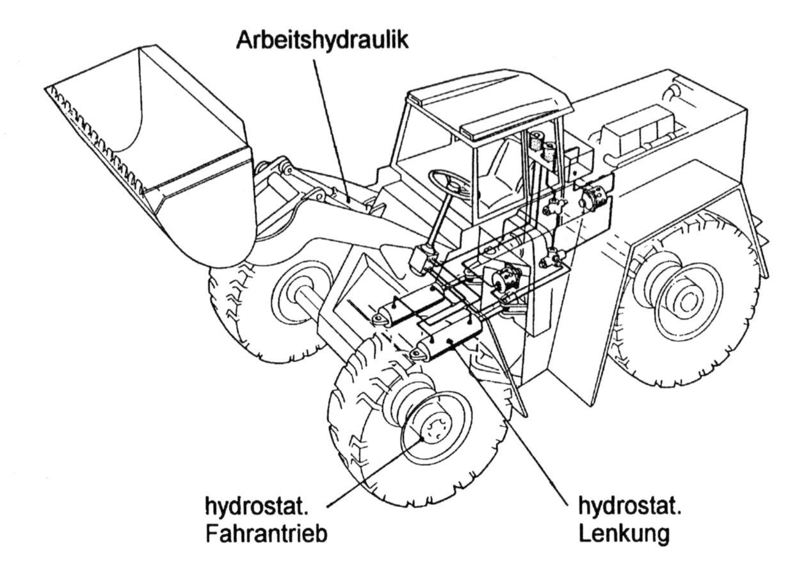

Bild 3.1: Einsatzbereiche hydrostatischer Antriebe in fahrenden Arbeitsmaschinen

3.1 Schaltungstechnik

Bei fahrenden Arbeitsmaschinen mit kleiner hydraulischer Gesamtleistung und vorwiegend gesteuerten Arbeitsbewegungen werden manuell betätigte Wegeventile in Plattenbauweise eingesetzt. Es lassen sich grundsätzlich drei Schaltungsvarianten für solche Ventilblöcke unterscheiden, die in Bild 3.1.1 gegenübergestellt sind [Sch80].

Bei der **Parallelschaltung** liegen Zu- und Rücklauf der einzelnen Ventile parallel zur gemeinsamen Druck- und Tankleitung. Dadurch wird ein gleichzeitiger Betrieb mehrerer Verbraucher ermöglicht. Der Förderstrom der Versorgungspumpe wird beim Parallelbetrieb entsprechend der Ventilwiderstände auf die Verbraucher aufgeteilt. Der Systemdruck im Anschluß P stellt sich in Abhängigkeit von den Verbraucherlasten und Ventilstellungen ein. In der Parallelschaltung werden alle Verbraucher gleichberechtigt versorgt.

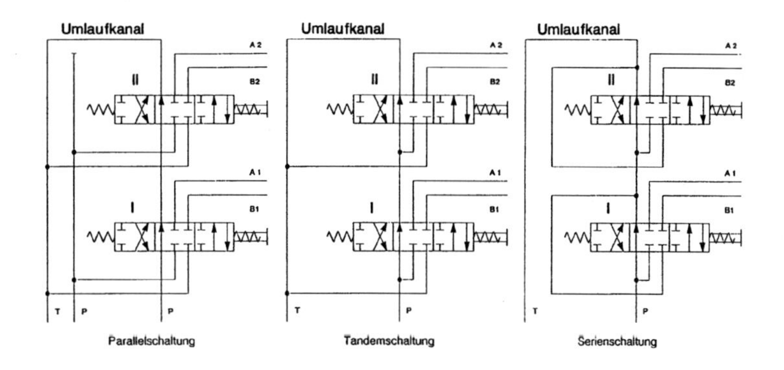

Bild 3.1.1: Schaltungsvarianten für Wegeventilblöcke

Die **Tandem-**, **Sicherheits-** oder **Vorzugsschaltung** wird dann eingesetzt, wenn ein Verbraucher eine höhere Priorität als die anderen besitzt. Da die Druckölzuführung der Ventile nur über den Umlaufkanal erfolgt, kann das zweite Ventil den Verbraucher nur dann versorgen, wenn das Ventil I in Neutralstellung steht. Mit dieser Schaltung ist nur ein abwechselnder Betrieb der Antriebe möglich.

Bei der **Serienschaltung** wird das Rücköl des ersten Verbrauchers als Versorgung dem zweiten zugeführt. Dadurch können beide Verbraucher gleichzeitig versorgt werden, jedoch wird der zweite zwangsgeführt. Seine Arbeitsgeschwindigkeit ist abhängig vom Arbeitsvolumenstrom des ersten Verbrauchers. Der Systemdruck ergibt sich aus der Summe der einzelnen Arbeitsdrücke.

Komponenten, die im Bereich der Mobilhydraulik zum Einsatz kommen, wurden in Kapitel 1.3 vorgestellt. Insbesondere bei fahrenden Arbeitsmaschinen haben sich jedoch spezielle Ausführungen durchgesetzt. Als konstruktive Ausführungsformen für den Einbau der Ventile in das Hydrauliksystem wird in der Mobilhydraulik vorwiegend der Scheiben- oder Platteneinbau gewählt (Bild 3.1.2). Die Ventile sind in einzelne Platten integriert, die bei der Zusammenstellung aller Arbeitsfunktionen zu einem Ventilblock miteinander verschraubt werden. Alle notwendigen Verbindungen der Ventile untereinander und alle Verbindungen mit dem Systemdruck und dem Tank werden durch die Platten geführt, so daß für den gesamten Block nur einmal die Anschlüsse zu den Verbrauchern und zu der Versorgungseinheit zu legen sind.

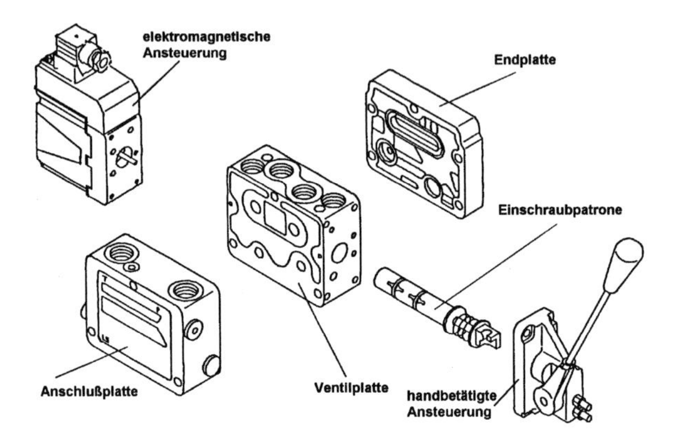

Bild 3.1.2: Ventilscheiben für Plattenbauweise [Dan97]

In Bild 3.1.3 ist eine ausgeführte Ventilblockschaltung [Bos98] für eine Landmaschine gezeigt. Die einzelnen Wegeventile sind als Platten mit der Anschluß- und Endplatte verschraubt. Die Anschlußplatte enthält ein Druckbegrenzungsventil zur Absicherung des Hydrauliksystems und ein hydraulisch betätigtes Umschaltventil. Damit wird in der Neutralstellung der Wegeventile, wenn nur ein Steuerstrom über die Steuerölleitung fließt, der Pumpenförderstrom mit geringem Druck zum Tank geführt. Bei Betätigung eines Wegeventils wird die Steuerölleitung gesperrt und somit fällt kein Druck an der Blende ab, so daß das Umschaltventil geschlossen wird.

Im Bereich der Feinsteuerung, also bei kleinen Auslenkungen der Ventilkolben, wird der Pumpenförderstrom in einen Teil zum Verbraucher und in einen Teil, der über das Druckbegrenzungsventil abgedrosselt wird, aufgeteilt. Der Systemdruck steigt dabei auf den Einstelldruck des Druckbegrenzungsventils an. Bei vollständig geöffnetem Ventil fließt der gesamte Pumpenförderstrom zum Verbraucher.

Bei der Schaltung handelt es sich um eine Parallelschaltung, so daß mehrere Antriebe gleichzeitig betrieben werden können. Es muß jedoch in solch einem Fall darauf geachtet werden, daß die Verbraucher sich nicht gegenseitig beeinflussen. Wird mit dem Ventil I z.B. eine schwere Last angehoben, so darf beim Zuschalten eines weiteren Verbrauchers mit geringerer Last keinesfalls der Antrieb I absinken. Um dies zu vermeiden, sind in allen Druckanschlüssen der Wegeventile Rückschlagventile angebracht, die gegebenfalls den Arbeitsanschluß absperren.

Wenn es besonders darauf ankommt, eine Last zu halten, sind die Ventile selbst als Sperr- und Sitzventile ausgeführt. An Schieberventilen treten immer kleine Leckölvolumenströme auf, die zu einem Kriechen der Antriebe unter Last führen. Mit Sitzventilen kann dies deutlich reduziert werden.

Die Schaltung des Bildes 3.1.3 kann auf einfache Weise zu einer Art Tandemschaltung erweitert werden, indem an den Rücklauf T weitere Ventile für untergeordnete Arbeitsfunktionen angeschlossen werden. In der Neutralstellung der Primär-Ventile fließt dann der Pumpenförderstrom über das Umschaltventil zu den zusätzlich angeschlossenen Verbrauchern. Wird jedoch ein Wegeventil des ersten Blockes geschaltet, schließt das Umschaltventil, und die ganze hydraulische Energie steht primärseitig zur Verfügung.

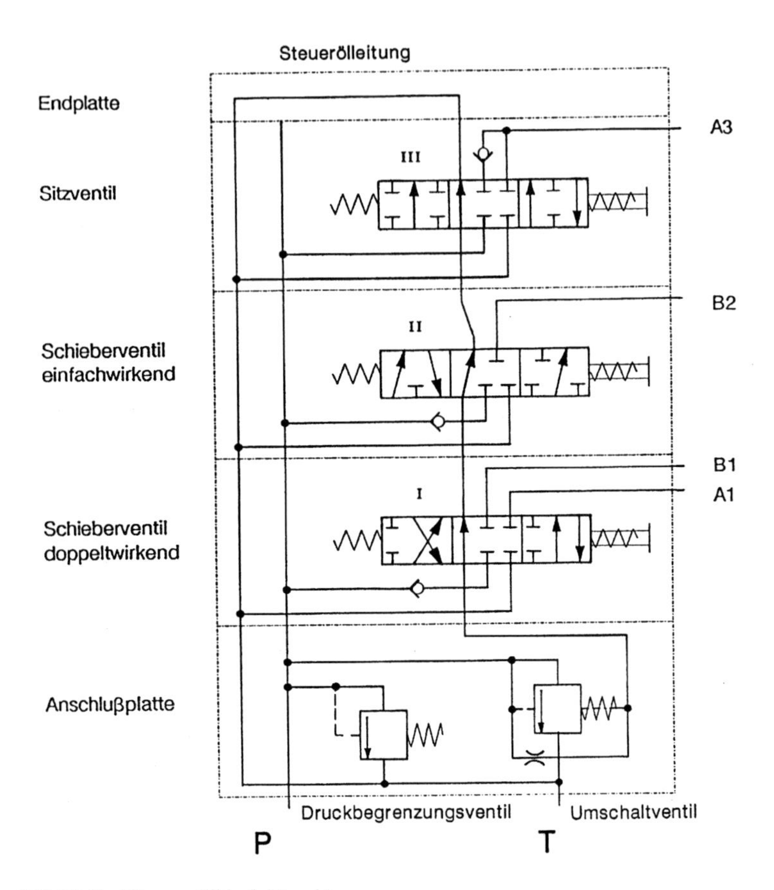

Bild 3.1.3: Wegeventilblock (Bosch)

Für den Mobilbereich haben sich neben herkömmlichen Pumpenausführungen insbesondere zwei Bauformen ausgebildet. Zum einen werden Einheiten eingesetzt, die sowohl die Hauptpumpe als auch Speisepumpe, Druckbegrenzungsventile und weitere Komponenten beinhalten. Zum anderen werden Pumpen mit mechanischem Durchtrieb verwendet. Diese bieten die Möglichkeit, mehrere Pumpen, die hintereinander montiert sind, von einem Motor anzutreiben.

Eine Integration mehrerer Komponenten ist auch im Bereich der Motoren festzustellen. Das Bild 3.1.4 zeigt einen Einzelrad- oder Kettenantrieb, bestehend aus einem schnellaufenden Hydraulikmotor, einem nachgeschalteten mehrstufigen Planetengetriebe und einer Haltebremse.

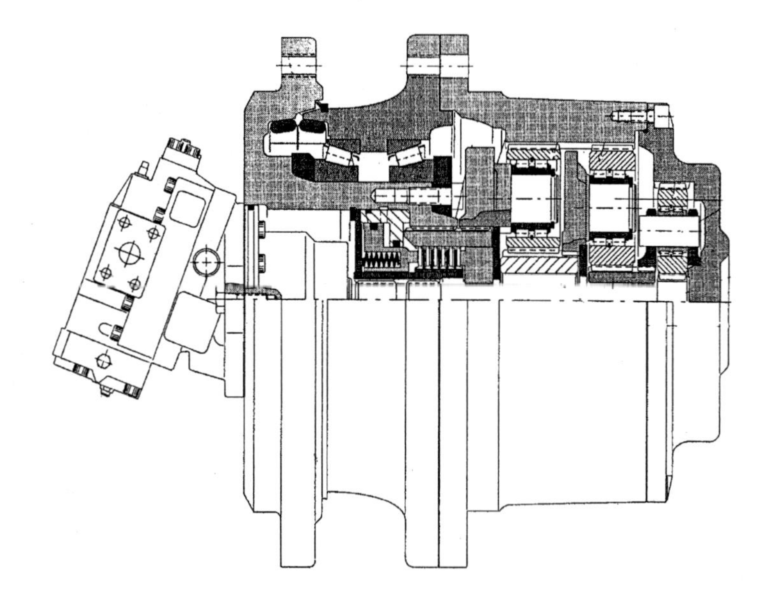

Bild 3.1.4: Rad- oder Kettenantrieb

3.1.1 Literaturangaben

[Mur97] Murrenhoff, H. Grundlagen der Fluidtechnik
Band 1, Hydraulik
Umdruck zur Vorlesung
RWTH Aachen, 1. Auflage, 1997

[Sch80] Schmitt, A. Der Hydraulik Trainer, Band 1
G.L. Rexroth GmbH
2. Auflage 1980, Lohr

[Bos98] N.N. Firmenkatalog Robert Bosch
GmbH, Stuttgart, 1998

[Köt88] Kötter, W. Proportionale elektro-hydraulische
Ansteuerung von Mobilwege-
ventilen
8. Aachener Fluidtechnisches
Kolloquium 1988, Band 2

[Bac95] Backé, W. Trends in mobile hydraulics
The Fourth Scandinavian
International Conference on Fluid
Power, Tampere (Finland) 26.-29.
Sept. 1995

[Dan97] N.N. Firmenkatalog Danfoss,
Dänemark, 1997

3.2 Energieversorgungssysteme

Die Aufgabe eines Energieversorgungssystems ist die Umwandlung der zumeist durch Verbrennungsmotoren zur Verfügung gestellten mechanischen Energie in gut übertragbare, steuer- und verteilbare hydraulische Energie. Diese wird wiederum durch Zylinder oder Hydromotoren in die Arbeitsbewegungen der fahrenden Arbeitsmaschinen umgesetzt. Für diese Aufgabe steht eine Vielzahl von Energieversorgungssystemen zur Verfügung, die je nach der insgesamt installierten hydraulischen Leistung, nach der Anzahl der angeschlossenen hydraulischen Verbraucher und nach dem Arbeitszyklus zum Einsatz kommen. Weitere Auswahlkriterien sind die Investitions- und Wartungskosten, der Bedienkomfort und die Energienutzung. Gerade der letztgenannte Punkt gewinnt aufgrund der steigenden Energiekosten zunehmend an Bedeutung.

Die Energieversorgungssysteme für die Arbeitsfunktionen der fahrenden Arbeitsmaschinen sind nahezu ausschließlich offene Kreisläufe, da so auf einfache Weise Verbraucher an eine Energieversorgung angeschlossen werden können. Als Pumpen kommen Verdrängereinheiten mit konstantem oder veränderlichem Schluckvolumen zum Einsatz, die je nach Schaltungskonzept gesteuert oder geregelt betrieben werden.

3.2.1 Konstantstromsystem (Open Center System)

Die derzeit am häufigsten eingsetzen Schaltungskonzepte sind wegen ihrer Robustheit und der geringen Investitionskosten die Systeme mit Konstantpumpen. Die Grundschaltung des Konstantstromsystems besteht aus einer Konstantpumpe, einem Wegeventil sowie einem Verbraucher. Bewährt haben sich dabei in der Mobilhydraulik aufgrund ihres einfachen Aufbaus und ihrer Robustheit 6/3-Wegeventile [Loe92], [Fis95].

Bild 3.2.1 zeigt den Aufbau eines Konstantstromsystems und stellt die Nutz- und Verlustleistung für eine unterschiedliche Anzahl von Verbrauchern gegenüber. Ein Druckbegrenzungsventil dient der Maximaldruckabsicherung. In Neutralstellung des Ventils wird der Ölstrom zum Tank geleitet (Neutralumlauf). Daraus resultiert die

Bezeichnung Open-Center Ventil. In Neutralstellung aller Ventile fließt der Neutralumlaufstrom durch alle Ventile. Für die Betätigung mehrerer Verbraucher sind verschiedene Schaltungen möglich.

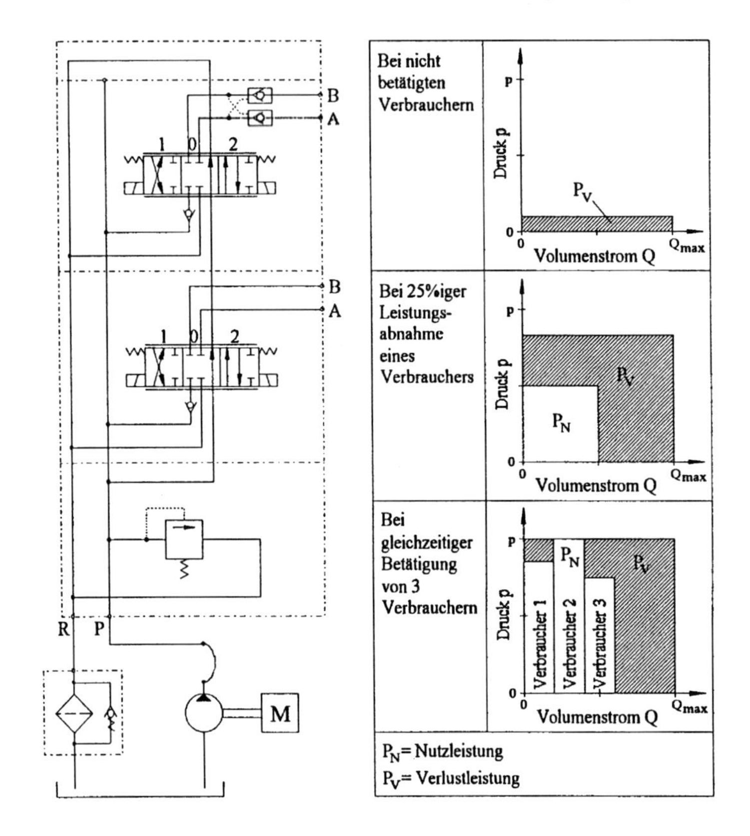

Bild 3.2.1: Konstantstromsystem (Open Center) [Loe92]

Dargestellt ist hier die Parallelschaltung. Sie ermöglicht das gleichzeitige Betätigen mehrerer Verbraucher. Daneben gibt es noch die Reihen- oder Sperrschaltung, bei der aber nur jeweils ein Verbraucher betrieben werden kann. Betrachtet man die Leistungsbilanz dieser Steuerung, so sieht man, daß sich im Neutralumlauf eine Verlustleistung einstellt, deren Höhe sich aus dem

Volumenstrom der Pumpe und dem Druckverlust ergibt. Der Druckverlust hängt von der Leitungslänge und der Anzahl der durchströmten Ventile ab. Je nach Auslegung bedingt dies störende Verluste, die durch ein Ventil für den Neutralumlauf direkt an der Pumpe verringert werden können [Loe92].

Am Ventil zur Steuerung des Verbrauchers läßt sich bei diesem System (System mit aufgeprägtem Volumenstrom) die Geschwindigkeit des Verbrauchers einstellen. Dazu wird der Pumpenvolumenstrom im Ventil aufgeteilt. Der für die geforderte Geschwindigkeit benötigte Teil fließt zum Verbraucher, der andere Teil wird in dem Proportionalventil abgedrosselt und fließt zum Tank zurück.

Im Feinsteuerbereich muß der Volumenstrom auf einen hohen Druck angedrosselt werden, der auch oft die Höhe der Druckbegrenzung erreicht. Es entstehen große Leistungsverluste. Wird das Ventil vollständig geöffnet, fließt der gesamte Ölstrom zum Verbraucher und der Pumpendruck geht auf Lastdruckniveau. Dies ist die energetisch günstigste Betriebsart. Bei gleichzeitiger Betätigung mehrerer Verbraucher wird der Verbraucher vorrangig bedient, dessen Lastdruck am niedrigsten ist (Lastdruckabhängigkeit) [Loe92].

3.2.2 Konstantdrucksystem (Closed Center System)

Verwendet man anstelle der Konstantpumpe eine druckgeregelte Verstellpumpe, so ergibt sich ein Konstantdrucksystem (Bild 3.2.2). Die Pumpe paßt ihren Förderstrom stets so dem Verbraucher an, daß ein nahezu konstantes Druckniveau gehalten wird. In Neutralstellung ist das Wegeventil geschlossen (Closed Center System). Die Pumpe fördert nur soviel Öl, wie zur Ergänzung des Leckölstromes erforderlich ist (Nullhubregelung), allerdings bei Maximaldruck.

Im Konstantdrucksystem ist eine Parallelschaltung mehrerer Verbraucher ohne zusätzlichen Aufwand einfach zu realisieren. Die Steuerbarkeit mehrerer Verbraucher ist gut, solange die Summe der Ölströme zu den Verbrauchern nicht gößer als der Maximalstrom der Pumpe ist. In Neutralstellung aller Ventile regelt die Pumpe ihren Förderstrom soweit zurück, wie er zur Aufrechterhaltung des Druckes erforderlich ist. Im Leistungskennfeld wird dies durch einen senkrechten Balken dargestellt.

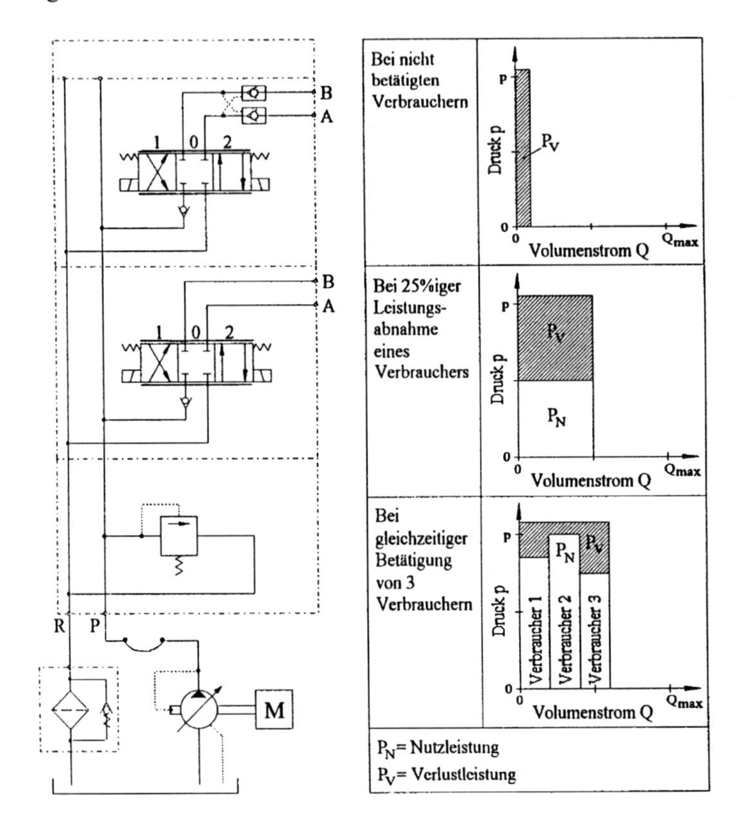

Bild 3.2.2: Konstantdrucksystem (Closed Center) [Loe92]

Im Feinsteuerbereich fällt die Differenz zwischen Pumpendruck und Lastdruck am Wegeventil ab. Die Pumpe stellt sich so ein, daß nur der benötigte Ölstrom gefördert wird. Das Produkt aus dem Differenzdruck am Wegeventil und dem Ölstrom wird hier als Verlustleistung wirksam.

Bei gleichzeitiger Betätigung mehrerer Verbraucher wird an jedem Wegeventil die Differenz zwischen Pumpendruck und jeweiligem

Lastdruck abgeregelt und als Verlust wirksam. Von der Pumpe wird jedoch nur der Summenvolumenstrom gefördert, so daß keine Verluste durch Mengenüberschuß entstehen. Man erkennt hier die energetischen Vorteile gegenüber dem Konstantstromsystem.

3.2.3 Loadsensing-Systeme

Bei der Versorgung mehrerer ventilgesteuerter Verbraucher mit nur einer Pumpe hat das hydraulische Loadsensing eine große Bedeutung erlangt. Der hohe Wirkungsgrad solcher Anlagen beruht auf der Anpassung des Pumpenförderstromes und Versorgungsdruckes an den Bedarf der Verbraucher. Dies wird durch die Rückführung des Lastdruckes zum Regler erreicht. Der Versorgungsdruck wird an den höchsten gemessenen Lastdruck angepaßt. Damit auch der am höchsten belastete Verbraucher noch steuerbar ist, wird der Versorgunsdruck dabei um ein vorbestimmtes Maß größer gehalten als der jeweils benötigte Verbraucherdruck. Das Loadsensing macht es möglich, die hydraulisch angebotene Leistung und die von unterschiedlichen Verbrauchern verlangte Leistung aufeinander abzustimmen. Gleichzeitig wird durch proportionale Steuerungen ein hoher Bedienkomfort erreicht. Die "Meldung" des höchsten Lastdruckes kann entweder hydraulisch über entsprechende Ventile (hydraulisch-mechanisches Loadsensing) oder über Drucksensoren (elektro-hydraulisches Loadsensing) geschehen.

Der gute Wirkungsgrad und die Möglichkeit einer zentralen Druckversorgung haben zu einem vermehrten Einsatz des Loadsensing bei Ackerschleppern geführt. Insbesondere bei Großserientraktoren der Leistungsklassen P>66kW ist auch in Zukunft mit einem zunehmendem Einsatz des Loadsensing zu rechnen. Bei Baggern ist das Loadsensing in einem mittleren Leistungsbereich für Standardbagger von 10t bis 40t verbreitet. Daneben stellen Mobilkrane (mittlerer Leistungsbereich 25-100t Traglast) ein großes Einsatzgebiet für Loadsensing Steuerungen dar [Zae93].

3.2.3.1 Hydraulisch-mechanisches Loadsensing

Loadsensing-Systeme können nach zwei grundsätzlichen Schaltungskonzepten unterschieden werden. Diese sind das Loadsensing mit Konstantpumpe und das Loadsensing mit Verstellpumpe.

3.2.3.1.1 Energieversorgung durch Konstantpumpen

Bei Einsatz einer Konstantpumpe und Druckwaage (3-Wege-Stromregelung, siehe Kapitel 1.3) können nur die druckabhängigen Verluste minimiert werden. Der überschüssige Volumenstrom wird über die Druckwaage zum Tank abgelassen. (Bild 3.2.3)

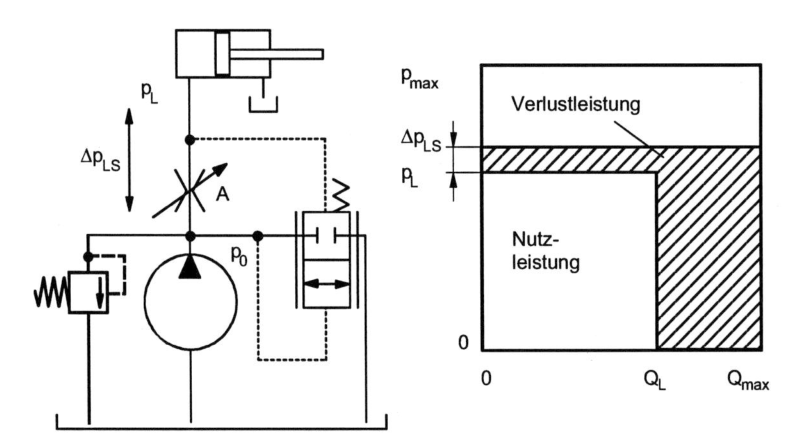

Bild 3.2.3: Loadsensing mit Konstantpumpe [Wei95]

Die eigentlichen proportionalen Steuerventile sind durch verstellbare Meßblenden dargestellt, über die der Verbrauchervolumenstrom variiert wird. Der Verbrauchervolumenstrom ergibt sich aus dem Öffnungsquerschnitt A und der Druckdifferenz Δp_{LS} an der Meßblende, in Abhängigkeit des Durchflußgesetzes des Meßblendenwiderstandes [Wei95].

Die Differenz Δp wird durch die Federkraft F_{Fed} an der Druckwaage vorgegeben und über die Regelung konstant gehalten. Am Druckwaagenkolben herrscht dann das Gleichgewicht:

$$p_0 - p_L = \frac{F_{Fed}}{A_k} = \Delta p = const.$$

Dadurch ergibt sich ein proportionaler Zusammenhang zwischen dem Öffnungsquerschnitt A_1 der Meßblende und dem Verbrauchervolumenstrom. Um eine optimale Feinsteuerbarkeit zu erhalten, kann die Steuerkennlinie durch Formung der Steuerkanten entsprechend den Verbraucheranforderungen gestaltet werden.

Die Verlustleistung ergibt sich aus der Druckdifferenz Δp_{LS} und aus der Abdrosselung des überflüssigen Volumenstromes (Q_{max}-Q_L) über die Druckwaage.

3.2.3.1.2 Energieversorgung durch Verstellpumpen

Zur Reduzierung der druck- und volumenstromabhängigen Verluste ist eine Verstellpumpe erforderlich (Bild 3.2.4). Die Verstellpumpe wird durch den Verstellzylinder gerade soweit ausgeschwenkt, daß sie den benötigten Verbrauchervolumenstrom fördert. Diese Art der Verschaltung stellt das Loadsensing-System mit dem höchsten Wirkungsgrad dar.

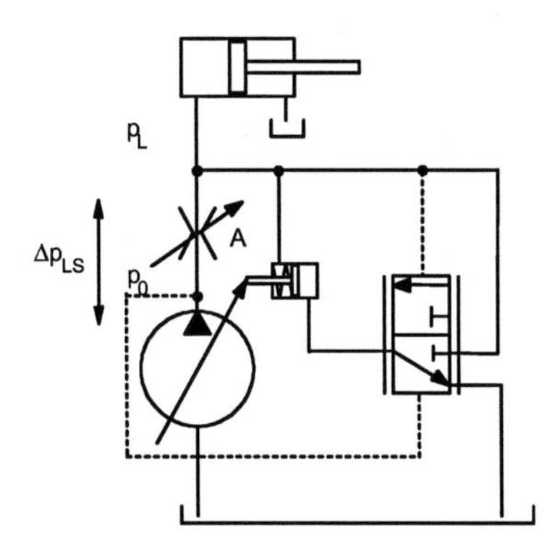

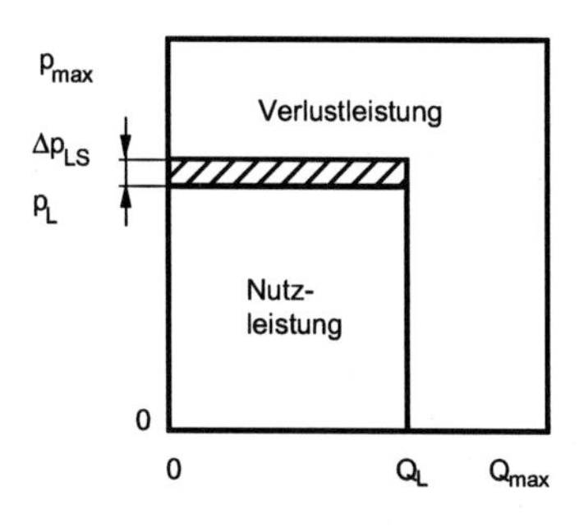

Bild 3.2.4: Loadsensing mit Verstellpumpe [Wei95]

Die Verlustleistung ergibt sich bei dieser Schaltungsart lediglich aus der Druckdifferenz Δp_{LS} und dem Verbrauchervolumenstrom Q_L.

3.2.3.1.3 Parallelbetrieb von Verbrauchern/Steuerung zur Volumenstromreduzierung

Sollen in einem Loadsensing-System mehrere Verbraucher von einer Loadsensing Pumpe versorgt werden, muß eine Verknüpfung der Lastmeldeleitungen vorgenommen werden. Beim gleichzeitigen Betrieb verschiedener Antriebe kann nur die Druckdifferenz über einem der entsprechenden Ventile durch die Regelung konstant gehalten werden. Damit der Verbraucher mit der höchsten Belastung auch versorgt wird, muß dessen Steuerventil über die Lastdruckmeldeleitung mit dem Regler verbunden sein. Ein Signalleitungssystem stellt diese logischen Verknüpfungen her. Die Umschaltung auf den höchsten Lastdruck erfolgt über einfache Wechselventile (siehe Bild 3.2.5).

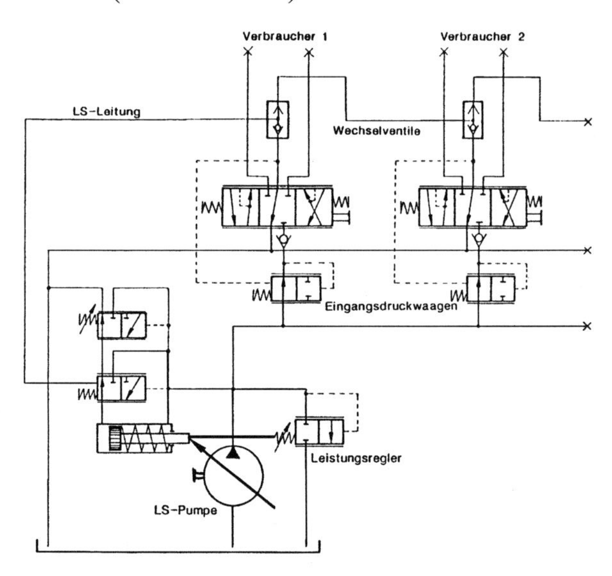

Bild 3.2.5: Mechanisch-hydraulisches Load Sensing System

Wenn die Signalleitung/LS-Leitung (Bild 3.2.5) immer den höchsten Lastdruck des Systems weiterleitet und damit der Volumenstrom zu diesem Verbraucher proportional zur Stellung des Ventilschiebers lastdruckunabhängig geregelt wird, tritt eine gegenseitige Abhängigkeit von gleichzeitig betriebenen Verbrauchern auf. Die

Volumenströme zu den Verbrauchern mit niedrigem Lastdruck sind zwar durch die Öffnungsfläche ihrer Steuerventile steuerbar, aber sie sind von der anliegenden Druckdifferenz, die der Verbraucher mit der höchsten Last bestimmt, abhängig. Wird ein Verbraucher mit hohem Lastdruck zugeschaltet, erhöht die Regelung den Systemdruck, so daß die Volumenströme zu den Verbrauchern mit geringem Lastdruck zunehmen.

Um auch unter diesen Umständen ein feinfühliges, lastdruckunabhängiges Steuern der Verbraucher zu gewährleisten, sind zusätzliche Maßnahmen erforderlich. Die hierfür am weitesten verbreitete Schaltung arbeitet mit primärseitigen Druckwaagen, wie es in Bild 3.2.5 dargestellt ist.

Der Kolben der Druckwaage hält das Gleichgewicht zwischen der Druckdifferenz über der Ventilsteuerkante und der eingestellten Federkraft, so daß im Parallelbetrieb sowohl eine Lastdruckunabhängigkeit gegeben ist als auch eine gegenseitige Beeinflussung der Verbraucher vermieden wird. Dies gilt allerdings nur solange, wie die Summe aller von den Verbrauchern benötigten Ölströme kleiner als der Pumpenvolumenstrom ist. Ist diese Bedingung nicht mehr gegeben, können nicht alle Verbraucher ausreichend versorgt werden. Der Verbraucher mit dem höchsten Lastdruck wird als erster langsamer werden und möglicherweise stehen bleiben, gefolgt von demjenigen mit der nächstkleineren Last. Das Verhältnis der Geschwindigkeiten der einzelnen Verbraucher wird damit nicht mehr eingehalten, eine vorgegebene Beziehung, die durch das Geschwindigkeitsverhältnis vorgegeben ist, wird bei Unterversorgung verlassen. Da die Steuerbarkeit der Maschine damit eingeschränkt ist, sind Schaltungen entwickelt worden, die auch bei Unterversorgung ein konstantes Geschwindigkeitsverhältnis der Verbraucher und damit die Steuerbarkeit der Verbraucher zu jeder Zeit garantieren. Von diesen Systemen werden im folgenden einige vorgestellt.

• LUDV / LSCS

Von einem Hersteller wird diese Regelaufgabe mit dem LUDV-System (Bosch-Rexroth) gelöst [Fer94]. Statt der vorgeschalteten

Druckwaagen werden bei diesem System nachgeschaltete Druckwaagen eingesetzt. An der Druckwaage wird kein Druckabfall an einer Meßblende verglichen, sie hat also keine Stromregelfunktion. Vielmehr überträgt sie den höchsten Lastdruck hinter jedes Ventil (Meßblende). Dies kann man sich durch folgende Überlegung verdeutlichen. Die Druckwaage befindet sich nur dann im statischen Gleichgewicht, wenn auf beiden Seiten der gleiche Druck anliegt. Sie öffnet also soweit, daß der Druck vor der Druckwaage auf den höchsten Lastdruck angedrosselt wird. Die Feder hat für die

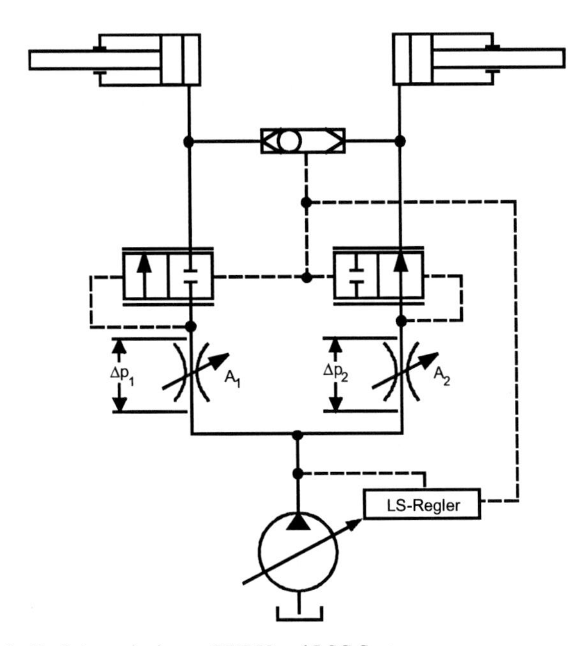

Bild 3.2.6: Funktionsprinzip von LUDV und LSC-System

Funktion keine Bedeutung, sie bewirkt lediglich einen etwas höheren Druck hinter dem Ventil. Über jedes Ventil (jede Meßblende) fällt also der Loadsensingdruck Δp_{LS} ab, der Volumenstrom ist nur noch vom Öffnungsquerschnitt der Blende abhängig. Übersteigt nun der geforderte Volumenstrom den maximalen Pumpenvolumenstrom, fällt der Pumpendruck und damit die Druckdifferenz an allen Ventilen gleichmäßig ab. Dadurch verringern sich die Volumenströme aller Verbraucher proportional.

Beim Linde-Synchron-Control-System (LSCS) [LCS91] werden diese Druckwaagen Lastkompensatoren genannt. Auch hier wird durch den Lastkompensator der höchste Lastdruck hinter jedes Ventil übertragen. Fällt diese Druckdifferenz, weil keine ausreichende Leistung zur Verfügung gestellt wird, schließen alle Druckwaagen gleichermaßen. Genauso wie beim LUDV wird die Druckdifferenz an den Ventilen und werden folglich auch die Volumenströme der Verbraucher bei gleichbleibendem Verhältnis kleiner. Bild 3.2.6 zeigt den prinzipiellen Aufbau des LUDV und Linde-Synchron-Control-System.

- **AVR / EVR**

Ein gänzlich anderer Weg wird bei der automatischen Volumenstromreduzierung (AVR-System) beschritten (Bild 3.2.7) [Buc98]. Am AVR-Ventil wird ständig die Druckdifferenz zwischen Pumpendruck und höchstem Lastdruck gemessen. Wird der maximale Pumpenstrom erreicht, sinkt der Pumpendruck und damit auch die Druckdifferenz Δp_{LS}. Das AVR -Ventil senkt dann den Versorgungsdruck der Vorsteuergeber ab, wodurch für alle Steuerschieber die Auslenkung gleichmäßig reduziert und die Pumpe wieder in den LS-Regelbereich gebracht wird. Dieses System setzt also eine hydraulische Vorsteuerung (AVR) oder bei elektrischem Signalkreis eine elektrohydraulische Vorsteuerung der Steuerventile (EVR) voraus [Bac95].

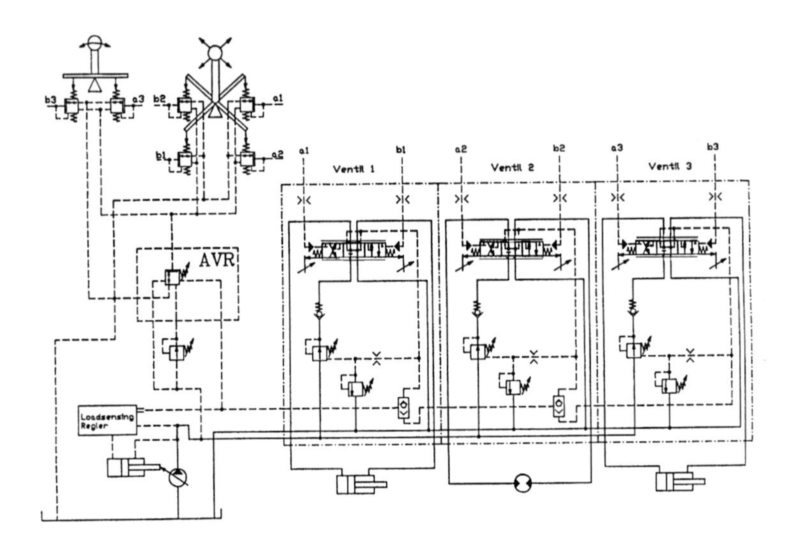

Bild 3.2.7: Automatische Volumenstromreduzierung (AVR- System) [Buc98]

• Loadsensing-Ventil

Die sogenannten Loadsensing-Ventile werden wie die einfachen Wegeventile in der Mobilhydraulik vorwiegend in Plattenbauweise ausgeführt und manuell betätigt. Bild 3.2.8 zeigt den Schnitt durch ein solches Ventilsegment. In diesem sind neben dem eigentlichen Ventil zwei zusätzliche Druckbegrenzungsventile, ein Rückschlagventil und ein Wechselventil untergebracht. Über Wechselventile sind alle Meldeleitungen miteinander verbunden, um den höchsten Lastdruck an den Loadsensing-Regler weiterzuleiten. Die Druckbegrenzungsventile dienen zur Absicherung gegen Druckspitzen in den Verbraucher-anschlüssen, die durch Schläge oder Beschleunigungskräfte am Verbraucher verursacht werden. Sie sind im oberen Teil der Ventilplatte eingebaut.

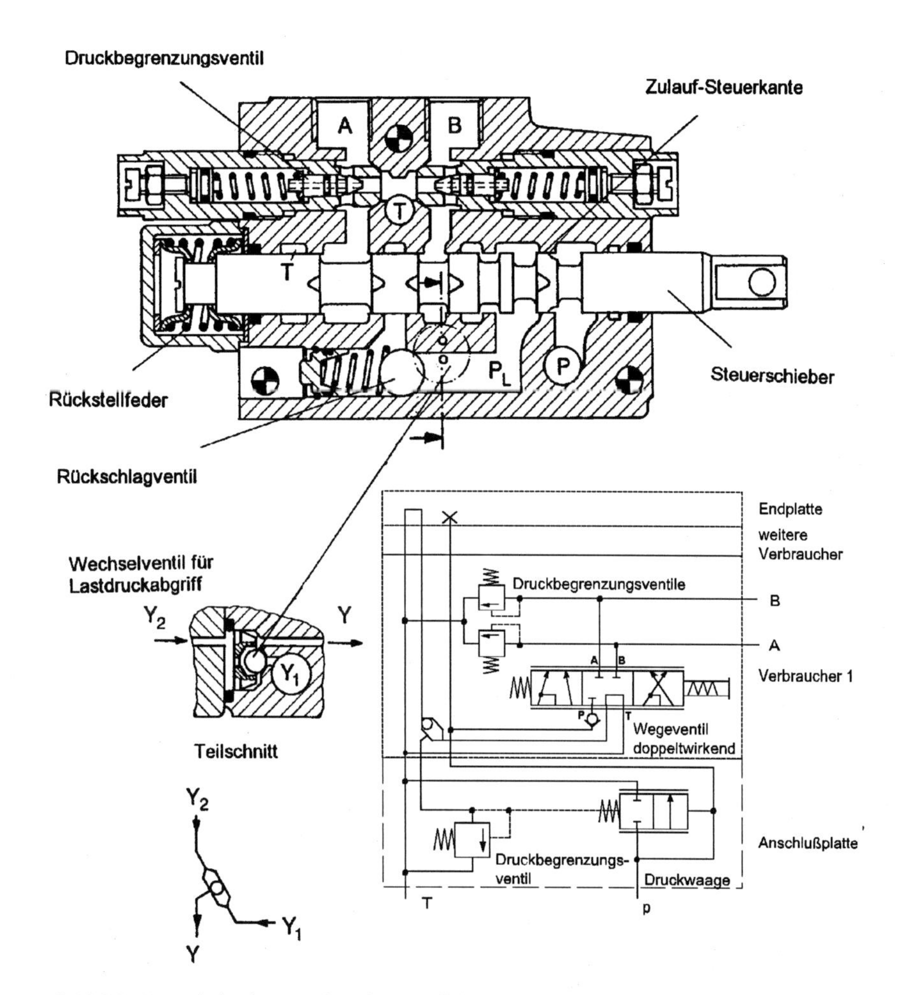

Bild 3.2.8: Querschnitt einer Loadsensing-Ventilplatte (Bosch)

Der Steuerschieber wird über eine vorgespannte Rückstellfeder in der Mittelstellung gehalten. Der Schieber steuert neben den üblichen Steuerkanten zwischen p_L, A, B und T noch den Öffnungsquerschnitt des Zulaufs von p zu p_L, der zusammen mit der Druckwaage in der Anschlußplatte die Geschwindigkeit des Verbrauchers bestimmt. Hinter der Zulaufkante wird das Meldesignal Y abgegriffen und im Wechselventil an der Plattenaußenseite mit dem Lastmeldesignal der anschließendenVentilplatte verglichen. Weiterhin ist dort das Rückschlagventil zur Verhinderung des ungewollten Absinkens der Last angeordnet.

3.2.3.2 Elektrohydraulisches Loadsensing

Die Ermittlung des höchsten Lastdruckes erfolgt beim elektrohydraulischem Loadsensing über Drucksensoren, die den Lastdruck jedes Verbrauchers melden. In der Mobilhydraulik hat das elektrohydraulische Loadsensing bisher wenig Anwendung gefunden. Grund dafür ist vor allem die befürchtete oder tatsächlich mangelnde Zuverlässigkeit elektronischer Sensoren bei rauhen Randbedingungen. Bei Druckaufnehmern werden Ausfälle bei starken Vibrationen befürchtet. Neben der mangelnden Zuverlässigkeit wird der hohe Preis der Drucksensoren als Argument gegen elektrohydraulische Loadsensing Systeme angeführt. Tatsächlich sind die z.Zt. erhältlichen Sensoren nicht für die Erfordernisse in der Mobilhydraulik ausgelegt. Es werden sehr robuste Sensoren benötigt, wobei die von den Herstellern angestrebte und erreichte Genauigkeit durchaus nicht immer verlangt wird.

Trotzdem ist der Trend zur Anwendung elektrohydraulischer Komponenten festzustellen. Bild 3.2.9 zeigt ein elektrohydraulisches Loadsensing System. Elektrohydraulisches Loadsensing bietet dem Anwender eine erheblich verbesserte Dynamik als die üblichen mechanischhydraulischen LS-Systeme. Schwierigkeiten verursachen z.Zt. die verwendeten Schnittstellen, Stecker und Sensoren, welche hohen Belastungen durch Vibrationen ausgesetzt sind.

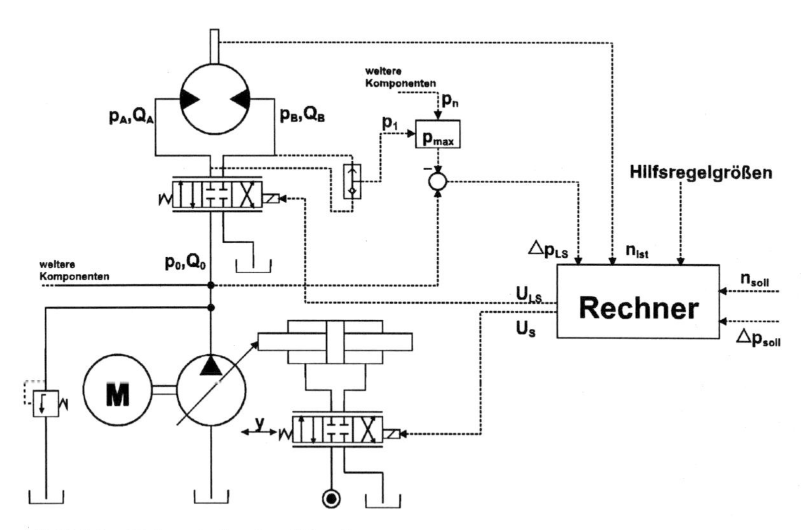

Bild 3.2.9: Elektronisches Load Sensing

Zur Ansteuerung der Verbraucher werden Proportionalventile verwendet. Der höchste anliegende Lastdruck wird weiterhin hydraulisch-mechanisch über Rückschlag- bzw. Wechselventile ermittelt. Der höchste Lastdruck wird dann ebenso wie der Pumpendruck elektronisch gemessen. Ein elektronischer Regler verarbeitet neben den Drucksignalen Informationen über die Auslenkung der Proportionalventile, die bei vorgeschalteten Druckwaagen den Volumenströmen entsprechen. Die Verstellpumpe kann nun elektronisch so angesteuert werden, daß ein gutes dynamisches Verhalten der Verbraucher möglich wird.

Zu beachten ist, daß die elektronische Ansteuerung auch eine größere Freiheit in der Anordnung der Pumpe ermöglicht. Darüberhinaus entfällt bei einigen Arbeitsmaschinen die aufwendige Drehdurchführung der LS-Leitung vom Oberwagen (Ventilblock, Motoren) zum Unterwagen (Pumpe am Dieselmotor). Bei hydraulisch mechanischen Loadsensing Systemen müssen die Pumpe und der Ventilblock schon deshalb nahe beieinander angeordnet sein, damit lange LS-Leitungen aus dynamischen Gründen vermieden werden (Druckaufbauzeiten, Druckverluste) [Zae93].

3.2.3.3 Anwendungsbeispiel eines LS-Systems

In der Praxis finden sich eine Vielzahl von Varianten der beschriebenen LS-Systeme [Zae93]. Das Bild 3.2.10 zeigt einen Hydraulikschaltplan für einen Mobilkran, anhand dessen einige Zusatzfunktionen eines LS-Systems und besondere Anforderungen an einige Motoren erläutert werden.

- **LS-Pumpe (1):**

Die LS-Pumpe (1) versorgt vier ventilgesteuerte Verbraucher: das Drehwerk, das Hubwerk, den Teleskopzylinder und die Winde. Alle Verbraucher werden über Proportionalventile mit vorgeschalteten Druckwaagen angesteuert, die gleichzeitig als Rückschlagventil fungieren.

- **Drehwerk (2):**

Die Druckabsicherung der beiden Anschlüsse erfolgt über seperat einstellbare Druckentlastungsventile, die das LS-Signal zum Tank entlasten und damit die Druckwaage schließen. Der LS-Druck wird außerdem durch 2/2-Wegeventile zum Tank entlastet, kurz bevor das Drehwerk gegen den Anschlag fährt (7).

Bei geschlossenen Druckwaagen ist die Druckversorgung der Proportionalventile unterbrochen. Zusätzlich ist das Drehwerk mit Druckbegrenzungsventilen (Schockventilen) und Nachsaugventilen abgesichert.

Häufig wird das Drehwerk auch aus einem separaten Hydraulikkreislauf gespeist. Es wird häufig beschleunigt und wieder abgebremst, wobei die insgesamt aufgenommene Energie sehr gering ist. Daher werden Schaltungen bevorzugt, die es erlauben, die Bremsenergie zurückzugewinnen. Dies sind geschlossene Kreisläufe, bei denen die Pumpe auch als Motor arbeiten kann.

- **Hubwerk (3):**

Das Hubwerk ist wie das Drehwerk mit einem Schockventil gegen Überlastung gesichert. An Druckbegrenzungsventilen kann zusätzlich der maximale, in die LS-Leitung gemeldete Lastdruck eingestellt werden. Ein Senkbremsventil verhindert das unkontrollierte Absenken des Hubwerks.

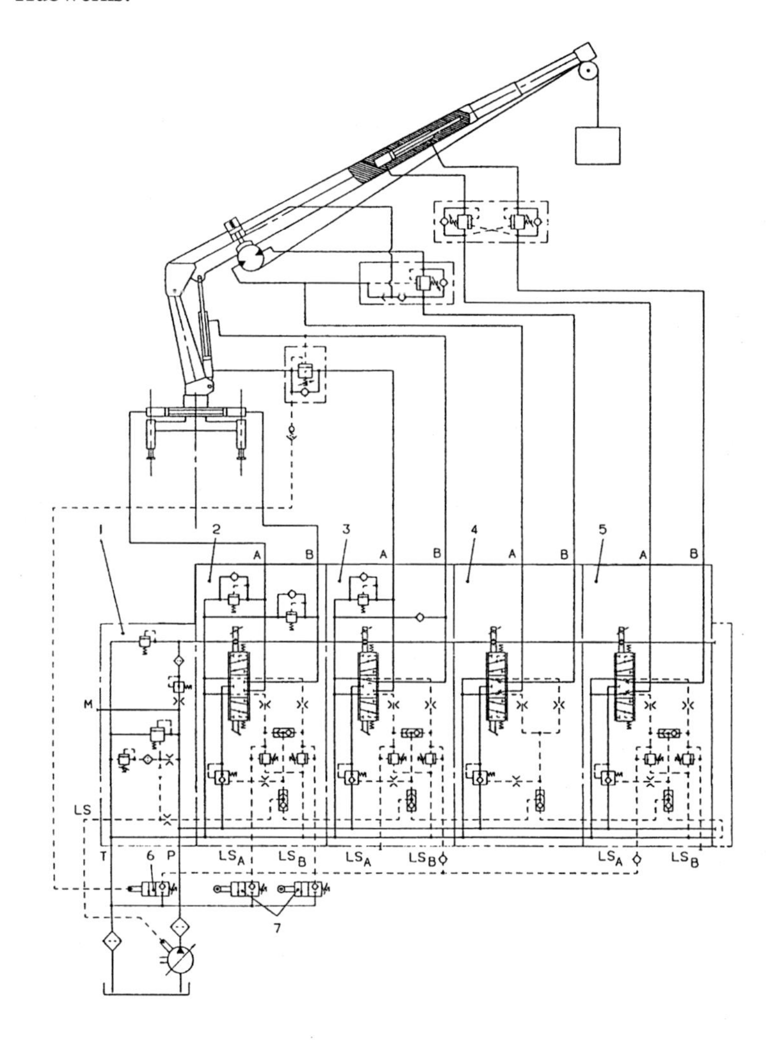

Bild 3.2.10: Beispiel eines hydraulisch-mechanischen LS-Systems (Danfoss)

Der Kranausleger kann erst dann durch Ölzufuhr in den Ringraum des Hubzylinders abgesenkt werden, wenn der am Senkbremsventil eingestellte Haltedruck überschritten wird. Aus Sicherheitsgründen müssen auch zum Absenken der Last hohe Drücke aufgebracht werden. Die Anfälligkeit des Auslegers gegen Schwingungen und das hohe Übersetzungsverhältnis zwischen der Bewegung des Hubzylinders und der Auslegerspitze stellen sehr hohe Anforderungen an das dynamische Verhalten und die Feinsteuerbarkeit des Senkbremssperrventils.

- **Winde (4):**

Der Windenantrieb hat eine hydraulische Bremse, die erst bei Betätigung des Hauptschiebers gelöst wird. Bei Betrieb treten häufig dynamische Belastungen auf, wenn beim Auf- oder Abwickeln des Seiles der Durchmesser der Winde periodisch schwankt. Das Seil legt sich zwischen zwei darunterliegende Seile oder darauf. Im ungünstigsten Fall liegt die auftretende Frequenz im Resonanzbereich des Auslegers.

Beim Ablassen von Lasten reicht es nicht aus, den Ölzufluß zu dosieren. Der Motor könnte - angetrieben von der sinkenden Last - durchdrehen, wobei es zu Kavitation im Zulauf kommt. Deshalb wird der Rücklauf des Motors beim Ablassen der Last durch ein Druckbegrenzungsventil vorgespannt.

- **Teleskopzylinder (5):**

Der Teleskopzylinder wird, wie die übrigen Antriebe, über Proportionalventile angesteuert. Ein Sperrblock (ein Paar entsperrbarer Drosselrückschlagventile) sichert die Einspannung des Zylinders, wenn der Hauptschieber in Nullstellung ist.

3.2.4 Wirkungsgradvergleich der Systeme

Der Wirkungsgrad der beschriebenen Schaltungen ist stark vom Betriebspunkt abhängig. Ein Vergleich läßt sich daher nur für einen bestimmten Belastungsfall oder einen Belastungsverlauf durchführen. Das Bild 3.2.11 zeigt den Vergleich des Energieverbrauchs verschiedener Schaltungsvarianten für einen solchen Belastungsfall.

Der Energieverbrauch der Systeme wurde dabei jeweils auf die Eckleistung eines Konstantstromsystems, also maximaler Druck bei maximalen Volumenstrom, bezogen.

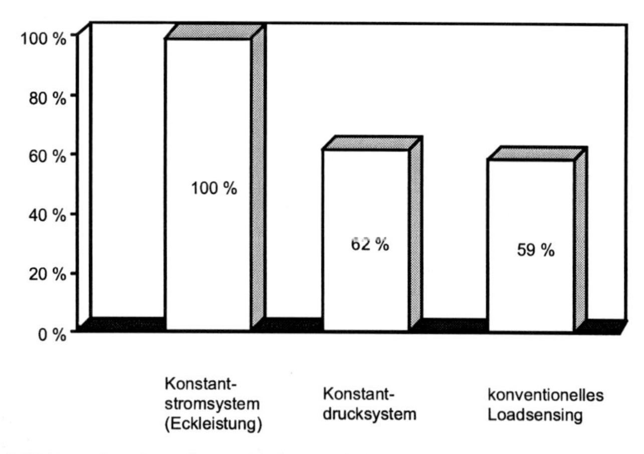

Bild 3.2.11: Energieverbrauch verschiedener Schaltungsvarianten [Wei95]

Wie das Bild 3.2.11 zeigt, ist bei dem Einsatz eines Konstantdrucknetzes mit angepaßtem Volumenstrom bereits eine deutliche Energieeinsparung möglich. Das Loadsensing System unterscheidet sich bezüglich des Energieverhaltens in diesem Fall kaum vom Konstantdrucknetz. Die Unterschiede sind abhängig von den untersuchten Zyklen. Das Loadsensing System kann in vielen Fällen deutlich größere Einsparungen erreichen als in dem hier dargestellten Fall.

3.2.5 Bedarfssteuerungssysteme

Der Kostendruck zwingt zu neuen und sparsamen Konzepten, die energetisch günstiger betrieben werden können. Ergebnis dieser Entwicklungen sind Bedarfssteuerungssysteme. Im Gegensatz zu den beschriebenen Load Sensing Systemen sind diese Syteme keine Regelungen sondern Steuerungen [Erk94]. Es wird zwischen Mengen- und Druckbedarfssteuerungen unterschieden.

• Mengenbedarfssteuerung

Bei der Mengenbedarfssteuerung wird über das Vorsteuergerät der Kolben im Steuerblock geschaltet und gleichzeitig über den Regler der Pumpe der Schwenkwinkel und somit die Fördermenge verändert. Der Vorteil dieser Steuerung liegt in der exakten Mengenregelung über die Pumpe, welche in Abhängigkeit von der Ventilkolbenauslenkung gesteuert wird. Der Öffnungsquerschnitt des Kolbens muß genau mit der Ausschwenkung der Pumpe abgestimmt sein. Diese Anpassung wird besonders bei mehreren Verbrauchern schwierig.

• Druckbedarfssteuerung

Aufgrund dieser Schwierigkeiten wurde die Druckbedarfssteuerung entwickelt. Der Systemdruck wird mit Hilfe einer Verstellpumpe über einen hydraulisch verstellbaren Druckregler erzeugt. Mit dem Vorsteuergeber wird gleichzeitig der Kolben des Steuerblockes proportional gesteuert und der Pumpendruck erhöht. In der Neutralstellung des Vorsteuergerätes fällt der Pumpendruck auf einen Stand-by-Druck von ca. 15 bar ab. Dieser Druck addiert sich jedoch nicht wie beim LS-System zum Lastdruck hinzu. Beim Ansteuern eines Verbrauchers schwenkt die Pumpe automatisch soweit aus, bis sie den vorgegebenen Systemdruck erreicht hat [Erk94].

3.2.6 Literaturverzeichnis

[Mur97]	Murrenhoff, H.	Grundlagen der Fluidtechnik Teil 1: Hydraulik Umdruck zur Vorlesung an der RWTH Aachen, 1. Auflage 1997
[Zae93]	Zähe, B.	Energiesparende Schaltungen hydraulischer Antriebe mit veränderlichem Versorgungsdruck und ihre Regelung Dissertation RWTH Aachen, 1993
[Wei95]	Weishaupt, E. Voelker, B.	Energiesparende elektrohydraulische Schaltungskonzepte o+p, Ölhydraulik und Pneumatik, 1995, Nr. 2
[Loe92]	Lödiger, H.	Nutzbare Leistung einer LS-Hydraulik o+p, Ölhydraulik und Pneumatik, 1992, Nr. 4
[Fis95]	Fischer, H.	Load-Sensing-System für mobile Arbeitsmaschinen o+p, Ölhydraulik und Pneumatik, 1995, Nr. 4
[Buc98]	N.N.	Proportionalventile mit automatischer Volumenstromreduzierung Firmenschrift der Fa. Bucher GmbH Maschinenfabrik, Klettgau, 1998
[Fer94]	Fertig, G.	LUDV-Steuerungen Tagungsband "Fachtagung Antriebs- und Steuerungssysteme für moderne Mobilmaschinen",Mannesmann Rexroth 1994

[LCS91] N.N. LSC-System spart Energie und erhöht Komfort
o+p, Ölhydraulik und Pneumatik, 1991, Nr. 7

[Bac95] Backé, W. Trends in Mobile Hydraulics
The Fourth Scandinavian International Conference on Fluid Power, September 1995

[Sch92] Scheffels, G. Hydraulik in Fahrzeugkränen: Neues Load-Sensing-System mit elektrischem Signalkreis
o+p, Ölhydraulik und Pneumatik, 1992, Nr. 4

[Erk94] Erkkilae, M.
Roth, D. Steuersysteme für Radlader, Fachtagung Antriebs- und Steuerungssysteme für moderne Mobilmaschinen Mannesmann Rexroth GmbH, Lohr, 1994

3.3 Hydrostatischer Fahrantrieb

Im Bereich der fahrenden Arbeitsmaschinen konkurieren verschiedene Systeme für den Fahrantrieb. Rein mechanische Getriebezüge, wie sie in Kraftfahrzeugen zu finden sind, werden nur dort eingesetzt, wo die Belastung gering ist und die Zugkraft beim Schalten des Getriebes unterbrochen werden kann.

Besonders im Bereich großer Leistungen wird häufig die Kombination eines hydrodynamischen Drehmomentwandlers mit einem mechanischen Lastschaltgetriebe eingesetzt. Dadurch kann bei gutem Wirkungsgrad ein großer Geschwindigkeitsbereich überdeckt werden, der aber letztlich von der Anzahl der Getriebestufen abhängt. Diese Lösung hat den Nachteil, daß ein Antriebsstrang mit Antriebswellen und anderen, mechanisch gekoppelten Bauelementen erforderlich ist, der die Freiheit bei der Gestaltung des Fahrwerkes erheblich einschränkt.

Die dritte Lösung ist der hydrostatische Fahrantrieb, der aus einer in der Regel verstellbaren Pumpe sowie einem oder mehreren hydraulischen Motoren besteht. Neben der Möglichkeit der aufgelösten Bauweise und damit einer erhöhten konstruktiven Freiheit kann auf ein mechanisches Getriebe verzichtet werden. Der hydrostatische Fahrantrieb ermöglicht eine stufenlose Variation der Fahrgeschwindigkeit, ein ruckfreies Umkehren der Fahrtrichtung und ein verschleißfreies Abbremsen. War der Einsatz früher auf die Bereiche geringer und mittlerer Leistungen beschränkt, so finden sich hydrostatische Fahrantriebe wegen ihrer Vorteile zunehmend auch in Systemen der höheren Leistungsklassen. Wegen des großen, erforderlichen Wandlungsbereiches werden hier oft Kombinationen von hydrostatischen Getrieben mit nachgeschalteten Lastschaltgetrieben gewählt, so daß der Wandlungsbereich des Hydrostaten mehrfach durchfahren wird [AUT94].

Dem Nachteil der im Vergleich zu mechanischen Getrieben schlechten Wirkungsgrade hydrostatischer Getriebe steht der Vorteil gegenüber, durch eine geeignete Regelung den Antriebsmotor jederzeit in seinem verbrauchsoptimalen Bereich zu betreiben.

3.3.1 Grundschaltungen der hydrostatischen Fahrantriebe

In seiner einfachsten Form wird der hydrostatische Fahrantrieb aus einer vom Verbrennungsmotor angetriebenen Pumpe und einem Hydromotor gebildet. Diese sind in der Schaltung des hydrostatischen Getriebes miteinander verbunden, wobei wegen der umkehrbaren Fahrtrichtung Schaltungen mit geschlossenem Kreislauf verwendet werden. Das Bild 3.3.1 zeigt die Grundschaltung dieses Getriebes.

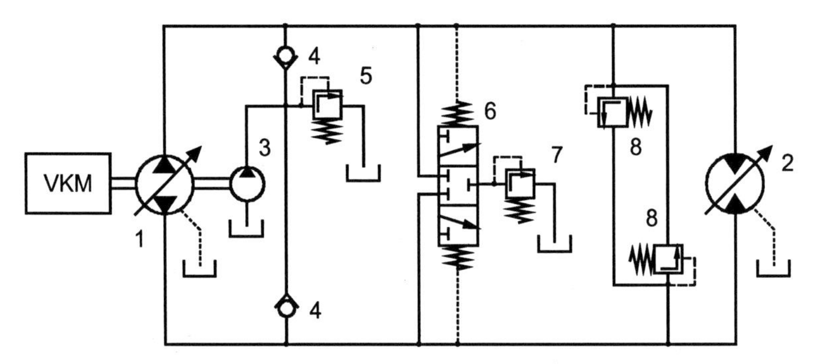

Bild 3.3.1: Hydrostatisches Getriebe mit geschlossenem Kreislauf

Neben den Hauptkomponenten Pumpe (1) und Motor (2) erfordert die Funktion des Getriebes weitere Bauelemente. Die Druckbegrenzungsventile (8) schützen den Antrieb vor Überlastung, so daß die Verbrennungskraftmaschine nicht "abgewürgt" werden kann. Das umlaufende Öl wird durch die Verlustleistung des Getriebes erwärmt, eine Speisepumpe (3), die gleichzeitig den Steuerdruck für die Verstelleinheiten liefert, fördert daher gekühltes Öl über Speiseventile (4) zur jeweiligen Niederdruckseite. Das Speisedruckbegrenzungsventil (5) bestimmt dabei den Druck in der Niederdruckleitung. Über ein Spülventil (6) und ein Druckhalteventil (7) wird eine entsprechende Menge des erhitzten Öles auf der gleichen Seite entnommen. Auf diese Weise werden auch Ölverluste durch die funktionsbedingten Leckagen in der Pumpe und im Motor ergänzt.

In der tatsächlichen Ausführung werden oftmals die Funktionen des Speise- und des Druckbegrenzungsventils kombiniert. Diese Komponente ist in das Pumpengehäuse integriert. Das Spülventil wird im

Motorgehäuse integriert, wobei das Spülöl über die Leckölleitung des Motors abgeführt wird.

In einfachen Ausführungen ist nur die Pumpe als Verstelleinheit ausgeführt. Zur Variation des Übersetzungsverhältnisses wird das Fördervolumen der Pumpe verändert, wobei durch eine Förderrichtungsumkehr auch eine Umkehr der Fahrtrichtung erfolgt. Ein wesentlich größerer Wandlungsbereich läßt sich jedoch durch eine Verstellung beider Maschinen erreichen, wobei die Verstellung von Pumpe und Motor sequentiell (Einzelverstellung) oder kombiniert (Verbundverstellung) erfolgen kann. Das Bild 3.3.2 zeigt die mit diesen Verstellungen erreichten Kennfelder hinsichtlich der übertragbaren Leistung und des maximalen Drehmomentes am Abtrieb.

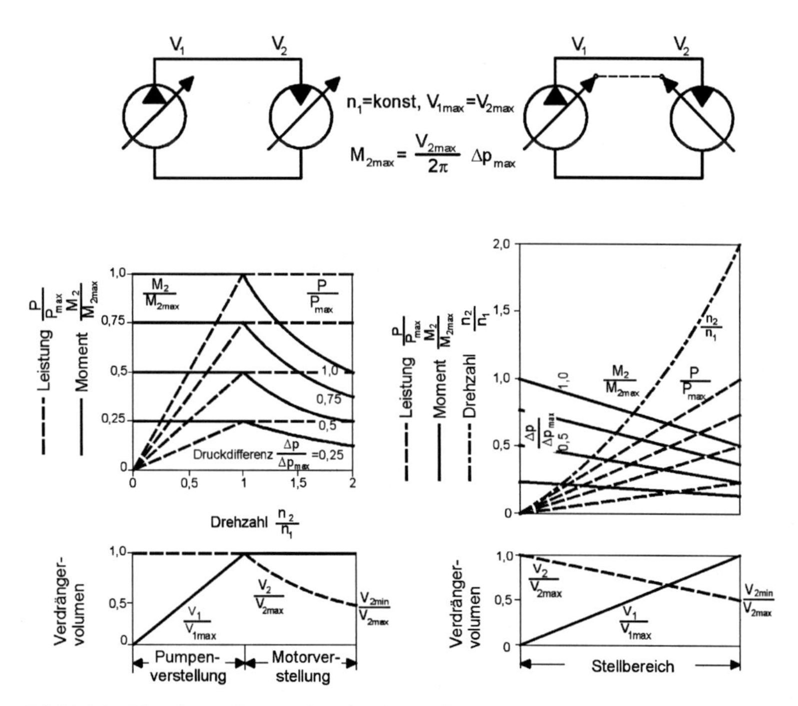

Bild 3.3.2: Einzelverstellung und Verbundverstellung

Ein Abbremsen des Fahrzeugs durch den Fahrantrieb läßt sich nur durch eine Einzelverstellung realisieren. Dabei wird die Pumpe soweit zurückgeschwenkt, daß der Motor, angetrieben durch das Trägheitsmoment des Fahrzeugs, als Pumpe arbeitet und die Pumpe als Motor ein Moment in den Verbrennungsmotor abgibt. Dazu muß jedoch gleichzeitig das Gaspedal zurückgenommen werden, so daß sich eine Funktion ähnlich der Motorbremse im Pkw ergibt. Zur Energieeinsparung ist auch eine Schaltung denkbar, bei der im Bremsbetrieb über eine zusätzliche Pumpen-/Motoreinheit an der Antriebswelle ein Speicher geladen wird, der seine Energie als Retarder beim Beschleunigen wieder einspeist.

Einige der gebräuchlichsten Schaltungsvarianten für allradgetriebene Fahrzeuge zeigt Bild 3.3.3. In der einfachsten Form wird dabei jeweils eine Achse über einen mechanischen Durchtrieb und eventuell ein Zwischengetriebe von einem Motor angetrieben. Um die Möglichkeit einer Konstruktion ohne durchgehende Achsen oder Antriebswellen zu nutzen, ist in der Regel der Antrieb mehrerer Hydromotoren erforderlich. Zur Reduktion der Motordrehzahl auf die Raddrehzahl werden dann üblicherweise in die Nabe Planetengetriebe integriert [HAN91].

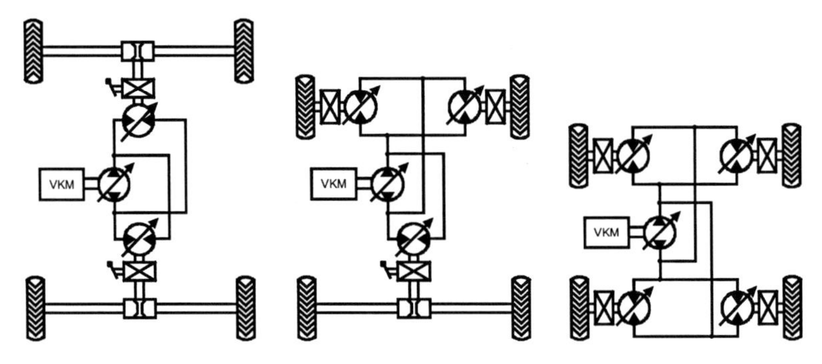

Bild 3.3.3: Schaltungsvarianten für Fahrantriebe mit Allradantrieb

Bei kettengetriebenen Fahrzeugen wie beispielsweise Raupenbaggern wird häufig für jede Kette ein eigenes Getriebe eingesetzt. Am Antriebsmotor ist eine Doppelpumpeneinheit angeflanscht, die Getriebe können zur Richtungsänderung unabhängig voneinander verstellt werden.

Normalerweise werden die Motoren allradgetriebener Fahrzeuge parallelgeschaltet, so daß auf alle Motoren die gleiche Druckdifferenz Δp wirkt und das Antriebsmoment M_{th} der einzelnen Motoren nach Gleichung 3.3-1 von deren Schluckvolumen V_2 abhängt.

$$M_{theor} = \frac{V_2 \cdot \Delta p}{2\pi} \tag{3.3-1}$$

Die Parallelschaltung der rad- oder achsbezogenen Motoren bietet dann Vorteile, wenn alle Motoren auf eine gemeinsame Last treiben, wie dies bei Fahrantrieben immer der Fall ist. Da die Momente gekoppelt, die einzelnen Drehzahlen jedoch voneinander unabhängig sind, ergibt sich die bei mechanischen Antriebssträngen aufwendige Funktion des Differentialgetriebes von selbst.

Wie bei mechanischen Differentialen besteht jedoch auch hier die Gefahr, daß ein Rad, das ungünstigen Reibungsverhältnissen unterliegt oder stark entlastet ist, durchdreht und damit das Drehmoment der anderen Räder stark reduziert. Diese Gefahr ist gerade bei den geländegängigen fahrenden Arbeitsmaschinen mit ihren Einsatzbereichen in Baustellen und auf landwirtschaftlichen Flächen gegeben. Hier werden hydraulische Differentialsperren eingesetzt, die nach dem Prinzip des Stromteilerventils aufgebaut sind. Das Bild 3.3.4 zeigt das Funktionsprinzip eines solchen Stromteilers.

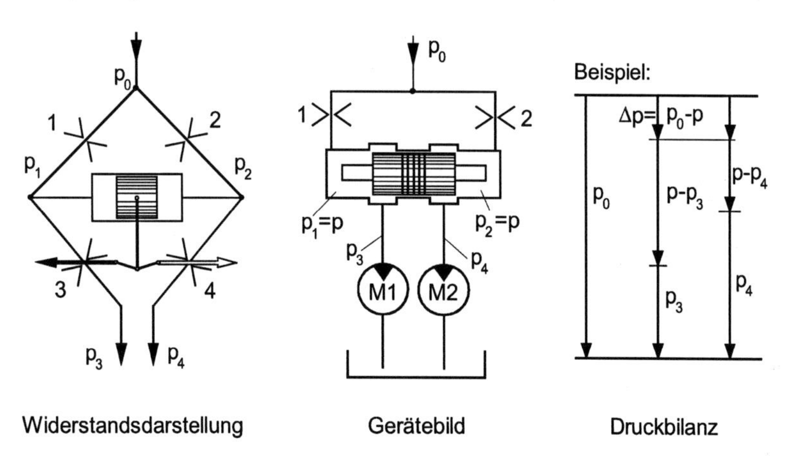

Bild 3.3.4: Prinzip des Stromteilerventils

Bei gleichen Volumenströmen sind die an den Meßblenden entstehenden Druckdifferenzen gleich, der Kolben steht in der Mittelstellung. Wird der Volumenstrom Q_1 über den Motor M1 größer, so sinkt p_1 gegenüber p_2 ab und der Kolben drosselt den Volumenstrom Q_1 soweit ab, bis die Volumenströme angeglichen sind.

Bei mehr als zwei Hydromotoren müssen zur Sicherung der Zugkraft entweder mehrere Stromteiler miteinander verschaltet werden, oder es werden Mehrfach-Stromteiler nach dem Verdrängerprinzip eingesetzt. Diese Stromteiler bestehen aus mehreren gekoppelten Verdrängermaschinen, die durch gleiche Drehzahl eine Stromaufteilung im Verhältnis der einzelnen Verdrängungsvolumina erzwingen. Der Stromteiler kann im normalen Fahrbetrieb durch ein Umgehungsventil überbrückt werden, siehe Bild 3.3.5.

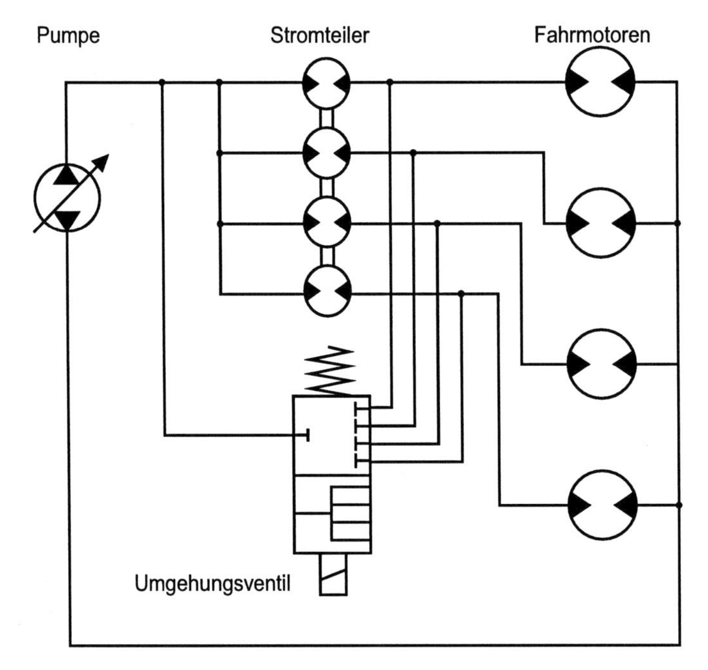

Bild 3.3.5: Sperrdifferentialschaltung mit Verdränger-Stromteiler

3.3.2 Steuerungen für hydrostatische Fahrantriebe

Obwohl es grundsätzlich möglich wäre, die Wahl der geeigneten Getriebeübersetzung dem Fahrer einer Arbeitsmaschine zu überlassen, liegt es bei den stufenlos steuerbaren, hydrostatischen Fahrantrieben nahe, eine selbsttätig wirkende Steuerung einzusetzen. Dadurch kann einerseits der Fahrer entlastet werden, andererseits besteht die Möglichkeit, über die Steuerung bestimmte Optimierungsziele zu verfolgen. Dies ist insbesondere dann nötig, wenn gleichzeitig die Fahr- und die Arbeitshydraulik betrieben werden, wie es bei Baumaschinen häufig der Fall ist. Hier liegt das Ziel nicht nur in einer guten Ergonomie der Steuerung, sondern auch in der Absicherung vor kritischen Fahr- und Arbeitszuständen [AUT94].

Anders als bei Kraftfahrzeugen, bei denen der Reduzierung des Kraftstoffbedarfs meist die höchste Priorität eingeräumt wird, soll bei den Arbeitsmaschinen in der Regel die Motorleistung voll ausgenutzt werden (soweit dies mit der Arbeitsaufgabe vereinbar ist). Zu diesem Zweck werden in den Fahrantrieben Schaltungen zur selbsttätigen Druckabschneidung und zur Grenzlastregelung eingesetzt. Eine besondere Ausführungsform der letzteren ist auch unter dem Begriff "Automotive Steuerung" bekannt.

3.3.2.1 Druckabschneidung

Ein hydrostatisches Getriebe mit Druckabschneidung ist in Bild 3.3.6 dargestellt. Die Hauptpumpe besitzt einen federzentrierten Kolben zur Betätigung der Volumenverstellung. Der Sollwert der Pumpenverstellung, der mit der angestrebten Fahrgeschwindigkeit korrespondiert, wird manuell über einen Fahrhebel oder ein Fahrpedal vorgegeben. Diese Stelleinrichtungen wirken mechanisch auf das Pumpenstellventil.

Eine Hilfspumpe versorgt das Steuerventil mit Druckflüssigkeit und stellt gleichzeitig über das Speisedruckbegrenzungsventil und die Einspeiseventile den erforderlichen Mindestdruck im Kreislauf sicher.

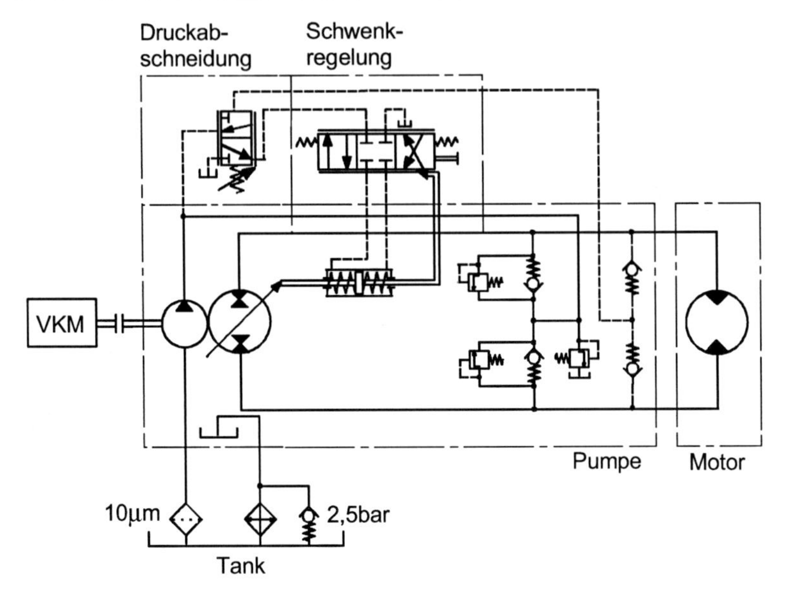

Bild 3.3.6: Fahrantrieb mit Druckabschneidung

Beim Betrieb ohne Druckabschneidung kann der Fahrer nun den Pumpenvolumenstrom und damit die Fahrgeschwindigkeit frei wählen. Wenn der Druck in der Hochdruckleitung den maximal zulässigen Wert übersteigt, was durch ein Anwachsen des Fahrwiderstandes bedingt wird, öffnet das entsprechende Druckbegrenzungsventil. Dies setzt einerseits den Fahrantrieb bis zur Reduzierung des Fahrwiderstandes still und erzeugt andererseits erhebliche Verlustleistung im Kreislauf, die eine entsprechende thermische Belastung des Hydrauliksystems darstellt. Um die Betriebssicherheit des Fahrzeuges sicherzustellen, müßte das Kühlsystem auf die Maximalleistung des Motors ausgelegt werden.

Die Druckabschneidung wird durch ein Druckventil realisiert, das zwischen der Steuerpumpe und dem Pumpenstellventil angeordnet ist. Über die Steuerfläche des Ventils wirkt der Systemdruck gegen eine Federkraft. Das Ventil öffnet bei einem Systemdruck, der geringfügig unter dem Öffnungsdruck der Maximaldruckventile liegt. Der Stelldruck, der an der Schwenkregelung zur Verfügung steht, wird reduziert und die Pumpe unter der Wirkung der Federzentrierung zurückgeschwenkt, bis durch den Abfall des Fahrwiderstandes der Grenzsystemdruck wieder unterschritten wird. Auf diese Weise wird das abrupte Stehenbleiben des Fahrzeuges und die unnötige thermische Belastung des Kreislaufes vermieden, so daß der Fahrer ohne Gefahr für den Antrieb versuchen kann, auch bei großen Steigungen oder in schwerem Gelände mit der maximal möglichen Geschwindigkeit zu fahren. Die Druckbegrenzungsventile des Kreislaufes übernehmen bei dieser Anordnung lediglich eine Sicherung gegen Fehlfunktionen. Die Druckabschneidung wird meist in Kombination mit anderen Regelungsarten eingesetzt.

3.3.2.2 Grenzlastregelung

Mit Hilfe der Grenzlastregelung kann die volle Leistung des Verbrennungsmotors ausgenutzt werden, auch wenn dieser andere zusätzliche Aggregate der Arbeitshydraulik antreibt. Dabei besteht eine Leistungspriorität für diese Nebenaggregate, wie dies bei Radladern und vielen anderen Bau- und Landmaschinen sinnvoll und erforderlich ist.

Der in Bild 3.3.7 gezeigte Schaltplan ist gegenüber Bild 3.3.6 um das Grenzlastventil, auch als Inchventil bezeichnet, und den sogenannten Inchhebel erweitert.

Der Volumenstrom der Hilfspumpe, die hier immer eine Konstantpumpe ist, wird im Grenzlastventil durch eine Meßblende geführt. Der Druckabfall an der Meßblende ist ein Maß für den Volumenstrom und damit für die Drehzahl des Dieselmotors. Fällt durch eine lastbedingte Drehzahldrückung diese Druckdifferenz unter den von der Federkraft vorgegebenen Wert ab, so wird der Steuerdruck und damit die Pumpenausschwenkung reduziert. Die Fahrgeschwindigkeit und die Leistungsaufnahme des Fahrantriebes sinken ab und die vorgegebene Dieseldrehzahl bleibt erhalten.

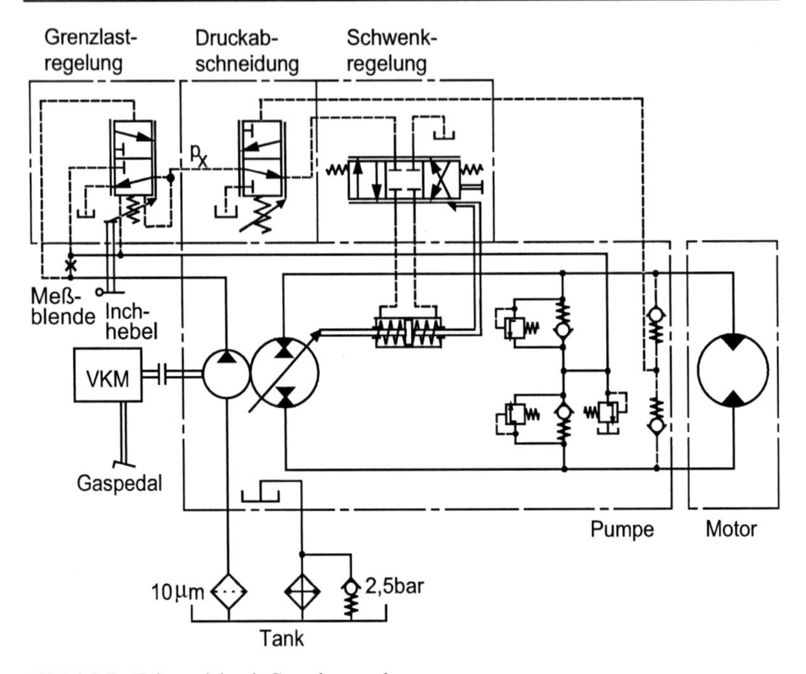

Bild 3.3.7: Fahrantrieb mit Grenzlastregelung

Das vereinfachte Schema eines Grenzlastregelventils in Bild 3.3.8 zeigt, daß der Druckabfall an der Meßblende zu einer Verschiebung des gestuften Kolbens führt. Die sich dabei öffnende Steuerkante ermöglicht einen Druckaufbau im Pumpenstellsystem, bis die Rückwirkung dieses Druckes mit dem Druckabfall an der Blende im Gleichgewicht steht. Der Steuerdruck p_X erhält dadurch eine quadratische Abhängigkeit von der Dieseldrehzahl. Durch die Druckfeder wird die Steuerdruckkurve mit einem "Offset" beaufschlagt. Die Verstellung der Federvorspannung durch den Inchhebel (in der Ventilskizze nicht dargestellt) bewirkt eine Verschiebung der Steuerdruckkurve.

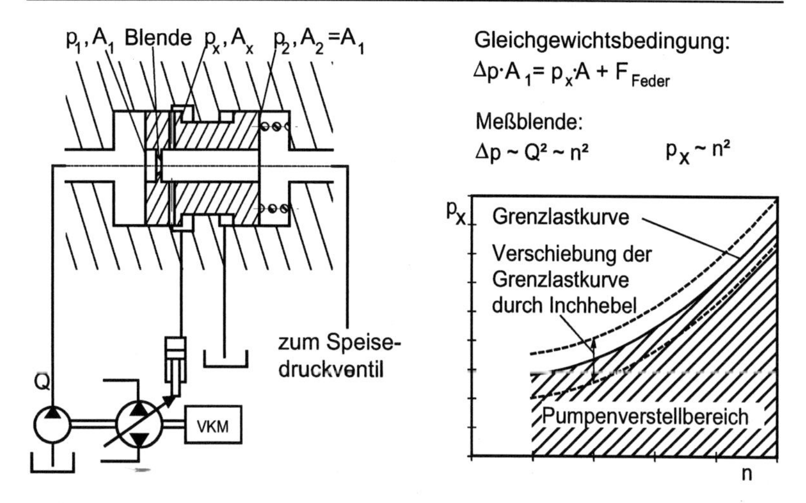

Bild 3.3.8: Grenzlastregelventil (Inchventil)

Die Federkraft des Grenzlastventils wird in den Betriebszuständen, in denen der Diesel mit gleichmäßig hoher Drehzahl laufen soll, auf einen konstanten Wert eingestellt. Dies ist zum Beispiel erwünscht, wenn die Hauptaufgabe durch die Nebenantriebe erledigt wird, wie es bei Ladeaufgaben aber auch bei Feldhäckslern und ähnlichen Maschinen der Fall ist.

Im reinen Fahrbetrieb ist eine konstante Drehzahl nicht sinnvoll, da sie zu unnötig großen Verlustleistungen im Verbrennungsmotor führt, wenn dieser im Teillastbetrieb arbeitet. Die variable Drehzahlvorgabe stellt hier den Übergang zur sogenannten automotiven Steuerung dar.

3.3.2.3 Automotive Steuerung

Bei der automotiven Steuerung wird das Pumpenstellventil nicht mehr über einen Fahrhebel kontinuierlich ausgelenkt, sondern durch ein schaltendes Ventil ersetzt, mit dem nur noch die Fahrtrichtung festgelegt wird. Das Ausschwenken der Pumpe wird durch die Eigenschaften des Inchventils erreicht. Während sich der Pumpenstelldruck bei der Grenzlastregelung im Bereich unterhalb der Grenzlastkurve bewegen konnte, bewegt er sich nun genau auf dieser Kurve. Das Bild 3.3.9 zeigt den Schaltplan des Fahrantriebes mit automotiver Steuerung.

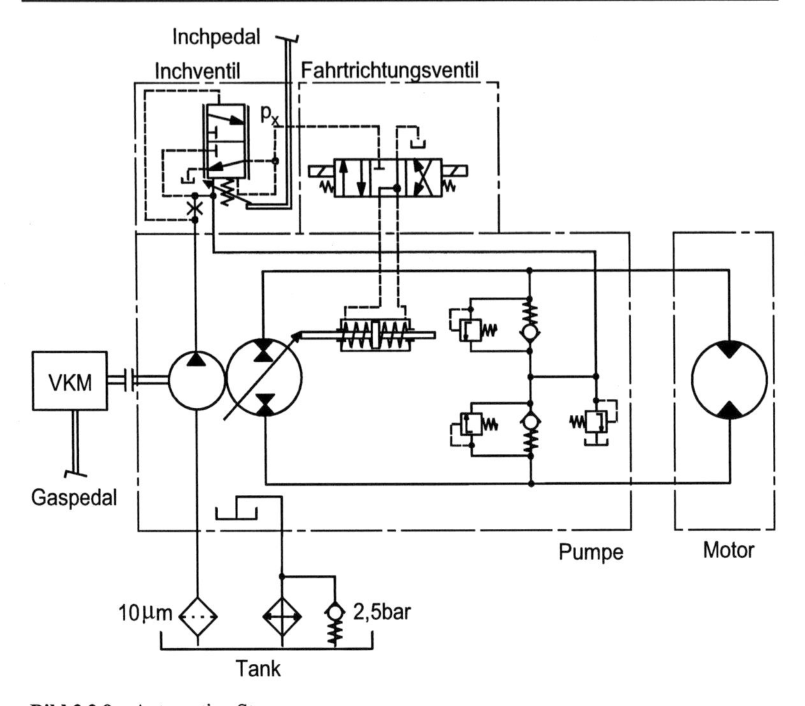

Bild 3.3.9: Automotive Steuerung

Durch diese Anordnung kann nun die Fahrgeschwindigkeit direkt mit dem Gaspedal vorgegeben werden. Bei Leerlaufdrehzahl reicht der Steuerdruck nicht aus, die Zentrierfedern auszulenken, die Pumpe fördert nicht und der Antrieb steht still. Wird durch das Betätigen des Gaspedals die Drehzahl erhöht, so steigt auch der Steuerdruck p_X und die Pumpe wird in die durch das Fahrtrichtungsventil vorgewählte Richtung ausgeschwenkt, der Antrieb fährt. Die Fahrgeschwindigkeit hängt nun von der Motordrehzahl und geringfügig von der Belastung des Antriebes ab und kann in einfacher Weise über das Gaspedal gesteuert werden.

Mit dieser Anordnung ist ebenfalls eine Motorbremsung möglich. Beim schnellen Zurücknehmen des Gaspedals fällt die Drehzahl und damit der Steuerdruck. Dadurch schwenkt die Pumpe zurück und wird zum Hydromotor, der vom Radmotor angetrieben wird und das Moment in den leer laufenden Antriebsmotor abgibt.

Durch die Incheinrichtung wird, wie bereits im vorhergehenden Abschnitt beschrieben, die Steuerdruckkurve verschoben (vgl. Bild 3.3.10). Durch ein Absenken des Steuerdurcks p_x über die Betätigung des Inchpedals kann die Pumpe bei hoher Antriebsdrehzahl n zurückgeschwenkt werden, so daß das Schluckvolumen V sinkt. Das Fahrzeug wird abgebremst und die Antriebsleistung steht für die Arbeitshydraulik zur Verfügung.

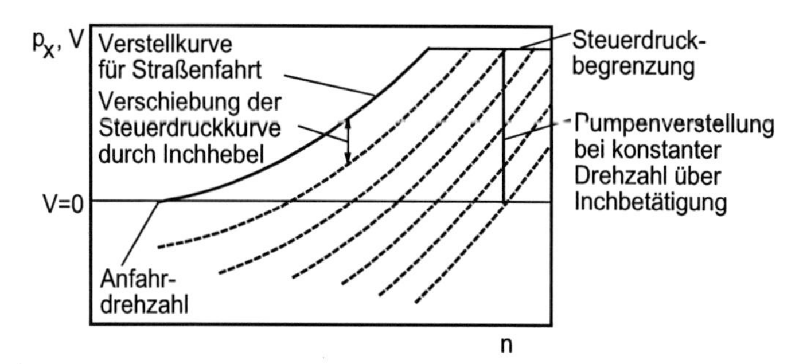

Bild 3.3.10: Automotive Verstellung

Die Inchvorrichtung kommt in verschiedenen Varianten zum Einsatz. Häufig wird im Arbeitsbetrieb eine konstante Drehzahl des Antriebsmotors vorgegeben. Die Regelung der Fahrgeschwindigkeit erfolgt dann mit dem Inchpedal. Aber auch eine Kopplung von Incheinrichtung und Bremspedal wird eingesetzt. Wird das Brems-/Inchpedal betätigt, so schwenkt die Pumpe zurück und wird zum Hydromotor, so daß die Bremswirkung des Antriebsmotors genutzt werden kann.

Eine Verstellcharakteristik, bei der sich die maximale Pumpenausschwenkung erst bei maximaler Drehzahl einstellt, hätte den Nachteil, daß hohe Fahrgeschwindigkeiten erst bei maximaler Antriebsdrehzahl erreicht werden. Bei Fahrt mit geringer Belastung, z.B. Straßenfahrt, wird eine größere Getriebeübersetzung schon bei mittleren Drehzahlen gewünscht. Um dies zu erreichen wird das Inchventil so ausgelegt, daß bei nicht betätigtem Inchhebel der volle Steuerdruck bereits bei mittleren Drehzahlen anliegt. Der weitere Anstieg der Steuerdrucks ist über das Speisedruckbegrenzungsventil abgesichert. Bei Arbeitsvorgängen wird dann die Steuerdruckkurve über die Incheinrichtung verschoben.

3.3.2.4 Elektronische Steuerung

Obwohl sich automotive Steuerungen mit relativ geringem gerätetechnischen Aufwand realisieren lassen, ist eine optimale Anpassung an den Verbrennungsmotor und die Antriebsaufgabe aufwendig und läßt sich nicht ohne Eingriffe in die Steuergeräte durchführen. Wesentlich bessere Möglichkeiten zeichnen sich auch hier durch die Substitution der mechanisch-hydraulischen durch eine elektronische Steuerung ab [LEI92]. Sie bietet weiterhin die Möglichkeit, andere Steuer- und Schaltaufgaben ohne wesentlichen Mehraufwand zu integrieren. Das Bild 3.3.11 zeigt als Beispiel hierfür eine elektronische automotive Steuerung, der zur Erweiterung des Geschwindigkeitsbereiches und zur Vermeidung der vom Wirkungsgrad her ungünstigen Betriebsbereiche ein Lastschaltgetriebe nachgeschaltet ist. Die Verstellung der Pumpe und des Motors sowie die Schaltung der Gangstufen werden von der Elektronik veranlaßt. Der Fahrer beeinflußt die Steuerung allein über den Fahrschalter, mit dem er Fahrtrichtung und Geschwindigkeitsbereich vorwählt, und über die Stellung des Gaspedals. Durch Eingriffe in die Steuerelektronik kann die Steuerung einfach an die Antriebsaufgabe und den Motor angepaßt werden [HAR94].

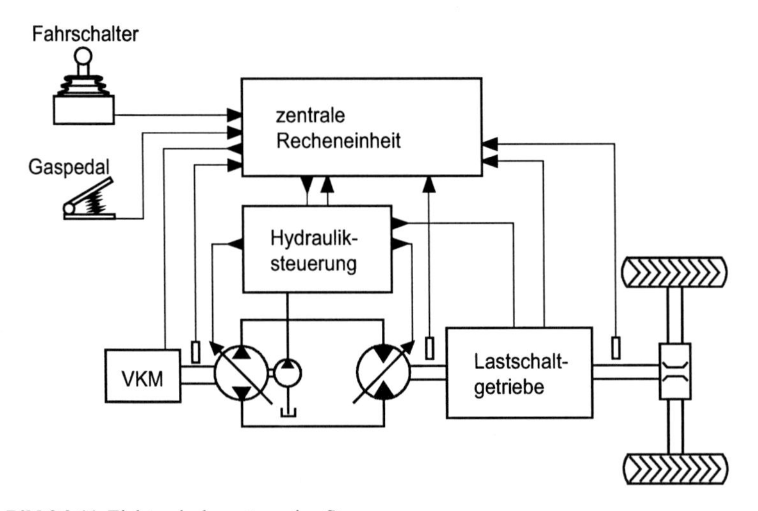

Bild 3.3.11: Elektronische automotive Steuerung

3.3.3 Summiergetriebe

Radlader sind die am meisten verbreiteten Arbeitsmaschinen zur Erdbewegung und zum Transport von Schüttgütern. Das Spektrum reicht von Kleinstfahrzeugen, die sogar in Gebäuden eingesetzt werden können, bis hin zu Maschinen für Steinbrüche mit mehreren Kubikmetern Schaufelinhalt. Wie das Bild 3.3.12 zeigt, werden in diesen Fahrzeugen alle Arten von hydrostatischen Getrieben verwendet.

Die Antriebssysteme lassen sich nach der Antriebsleistung in die Bereiche bis 60kW, bis 100kW und über 100kW einteilen. Bis 60kW herrschen die rein hydrostatischen Getriebe vor. Bei höheren Leistungen werden diese mit Summier- oder Lastschaltgetrieben kombiniert, die je nach Anwendungsfall mit oder ohne Zugkraftunterbrechung geschaltet werden.

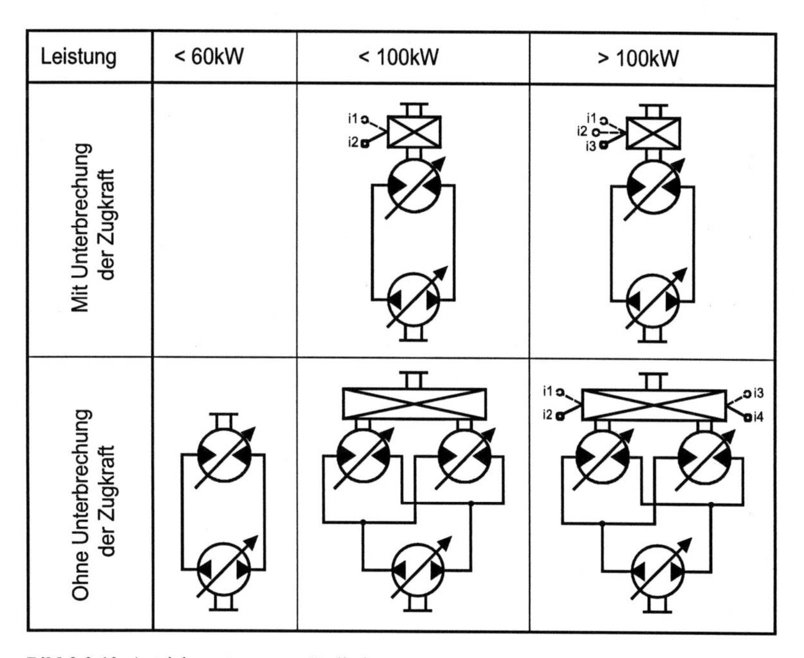

Bild 3.3.12: Antriebssysteme von Radladern

Das Bild 3.3.13 zeigt die Prinzipskizze eines solchen hydrostatischen Antriebs, bestehend aus einer Verstellpumpe, zwei Verstellmotoren, sowie einem lastschaltbaren Summiergetriebe. Die beiden Motoren arbeiten über verschieden kuppelbare Zwischenwellen auf eine zentrale Abtriebswelle. Durch eine gemeinsame Ansteuerung der Dieseldrehzahl, der Motorenausschwenkung und der Kupplungen kann der gesamte Wandlungsbereich nahezu stufenlos überdeckt werden.

Der Schaltvorgang erfolgt, indem der zu schaltende Motor kurzzeitig auf Null geschwenkt wird, während der andere Motor alleine das erforderliche Moment überträgt. Dieser Vorgang, bei dem nicht nur die beiden Motoren und die Kupplungen K1 bis K4, sondern auch die Pumpe und der Antriebsmotor beeinflußt werden müssen, kann nicht mehr durch den Fahrer gesteuert werden. Eine zentrale Recheneinheit beinhaltet als Teil des gesamten Maschinenmanagements auch die Funktionen der Grenzlastregelung, des Inchens und des automotiven Fahrens. Auf diese Weise ist es möglich, zwischen verschiedenen Fahr- und Arbeitsprogrammen zu wählen und diese nach den Wünschen des Fahrers oder entsprechend den Arbeitsbedingungen zu konfigurieren.

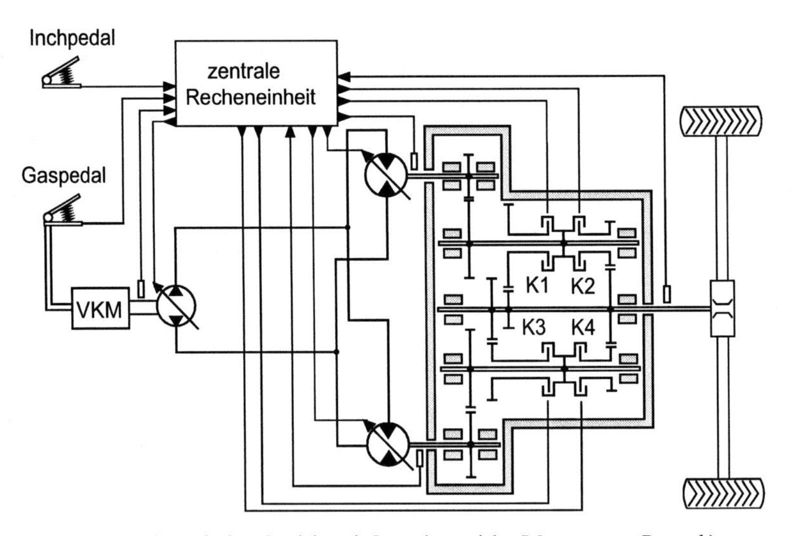

Bild 3.3.13: Hydrostatisches Getriebe mit Summiergetriebe (Mannesmann-Rexroth)

3.3.4 Leistungsverzweigte Getriebe

Die Einführung hydrostatischer Fahrantriebe z.B. für Schlepper ist häufig daran gescheitert, daß der Wirkungsgrad im Vergleich zu unter Last schaltbaren Stufengetrieben zu gering ist. Die leistungsverzeigten Getriebe vereinigen die Vorteile der stufenlosen Drehzahlverstellung mit ähnlich hohen Wirkungsgraden wie die von Lastschaltgetrieben (85 bis 90%). Die Grundidee der leistungsverzweigten Getriebe ist, die Verbrennungsmotorleistung in einen mechanisch und einen hydraulisch übertragenen Anteil aufzuteilen. Der überwiegende Anteil der Leistung wird dabei mechanisch mit gutem Wirkungsgrad übertragen.

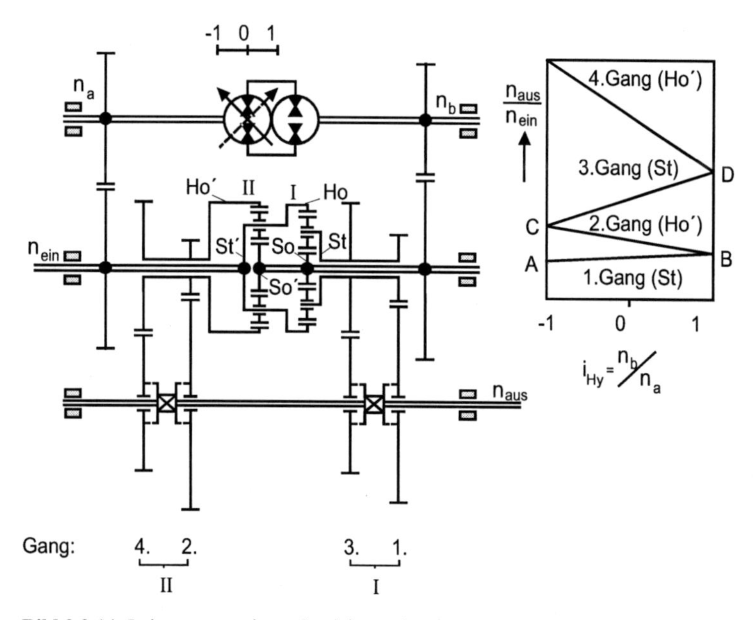

Bild 3.3.14: Leistungsverzeigtes Getriebe nach Jarchow, Claas [BAC97]

In linken Teil von Bild 3.3.14 ist ein leistungsverzweigtes Getriebe nach Prof. Jarchow schematisch dargestellt. Der rechte Teil des Bildes zeigt die Gesamtübersetzung des Getriebes in Funktion der hydrostatischen Übersetzung i_{Hy}. Die Verbrennungsmotorleistung wird auf den hydrostatischen und den mechanischen Zweig des Getriebes aufgeteilt, wobei der überwiegende Teil der Leistung mechanisch mit gutem Wirkungsgrad übertragen wird. Die hydrostatische Baugruppe besteht aus einer Verstelleinheit und einer Konstantenheit gleichen Hubraums im hydrostatischen Kreis. Das Übersetzungsverhältnis i_{Hy} läßt sich somit zwischen 1 und -1 durch Verschwenken der Verstelleinheit variieren.

Zwei Planetengetrieben und nachgeschalteten Übersetzungsstufen, die sich über Zahnkupplungen schalten lassen, bilden die mechanische Getriebestufe. Je nach gewähltem Gang wird die Leistung über eines der Planetengetriebe und eine der nachgeschalteten Übersetzungsstufen übertragen.

Direkt mit der Getriebeeinganswelle verbunden sind das Hohlrad (Ho) des ersten und der Steg (St') des zweiten Planetengetriebes, während die Sonnenräder (So und So') beide mit dem Abtrieb des hydrostatischen Getriebes verbunden sind. Der Abtrieb der Planetengetriebe erfolgt über den Steg (St) bzw. das Hohlrad (Ho'). Durch die Verstellung des hydrostatischen Getriebes läßt sich das Verhältnis der Eingangsdrehzahlen der Planetenstufen variieren und damit der Drehzahlbereich von einem Gang bis zum nächsten durchfahren. Die Umschaltung von einem Gang zum anderen erfolgt im lastfreien und synchronen Zustand. [BAC97, JAR88].

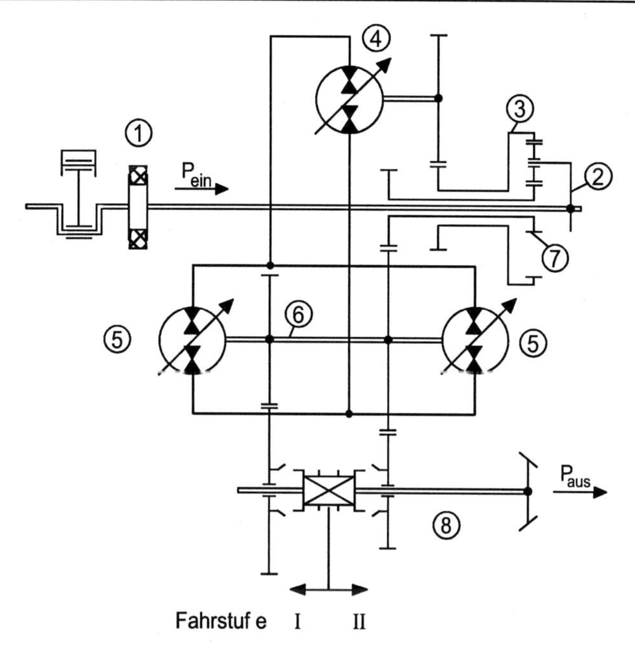

Bild 3.3.15: Leistungsverzeigtes Getriebe nach Fendt, Sauer-Sundstrand [HOL96]

Das in Bild 3.3.15 dargestellte Getriebe setzt sich aus einer mechanischen und einer hydraulischen Baugruppe zusammen. Die Motorleistung gelangt über einen Torsionsschwingungsdämpfer (1) zum Steg des Planetensatzes (2) und dann einerseits über das Hohlrad (3) zur Hydraulikpumpe (4), andererseits über das Sonnenrad (7) zur mechanischen Übersetzungsstufe. Im hydrostatischen Getriebe wird die Leistung von der Verstellpumpe zu den beiden verstellbaren Hydromotoren (5) übertragen. Die Leistung der Hydromotoren und der mechanischen Stufe werden auf der sog. Summierungswelle (6) zusammengeführt, hier erfolgt eine Addition der hydrostatischen und mechanischen Leistungsanteile. Durch das Verschwenken der Hydraulikeinheiten kann die Gesamtübersetzung des Getriebes stufenlos verstellt werden. Das nachgeschaltete mechanische Getriebe (8) läßt die Wahl von zwei Fahrbereichen zu [HOL96].

3.3.5 Literaturangaben

[AUT94]	Autoren-kollektiv	Fachtagung Antriebs- und Steuerungssysteme für moderne Mobilmaschinen Mannesmann Rexroth GmbH 1994
[BAC97]	Backé, W.	Entwicklung der Hydraulik für mobile Anwendungen O+P "Ölhydraulik und Pneumatik" 4/1997
[HAN91]	Hansel, M. Lift, H.	Hydrauliksysteme in der Bau- und Kommunaltechnik Vogel Verlag, Würzburg, 1991
[HAR94]	Harms, H.-H.	Entwicklungstendenzen in der Mobilhydraulik 11. Aachener Fluidtechnisches Kolloquium 1994
[HEY94]	Heyel, W.	Hydrostatische Antriebe in Groß-Serie O+P "Ölhydraulik und Pneumatik" 8/1994
[HOL96]	Holländer, C. Lang, T. Römer, A. Tewes, G.	Hydraulik in Traktoren und Landmaschinen O+P "Ölhydraulik und Pneumatik" 3/1996
[JAR88]	Jarchow, F. Blumenthal, U.	Stufenlos wirkendes hydrostatisch-mechanisches Lastschaltgetriebe für Kraftfahrzeuge 8. Aachener Fluidtechnisches Kolloquium, 1988
[LEI92]	Leidinger, G.	Hydrotransmatic - ein neuartiger stufenloser, lastschaltbarer hydrostatischer Fahrantrieb O+P "Ölhydraulik und Pneumatik" 4/1992
[NIM94]	Nimbler, W.	Hydrostatische Fahrantriebe im geschlossenen Kreislauf O+P "Ölhydraulik und Pneumatik" 4/1994

[ORT92]	Ortwig, H.	Automotiver Fahrantrieb für selbstfahrende Arbeitsmaschinen antriebstechnik 31 (1992) Nr.3
[RUE93]	Rückgauer, N.	Entwicklungstendenzen bei hydrostatischen Antrieben in mobilen Arbeitsmaschinen O+P "Ölhydraulik und Pneumatik" 11/12/1993
[SKI94]	Skirde, E.	Automotive Steuerung fahrender Arbeitsmaschinen O+P "Ölhydraulik und Pneumatik" 4/1994
[VON92]	Vonnoe, R.	Programmgesteuerte und -geregelte hydrostatische Mobilantriebe O+P "Ölhydraulik und Pneumatik" 4/1992

3.4 Hydrostatische Lenkung

Aufgrund der hohen Gewichte und der überwiegend niedrigen Fahrgeschwindigkeit bei meist schlechtem Untergrund treten bei den fahrenden Arbeitsmaschinen hohe Lenkkräfte auf. Demzufolge ist es nicht nur hilfreich, sondern häufig unabdingbar, eine Lenkerleichterung vorzusehen.

Wegen der geringen Fahrgeschwindigkeit - z. B. im Baustellenbereich - ist der Verzicht auf eine im allgemeinen übliche redundante Ausführung der Lenksysteme möglich. Deshalb unterscheiden sich die hier eingesetzten Lenkungen von denen im Kraftfahrzeug dadurch, daß sie rein hydrostatisch arbeiten und keine mechanische Verbindung zwischen Lenkrad und Lenkgestänge besteht. Die Lenkkraft wird ausschließlich mittels der Druckflüssigkeit übertragen. Zugelassen sind diese Lenkungen nur für Fahrzeuge, deren bauartbedingte Höchstgeschwindigkeit 50 km/h nicht übersteigt. Bild 3.4.1 zeigt eine Lenkeinheit, die über Schläuche mit zwei Lenkzylindern in Differentialbauweise verbunden ist. Statt der Differentialzylinder wird auch oft ein Gleichgangzylinder eingesetzt, der jedoch aufgrund der zu übertragenden Kräfte entsprechend größer dimensioniert sein muß.

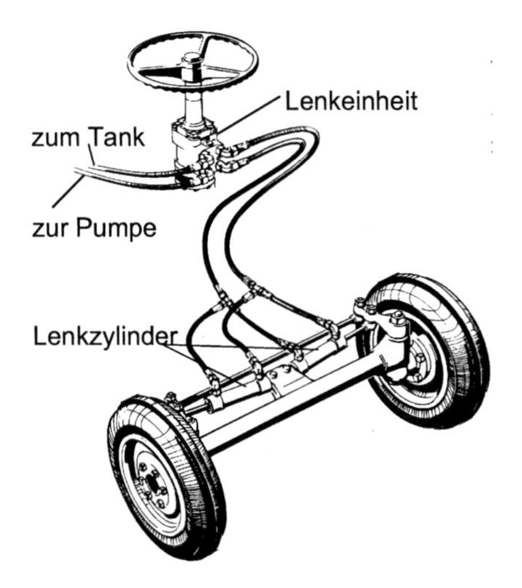

Bild 3.4.1: Vollhydraulische Lenkung (Danfoss)

Eine Lenkbewegung läßt sich immer als eine Überlagerung von einer Längs- und einer Drehbewegung darstellen. Bei den fahrenden Arbeitsmaschinen werden im wesentlichen die in Bild 3.4.2 dargestellten Lenkarten unterschieden, je nachdem wie die Drehbewegung um die Hochachse realisiert wird.

Bei der Kettenlenkung wird die Drehung durch eine Differenzgeschwindigkeit zwischen der linken und rechten Antriebsseite hervorgerufen. Das ermöglicht das "Drehen auf der Stelle", womit eine hohe Wendigkeit erzielt wird.

Bei den Fahrzeugen mit einer gelenkten Achse wird zwischen der Knicklenkung und der Radlenkung unterschieden. Hierbei ist die Drehung an die Längsbewegung gebunden.

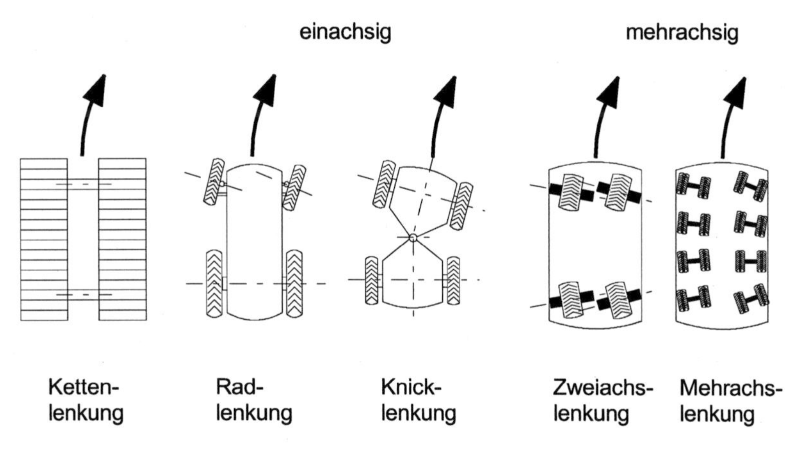

Bild 3.4.2: Lenkarten von fahrenden Arbeitsmaschinen

Bei den Traktoren hat sich die Radlenkung bewährt, da sie bei Zugarbeiten (z. B. Pflügen) eine bessere Spurhaltung gewährleistet als die Knicklenkung. Die gelenkten Räder sind meist klein und erlauben dadurch größere Lenkeinschläge.

Eine besonders hohe Wendigkeit haben mehrachsig gelenkte Fahrzeuge. Bei zweiachsigen Fahrzeugen werden durch Allradlenkungen mit gegen- oder gleichsinnigem Lenkeinschlag große Vorteile beim Rangieren erreicht. Schwertransporter besitzen, um die Tragfähigkeit zu erhöhen, eine große Anzahl von Achsen, deren elektrohydraulische Ansteuerung unterschiedliche Lenkcharakteristiken, Niveauregulierung und Antischlupfregelung erlaubt.

3.4.1 Kettenfahrzeuge

Die zur Lenkbewegung notwendige Drehzahldifferenz der beiden Ketten erfordert eine Drehmomentendifferenz zwischen den beiden Kettenabtrieben. Wegen der hohen Richtungsstabilität aufgrund der großen Bodenberührungsfläche ist dazu erhebliche Lenkenergie notwendig. [NIK74]

Die Drehmomentdifferenz kann auf drei verschiedene Arten, wie in Bild 3.4.3 zu sehen ist, erzeugt werden.

Bei der oben links gezeigten Anordnung treibt eine Antriebseinheit, bestehend aus einem hydrostatischen Getriebe (Hydromotor 1 + Verstellpumpe 2) und einem Differential (3), beide Ketten an. Die Lenkbewegung wird durch das Abbremsen einer Kettenseite mit der entsprechenden Bremse (4 bzw. 5) eingeleitet.

Werden für jede Kette getrennte Antriebe verwendet, wie oben rechts zu erkennen ist, können durch die Steuerung der jeweiligen Getriebe (Verstellpumpe 1 + Motor 2 bzw. Verstellpumpe 3 + Motor 4) feinfühlige Lenkbewegung ausgeführt werden. Außerdem ist es hierbei möglich, die Ketten auch gegensinnig zu bewegen und dadurch auf der Stelle zu wenden.

Antrieb für Kettenfahrzeug mit einem hydrostatischen Getriebe

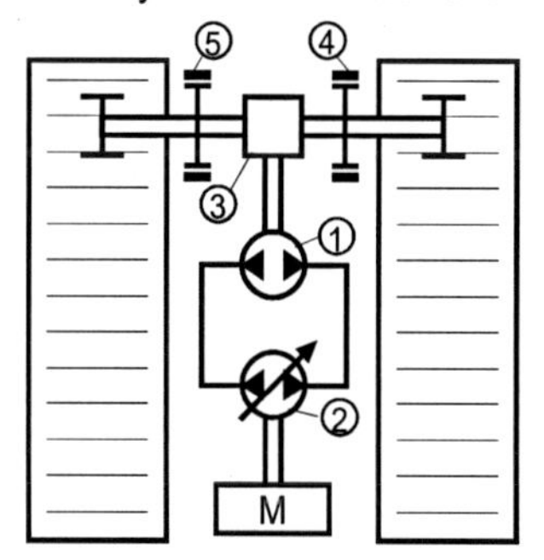

1 Hydromotor
2 Verstellpumpe
3 Differential
4 Bremse für rechte Kette
5 Bremse für linke Kette

Antrieb für Kettenfahrzeug mit zwei hydrostatischen Getrieben

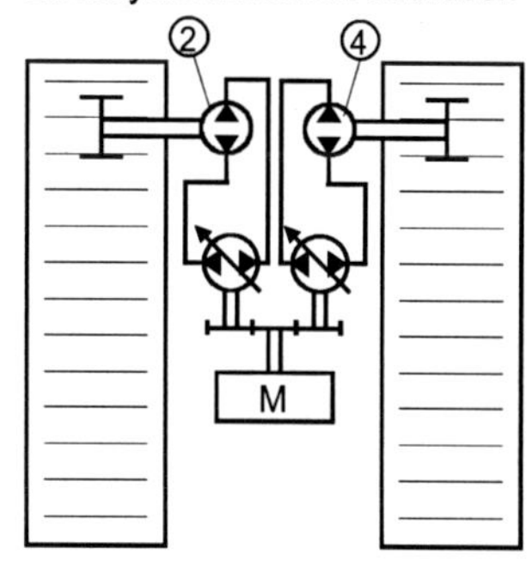

1 Verstellpumpe für linke Kette
2 Hydromotor für linke Kette
3 Verstellpumpe für rechte Kette
4 Hydromotor für rechte Kette

Antrieb für Kettenfahrzeug mit einem mechanischen Getriebe und hydrostatischer Differentiallenkung

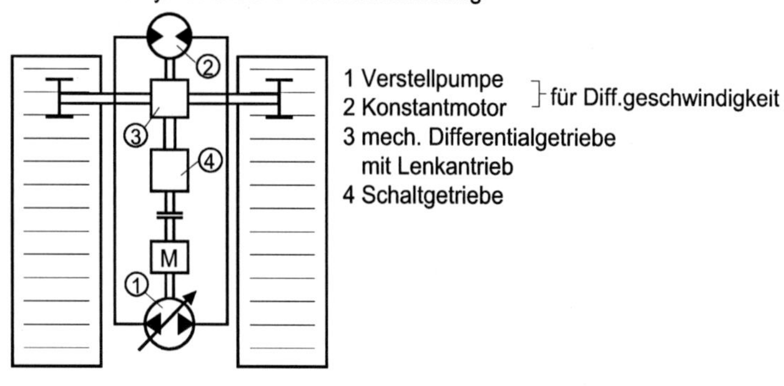

Bild 3.4.3: Lenk- und Fahrantrieb für ein Kettenfahrzeug [NIK74, HOL96]

Der in Bild 3.4.3 unten dargestellte Aufbau ermöglicht ebenfalls eine gegensinnige Bewegung der beiden Ketten. Das eigentliche Antriebsmoment wird hier durch ein mechanisches Getriebe übertragen. Der hydrostatische Lenkkreis erzeugt bei Betätigung des Lenkrades eine Differenzdrehzahl am Differentialgetriebe, wodurch die kurveninnere Kette langsamer und die kurvenäußere entsprechend schneller dreht.

Das Bild 3.4.4 zeigt einen Fahrantrieb mit Einzelantrieben für jede Kette, gesteuert durch einen digitalen Signalkreis. In diesem werden die Meßdaten (Drehzahlen von Verbrennungskraftmaschine und Antriebsmotoren) erfaßt. Über Proportionalventile werden die Verdränger entsprechend den vorgegebenen Sollwerten für die Hydromotordrehzahlen ausgeschwenkt. So kann durch synchrone Verstellung der Motordrehzahlen genaue Geradeausfahrt erreicht werden. [BAC95]

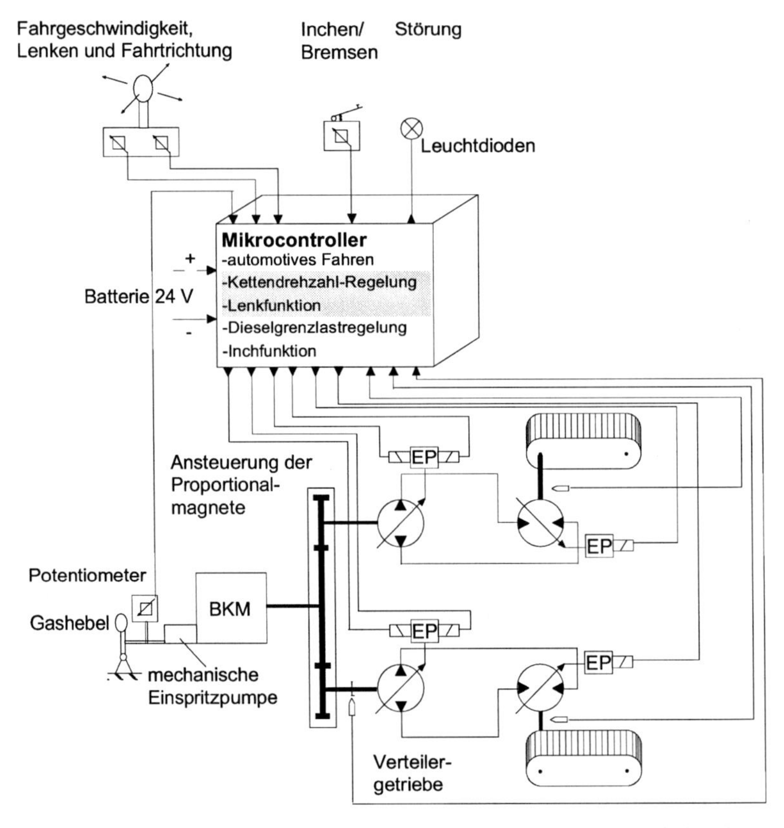

Bild 3.4.4: Lenk- und Fahrantrieb für ein Kettenfahrzeug mit zwei hydrostatischen Getrieben und digitalem Signalkreis [VON92]

3.4.2 Fahrzeuge mit einer gelenkten Achse

Bei den Radfahrzeugen wird das Lenkgestänge von einem oder mehreren Hydraulikzylindern betätigt. Lenkaggregat und Lenkzylinder sind durch Schläuche miteinander verbunden, d. h. eine hydrostatische Lenkung besitzt keine mechanische Verbindung zwischen Lenkrad und Rad, es bestehen beim Aufbau keine konstruktiven Beschränkungen räumlicher Natur. Der Drehgeber - hier das Lenkrad - kann räumlich getrennt vom Arbeitszylinder angeordnet werden. Eine solche Anordnung wird am Beispiel eines Gabelstaplers in Bild 3.4.5 gezeigt.

Bild 3.4.5: Gabelstapler [NN95]

Der Aufbau eines Lenkaggregates ist in Bild 3.4.6 skizziert. Im Normalbetrieb wird das Lenkaggregat von einer Hydropumpe mit dem Druckmedium versorgt. Am Lenkventil, meist in Form eines Drehschieberventils ausgeführt, wird die Druckflüssigkeit je nach Lenkeinschlag abgedrosselt und gelangt zur Dosiereinheit. Diese sorgt dafür, daß eine dem Lenkwinkel proportionale Menge Druckflüssigkeit über eine zweite Steuerkante des Lenkventils zum Lenkzylinder gelangt.

Im Notbetrieb, wenn die Druckversorgung des Lenkaggregats ausgefallen ist, dient die Dosiereinheit als Hydropumpe. Sie wird vom Fahrer über das Lenkrad manuell angetrieben und fördert Druckflüssigkeit zum Lenkzylinder.

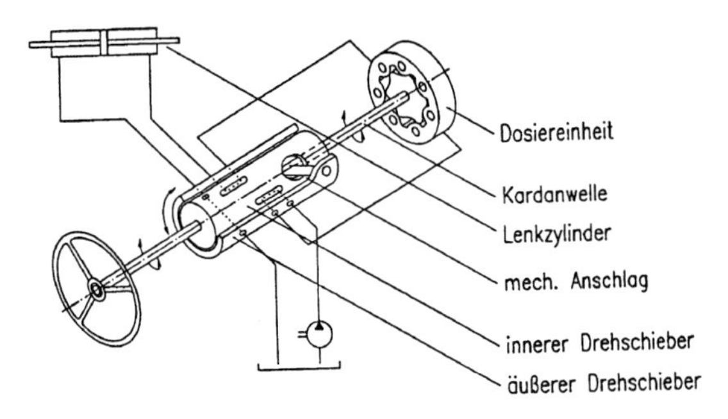

Bild 3.4.6: Prinzipskizze einer hydrostatischen Lenkung [FRI91]

In Bild 3.4.7 ist der hydraulisch-mechanische Schaltplan einer Lenkeinheit in zwei verschiedenen Ausführungen zu sehen. Man unterscheidet zwischen Lenkeinheiten mit und ohne Lenkreaktionskraftübertragung (engl.: reaction und non reaction) sowie zwischen in Neutralstellung offenen und geschlossenen Ausführungen (engl.: open center und closed center). Allen gemein sind die Dosiereinheit, im Schaltplan als Hydropumpe/-motor dargestellt, das Lenkventil (hier ein 6/3-Wege-Proportionalventil) und die mechanischen Verbindungselemente, die in der realen Einheit der Kardanwelle, einer Zentrierfeder und dem mechanischen Anschlag entsprechen. Druck- und Tankanschluß sind mit "P" bzw. "T", die Anschlüsse der Lenkzylinderkammern mit "L" und "R" gekennzeichnet.

Eine Lenkradbewegung bewirkt zunächst eine Auslenkung des inneren Ventilschiebers gegenüber dem äusseren Ventilschieber, denn dieser ist über einen mechanischen Anschlag mit der Dosiereinheit verbunden. Durch die Auslenkung wird der Druckanschluß mit einem Anschluß der Dosiereinheit verbunden, während der andere Anschluß der Dosiereinheit über das Ventil mit einer Lenkzylinderkammer verbunden wird. Die Druckflüsssigkeit gelangt also über das Ventil und die Dosiereinheit zur Lenkzylinderkammer. Aus der gegenüberliegenden Lenkzylinderkammer strömt die Druckflüssigkeit über das Lenkventil zum Tankanschluß. Die Ventilhülse (in Bild 3.4.6 als "äußerer Drehschieber" bezeichnet) wird durch die Drehbewegung der Dosiereinheit der Lenkbewegung nachgeführt. Erreicht der Lenkzylinder die Sollposition, die durch den Lenkeinschlag vorgegeben wurde, so befindet sich aufgrund der Nachführung auch das Ventil wieder in Neutralstellung.

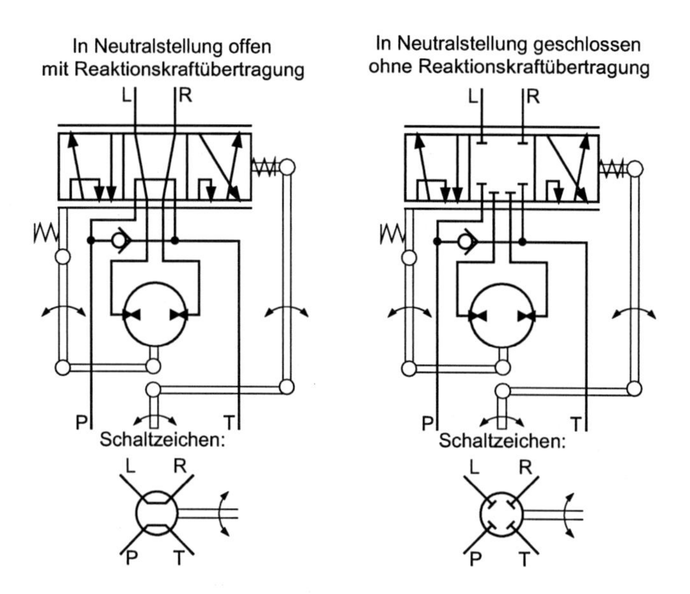

Bild 3.4.7: Hydraulisch-mechanischer Schaltplan und Schaltzeichen einer Lenkeinheit mit und ohne Reaktionskraftübertragung

Die beiden in Bild 3.4.7 gezeigten Varianten der Lenkeinheit unterscheiden sich im Ventilschieber. Beim links dargestellten Ventilschieber sind in Neutralstellung die Anschlüsse des Lenkzylinders mit der Dosiereinheit verbunden. Äußere Kräfte, die auf die Räder wirken, können über die Dosiereinheit auf das Lenkrad übertragen werden. Läßt der Fahrer das Lenkrad nach Kurvenfahrt los, so stellen sich Räder und Lenkrad selbständig in Geradeausfahrt zurück, wenn durch entsprechende Lenkgeometrie ausreichend große Rückstellkräfte vorhanden sind.

Im rechts dargestellten Schaltplan sind die Lenkzylinderanschlüsse in Ventilschieber-Neutralstellung geschlossen. Äußere Kräfte werden abgestützt, ohne daß der Fahrer eine Reaktionskraft am Lenkrad spürt. Eine selbständige Rückstellung in Geradeausfahrt ist nicht möglich.

Bei der links in Bild 3.4.7 dargestellten Lenkaggregat-Variante besteht in Neutralstellung eine Verbindung zwischen Druck- und Tankanschluß. Diese "in Neutralstellung offene" Ausführung (engl.: Open Center) wird eingesetzt, wenn die Druckversorgung durch eine Konstantpumpe erfolgt, d. h.. in Systemen mit aufgeprägtem Volumenstrom (vgl. Bild 1.3.23, I). Wird nicht gelenkt, so kann das Druckmedium mit geringem Widerstand umlaufen, d.h. der Energieverbrauch wird minimiert. Bei der im Bild 3.4.7 rechts dargestellten "in Neutralstellung geschlossenen" Variante (engl.: Closed Center) ist keine Verbindung zwischen Druck- und Tankseite vorhanden. Diese Variante wird in Systemen mit aufgeprägtem Druck (vgl. Bild 1.3.23, II) oder in Load-Sensing-Systemen verwendet.

Bei der nicht dargestellten Variante "In Neutralstellung geschlossen mit Reaktionskraftübertragung" sind die Verbindungen zwischen Dosiereinheit und Lenkzylinder in Mittelstellung offen, während Druck- und Tankseite getrennt sind. Der Ventilschieber einer Variante "In Neutralstellung offen ohne Reaktionskraftübertragung" gibt in Mittelstellung die Verbindung zwischen Druck- und Tankanschluß frei, verschließt jedoch die Verbindungen zwischen Lenkzylinder und Dosiereinheit.

Load-Sensing-Ausführungen von Lenkaggregaten sind immer in Neutralstellung geschlossen. Sie stellen ein Lastsignal zur Verfügung, das zur Streuerung eines Prioritätsventils und/oder einer Pumpe eingesetzt werden kann. Werden Lenkung und Arbeitshydraulik von einer gemeinsamen Pumpe versorgt, so ist die Verwendung eines Prioritätsventils erforderlich. Dieses Ventil sichert die bevorzugte Versorgung des Lenkaggregats mit Druckflüssigkeit. Wird nicht gelenkt, so steht die gesamte Pumpenleistung der Arbeitshydraulik zur Verfügung.

Die hier beschriebenen Lenkaggregate haben zum einen den Nachteil, daß durch das Verdrängervolumen der Dosiereinheit eine feste Lenkübersetzung vorgegeben ist. Zum anderen ist, da im Notbetrieb, wenn die Dosiereinheit als Handpumpe dient, bestimmte Lenkkräfte nicht überschritten werden dürfen, die Größe der Dosiereinheit und damit die Lenkübersetzung nach oben hin begrenzt. Neuere Entwicklungen umgehen diese Nachteile. Eine Möglichkeit besteht darin, das wirksame Verdrängervolumen der Dosiereinheit zu variieren, z. B. durch Zuschalten einzelner Verdrängerkammern oder einer zweiten Dosiereinheit. In anderen Lenkeinheiten wird bei schneller Lenkbewegung ein bestimmter zusätzlicher Druckflüssigkeitsstrom über das Lenkventil an der Dosiereinheit vorbei zum Lenkzylinder geleitet. [NN98a, NN98b]

Bei Fahrzeugen mit Knick- oder Hinterachslenkung müssen Lenkaggregate ohne Reaktionskraftübertragung eingesetzt werden. Ein Beispiel für die Anwendung einer hydrostatischen Lenkung ohne Reaktionskraftübertragung zeigt Bild 3.4.8.

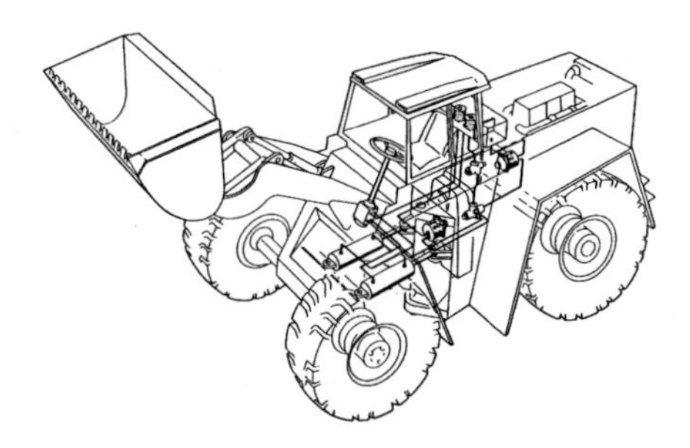

Bild 3.4.8: Knicklader [NN95]

Die Lenkanlage von knickgelenkten Fahrzeugen muß in der Regel nicht nur die reinen Lenkkräfte aufbringen, sondern auch betriebsbedingte äußere Kräfte aufnehmen.Wenn z. B. ein Radlader mit der Kante seiner Schaufel in einen Erdhaufen fährt, wirkt die daraus resultierende Kraft auf die Lenkzylinder. [LAN95]

3.4.3 Mehrachsig gelenkte Fahrzeuge

Wird neben der Vorderachse zusätzlich von der Hinterachse eine Lenkbewegung ausgeführt, läßt sich die Wendigkeit eines Fahrzeuges erheblich erhöhen. Durch ein Lenkwahlventil (1) lassen sich dabei verschiedene Lenkstrategien vorgeben, wie es das Bild 3.4.9 einer hydrostatischen Allradlenkung zeigt.

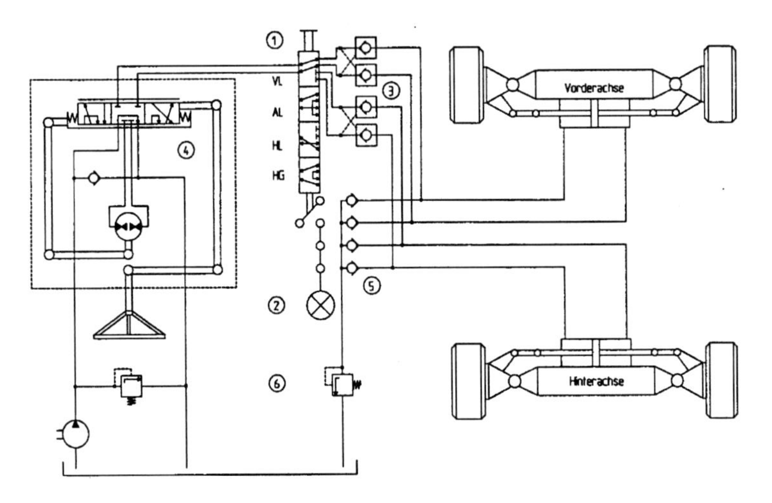

Bild 3.4.9: Lenkhydraulik für Zweiachslenkung eines Systemtraktors [END94]

Mit Hilfe des Lenkwahlventils (1) läßt sich von Vorderradlenkung (VL) auf Hinterrad- (HL) oder Allradlenkung (AL) umstellen. Bei der Allradlenkung werden die Räder gegensinnig verstellt, im Hundegang (HG) gleichsinnig (seitliches Fahren). Sperrblöcke (3) verhindern, daß Lecköl im Lenkwahlventil zu Radverstellungen führt. Außerdem ist jede Zylinderseite der beiden Gleichgangzylinder über das Druckbegrenzungsventil (6) abgesichert.

Zum Heben und Transportieren großer Lasten, z. B. zum Transport von Schiffssektionen in Schiffswerften, werden heute Schwertransporter mit mehr als 40 einzeln gelenkten Achsen eingesetzt. Dabei können die Lasten mehr als 1000 Tonnen betragen.

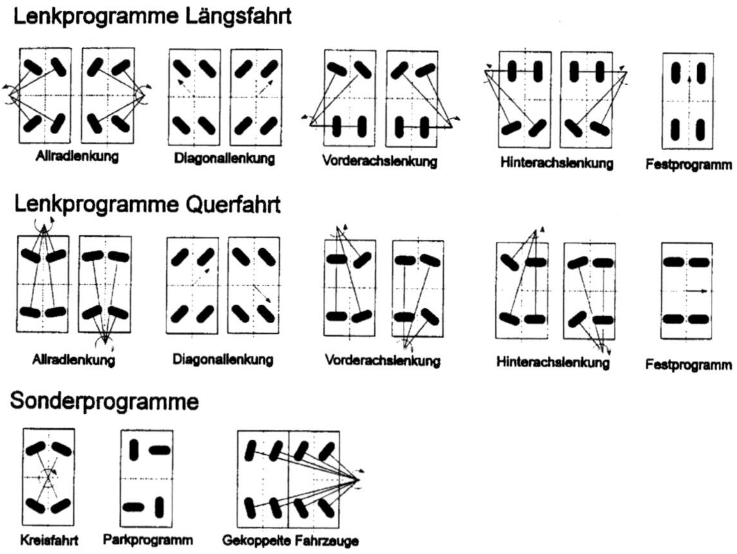

Lenkprogramme Längsfahrt

Allradlenkung Diagonallenkung Vorderachslenkung Hinterachslenkung Festprogramm

Lenkprogramme Querfahrt

Allradlenkung Diagonallenkung Vorderachslenkung Hinterachslenkung Festprogramm

Sonderprogramme

Kreisfahrt Parkprogramm Gekoppelte Fahrzeuge

Bild 3.4.10: Fahrprogramm für Mehrachsfahrzeuge [GNA97]

Damit diese Fahrzeuge eine hohe Manövrierfähigkeit erhalten, werden alle Achsen einzeln gelenkt. Der hydrostatische Fahrantrieb garaniert ruckfreies Anfahren und stufenloses Beschleunigen der Transporter. Durch Antischlupfregelung sowie die elektronische Schwerpunkts- und Gewichtsanzeige, die die Position und das Gewicht der Last kontrolliert, läßt sich eine hohe Transportsicherheit erreichen. Dabei kann zwischen verschiedenen Lenkprogrammen, wie in Bild 3.4.10 gezeigt, gewählt werden.

Bild 3.4.11 zeigt einen Schwertransporter, bei dem der Schwenkwinkel mit einem Lenkrechner für jede einzelne Achse über einen elektrohydraulischen Lageregelkreis vorgegeben wird.

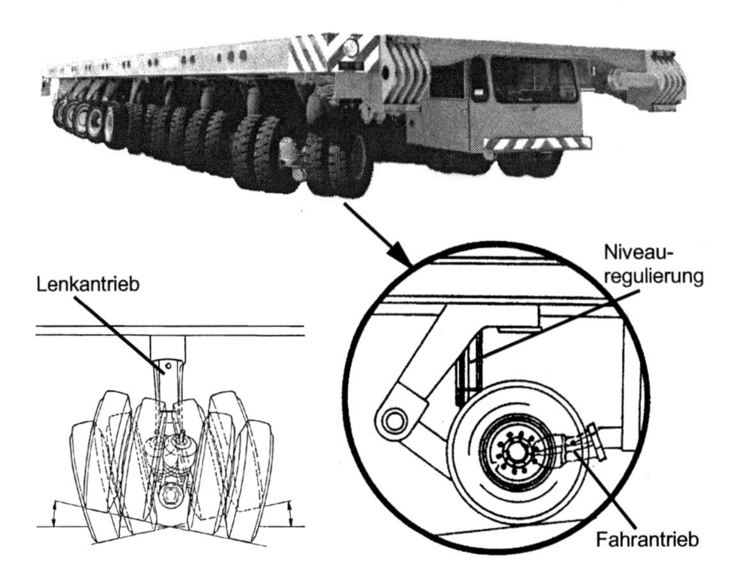

Bild 3.4.11: Schwertransporter (Scheuerle)

Die Achsen stützen sich auf Zylinder zur Niveauregulierung ab, die dafür sorgen, daß sich jede Achse am Tragen der Last beteiligt. Dies ermöglicht auch eine elektronische Schwerpunkts- und Gewichtskontrolle der Last. Der Antrieb der Achsen erfolgt über Verstellmotoren am Konstant-Drucknetz. Beim Durchrutschen eines Rades - durch Drehzahlsensoren gemeldet - wird der Motor soweit zurückgeschwenkt, daß der Schlupf verschwindet.

Die Realisierung der Lenkfunktion ist nur durch die Verknüpfung der servohydraulischen Lenksysteme der einzelnen Achsen und durch die mikroprozessorgesteuerte Ansteuerung der einzelnen Servoventile möglich. Bild 3.4.12 zeigt den hydraulischen Aufbau.

Jeder Lenkzylinder wird von einem Proportional- oder Servoventil angesteuert. Die beiden Zylinderkammern sind über Druckbegrenzungsventile miteinander verbunden, damit Druckspitzen vermieden werden. Die Versorgung der einzelnen Ventile geschieht über eine zentrale geregelte Pumpe, die von einem Verbrennungsmotor angetrieben wird.

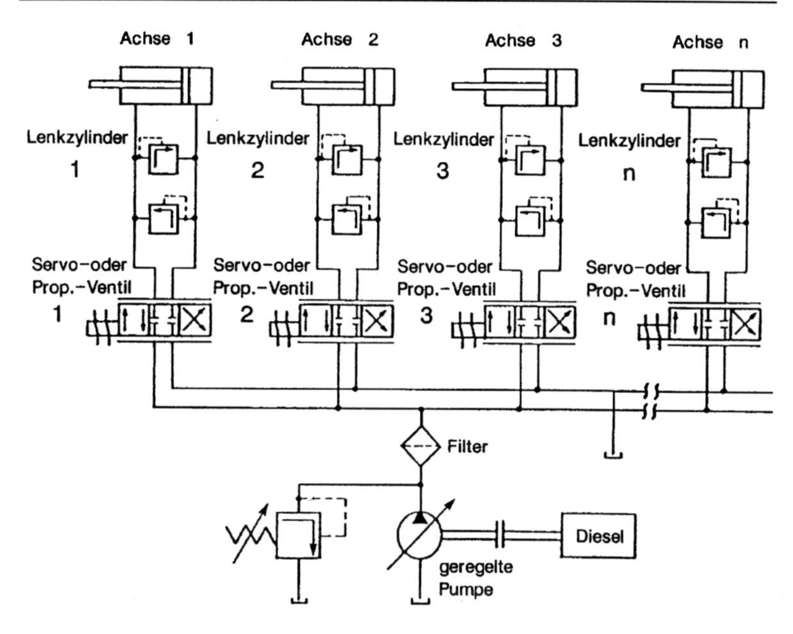

Bild 3.4.12: Servohydraulisches Lenksystem [FER84]

Aus dem in Bild 3.4.13 dargestellten Blockschaltbild der mikroprozessorgesteuerten Lenkeinrichtung ist zu sehen, daß die Verbindung zwischen Lenkrad und den Ventilen nur noch im elektrischen Signalkreis vorhanden ist.

Durch die Mikroprozessorsteuerung ist es möglich, mehrere Fahrzeuge quer oder längs zu koppeln. Dabei werden die Prozessorsysteme der einzelnen Fahrzeuge über einen Datenbus miteinander verbunden [GNA97]. Sämtliche Fahrzeugbewegungen und Funktionen lassen sich dann von nur einer Person über ein Steuergerät ausführen.

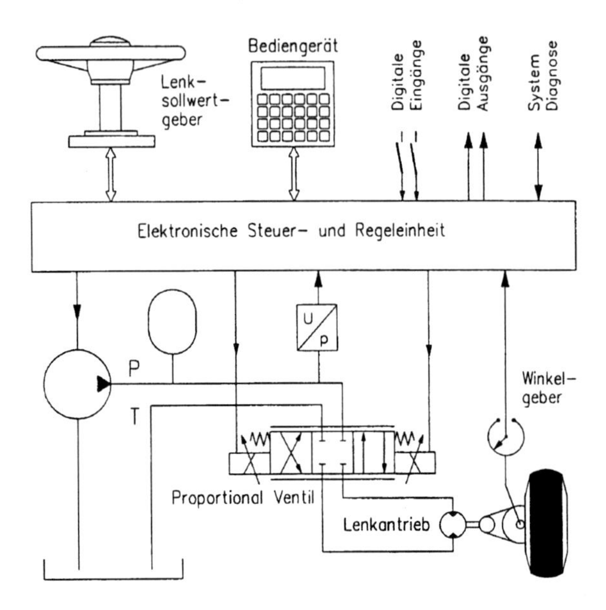

Bild 3.4.13: Mikroprozessorgesteuerte Lenkeinrichtung [GNA97]

3.4.4 Elektrohydraulisches Lenken

Die hydrostatische Lenkung, wie sie in Kapitel 3.4.2 beschrieben wurde, hat einige Nachteile, die sich wie folgt zusammenfassen lassen:

- Die Reihenschaltung von Lenkventil und Dosiereinheit bewirkt, daß sich die Lenkübersetzung im Fahrbetrieb nur abhängig von der Lenkübersetzung im Notlenkbetrieb wählen läßt. Sie ist abhängig von der Größe der Handpumpe, von der Kolbenringfläche des Lenkzylinders und vom geometrischen Übertragungsverhalten zwischen Lenkzylinderweg und Vorderradeinschlagwinkel.
- Die positive Überdeckung des Lenkventilschiebers bewirkt bei einer hydrostatischen Lenkung ein Lenkspiel von einigen Winkelgraden.

- Durch den volumetrischen Wirkungsgrad ist ein "Driften" des Lenkrades möglich.

Mit einer elektrohydraulischen Lenkung lassen sich auf einfache Weise Lenkübersetzungskennlinien erzeugen, die das Lenkspiel und den Lenkaufwand durch den Fahrer reduzieren. Bild 3.4.14 zeigt den schematischen Aufbau einer für den Versuchbetrieb eingesetzten elektrohydraulischen Traktorlenkung. [MOE93]

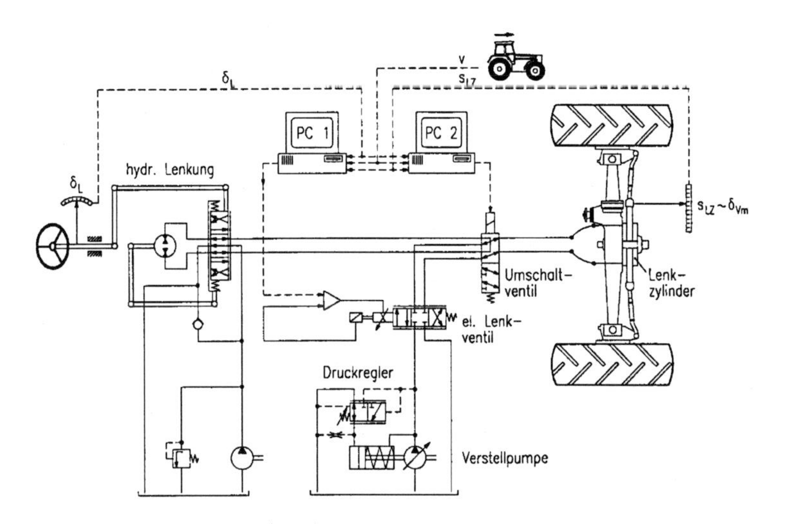

Bild 3.4.14: Aufbau einer elektrohydraulischen Traktorlenkung [MOE93]

Bei diesem Aufbau ist die elektrohydraulische Lenkung als digitaler Regelkreis aufgebaut worden. Der Lenkradwinkel und Lenkzylinderweg stellen den Soll- bzw. Istwert dar. Diese Werte werden dem PC 1 zugeführt, der nach Ermittlung des Stellwertes durch einen P-Regler das elektrohydraulische Regelventil ansteuert. Der PC 2 ist ein Sicherheitsrechner, der bei auftretenden Fehlern das Umschaltventil betätigt, so daß der Traktor dann mit der herkömmlichen Lenkung betrieben werden kann. Die Lenkübersetzung läßt sich in Abhängigkeit von Fahrgeschwindigkeit oder Lenkzylinderweg ändern, so daß sie für jeden Arbeitseinsatz optimal eingestellt werden kann.

In der Mobilhydraulik hat die elektrohydraulische Lenkung bis auf wenige Ausnahmen (z. B. Schwertransport) bisher kaum Anwendung gefunden. Grund dafür ist vor allem neben dem erhöhten Preis die in der Praxis nicht ausreichend erprobte Zuverlässigkeit elektronischer Sensoren und Regler bei rauhen Randbedingungen.

3.4.5 Automatisches Lenken

Die Verwendung von elektrisch angesteuerten Ventilen erlaubt die Ausstattung von Fahrzeugen mit einer automatischen Lenkung, wie in Bild 3.4.15 gezeigt.

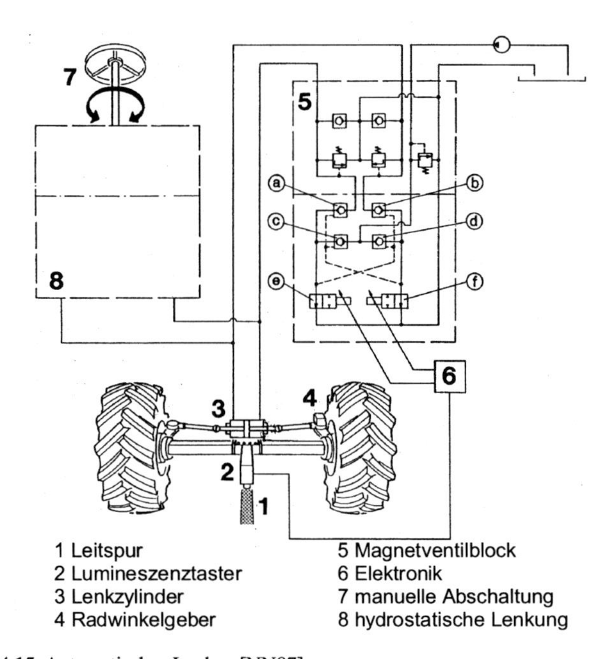

Bild 3.4.15: Automatisches Lenken [NN87]

Die dazu notwendige Erfassung der Fahrtrichtung und des Sollwertes kann mit Hilfe von Tastern erfolgen, die z. B. bei der Maisernte eine Maisreihe in der Mitte des Fahrzeuges ertastet. Bei Abweichung davon entsprechende Signale an das Magnetventil gegeben werden. Dadurch wird der Fahrer entlastet und kann sich den Arbeitsfunktionen seiner Maschine besser widmen.

Der in Bild 3.4.14 gezeigte Lumineszenztaster ist in der Lage, eine auf den Boden aufgebrachte fluoreszierende Leitspur aus Spezialfarbe zu erfassen. Dabei werden die von dem Lumineszenztaster 2 abgegebenen Signale von der Elektronikbox 6, die sowohl Meßwertwandlung als auch Regler beinhaltet, verarbeitet und entsprechende Stellsignale an die beiden 2/2 Wege Ventile abgegeben.

Wird z. B. das 2/2 Wege Ventil "e" geschlossen, so baut sich vor diesem ein Druck auf. Dadurch wird das Rückschlagventil "d" gesperrt und das Rückschlagventil "b" entsperrt. Da sich vor dem Ventil "e" ein Druck aufbaut, kann sich über das Rückschlagventil "a" ein Volumenstrom einstellen, der in die rechte Zylinderkammer gelangt. Das aus der linken Zylinderkammer infolge der Kolbenbewegung verdrängte Öl kann über das entsperrte Rückschlagventil "b" und das geöffnete 2/2 Wege Ventil "f" in den Tank abfließen.

Der Fahrer hat bei den automatischen Lenkungen stets die Möglichkeit, einzugreifen und manuell zu lenken.

Der Einsatz von automatischen Lenkungen ist besonders dann sinnvoll, wenn der Fahrer neben dem Lenken andere Funktionen ausführen soll oder wenn z. B. sehr präzise gefahren werden muß oder die Sicht auf die Fahrstrecke behindert ist.

Verbreiteten Einsatz finden automatische Lenksysteme mittlerweile bei Flurförderzeugen. So werden das Rangieren von Containern oder der betriebsinterne flexible Transport von Stückgut häufig von fahrerlosen, automatisch fahrenden Transportfahrzeugen durchgeführt.

3.4.6 Literaturangaben

[BAC95]	Backé, W.	Trends in Mobile Hydraulics, The Fourth Scandinavian International Conference on Fluid Power, September 1995
[END94]	Enders, H. Holländer, C. Römer, A. Tewes, G.	Entwicklungen und Tendenzen der Hydrau-lik in Traktoren und Landmaschinen, O+P „Ölhydraulik und Pneumatik" 1994, Nr. 4
[FER84]	Fertig, E.	Von der Hydraulik die Kraft - von der Elektronik das Gefühl, Fluid, Januar 1984
[FRI91]	Friedrichsen, W.	Untersuchungen zum dynamischen Verhalten von hydrostatischen Lenkungen in unterschiedlichen Schlepperhydrauliksystemen, VDI-Fortschrittsberichte, Reihe 14, Nr. 49, Düsseldorf, VDI-Verlag 1991
[GNA97]	Gnahm, K. Wecker, T.	Elektronisch-hydraulische Lenksysteme, O+P „Ölhydraulik und Pneumatik" 41 (1997) Nr. 4
[HOL96]	Holländer, C. Lang, T. Römer, A. Tewes, G.	Hydraulik in Traktoren und Landmaschinen, O+P „Ölhydraulik und Pneumatik" 40 (1996) Nr. 3
[LAN95]	Lange, F. Waßmuth, D.	Sicherheit durch Präzision, KEM, April 1995
[MOE93]	Möller, J.	Untersuchungen an einer elektrohydraulischen Traktorlenkung, O+P „Ölhydraulik und Pneumatik" 37 (1993) Nr. 1
[NIK74]	Nikolaus, H.	Hydrostatischer Lenk- und Fahrantrieb für Kettenfahrzeuge, O+P „Ölhydraulik und Pneumatik" 18 (1974) Nr. 9

[NN87] N.N. Autopilot (Claas), Fluid, August 1987

[NN95] N.N. ZF-Hydraulik Nord, Hydrostatische Lenkungen, ZF-Servostat-2, 1995

[NN98a] N.N. Lenkaggregat Typ LAGC, Produktbeschreibung, Mannesmann Rexroth Engineering, 1998

[NN98b] N.N. Hydraulische Lenkungskomponenten, Katalog, Danfoss Hydraulics, 1998

[VON92] Vonnoe, R. Programmgesteuerte- und geregelte hydrostatische Mobilantriebe, O+P „Ölhydraulik und Pneumatik“ 1992, Nr. 4

3.5 Arbeitshydraulik

Die wohl vielfältigsten Variationen mobiler, hydraulischer Systeme werden eingesetzt, damit fahrende Arbeitsmaschinen ihren Zweck optimal erfüllen können. Allein aus der Vielzahl der Einsatzgebiete und Umgebungsbedingungen resultieren die unterschiedlichsten Anforderungen.

3.5.1 Baumaschinen

In den meisten Baumaschinen werden hydraulische Antriebe eingesetzt. Typische Anwendungen sind Bagger, Radlader, Krane, Straßenfertiger, Walzen, Kipper und Vieles mehr. Hier soll nur auf die Arbeitshydraulik von Baggern und Radladern näher eingegangen werden.

Aufgrund der stark unterschiedlichen Größen von Hydraulikbaggern - die Dienstgewichte reichen von einer bis zu mehreren hundert Tonnen - sind auch viele Varianten von Hydrauliksystemen zu finden. Das Spektrum reicht von einfachsten Systemen mit nur einer Pumpe und Konstantdrucknetz bis zu Systemen mit mehreren Verstell- und Konstantpumpen, Load-Sensing- und Grenzlastregelung und Mikrorechnersteuerung. Hier können nur beispielhaft einige Varianten vorgestellt werden.

Das Bild 3.5.1 zeigt verschiedene Hydrauliksysteme, wie sie je nach Baggergröße eingesetzt werden. Kleinere Systeme arbeiten mit einer Pumpe, bei Baggern größerer Leistung kommen zwei oder mehr Pumpen zum Einsatz. Im Bild sind nur Systeme mit Load-Sensing-Reglern skizziert, vor allem bei Systemen für Bagger kleinerer Leistung werden jedoch auch einfachere Regelungskonzepte verwendet. Die Pumpen sind bei kleineren Systemen zum Teil als Konstantpumpen ausgeführt.

Meist sind die Bagger mit einer zusätzlichen Grenzlastregelung ausgestattet, da die installierte hydraulische Gesamtleistung über der Nennleistung des Verbrennungsmotors liegt.

Das Drehwerk eines Systems muß aus Sicherheitsgründen vorrangig versorgt werden, damit der Fahrer auf nicht vorhersehbare Situationen durch eine Schwenkbewegung reagieren kann. Das hat dazu geführt, daß bei einigen Systemen das Drehwerk von einer separaten Pumpe versorgt wird. Als Nachteil muß man in Kauf nehmen, daß der Volumenstrom der Drehwerkspumpe in Schwenkpausen nicht für die anderen Antriebe zur Verfügung steht. Der Drehwerksantrieb im geschlossenen Kreis bietet den Vorteil der Verdrängersteuerung, bei der weniger Verluste als bei der Ventilsteuerung entstehen. [HAR95]

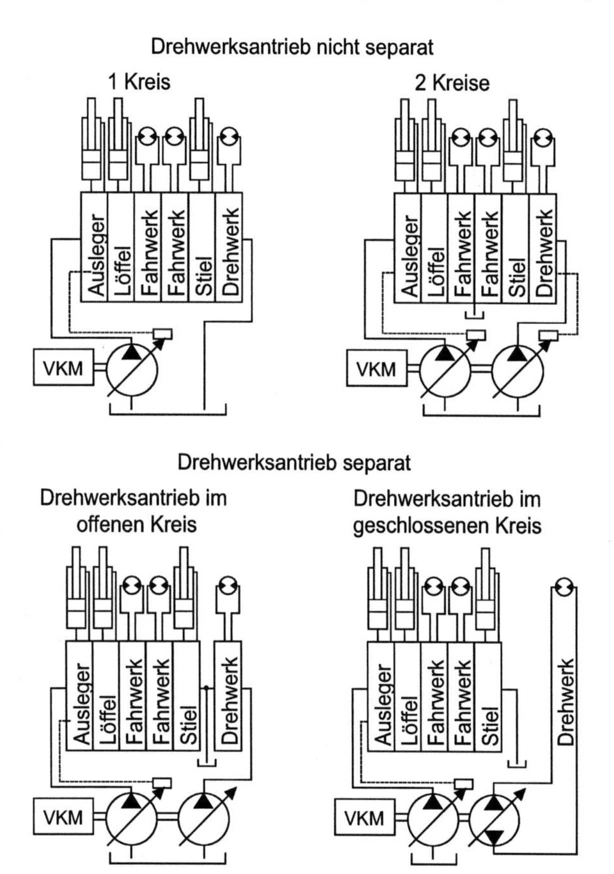

Bild 3.5.1: Hydrauliksysteme mit Load-Sensing in Baggern

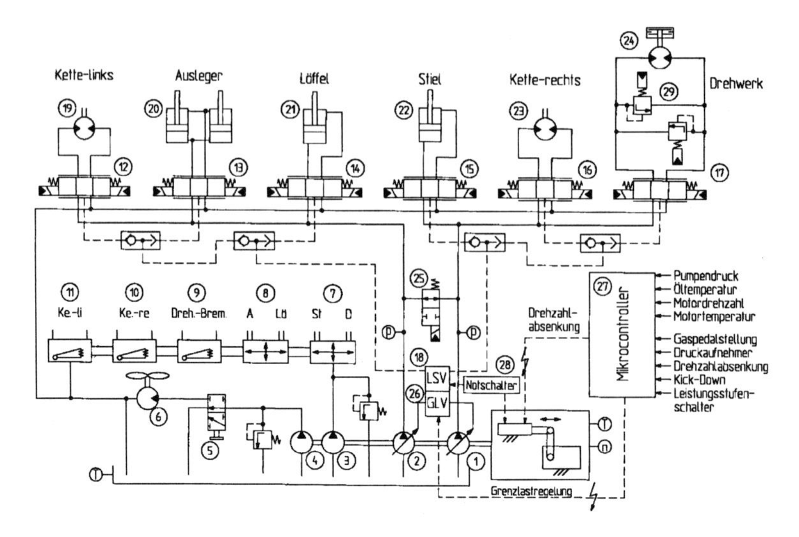

Bild 3.5.2: Hydrauliksystem eines Kettenbaggers (Atlas) [ESD92]

In Bild 3.5.2 ist der vereinfachte Schaltplan des Hydrauliksystems eines Kettenbaggers dargestellt. Es Handels sich um ein Load-Sensing-System mit zwei Verstellpumpen (1 u. 2). Die kleinere Konstantpumpe (3) erzeugt den Steuerdruck, die Konstantpumpe (4) versorgt den hydrostatisch angetriebenen Lüfter (6). Die Verstellpumpe (1) versorgt Drehwerk, Stiel und rechten Kettenantrieb, die Pumpe (2) den Löffel, den Ausleger sowie den linken Kettenantrieb. Über das Ventil 25 lassen sich bei bestimmten Betriebszuständen die Volumenströme beider Pumpen (1 u. 2) zusammenschalten. Mit Hilfe der Steuergeräte (7 bis 11) kann der Baggerführer die Proportionalventile (12 bis 17) ansteuern und die gewünschte Arbeitsbewegung durchführen. Von jedem der Load-Sensing-Wegeventile geht eine LS-Leitung aus. Durch Wechselventile sind diese zu jeweils einer LS-Leitung für jedes Teilsystem zusammengeschaltet. Ein Load-Sensing-Regler (18) stimmt den Betriebspunkt jeder Pumpe auf den Bedarf im jeweiligen Teilsystem ab. Um die Leistung des Verbrennungsmotors optimal nutzen zu können, ist dem LS-Regler eine Grenzlastregelung (26) übergeordnet, die wie der LS-Regler für jede Pumpe unabhängig arbeitet. Eine übergeordnete Mikrocontrollersteuerung überwacht und regelt die unterschiedlichen Betriebszustände des Baggers. [ESD92]

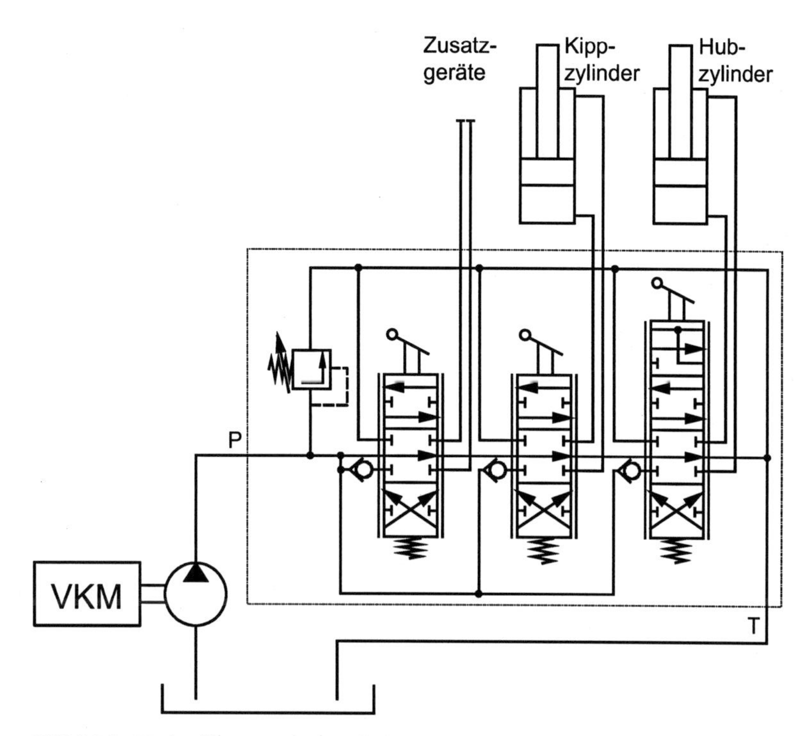

Bild 3.5.3: Hydrauliksystem eines Radladers

In Bild 3.5.3 ist der Schaltplan einer einfachen Radlader-Arbeitshydraulik zu sehen. Es handelt sich hier um ein Konstantstromsystem. Die Verbraucher werden in Parallelschaltung betrieben. Die vom Fahrer direkt über Hebel betätigten Ventile in Plattenbauweise sind zu einem Block zusammengefaßt, der ebenfalls das Druckbegrenzungsventil zur Absicherung des Maximaldrucks bei Überlast enthält. Ein Ventil ist zum Anschluß von Zusatzantrieben, z. B. Greifschaufeln, vorgesehen. Kippzylinder- und Zusatzgeräteventil sind 6/3-Wege-Ventile, die federzentriert in eine Stellung mit Neutralumlauf und geschossenen Verbraucheranschlüssen einnehmen. Bei Betätigung eines Ventils wird der Neutralumlaufkanal geschlossen, der Systemdruck steigt an und wird über ein Rückschlagventil und das betätigte Wegeventil auf einen der Verbraucheranschlüsse geschaltet. Das Ventil für den Hubzylinder ermöglicht in einer vierten Position eine Schwimmstellung, bei der beide Arbeitsanschlüsse mit der Tankleitung verbunden werden.

Systeme wie dieses werden bei Radladern kleinerer Leistung eingesetzt. Bei größeren Geräten haben sich Load-Sensing-Systeme durchgesetzt. Die Ventile werden dann nicht mehr direkt betätigt, sondern über hydraulische Vorsteuergeräte oder elektrohydraulisch betätigt. Auch hier besteht die Tendenz zu verstärktem Einsatz von Mikroelektronik.

Radlader neigen beim Überfahren von Bodenunebenheiten zu Nickschwingungen, die sich bereits bei niedriger Fahrgeschwindigkeit aufschaukeln. Abhilfe bringen Schwingungsdämpfer, die in die Leitungen des Hubzylinders eingebaut werden. Als Dämpfer dienen Hydrospeicher, die über Drosseln ge- und entladen werden. Sie werden je nach Fahrsituation zugeschaltet.

Die elektrohydraulische Ventilbetätigung ermöglicht, in Verbindung mit zusätzlicher Sensorik, den Radladerschwingungen aktiv gegenzusteuern, indem über den Hubzylinder eine schwingungskompensierende Gegenkraft aufgebracht wird. In Verbindung mit dem Einsatz von Mikrorechnern lassen sich bei elektrischer Ventilansteuerung und verstärktem Einsatz von Sensorik bestimmte Bewegungsabläufe automatisieren oder überwachen. [LÖD97]

3.5.2 Landmaschinen

Den wohl wichtigsten Bereich der Landmaschinen stellen die Ackerschlepper dar. Sie sind, kombiniert mit unterschiedlichsten Anbaugeräten, vielseitig einsetzbar.

Wie bei den Hydraulikbaggern ist auch bei Traktoren eine Vielzahl von Hydrauliksystem-Varianten zu finden. Je nach Leistungsklasse, Ausstattung und Hersteller arbeiten die Systeme mit einer oder mehreren Pumpen, Konstantstrom- oder Loadsensing-System, mit Konstant- oder Verstelleinheit(en).

Die Load-Sensing-Hydraulik hat sich in der Oberklasse der Traktoren durchgesetzt und wird auch in der Mittelklasse teilweise serienmäßig angeboten. Die Hydrauliksysteme der heutigen Landmaschinen zeichnen sich durch einen stark angewachsenen Anteil an integrierter Mikroelektronik, Sensorik und Aktorik aus. [LAN98]

Im Bild 3.5.4 ist die Anordnung der Komponenten eines Traktorhydrauliksystems skizziert. Ein vereinfachter Schaltplan des Hydrauliksystems ist in Bild 3.5.5 dargestellt. Die Umsetzung von mechanischer in hydraulische Leistung erfolgt in einer verstellbaren Axialkolbenpumpe (15) mit Load-Sensing-Regler (18). Für einen ausreichenden Fülldruck (1..2 bar) sorgt eine Zahnradpumpe als Ladepumpe (4), die gleichzeitig die Getriebeschmierung versorgt. Getriebeöl und Hydaulikflüssigkeit sind - wie dies bei Traktoren üblich ist - identisch. Das Getriebegehäuse dient gleichzeitig als Vorratsbehälter für die Hydraulikflüssigkeit.

Von der Hauptpumpe aus führt die Hochdruckleitung zum Ventilblock, der sich zusammensetzt aus einem Grundblock mit Prioritätsventil (21), dem Kraftheberventil (25) und den Zusatzsteuergeräten (27) - je nach Traktor und Ausstattung in unterschiedlicher Ausführung und Anzahl. Das Prioritätsventil sorgt dafür, daß die Lenkeinheit (28) und das Anhängerbremsventil (33) bevorzugt mit Druckflüssigkeit versorgt wird. Das Kraftheberventil dient der Betätigung der Kraftheberzylinder (26, hier nur linke Seite dargestellt), wodurch Anbaugeräte in ihrer Höhe verstellt werden können. An die Steuergeräte (27) können über Schnellkupplungen hydraulische Antriebe der Anbaugeräte angeschlossen werden.

Die Betätigung des Anhängerbremsventils erfolgt durch ein Steuersignal des Hauptbremszylinders (31). Die Bremsen werden ebenfalls mit Getriebeöl betrieben. Die Versorgung mit drucklosem Öl erfolgt aus der Rücklaufleitung der Lenkeinheit.

Von jedem Verbraucher geht eine LS-Steuerleitung aus. Die Lastsignale werden über Wechselventile verknüpft, so daß immer das größte Lastsignal am Regler der Pumpe anliegt. Die Betätigung des Prioritätsventils erfolgt ebenfalls durch das Lastsignal von Lenkeinheit und Bremsventil.

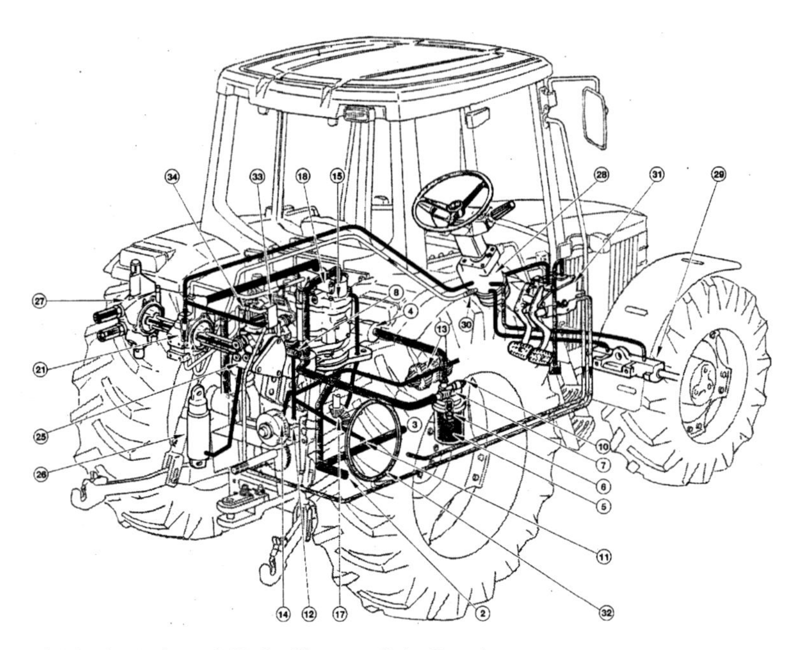

Bild 3.5.4: Traktor mit Hydrauliksystem (John Deere)

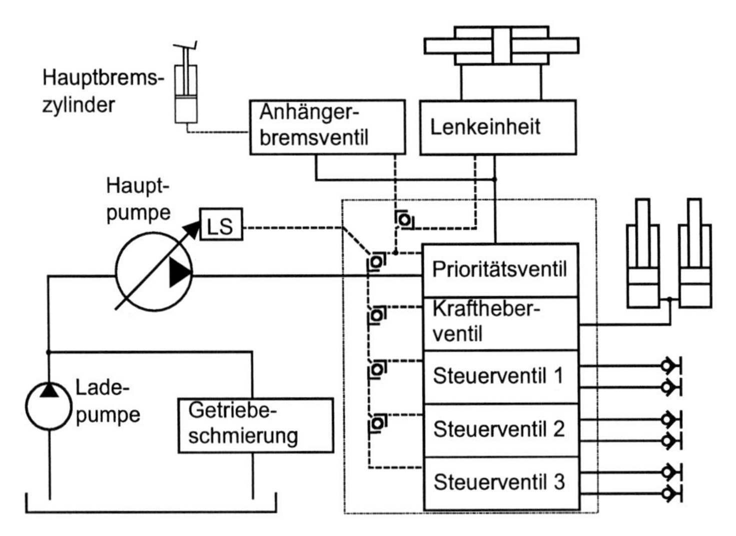

Bild 3.5.5: Traktorhydrauliksystem mit Load-Sensing und einer Verstellpumpe

Zusätzlich zu den hier aufgeführten Verbrauchern werden häufig Lastschaltgetriebe, hydraulisch betätigte Schaltvorrichtungen für Differentialsperren, Allrad, Zapfwelle etc. von der Zentralhydraulik mit Steueröl versorgt. Auch eine hydraulische Bremskraftverstärkung ist möglich. Viele Schlepper werden mit hydraulisch angetriebenen Frontladern ausgerüstet.

Seit langem werden die Hubwerke von Ackerschleppern nach Zugkraft bzw. Lage geregelt. Für Kleintraktoren bis ca. 50 kW sowie für Traktoren, die in Entwicklungs- und Schwellenländern Einsatz finden, sind noch überwiegend mechanische-hydraulische Regelungen üblich. Eine solche mechanische Hubwerksregelung (MHR) ist in Bild 3.5.6 dargestellt.

Kraftheberzylinder sind üblicherweise einfachwirkend, die Absenkbewegung erfolgt durch das Eigengewicht der Anbaugeräte. Die Höhe wird abhängig von der Lage, der Zugkraft oder einer Mischung aus beiden geregelt.

Das hydraulische Stellglied des Systems ist ein Proportionalwegeventil, das entsprechend einem mechanischen Soll-Istwert-Vergleich betätigt wird. Der Sollwert wird manuell eingegeben, während der Istwert mechanisch über ein Regelgestänge an das Ventil herangeführt wird. Der Lage-Istwert wird an einer Kurvenscheibe abgegriffen.

Der Zugkraft-Istwert wird, ebenfalls als Weg, aus einem Kräftegleichgewicht mit einer Meßfeder gewonnen. Die Wahl der Lage- bzw. der Zugkraftregelung oder einer Mischung von beiden erfolgt über ein veränderliches Hebelsystem im Regelgestänge. Die hydraulische Schaltung der Hubwerksregelung ist in eine Ventilplatte integriert.

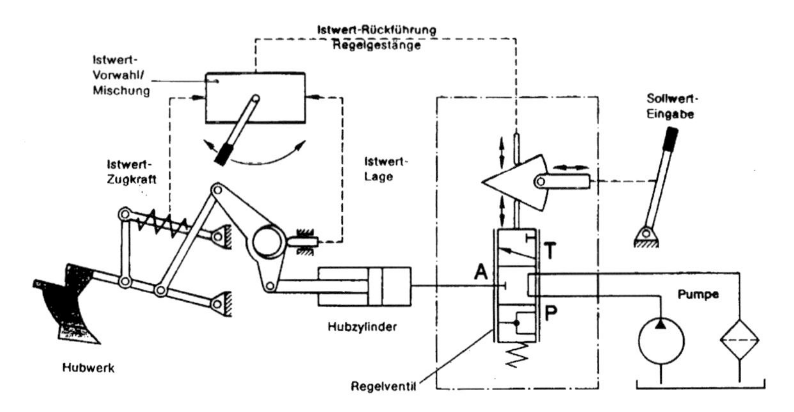

Bild 3.5.6: Prinzip einer mechanisch-hydraulischen Hubwerksregelung (Bosch)

Bei größeren Traktoren ist die elektronische Hubwerksregelung (EHR) schon Standard, sie wird jedoch zunehmend auch in kleinere Traktoren eingebaut. Bei vielen Traktoren ist die EHR mit Zusatzfunktionen wie Schwingungstilgung oder Schlupfregelung ausgestattet. [HOL96]

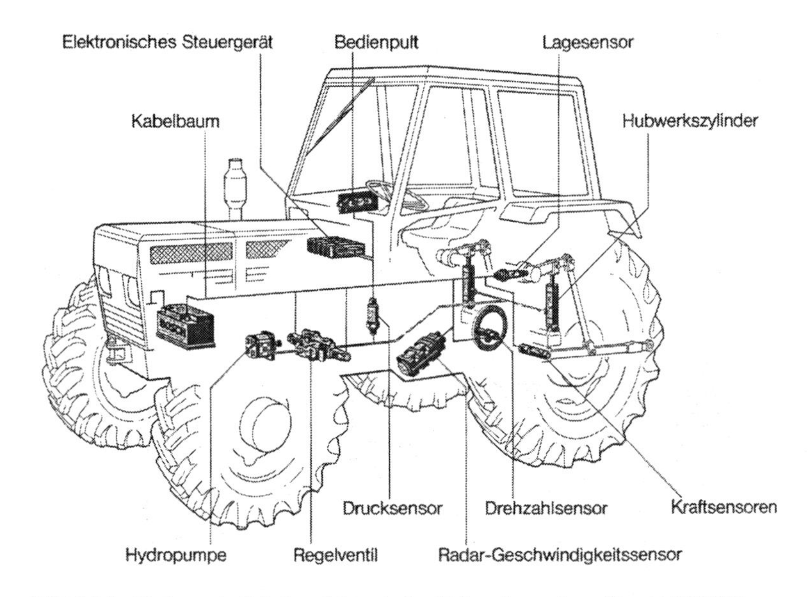

Bild 3.5.7: Traktor mit digitaler elektronischer Hubwerksregelung (Bosch) [HES91]

Bild 3.5.7 zeigt einen Schlepper, der mit allen heute eingesetzten Komponenten ausgerüstet ist. Die Istwerte werden hier über elektronische Sensoren erfaßt und an das zentrales Steuergerät weitergeleitet, das die Stellung des Regelventils vorgibt. Am Bedienpult werden die Art der Regelung, die Sollwerte, die Empfindlichkeit und Genauigkeit oder bei der Mischregelung die stufenlose Einstellung zwischen Lage- und Zugkraftregelung vorgegeben.

Der gezeigte Traktor hat über die Lage- und Zugkraftregelung hinaus eine Schlupfregelung, um ein Durchdrehen der Antriebsräder bei großer Last zu verhindern. Die Schlupfregelung ist der Zugkraftregelung übergeordnet. Aus den Meßwerten eines Radar-Geschwindigkeitssensors und eines Drehzahlsensors an der Hinterachswelle wird der tatsächliche Schlupf berechnet und mit einem vorgegebenen Grenzwert verglichen. Solange der Grenzwert nicht überschritten wird, arbeitet das System in der Zugkraftregelung. Andernfalls wird der Zugkraftsollwert proportional zur Schlupfüberschreitung reduziert und das Hubwerk entsprechend angehoben. Das Blockschaltbild dieser Regelung ist in Bild 3.5.8 dargestellt.

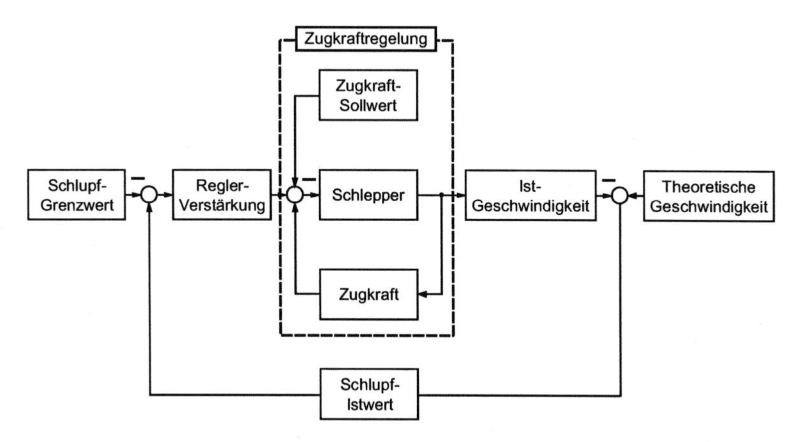

Bild 3.5.8: Blockschaltbild der Zugkraftregelung / Schlupfregelung

Die elektrische Betätigung von Ventilen findet im Schlepperbau zunehmend Verbreitung. Ein Entwicklungstrend der letzten Jahre ist die Integration von Elektronik und die Verkettung von übergeordneten

Steuergeräten und Reglern mit Ventilen und Sensoren über ein Bussystem, wobei sich wie im Automobilbau der CAN-Bus zum Standard entwickelt hat. Die Ansteuerung über ein Bussystem eröffnet neue Möglichkeiten, kostengünstig Steuer- und Regelfunktionen zu verwirklichen, eine (Teil-)Automatisierung verschiedener Arbeitsabläufe vorzusehen oder eine Schnittstelle zu Aktorik und Sensorik von Anbaumaschinen zur Verfügung zu stellen.

Viele Schlepper werden mit Frontladern ausgerüstet (Bild 3.5.9), deren Steuerung die simultane Bewegung der Heben-/ Senken- und der Vor-/ Rückkipp-Funktion der Schaufel erfordert. Durch den Einsatz von Bussystemen eröffnen sich neue Möglichkeiten der Automatisierung. Mit Hilfe von Winkel- oder Lagesensoren - ebenfalls über das Bussystem mit der Regelelektronik verknüpft - kann eine Lageregelung des Hubwerks aufgebaut werden, die z. B. die Hubhöhe begrenzt oder eine Parallelführung der Schaufel realisiert. Drucksensoren in den Hubwerkszylindern ermöglichen die Bestimmung der umgeschlagenen Lademasse. In Bild 3.5.10 ist ein Ventil mit CAN-Bus-Schnittstelle dargestellt. Neben der Vorgabe der Sollwerte ist auch eine Fehlerdiagnose über das Bussystem möglich. [HES97]

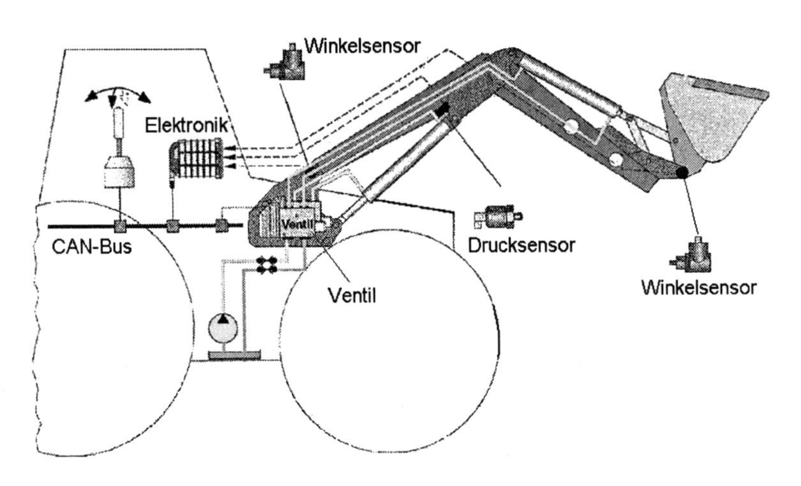

Bild 3.5.9: Frontlader mit Bussteuerung (Bosch) [HES97]

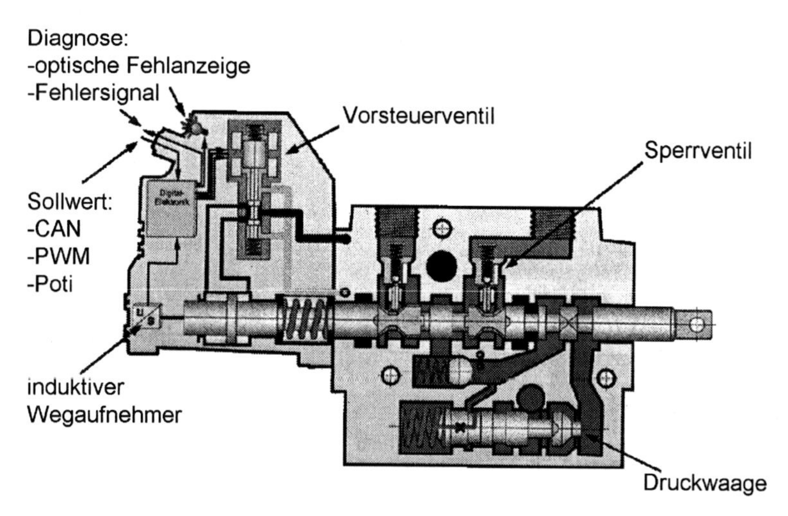

Bild 3.5.10: Ventil für die Mobilhydraulik mit CAN-Bus-Schnittstelle (Bosch) [HES97]

Neben den Ackerschleppern kommen in der Landwirtschaft auch andere selbstfahrende Maschinen zum Einsatz. Das Bild 3.5.11 zeigt das Hydrauliksystem einer Zuckerrüben-Erntemaschine mit Zwischenbunker für 10 t Erntegut.

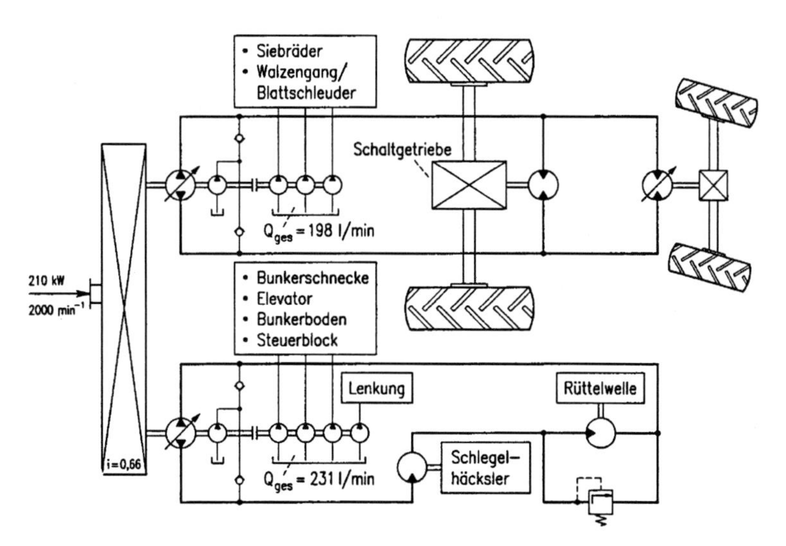

Bild 3.5.11: Hydrauliksystem eines selbstfahrenden Zuckerrübenroders (Kleine) [HOL96]

Alle Antriebe sind hydraulisch ausgeführt. Der Fahrantrieb sowie der Antrieb von Schlegelhäcksler und Rüttelwelle erfolgen im geschlossenen Kreis. Insgesamt 7 Konstantpumpen versorgen zusätzliche Antriebe und die Lenkung. Vom Steuerblock aus werden 13 hydraulische Klapp- und Stellantriebe angesteuert. [HOL96]

Eine Vielzahl von Anbaugeräten für Ackerschlepper mit hydraulischen Antrieben ist auf dem Markt verfügbar. Viele Geräte werden mittels Schnellkupplungen an die Steuerventile der Traktorhydraulik angeschlossen, andere, vor allem Geräte mit größerer installierter Hydraulikleistung, besitzen ein eigenständiges Hydrauliksystem, dessen Pumpe über die Zapfwelle vom Traktor angetrieben wird.

3.5.3 Hebe- und Förderzeuge

In Staplern, die universell als Umschlaggeräte eingesetzt werden, setzen durchweg Zylinder die relativ einfachen Bewegungen des Hubgerüsts um. Das Bild 3.5.12 zeigt das Schema der Arbeitshydraulik eines Staplers.

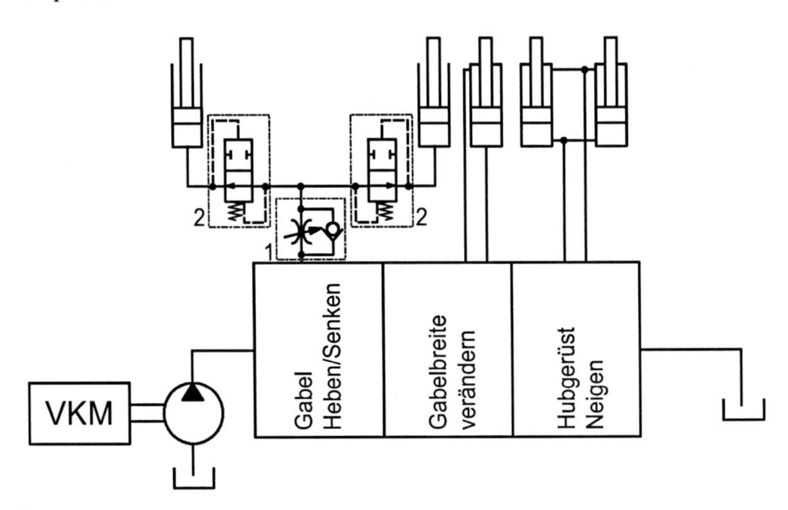

Bild 3.5.12: Arbeitsfunktionen eines Staplers

Die Grundfunktionen Heben/Senken der Gabel, Neigen des Hubmastes und Variation der Gabelbreite findet man bei allen Baugrößen. Das Heben und Senken erfolgt durch zwei einfachwirkende Zylinder. Das

Drosselrückschlagventil 1 in der Zuleitung zu den Hebezylindern sorgt für eine Begrenzung der Absenkgeschwindigkeit. Aus Sicherheitsgründen ist zusätzlich jeder Zylinder mit einem Sperrventil 2 (Rohrbruchsicherung) versehen, das bei Abfall des Versorgungsdrucks, z. B. nach einem Leitungsbruch, automatisch die Leitung absperrt und somit ein unkontrolliertes Absinken der Last verhindert. Für die anderen Funktionen werden Differentialzylinder eingesetzt. [AUT94]

Stapler mittlerer und größerer Baugröße sind heute fast durchweg mit LS-Hdrauliksystemen ausgerüstet, aus Kostengründen meist mit Konstantpumpe. Bei einigen Staplern wird abhängig von der Schieberstellung der Wegeventile die Drehzahl des Antriebsmotors reguliert. Dadurch erreicht man eine Volumenstromverstellung innerhalb gewisser Grenzen auch mit einer Konstantpumpe, wodurch die Verlustleistung zusätzlich reduziert werden kann. [HEY94]

Die von hydraulisch angetriebenen Winden, Arbeitsbühnen, Kranauslegern oder Staplern bewegten Lasten müssen sicher und leckagefrei gehalten werden. Sie müssen kontrolliert absenkbar sein und dürfen nicht fallen, wenn ein Schlauch reißt. Diese sicherheitstechnisch wichtigen Funktionen werden durch verschiedene Lasthalteschaltungen realisiert.

In Bild 3.5.13 sind zwei Lasthalteschaltungen dargestellt, wie sie beim Antrieb von doppeltwirkenden Zylindern oder Motoren mit zwei Stromrichtungen eingesetzt werden, z. B. für die Neigungsfunktion von Staplern.

Die Schaltung im Bild 3.5.13 links zeigt einen horizontalen Zylinder, der mit Hilfe von entsperrbaren Rückschlagventilen auch dann in Position gehalten wird, wenn die Anlage drucklos ist. Erst durch den Druckaufbau im Zulauf wird das Rückschlagventil im Rücklauf über eine Steuerleitung entsperrt und die Rückleitung freigegeben.

Der rechte Schaltplan in Bild 3.5.13 zeigt einen Zylinder, der mit einem Senkbremsventil gehalten wird, solange das Wegeventil in Mittelstellung ist. Wenn die obere Seite des Zylinders mit Druck beaufschlagt wird, öffnet sich gleichzeitig das Senkbremsventil und die Last wird abgelassen. Aus der Sicht des Wegeventils wird aus der negativen eine kontrollierbare positive Last. Sie fällt nicht unkontrolliert, da bei zunehmender Zylindergeschwindigkeit der Druck im Zulauf sinkt. Damit fällt auch der Druck in der Steuerleitung und das Senkbremsventil drosselt wieder stärker.

Das Senkbremsventil öffnet proportional zum zum Steuer- und zum Lastdruck, während ein entsperrbares Rückschlagventil durch den Lastdruck geschlossen wird. Daher kann mit dem Senkbremsventil eine bessere Stabilität des Antriebs erreicht werden. [ZÄH98]

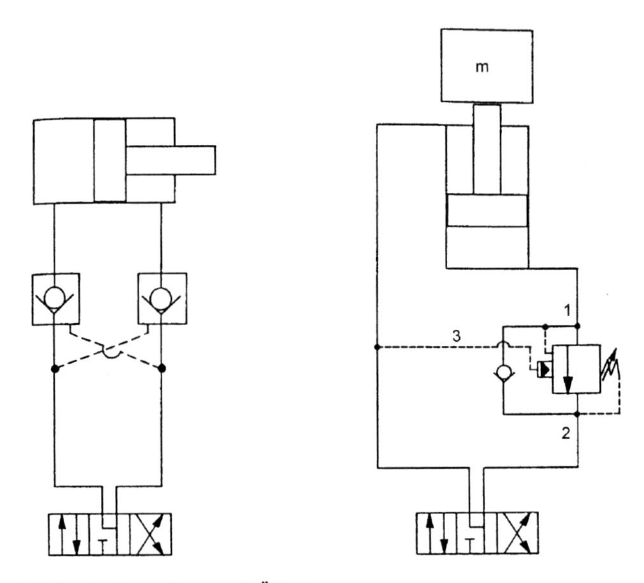

Bild 3.5.13: Lasthalteschaltungen [ZÄH98]

Um Schlauch- oder Rohrleitungen zwischen Lasthalteventil und Verbraucher zu vermeiden, wird das Ventil unmittelbar am Verbraucher angeordnet.

Das Bild 3.5.14 zeigt das Schnittbild eines Senkbremsventils. Das Ventil zeichnet sich durch die kompakte Bauform aus. Die Patrone wird zur Montage in einen Anschlußblock eingeschraubt.

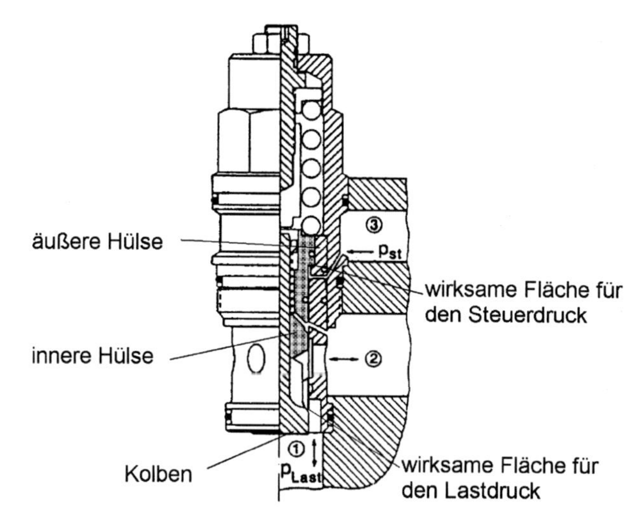

Bild 3.5.14: Schnitt durch ein Senkbremsventil in Patronenbauweise (SUN Hydraulics)

Das Ventil hat ein integriertes Rückschlagventil für den freien Durchfluß von Anschluß 2 nach 1 (zum Anheben der Last). Der Kolben bewegt sich dabei in der inneren Hülse nach unten. In umgekehrte Richtung stützt sich die Last auf Anschluß 1 ab. Wenn der Lastdruck an Anschluß 1 und der Steuerdruck an Anschluß 3 das Ventil öffnen (innere Hülse bewegt sich nach oben), fließt Öl von Anschluß 1 nach 2. Der Lastdruck an Anschluß 1 wirkt auf eine kleine Ringfläche an der Unterseite des inneren Schiebers, zwischen Sitzdurchmesser und Schieber-Außendurchmesser.

3.5.4 Kommunalfahrzeuge

Bei Kommunalfahrzeugen, insbesondere Müllfahrzeugen, werden oft nur kleinere Hydrauliksysteme vergleichbar denen von Lkw mit Kranaufbauten verwendet. Ihre Steuerung ist, entsprechend ihren Aufgaben, meist einfach gehalten. Jedoch existieren auch hier Bestrebungen, im Sinne einer verbesserten Ergonomie Ablaufsteuerungen einzusetzen. Das Bestreben, eine Vorreiterrolle beim Umweltschutz zu spielen, hat zu einer starken Verbreitung biologisch abbaubarer Druckmedien bei den Kommunalfahrzeugen geführt.

Bild 3.5.15: Müllverdichter (Bomag)

Ein Beispiel für die Adaption von Baumaschinentechnik an kommunale Belange ist der in Bild 3.5.14 gezeigte Kompakter, der auf Deponien zum Verteilen und Verdichten des "Wertstoffs" eingesetzt wird.

Es handelt sich hierbei um einen modifizierten Radlader, dessen Räder gegen breite, gezahnte Walzen ausgetauscht wurden. Somit ist der Kompakter in der Lage, auf dem sehr lockeren Untergrund aus Abfall zu fahren und die zum Verteilen notwendige Zugkraft aufzubringen. Durch sein Eigengewicht wird der Abfall zusätzlich verdichtet.

3.5.5 Forstmaschinen

Für den Forstbereich wurden gerade in den letzten Jahren äußert komplexe Maschinen entwickelt. Das unwegsame Gelände und hochempfindliche Ökosysteme stellen hohe Anforderungen nicht nur an die Leistungsfähigkeit und Geländegängigkeit, sondern auch an die Umweltverträglichkeit. Biologisch abbaubare Druckflüssigkeiten haben sich nach guten Erfahrungen mit abbaubaren Sägekettenölen in weiten Bereichen etabliert.

Die seit einigen Jahren verbreiteten sogenannten Vollernter sind in der Lage, von Gassen aus mit einem Ausleger viele Meter in den Wald hinein zu greifen. Das Bild 3.5.16 zeigt eine solche Maschine.

Bild 3.5.16: Vollernter (Timberjack)

An ihrem Ausleger befinden sich Greifer, eine Vorschubeinrichtung und eine Kettensäge, die hydraulisch angetrieben werden. Mit diesen Vorrichtungen wird der Baum am Ort in einem Vorgang abgesägt, entastet und abgelängt. Hinter dem Vollernter (Harvester) fährt ein Tragschlepper (Forwarder). Der mit einem Greiferkran sowie einem Rungenkorb ausgerüstet ist. Dieses Fahrzeug sammelt die Stammabschnitte ein und transportiert sie zum Holzladeplatz. Durch diese Methode der Kurzholzernte kann nicht nur der Schaden an den umgebenden Bäumen verringert, sondern der Wald auch wesentlich effektiver bewirtschaftet werden. Die sehr komplexen Hydrauliksysteme dieser Maschinentypen müssen eine hohe Dauerleistung unter widrigsten Umgebungsbedingungen liefern, zumal die Haupterntezeit im Winter liegt.

Eine andere Gruppe der Forstmaschinen stellen im Bereich der Langholzernte die Entrindungsmaschinen dar, die für den stationären Einsatz auf befestigten Waldwegen konzipiert sind. Dabei handelt es sich zumeist um umgebaute Lkw, die mit Kränen zum Aufnehmen und Ablegen von Stämmen und einem Entrindungsgerät versehen werden.

3.5.6 Literaturangaben

[AUT94]	Autoren-kollektiv	Fachtagung Antriebs- und Steuerungssysteme für moderne Mobilmaschinen, Mannesmann Rexroth GmbH 1994
[ESD92]	Esders, H. Harms, H.-H. Holländer, C.	Tendenzen der Hydraulik in Baumaschinen - Neuigkeiten zur Bauma '98, O+P "Ölhydraulik und Pneumatik" 36 (1992) Nr. 8
[HAR95]	Harms, H.-H. Holländer, C. Tewes, G.	Tendenzen der Hydraulik in Baumaschinen - Neuigkeiten von der Bauma '95, O+P "Ölhydraulik und Pneumatik" 39 (1995) Nr. 6
[HES91]	Hesse, H.	Digitale elektronische Hubwerksregelung für Ackerschlepper, O+P "Ölhydraulik und Pneumatik" 35 (1991) Nr. 11
[HES97]	Hesse, H. Kunz, R. Borst, W.	Elektrische Proportional-Wegeventile für die Arbeitshydraulik von Ackerschleppern, O+P "Ölhydraulik und Pneumatik" 41 (1997) Nr. 10
[HEY94]	Heyel, W.	Hydrostatische Antriebe in Groß-Serie, O+P "Ölhydraulik und Pneumatik" 38 (1994) Nr. 8
[HOL96]	Holländer, C. Lang, T. Römer, A. Tewes, G.	Hydraulik in Traktoren und Landmaschinen, O+P "Ölhydraulik und Pneumatik" 40 (1996) Nr. 3
[LAN98]	Lang, T. Römer, A. Seeger, J.	Entwicklungen der Hydraulik in Traktoren und Landmaschinen, O+P "Ölhydraulik und Pneumatik" 42 (1998) Nr. 2

[LÖD97] Lödige, H. Arbeitshydraulik für mobile Arbeitsmaschinen, Beitrag zum Lehrgang "Komponenten und Systeme der Mobilhydraulik" Technische Akademie Esslingen 1997

[ZÄH98] Zähe, B. Lasthalteventile in Patronenbauweise, O+P "Ölhydraulik und Pneumatik" 42 (1998) Nr. 3

4 Entwicklungstendenzen in der Fluidtechnik für mobile Anwendungen

4.1 Entwicklungstendenzen in der Fluidtechnik von Kraftfahrzeugen

Im Bereich der Kraftfahrzeugtechnik hat sich die Fluidtechnik bereits seit langem etabliert. Dazu sei beispielsweise an die Selbstverständlichkeit hydraulischer Stoßdämpfer, Automatikgetriebe oder Servolenkungen erinnert. Diese Systeme werden auch in Zukunft im Bereich der Automobiltechnik anzutreffen sein. Sie erfahren jedoch von den ehemals passiven Komponenten eine Wandlung zu neuen, intelligenten, aktiven Systemen, die nicht mehr eigenständig, sondern zunehmend miteinander 'kommunizierend' im Gesamtsystem 'Kraftfahrzeug' eingesetzt werden.

Die rein hydraulisch gesteuerten Automatikgetriebe werden durch elektronisch angesteuerte Systeme verdrängt. Die eigentliche Ansteuerung der Schaltkomponenten bleibt hydraulisch, die Schaltlogik wird jedoch von elektronischen Komponenten vorgegeben. Solche Systeme können sehr komplex auf gestellte Anforderungen reagieren und so ausgelegt werden, daß sie den Fahrerwunsch auch eigenständig erkennen können, wie z.B. durch Analyse der Gaspedal-Verstellgeschwindigkeit. Um den Antriebsstrang neben einem Plus an Vortriebskomfort auch schwingungstechnisch den Insassenwünschen anzupassen, werden heute schon verbreitet Hydrolager als Motorlagerungen und teilweise auch als Fahrwerkslagerungen eingesetzt. Diese Komponente wird in Zukunft so aufgebaut sein, daß sie sich dem jeweils geforderten Zustand der Schwingungsentkopplung aktiv anpaßt.

Einen deutlich stärkeren Impuls als bei den angeführten komfortorientierten Verbesserungen der Fahrzeugtechnik kann bei den sicherheitstechnisch relevanten Systemen beobachtet werden. So haben sich die ABV-Systeme zur Standardausrüstung in allen Fahrzeugklassen entwickelt. Ein weiteres System, das ebenfalls auf den ABS-Komponenten aufbaut, ist die sogenannte Fahrdynamikregelung. Dabei greift die Elektronik bei kritischen Fahrsituationen in die Fahrstabilität ein, indem sie durch geeignetes Abbremsen bestimmter Räder ein gezieltes Giermoment aufbaut. Da eine Vielzahl der benötigten Komponenten durch ABS bereits im Fahrzeug vorhanden sind, ist für derartige Systeme ein Einsatz auch in den kleinen Fahrzeugklassen gerechtfertigt, wenn die Kosten der Steuerelektronik durch hohe Stückzahlen und weitere Miniaturisierung gesenkt werden können. Dennoch sei hier auch auf die Gefahr der Risikokompensation durch den Fahrer hingewiesen, welche bereits bei den ABV-Systemen umfassend diskutiert wurde. Neue, dem Fahrer Sicherheit vermittelnde Systeme können die physikalischen Grenzen nicht durchbrechen. Dem Kunden muß offensichtlich sein, daß derartige Systeme zur Steigerung der aktiven Sicherheit und nicht der Steigerung der maximalen Kurvengeschwindigkeit eingesetzt werden.

Im Bereich der Querdynamik werden in Zukunft neue Systeme den Markt einnehmen. Die hergebrachte Servolenkung, die durch ihre open-center-Bauweise auf einen ständigen Ölfluß und damit Energieverbrauch angewiesen ist, findet zukünftig in den closed-center-Lenkungen mit elektrisch betriebener Pumpe einen energetisch überlegenen Konkurrenten. Ein Energieverbrauch stellt sich dann nur noch bei tatsächlichem Bedarf nach Lenkunterstützung ein. Ein Markttrend ist auch im Bereich rein elektrisch unterstützter Lenkungen zu beobachten. Reine 'steer-by-wire'-Systeme sind durch die geltende Gesetzgebung bislang nicht zugelassen. Aufgrund der Sicherheitsrelevanz des Bauteils ‘Lenkung’ müßten erhebliche Anstrengungen unternommen werden, den hohen Anforderungen im Bereich der Fahrzeugtechnik gerecht zu werden. Ob dadurch insgesamt ein Vorteil abzusehen ist, kann zur Zeit noch nicht positiv beantwortet werden.

Neben der hydraulischen Unterstützung der Vorderachse wird in einigen Fahrzeugen auch eine hydraulisch betätigte Hinterachslenkung eingesetzt. Durch diese Maßnahme kann die Fahrstabilität erhöht werden. Diese Lösung steht allerdings trotz ihrer Vorteile unter starkem Kostendruck zu den Fahrdynamik-Bremseingriffsystemen.

Bezüglich der angeführten Fahrstabilität fällt die Blickrichtung zunächst immer auf das Fahrwerk selbst. Die Kinematiken sind heute dank moderner Simulationstechniken bereits weit ausgereift. Bei fahrdynamisch anspruchsvollen Fahrwerken werden sowohl an der Vorder- wie auch an der Hinterachse Mehrlenker-Radaufhängungen eingesetzt, die kinematisch und elastokinematisch zielgerichtet ausgelegt werden. Der Einsatz verstellbarer Schwingungsdämpfer bietet hier weiteres Potential. Frühe Systeme mit beweglichen Drehkolben sind durch elektromagnetisch gesteuerte Systeme verdrängt worden, die dank moderner innenliegender Systeme zwar geringfügig höher bauen als herkömmliche Dämpfer, sonst aber äußerlich von diesen nicht zu unterscheiden sind. Die elektromagnetische Umschaltung ermöglicht sehr kurze Reaktionszeiten. Der weitere Entwicklungsschritt hin zu Dämpfern, die durch Proportionalventile gesteuert werden können, hat im Fahrzeugbau bereits in der Oberklasse Einzug gefunden. Magnetorheologische Dämpfer befinden sich zur Zeit in der Entwicklung. Ob deren geplanter Serieneinsatz möglich wird, hängt sicher auch vom Temperaturverhalten und von den Kosten der notwendigen Fluide ab.

Neben den verstellbaren Dämpfern bilden die aktiven Federungen ein weiteres Ansatzfeld der Fluidtechnik im Kraftfahrzeug. Der Einsatz aktiver Systeme wird hierbei wiederum durch die Ambivalenz hinsichtlich Kosten und Kundennutzen in Frage gestellt. Durch aktive Systeme können zweifelsfrei Verbesserungen im Fahrverhalten festgestellt werden. Praktische Chancen scheinen dabei jedoch nur Systeme zu haben, die auf einer aktiven hydropneumatischen Federung und nicht auf einer sogenannten vollaktiven Federung basieren.

Die im Nutzfahrzeugbau bereits etablierte Luftfederung wird zukünftig verstärkt auf dem Pkw-Markt Einzug halten, da sie neben den bekannten Vorteilen wie beladungsunabhängiger Eigenfrequenz des Fahrzeugs und Niveauregulierung auch Ansätze für aktive Auslegungen wie z.B. Wankregelung bietet. Die Wankregelung als Komfort- und gezielt achsweise eingesetzt auch als Sicherheitssystem ist in Form von Stabilisatorverstellungen vorgestellt worden. Als reines Komfortsystem wird sie schon eingesetzt.

Der Bereich der Komfortsysteme nimmt aufgrund wachsender Komfortansprüche der Fahrzeuginsassen ständig zu. Bezüglich des Einsatzes derartiger pneumatischer Systeme ist eine Erweiterung des Einsatzspektrums zu erwarten, wie diesbezügliche Studien gezeigt haben. Die heute bereits eingesetzte Zentralpneumatik bildet das notwendige Rückgrat, um weitere Einsatzgebiete kostengünstig zu erschließen.

Abschließend kann zusammengefaßt werden, daß der Einsatz der Fluidtechnik im Fahrzeug zunehmen wird. Bisher rein hydraulische Steuerungsaufgaben werden jedoch durch die höhere Flexibilität elektronischer Systeme kritisch betrachtet werden müssen. Die fluidtechnischen Komponenten werden in Zukunft vermehrt aktiv tätig sein, um auf die vielfältigen Anforderungen bedarfsgerecht reagieren zu können.

4.2 Entwicklungstendenzen in der Fluidtechnik fahrender Arbeitsmaschinen

Wie die entsprechenden Kapitel dieses Umdruckes zeigen, hat die Mobilhydraulik in der Bundesrepublik einen sehr hohen Entwicklungsstand erreicht. Um diesen hohen Stand der Technik im globalen Wettbewerb zu verteidigen und weiter auszubauen, müssen ständig verbesserte und innovative Produkte und Systeme entstehen.

Dies wird nicht in Quantensprüngen erfolgen sondern kontinuierliche Weiterentwicklung in verschiedenen Bereichen erfordern, die in Bild 4.1 aufgezeigt sind [Bac97].

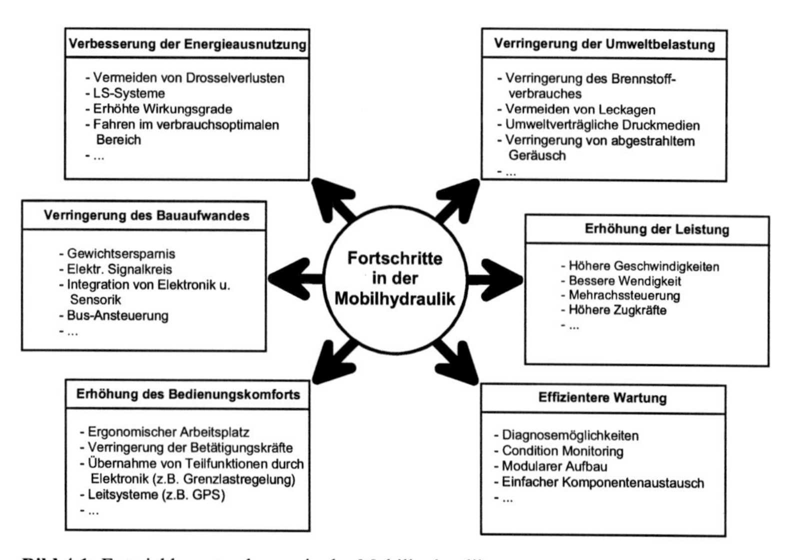

Bild 4.1: Entwicklungstendenzen in der Mobilhydraulik

Eine Delphi-Studie zur Fluidtechnik, die im Auftrage des VDMA für die Branche durchgeführt wurde, versucht die erwarteten Verbesserungen für das nächste Jahrzehnt und darüberhinaus zu quantifizieren [Del97].

In der Mobilhydraulik kommt der

- Verringerung des Bauaufwandes und der
- Erhöhung der Leistung

eine große Bedeutung zu, da die Komponenten ständig mitbewegt werden müssen.

Aus umwelttechnischer Sicht stehen dagegen die

- Verringerung der Umweltbelastung

sowie die eng mit den zuvor genannten Entwicklungsschwerpunkten in Zusammenhang stehende

- Verbesserung der Energieausnutzung

im Vordergrund.

Schließlich sind noch zwei Bereiche erwähnt, die den Kunden nutzen durch

- Erhöhung des Bedienungskomforts sowie durch
- effiziente Wartung

verbessern.

Als übergeordneter Trend kann festgestellt werden, daß die Geräte durch das Zusammenspiel von Elektronik und Sensorik mit den Geräten zur fluidtechnischen Energiedosierung und -steuerung ständig intelligenter werden. In diesem Zusammenhang wird auch in der Mobilhydraulik zunehmend die Bustechnik eingesetzt.

Mit Hilfe von dezentraler Intelligenz an den Ventilen und Stellelementen können so unterlagerte Regelkreise betrieben werden. Für die übergeordneten Steuerungen des Motor- und Getriebemanagements oder auch lastunabhängiger Load-Sensing-Steuerungen stehen über dem Bus die notwendigen Systemgrößen zur

Verfügung. Nichtlinearitäten können durch die eingesetzte Mikrorechnertehchnik in lineare Kennlinien umgerechnet werden. Genauso werden zur Feinsteuerung bewußt Bereiche gespreizt, um so zu einer besseren Auflösung in Feinsteuerbereichen zu kommen.

Über den Systembus, der in der Mobilhydraulik oft durch den CAN-Bus repräsentiert wird, können dann Steuer- und Überwachungs- oder Diagnosedaten mit der übergeordneten Steuerung ausgetauscht werden. Neben den klassischen Sensoren zur Erfassung mechanischer, hydraulischer oder elektronischer Größen werden in den Systemen zunehmend Sensoren eingesetzt, die in der Lage sind, den Zustand des Druckübertragungsmediums zu überwachen.

Beim Einsatz biologischg schnell abbaubarer Medien, deren Einsatz langfristig zunehmen wird, spielt z.B. die Überwachung des Wassergehaltes zur Vermeidung vorzeitiger Fluidalterung eine große Rolle. Aber auch die Überwachung des Verschmutzungszustandes durch eingezogene oder intern erzeugte Partikel wird zunehmend wichtiger.

Bei entsprechender Auswertung der Diagnosedaten kann ein Condition Monitoring der mobilen Hydrauliksysteme erfolgen, die vorbeugende Instandhaltung und dem Betreiber minimale Produktionsausfallzeiten ermöglicht.

Es würde den Rahmen dieses Kapitels sprengen und auch den Anspruch des Vorlesungsumdruckes übersteigen, in detailierter auf die zukünftigen Entwicklungen einzugehen. Aus diesem Grund sei an dieser Stelle auf die angegebene Literatur sowie die Fachtagungen und Messen auf dem Gebiet der Fluidtechnik verwiesen.

4.2.1 Literaturangaben

[Bac97] Backé, W. Entwicklung der Hydraulik für mobile Anwendungen
O+P Ölhydraulik und Pneumatik, 1997, Nr 4

[Ebe98] Eberle, C.; Fölster, N.; Ligocki, A.; Seeger, J. Tendenzen der Hydraulik in Baumaschinen - Neuigkeiten von der Bauma '98
O+P Ölhydraulik und Pneumatik, 1998, Nr 7

[Kom98] N.N. Komponenten und Systeme für mobile Arbeitsmaschinen
O+P Ölhydraulik und Pneumatik, 1998, Nr 3

[Rin98] Rinck, S. Antriebstechnik im Wettbewerb
Übersichtsvortrag zum 1.IFK in Aachen, März 1998

[Mur98] Murrenhoff, H. Innovation in der Fluidtechnik
Übersichtsvortrag zur Gruppe 1 des 1.IFK in Aachen, März 1998

[Lan98] Lang, T.; Römer, A.; Seeger, J. Entwicklungen der Hydraulik in Traktoren und Landmaschinen
O+P Ölhydraulik und Pneumatik, 1998, Nr 2

[Leu98] Leutner, V.; Müller, U.; Feuser, A.; Köckemann, A. Elektronik in der Fluidtechnik
O+P Ölhydraulik und Pneumatik, 1998, Nr 6

[Hes97] Hesse, H.; Kunz, R. Elektrische Proportional-Wegeventile für die Arbeitshydraulik von Ackerschleppern

	Borst, W.	O+P Ölhydraulik und Pneumatik, 1997, Nr 10
[Man96]	Mang, T.	Übersichtsvortrag zum 12.AFK in Aachen, 1996
[Flu98]	N.N.	Gefahr in Verzug
		FLUID, Juni '98,
[Del97]	Höpf, M.	Delphi-Studie Fluidtechnik
		IPA der FHG, Stuttgart, 1997

5 Anhang

5.1 Umrechnungsfaktoren

Nachfolgend sind einige Tabellen mit Faktoren zur Umrechnung von Größen in verschiedene Maßsysteme gegeben.

Länge	m	in	ft	yd	mile
1 m =	-	$3.937\cdot10^{1}$	$3.281\cdot10^{0}$	$1.094\cdot10^{0}$	$6.215\cdot10^{-4}$
1 in =	$2.540\cdot10^{-2}$	-	$8.333\cdot10^{-2}$	$2.778\cdot10^{-2}$	$1.579\cdot10^{-5}$
1 ft =	$3.048\cdot10^{-1}$	$1.200\cdot10^{1}$	-	$3.333\cdot10^{-1}$	$1.894\cdot10^{-4}$
1 yd =	$9.144\cdot10^{-1}$	$3.600\cdot10^{1}$	$3.000\cdot10^{0}$	-	$5.683\cdot10^{-4}$
1 mile =	$1.609\cdot10^{3}$	$3.335\cdot10^{4}$	$5.279\cdot10^{3}$	$1.760\cdot10^{3}$	-

Volumen	m^3	l	cm^3	gal (US)	gal (UK)
1 m^3 =	-	$1.000\cdot10^{3}$	$1.000\cdot10^{6}$	$2.642\cdot10^{2}$	$2.200\cdot10^{2}$
1 l =	$1.000\cdot10^{-3}$	-	$1.000\cdot10^{3}$	$2.642\cdot10^{-1}$	$2.200\cdot10^{-1}$
1 cm^3 =	$1.000\cdot10^{-6}$	$1.000\cdot10^{-3}$	-	$2.642\cdot10^{-4}$	$2.200\cdot10^{-4}$
1 gal (US)	$3.785\cdot10^{-3}$	$3.785\cdot10^{0}$	$3.785\cdot10^{3}$	-	$8.326\cdot10^{-1}$
1 gal (UK)	$4.546\cdot10^{-3}$	$4.546\cdot10^{0}$	$4.546\cdot10^{3}$	$1.201\cdot10^{0}$	-

Kraft	N	kp	lbf	tonf	pdl
1 N =	-	$1.020\cdot10^{-1}$	$2.248\cdot10^{-1}$	$1.004\cdot10^{-4}$	$7.231\cdot10^{0}$
1 kp =	$9.806\cdot10^{0}$	-	$2.205\cdot10^{0}$	$9.841\cdot10^{-4}$	$7.090\cdot10^{1}$
1 lbf =	$4.448\cdot10^{0}$	$4.536\cdot10^{-1}$	-	$4.464\cdot10^{-4}$	$3.216\cdot10^{1}$
1 tonf =	$9.964\cdot10^{3}$	$1.016\cdot10^{3}$	$2.240\cdot10^{3}$	-	$7.205\cdot10^{4}$
1 pdl =	$1.383\cdot10^{-1}$	$1.410\cdot10^{-2}$	$3.109\cdot10^{-2}$	$1.388\cdot10^{-5}$	-

Energie	J (Nm)	Ws	kWh	kpm	kcal
1 J(Nm) =	-	$1.000\cdot10^{0}$	$2.778\cdot10^{-7}$	$1.020\cdot10^{-1}$	$2.389\cdot10^{-4}$
1 Ws =	$1.000\cdot10^{0}$	-	$2.778\cdot10^{-7}$	$1.020\cdot10^{-1}$	$2.389\cdot10^{-4}$
1 kWh =	$3.600\cdot10^{6}$	$3.600\cdot10^{6}$	-	$3.671\cdot10^{5}$	$8.600\cdot10^{2}$
1 kpm =	$9.806\cdot10^{0}$	$9.806\cdot10^{0}$	$2.724\cdot10^{-6}$	-	$2.343\cdot10^{-3}$
1 kcal =	$4.186\cdot10^{3}$	$4.186\cdot10^{3}$	$1.163\cdot10^{-3}$	$4.269\cdot10^{2}$	-

Fläche	m^2	cm^2	mm^2	in^2	ft^2
1 m^2 =	-	$1.000\cdot10^{4}$	$1.000\cdot10^{6}$	$1.550\cdot10^{3}$	$1.076\cdot10^{1}$
1 cm^2 =	$1.000\cdot10^{-4}$	-	$1.000\cdot10^{2}$	$1.550\cdot10^{-1}$	$1.076\cdot10^{-3}$
1 mm^2 =	$1.000\cdot10^{-6}$	$1.000\cdot10^{-2}$	-	$1.550\cdot10^{-3}$	$1.076\cdot10^{-5}$
1 in^2 =	$6.452\cdot10^{-4}$	$6.452\cdot10^{0}$	$6.452\cdot10^{2}$	-	$6.945\cdot10^{-3}$
1 ft^2 =	$9.290\cdot10^{-2}$	$9.290\cdot10^{2}$	$9.290\cdot10^{4}$	$1.440\cdot10^{2}$	-

Zeit	s	min	h	d	a
1 s =	-	$1.667 \cdot 10^{-2}$	$2.778 \cdot 10^{-4}$	$1.157 \cdot 10^{-5}$	$3.171 \cdot 10^{-8}$
1 min =	$6.000 \cdot 10^{1}$	-	$1.667 \cdot 10^{-2}$	$6.944 \cdot 10^{-4}$	$1.902 \cdot 10^{-6}$
1 h =	$3.600 \cdot 10^{3}$	$6.000 \cdot 10^{1}$	-	$4.167 \cdot 10^{-2}$	$1.141 \cdot 10^{-4}$
1 d =	$8.640 \cdot 10^{4}$	$1.440 \cdot 10^{3}$	$2.400 \cdot 10^{1}$	-	$2.739 \cdot 10^{-3}$
1 a =	$3.154 \cdot 10^{7}$	$5.257 \cdot 10^{5}$	$8.761 \cdot 10^{3}$	$3.650 \cdot 10^{2}$	-

Druck	bar	Pa (N/m^2)	at(kp/cm^2)	atm	psi
1 bar =	-	$1.000 \cdot 10^{5}$	$1.020 \cdot 10^{0}$	$9.872 \cdot 10^{-1}$	$1.450 \cdot 10^{1}$
1 Pa =	$1.000 \cdot 10^{-5}$	-	$1.020 \cdot 10^{-5}$	$9.872 \cdot 10^{-6}$	$1.450 \cdot 10^{-4}$
1 at =	$9.806 \cdot 10^{-1}$	$9.806 \cdot 10^{4}$	-	$9.680 \cdot 10^{-1}$	$1.422 \cdot 10^{1}$
1 atm =	$1.013 \cdot 10^{0}$	$1.013 \cdot 10^{5}$	$1.033 \cdot 10^{0}$	-	$1.469 \cdot 10^{1}$
1 psi =	$6.895 \cdot 10^{-2}$	$6.895 \cdot 10^{3}$	$7.031 \cdot 10^{-2}$	$6.807 \cdot 10^{-2}$	-

Leistung	W	PS	kcal/s	HP	ft·lbf/s
1 W =	-	$1.360 \cdot 10^{-3}$	$2.389 \cdot 10^{-4}$	$1.341 \cdot 10^{-3}$	$7.375 \cdot 10^{-1}$
1 PS =	$7.355 \cdot 10^{2}$	-	$1.757 \cdot 10^{-1}$	$9.863 \cdot 10^{-1}$	$5.424 \cdot 10^{2}$
1 kcal/s =	$4.186 \cdot 10^{3}$	$5.691 \cdot 10^{0}$	-	$5.614 \cdot 10^{0}$	$3.087 \cdot 10^{3}$
1 HP =	$7.457 \cdot 10^{2}$	$1.014 \cdot 10^{0}$	$5.614 \cdot 10^{0}$	-	$5.500 \cdot 10^{2}$
1 ft·lbf/s =	$1.356 \cdot 10^{0}$	$1.844 \cdot 10^{-3}$	$3.087 \cdot 10^{3}$	$1.818 \cdot 10^{-3}$	-

5.2 Schaltzeichen

Auf den folgenden Seiten befinden sich die wichtigsten Schaltzeichen für hydraulische Systeme in Anlehnung an DIN ISO 1219.

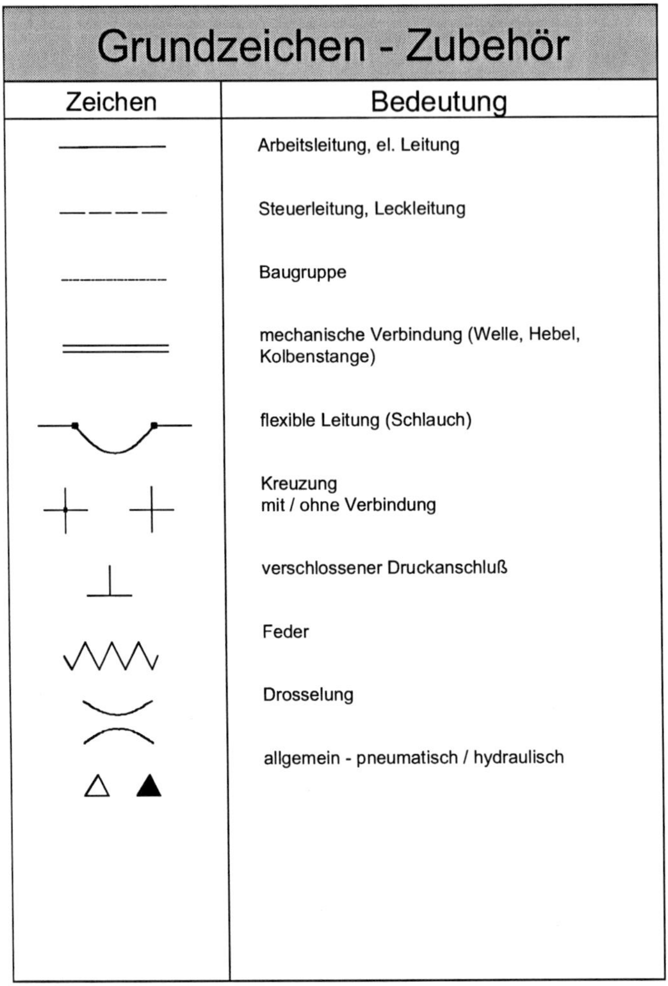

Grundzeichen - Zubehör	
Zeichen	Bedeutung
	Arbeitsleitung, el. Leitung
	Steuerleitung, Leckleitung
	Baugruppe
	mechanische Verbindung (Welle, Hebel, Kolbenstange)
	flexible Leitung (Schlauch)
	Kreuzung mit / ohne Verbindung
	verschlossener Druckanschluß
	Feder
	Drosselung
	allgemein - pneumatisch / hydraulisch

Bild 5.3-1: Schaltzeichen für Leitungen und Grundelemente

Grundzeichen - Zubehör

Zeichen	Bedeutung
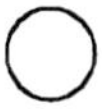	Grundsymbol für Pumpen, Motoren, etc.
	Verstellbarkeit allg.
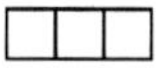	Grundsymbol für ein Ventil mit drei Schaltstellungen
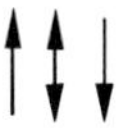	Weg und Richtung eines Volumenstromes
	Rotationsbewegung
	**Beispiel :** Verstellbare Pumpe für eine Stromrichtung
	Filter
	Kühler
	Hydrospeicher
	Behälter mit Leitung unter Flüssigkeitsspiegel
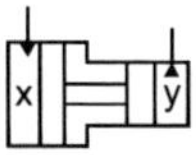 x y	Druckübersetzer, einfachwirkend

Bild 5.3-2: Schaltzeichen für Grundelemente und Zubehör

Grundzeichen - Zubehör

Zeichen	Bedeutung
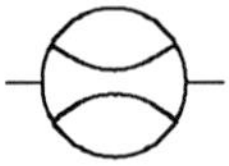	Volumenstrommesser
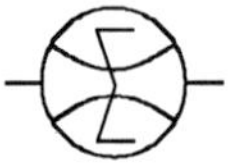	Volumenmesser (integrierender Volumenstrommesser)
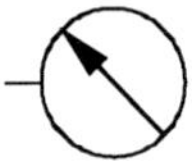	Überdruckmeßgerät
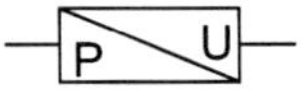 P U	Drucksensor
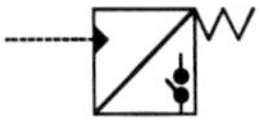	Druckschalter
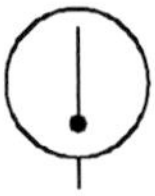	Thermometer
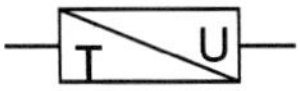 T U	Temperatursensor
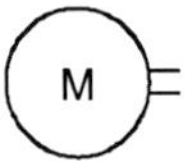 M	Elektromotor (nach IEC 167)
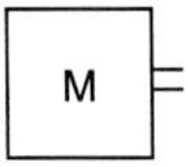 M	nicht elektrische Antriebseinheit

Bild 5.3-3: Schaltzeichen für Sensoren, Druckquellen und Elektroantriebe

Pumpen und Motoren

Zeichen (konstant / veränderlich)	Bedeutung
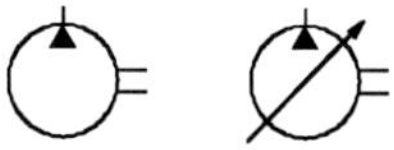	Pumpe mit einer Stromrichtung
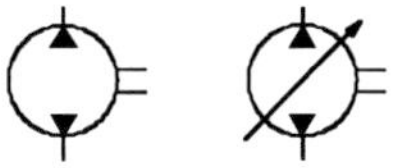	Pumpe mit zwei Stromrichtungen
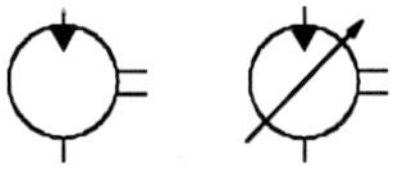	Hydromotor mit einer Stromrichtung
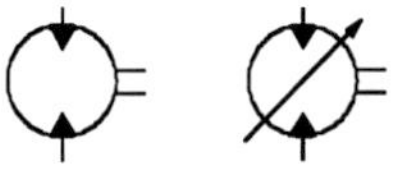	Hydromotor mit zwei Stromrichtungen
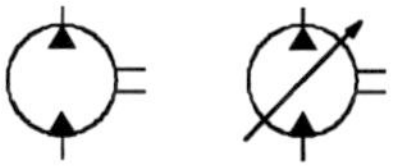	Pumpe / Motor mit einer Stromrichtúng
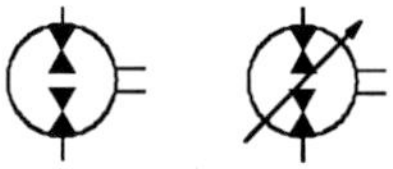	Pumpe / Motor mit zwei Stromrichtungen
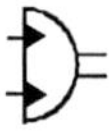	Hydro - Schwenkmotor mit zwei Stromrichtungen

Bild 5.3-4: Schaltzeichen für Pumpen und Motoren

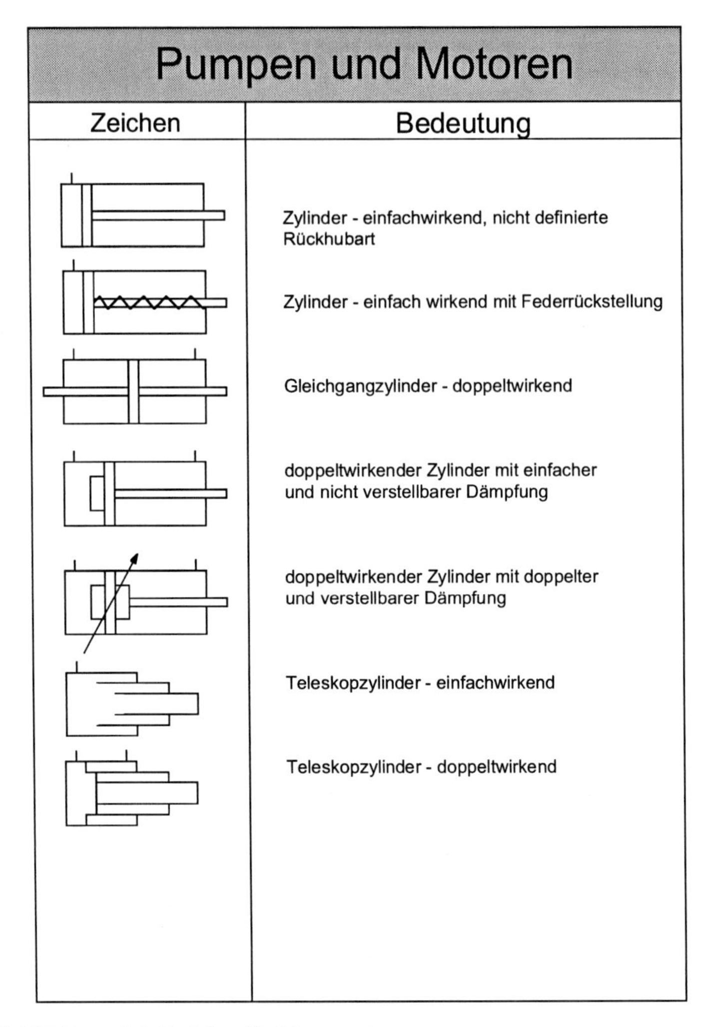

Bild 5.3-5: Schaltzeichen für Linearmotoren

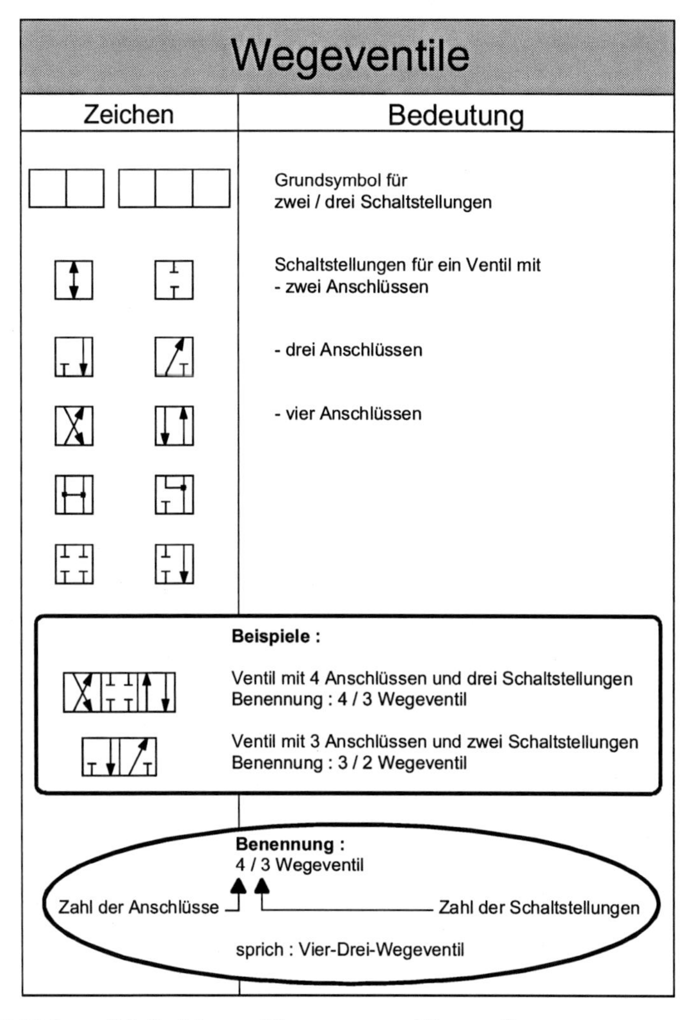

Bild 5.3-6: Schaltzeichen und Benennung von Wegeventilen

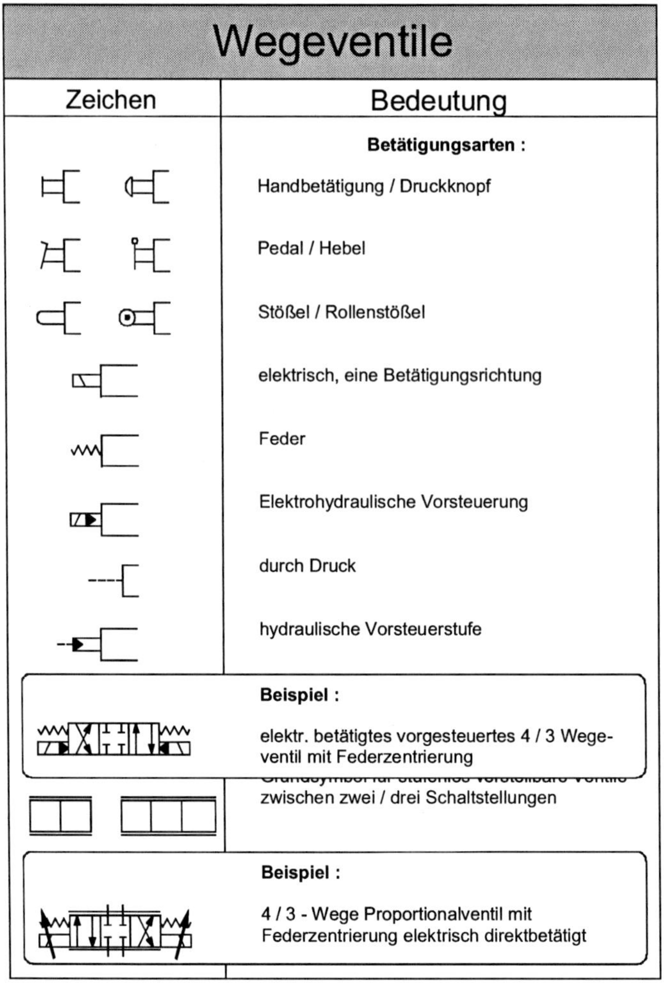

Wegeventile

Zeichen	Bedeutung
	Betätigungsarten :
	Handbetätigung / Druckknopf
	Pedal / Hebel
	Stößel / Rollenstößel
	elektrisch, eine Betätigungsrichtung
	Feder
	Elektrohydraulische Vorsteuerung
	durch Druck
	hydraulische Vorsteuerstufe
	Beispiel : elektr. betätigtes vorgesteuertes 4 / 3 Wege-ventil mit Federzentrierung
	zwischen zwei / drei Schaltstellungen
	Beispiel : 4 / 3 - Wege Proportionalventil mit Federzentrierung elektrisch direktbetätigt

Bild 5.3-7: Schaltzeichen für die Betätigungsarten von Ventilen

Stromventile / Sperrventile	
Zeichen	Bedeutung
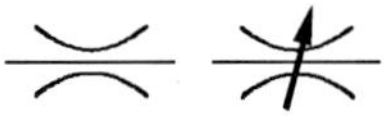	Drossel fest eingestellt / einstellbar
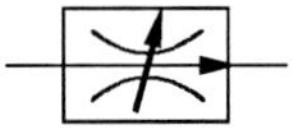	2 - Wege - Stromregler, - Stromregelventil
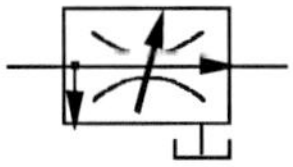	3 - Wege - Stromregler, - Stromregelventil
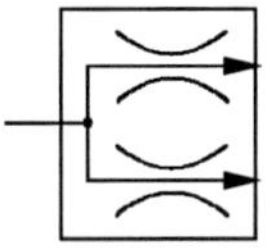	Stromteiler, Stromteilerventil
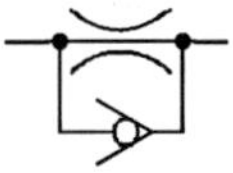	Drosselrückschlagventil
	Rückschlagventil unbelastet / federbelastet
	entsperrbares Rückschlagventil
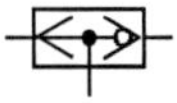	Wechselventil

Bild 5.3-8: Schaltzeichen für Stromventile

Druckventile	
Zeichen	Bedeutung
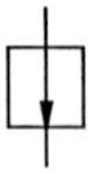	Drosselquerschnitt - normalerweise offen
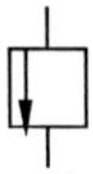	Drosselquerschnitt - normalerweise geschlossen
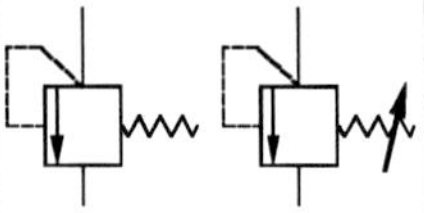	Druckbegrenzungsventil, direktgesteuert fest eingestellt / einstellbar
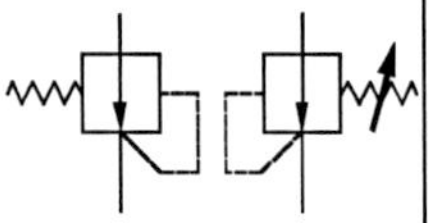	Druckreduzierventil, direktgesteuert fest eingestellt / einstellbar

Bild 5.3-9: Schaltzeichen für Druckventile